2023

绿色建筑选用产品导向目录

绿色建筑选用产品

2023
Green Building Product Selection Guide Directory

首都科技条件平台资助项目

中国国检测试控股集团股份有限公司
国家建筑材料测试中心 编

中国建材工业出版社

图书在版编目（CIP）数据

2023 绿色建筑选用产品导向目录 / 中国国检测试控股集团股份有限公司，国家建筑材料测试中心编 . -- 北京：中国建材工业出版社，2023.9
ISBN 978-7-5160-3759-1

Ⅰ . ① 2… Ⅱ . ①中… ②国… Ⅲ . ①生态建筑－建筑材料－产品目录－中国－ 2023 Ⅳ . ① TU5-63

中国国家版本馆 CIP 数据核字（2023）第 102885 号

2023 绿色建筑选用产品导向目录
2023 LÜSE JIANZHU XUANYONG CHANPIN DAOXIANG MULU

中国国检测试控股集团股份有限公司
国家建筑材料测试中心　编

出版发行：中国建材工业出版社
地　　址：北京市海淀区三里河路 11 号
邮　　编：100831
经　　销：全国各地新华书店
印　　刷：北京天恒嘉业印刷有限公司
开　　本：889mm × 1194mm　1/16
印　　张：20
字　　数：600 千字
版　　次：2023 年 9 月第 1 版
印　　次：2023 年 9 月第 1 次
定　　价：258.00 元

本社网址：**www.jccbs.com**，微信公众号：**zgjcgycbs**

2023
绿色建筑选用产品导向目录

编委会

编著单位

中国国检测试控股集团股份有限公司
国家建筑材料测试中心

主任委员

朱连滨

副主任委员

蒋　荃　闫浩春　刘　翼

主　　编

刘　翼

副 主 编

马丽萍　赵春芝　任世伟

编写人员

王　莹　刘　佳　冯玉启　文　刚　王　晨　张艳姣　朱　洁
李云霞　黄梦迟　许　欣　董　飞　刘　璐　张启龙　李莉莉
陈素屏　袁秀霞　韩荣荟　董　迪　刘　韬　赵金兰　李淑珍

前言
FOREWORD

继党的十八大报告提出“大力推进生态文明建设”和“推进城镇化”的要求，党的十九大报告提出“推进绿色发展”的理念，大力发展生态城市建设成为贯彻习近平生态文明思想的重要举措。党的二十大报告提出“推动绿色发展”，促进人与自然和谐共生。”绿色建筑是生态城市的根基，2020 年 7 月 15 日，《住房和城乡建设部、国家发展改革委、教育部、工业和信息化部、人民银行、国管局、银保监会关于印发绿色建筑创建行动方案的通知》（建标〔2020〕65 号）发布，要求到 2022 年，当年城镇新建建筑中绿色建筑面积占比达到 70%。

绿色建筑选用绿色建材是业内共识，绿色建材是绿色建筑各项功能实现的重要支撑，承载着节能、节水、节材和保障室内环境等重要作用，对建筑材料的选用很大程度上决定了建筑的绿色程度。绿色建材是绿色建筑发展不可或缺的材料，也是建材工业推进结构调整、技术进步和节能减排的着力点。因此，《绿色建筑创建行动方案》中明确提出“大力发展绿色建材”，并要求“建立绿色建材认证制度，编制绿色建材产品目录，引导规范市场消费”。

中国国检测试控股集团股份有限公司（以下简称 CTC）从“十五”规划开始，承担多项国家级科研项目，对绿色建材的评价方法以及绿色建筑选用产品的技术标准进行深入研究。在上述工作基础上，CTC 分别受住房城乡建设部、工业和信息化部的委托，进行绿色建材评价技术的研究与绿色建材评价技术导则的制订。

为促进绿色建材行业发展，引导绿色建筑选用绿色建材，国家建筑材料测试中心经国家市场监督管理总局商标局注册了“绿色建筑选用产品”证明商标。该证明商标是用于证明建材产品的性能符合绿色建筑功能需求的标志，受法律保护。每年获得“绿色建筑选用产品”证明商标的企业产品将入编《绿色建筑选用产品导向目录》。

《2023 绿色建筑选用产品导向目录》包括绿色建筑与绿色建材相关政策、证明商标管理办法以及 2023 年度通过认定的一百余项绿色建筑选用产品，分别按照节能、节材、节水和环保分章节予以介绍。《2023 绿色建筑选用产品导向目录》将引领国内绿色建筑的建设模式，搭建绿色建筑与绿色建材的桥梁。本书旨在为建筑设计师、开发商、供应商提供绿色建筑选材指导，通过多种渠道向开发商和建筑师介绍建筑材料新产品、新功能、新应用，将优秀的企业和产品提供给绿色建筑开发商、设计师和建筑师，凸显产品高端优势，对于推动行业发展，提高行业、企业的社会知名度，增强优秀企业的市场竞争能力，具有积极的作用。

目录

CONTENTS

政策法规
ZHENGCEFAGU

《质量强国建设纲要》（节选）

建设质量强国是推动高质量发展、促进我国经济由大向强转变的重要举措，是满足人民美好生活需要的重要途径。为统筹推进质量强国建设，全面提高我国质量总体水平，制定本纲要。

一、形势背景

质量是人类生产生活的重要保障。党的十八大以来，在以习近平同志为核心的党中央坚强领导下，我国质量事业实现跨越式发展，质量强国建设取得历史性成效。全民质量意识显著提高，质量管理和品牌发展能力明显增强，产品、工程、服务质量总体水平稳步提升，质量安全更有保障，一批重大技术装备、重大工程、重要消费品、新兴领域高技术产品的质量达到国际先进水平，商贸、旅游、金融、物流等服务质量明显改善；产业和区域质量竞争力持续提升，质量基础设施效能逐步彰显，质量对提高全要素生产率和促进经济发展的贡献更加突出，人民群众质量获得感显著增强。

当今世界正经历百年未有之大变局，新一轮科技革命和产业变革深入发展，引发质量理念、机制、实践的深刻变革。质量作为繁荣国际贸易、促进产业发展、增进民生福祉的关键要素，越来越成为经济、贸易、科技、文化等领域的焦点。当前，我国质量水平的提高仍然滞后于经济社会发展，质量发展基础还不够坚实。

面对新形势新要求，必须把推动发展的立足点转到提高质量和效益上来，培育以技术、标准、品牌、质量、服务等为核心的经济发展新优势，推动中国制造向中国创造转变、中国速度向中国质量转变、中国产品向中国品牌转变，坚定不移推进质量强国建设。

二、总体要求

（一）指导思想

以习近平新时代中国特色社会主义思想为指导，立足新发展阶段，完整、准确、全面贯彻新发展理念，构建新发展格局，统筹发展和安全，以推动高质量发展为主题，以提高供给质量为主攻方向，以改革创新为根本动力，以满足人民日益增长的美好生活需要为根本目的，深入实施质量强国战略，牢固树立质量第一意识，健全质量政策，加强全面质量管理，促进质量变革创新，着力提升产品、工程、服务质量，着力推动品牌建设，着力增强产业质量竞争力，着力提高经济发展质量效益，着力提高全民质量素养，积极对接国际先进技术、规则、标准，全方位建设质量强国，为全面建设社会主义现代化国家、实现中华民族伟大复兴的中国梦提供质量支撑。

（二）主要目标

到 2025 年，质量整体水平进一步全面提高，中国品牌影响力稳步提升，人民群众质量获得感、满意度明显增强，质量推动经济社会发展的作用更加突出，质量强国建设取得阶段性成效。

——经济发展质量效益明显提升。经济结构更加优化，创新能力显著提升，现代化经济体系建设取得重大进展，单位 GDP 资源能源消耗不断下降，经济发展新动能和质量新优势显著增强。

——产业质量竞争力持续增强。制约产业发展的质量瓶颈不断突破，产业链供应链整体现代化水平显著提高，一二三产业质量效益稳步提高，农业标准化生产普及率稳步提升，制造业质量竞争力指数达到 86，服务业供给有效满足产业转型升级和居民消费升级需要，质量竞争型产业规模显著扩大，建成一批具有引领力的质量卓越产业集群。

——产品、工程、服务质量水平显著提升。质量供给和需求更加适配，农产品质量安全例行监测合格率和食品抽检合格率均达到 98% 以上，制造业产品质量合格率达到 94%，工程质量抽查符合率不断提高，消费品质量合格率有效支撑高品质生活需要，服务质量满意度全面提升。

——品牌建设取得更大进展。品牌培育、发展、壮大的促进机制和支持制度更加健全，品牌建设水平显著提高，企业争创品牌、大众信赖品牌的社会氛围更加浓厚，品质卓越、特色鲜明的品牌领军企业持续涌现，形成一大批质量过硬、优势明显的中国品牌。

——质量基础设施更加现代高效。质量基础设施管理体制机制更加健全、布局更加合理，计量、标准、认证认可、检验检测等实现更高水平协同发展，建成若干国家级质量标准实验室，打造一批高效实用的质量基础设施集成服务基地。

——质量治理体系更加完善。质量政策法规更加健全，质量监管体系更趋完备，重大质量安全风险防控机制更加有效，质量管理水平普遍提高，质量人才队伍持续壮大，质量专业技术人员结构和数量更好适配现代质量管理需要，全民质量素养不断增强，质量发展环境更加优化。

到2035年，质量强国建设基础更加牢固，先进质量文化蔚然成风，质量和品牌综合实力达到更高水平。

三、推动经济质量效益型发展

……

（四）树立质量发展绿色导向

开展重点行业和重点产品资源效率对标提升行动，加快低碳零碳负碳关键核心技术攻关，推动高耗能行业低碳转型。全面推行绿色设计、绿色制造、绿色建造，健全统一的绿色产品标准、认证、标识体系，大力发展绿色供应链。优化资源循环利用技术标准，实现资源绿色、高效再利用。建立健全碳达峰、碳中和标准计量体系，推动建立国际互认的碳计量基标准、碳监测及效果评估机制。建立实施国土空间生态修复标准体系。建立绿色产品消费促进制度，推广绿色生活方式。

……

四、增强产业质量竞争力

……

（七）提高产业质量竞争水平

推动产业质量升级，加强产业链全面质量管理，着力提升关键环节、关键领域质量管控水平。开展对标达标提升行动，以先进标准助推传统产业提质增效和新兴产业高起点发展。推进农业品种培优、品质提升、品牌打造和标准化生产，全面提升农业生产质量效益。加快传统制造业技术迭代和质量升级，强化战略性新兴产业技术、质量、管理协同创新，培育壮大质量竞争型产业，推动制造业高端化、智能化、绿色化发展，大力发展服务型制造。加快培育服务业新业态新模式，以质量创新促进服务场景再造、业务再造、管理再造，推动生产性服务业向专业化和价值链高端延伸，推动生活性服务业向高品质和多样化升级。完善服务业质量标准，加强服务业质量监测，优化服务业市场环境。加快大数据、网络、人工智能等新技术的深度应用，促进现代服务业与先进制造业、现代农业融合发展。

……

六、提升建设工程品质

……

（十四）提高建筑材料质量水平

加快高强度高耐久、可循环利用、绿色环保等新型建材研发与应用，推动钢材、玻璃、陶瓷等传统建材升级换代，提升建材性能和品质。大力发展绿色建材，完善绿色建材产品标准和认证评价体系，倡导选用绿色建材。鼓励企业建立装配式建筑部品部件生产、施工、安装全生命周期质量控制体系，推行装配式建筑部品部件驻厂监造。落实建材生产和供应单位终身责任，严格建材使用单位质量责任，强化影响结构强度和安全性、耐久性的关键建材全过程质量管理。加强建材质量监管，加大对外墙保温材料、水泥、电线电缆等重点建材产品质量监督抽查力度，实施缺陷建材响应处理和质量追溯。开展住宅、公共建筑等重点领域建材专项整治，促进从生产到施工全链条的建材行业质量提升。

（十五）打造中国建造升级版

坚持百年大计、质量第一，树立全生命周期建设发展理念，构建现代工程建设质量管理体系，打造中国建造品牌。完善勘察、设计、监理、造价等工程咨询服务技术标准，鼓励发展全过程工程咨询和专业化服务。完善工程设计方案审查论证机制，突出地域特征、民族特点、时代风貌，提供质量优良、安全耐久、环境协调、社会认可的工程设计产品。加大先进建造技术前瞻性研究力度和研发投入，加快建筑信息模型等数字化技术研发和集成应用，创新开展工程建设工法研发、评审、推广。加强先进质量管理模式和方法高水平应用，打造品质工程标杆。推广先进建造设备和智能建造方式，提升建设工程的质量和安全性能。大力发展绿色建筑，深入推进可再生能源、资源建筑应用，实现工程建设全过程低碳环保、节能减排。

建材行业碳达峰实施方案（节选）

建材行业是国民经济和社会发展的重要基础产业，也是工业领域能源消耗和碳排放的重点行业。为深入贯彻落实党中央、国务院关于碳达峰碳中和决策部署，切实做好建材行业碳达峰工作，根据《关于完整准确全面贯彻新发展理念做好碳达峰碳中和工作的意见》《2030 年前碳达峰行动方案》，结合《工业领域碳达峰实施方案》，制定本实施方案。

一、总体要求

（一）指导思想

以习近平新时代中国特色社会主义思想为指导，全面贯彻党的二十大精神，坚持稳中求进工作总基调，立足新发展阶段，完整、准确、全面贯彻新发展理念，构建新发展格局，坚持系统观念，处理好发展和减排、整体和局部、长远目标和短期目标、政府和市场的关系，围绕建材行业碳达峰总体目标，以深化供给侧结构性改革为主线，以总量控制为基础，以提升资源综合利用水平为关键，以低碳技术创新为动力，全面提升建材行业绿色低碳发展水平，确保如期实现碳达峰。

（二）工作原则

坚持统筹推进。加强顶层设计，强化公共服务，加强建材行业

上下游产业链协同，保障有效供给，促进减污降碳协同增效，稳妥有序推进碳达峰工作。

坚持双轮驱动。政府和市场两手发力，完善建材行业绿色低碳发展政策体系，健全激励约束机制，充分调动市场主体节能降碳积极性。

坚持创新引领。强化科技创新，促进科技成果转化，加快节能低碳技术和装备的研发和产业化，为建材行业绿色低碳转型夯实基础、增强动力。

坚持突出重点。注重分类施策，以排放占比最高的水泥、石灰等行业为重点，充分发挥资源循环利用优势，加大力度实施原燃料替代，实现碳减排重大突破。

（三）主要目标

“十四五”期间，建材产业结构调整取得明显进展，行业节能低碳技术持续推广，水泥、玻璃、陶瓷等重点产品单位能耗、碳排放强度不断下降，水泥熟料单位产品综合能耗水平降低 3% 以上。“十五五”期间，建材行业绿色低碳关键技术产业化实现重大突破，原燃料替代水平大幅提高，基本建立绿色低碳循环发展的产业体系。确保 2030 年前建材行业实现碳达峰。

二、重点任务

……

（二）推动原料替代

……

6. 推动建材产品减量化使用。精准使用建筑材料，减量使用高碳建材产品。提高水泥产品质量和应用水平，促进水泥减量化使用。开发低能耗制备与施工技术，加大高性能混凝土推广应用力度。加快发展新型低碳胶凝材料，鼓励固碳矿物材料和全固废免烧新型胶凝材料的研发。（工业和信息化部、住房和城乡建设部、科技部按职责分工负责）

（五）推进绿色制造

13. 构建高效清洁生产体系。强化建材企业全生命周期绿色管理，大力推行绿色设计，建设绿色工厂，协同控制污染物排放和二氧化碳排放，构建绿色制造体系。推动制定“一行一策”清洁生产改造提升计划，全面开展清洁生产审核评价和认证，推动一批重点企业达到国际清洁生产领先水平。在水泥、石灰、玻璃、陶瓷等重点行业加快实施污染物深度治理和二氧化碳超低排放改造，促进减污降碳协同增效，到 2030 年改造建设 1000 条绿色低碳生产线。推进绿色运输，打造绿色供应链，中长途运输优先采用铁路或水路，中短途运输鼓励采用管

廊、新能源车辆或达到国六排放标准的车辆，厂内物流运输加快建设皮带、轨道、辊道运输系统，减少厂内物料二次倒运以及汽车运输量。推动大气污染防治重点区域淘汰国四及以下厂内车辆和国二及以下的非道路移动机械。（工业和信息化部、国家发展改革委、生态环境部、交通运输部按职责分工负责）

14. 构建绿色建材产品体系。将水泥、玻璃、陶瓷、石灰、墙体材料、木竹材等产品碳排放指标纳入绿色建材标准体系，加快推进绿色建材产品认证，扩大绿色建材产品供给，提升绿色建材产品质量。大力提高建材产品深加工比例和产品附加值，加快向轻型化、集约化、制品化、高端化转型。加快发展生物质建材。（工业和信息化部、生态环境部、住房和城乡建设部、市场监管总局、林草局按职责分工负责）

15. 加快绿色建材生产和应用。鼓励各地因地制宜发展绿色建材，培育一批骨干企业，打造一批产业集群。持续开展绿色建材下乡活动，助力美丽乡村建设。通过政府采购支持绿色建材促进建筑品质提升试点城市建设，打造宜居绿色低碳城市。促进绿色建材与绿色建筑协同发展，提升新建建筑与既有建筑改造中使用绿色建材，特别是节能玻璃、新型保温材料、新型墙体材料的比例，到 2030 年星级绿色建筑全面推广绿色建材。（工业和信息化部、财政部、住房和城乡建设部、市场监管总局按职责分工负责）

……

城乡建设领域碳达峰实施方案（节选）

城乡建设是碳排放的主要领域之一。随着城镇化快速推进和产业结构深度调整，城乡建设领域碳排放量及其占全社会碳排放总量比例均将进一步提高。为深入贯彻落实党中央、国务院关于碳达峰碳中和决策部署，控制城乡建设领域碳排放量增长，切实做好城乡建设领域碳达峰工作，根据《中共中央 国务院关于完整准确全面贯彻新发展理念做好碳达峰碳中和工作的意见》《2030年前碳达峰行动方案》，制定本实施方案。

一、总体要求

（一）指导思想。以习近平新时代中国特色社会主义思想为指导，全面贯彻党的十九大和十九届历次全会精神，深入贯彻习近平生态文明思想，按照党中央、国务院决策部署，坚持稳中求进工作总基调，立足新发展阶段，完整、准确、全面贯彻新发展理念，构建新发展格局，坚持生态优先、节约优先、保护优先，坚持人与自然和谐共生，坚持系统观念，统筹发展和安全，以绿色低碳发展为引领，推进城市更新行动和乡村建设行动，加快转变城乡建设方式，提升绿色低碳发展质量，不断满足人民群众对美好生活的需要。

（二）工作原则。坚持系统谋划、分步实施，加强顶层设计，强化结果控制，合理确定工作节奏，统筹推进实现碳达峰。坚持因地制宜，区分城市、乡村、不同气候区，科学确定节能降碳要求。坚持创新引领、转型发展，加强核心技术攻坚，完善技术体系，强化机制创新，完善城乡建设碳减排管理制度。坚持双轮驱动、共同发力，充分发挥政府主导和市场机制作用，形成有效的激励约束机制，实施共建共享，协同推进各项工作。

（三）主要目标。2030年前，城乡建设领域碳排放达到峰值。城乡建设绿色低碳发展政策体系和体制机制基本建立；建筑节能、垃圾资源化利用等水平大幅提高，能源资源利用效率达到国际先进水平；用能结构和方式更加优化，可再生能源应用更加充分；城乡建设方式绿色低碳转型取得积极进展，“大量建设、大量消耗、大量排放”基本扭转；城市整体性、系统性、生长性增强，“城市病”问题初步解决；建筑品质和工程质量进一步提高，人居环境质量大幅改善；绿色生活方式普遍形成，绿色低碳运行初步实现。力争到2060年前，城乡建设方式全面实现绿色低碳转型，系统性变革全面实现，美好人居环境全面建成，城乡建设领域碳排放治理现代化全面实现，人民生活更加幸福。

二、建设绿色低碳城市

……

（五）开展绿色低碳社区建设。社区是形成简约适度、绿色低碳、文明健康生活方式的重要场所。推广功能复合的混合街区，倡导居住、商业、无污染产业等混合布局。按照《完整居住社区建设标准（试行）》配建基本公共服务设施、便民商业服务设施、市政配套基础设施和公共活动空间，到2030年地级及以上城市的完整居住社区覆盖率提高到60%以上。通过步行和骑行网络串联若干个居住社区，构建十五分钟生活圈。推进绿色社区创建行动，将绿色发展理念贯穿社区规划建设管理全过程，60%的城市社区先行达到创建要求。探索零碳社区建设。鼓励物业服务企业向业主提供居家养老、家政、托幼、健身、购物等生活服务，在步行范围内满足业主基本生活需求。鼓励选用绿色家电产品，减少使用一次性消费品。鼓励“部分空间、部分时间”等绿色低碳用能方式，倡导随手关灯，电视机、空调、电脑等电器不用时关闭插座电源。鼓励选用新能源汽车，推进社区充换电设施建设。

（六）全面提高绿色低碳建筑水平。持续开展绿色建筑创建行动，到2025年，城镇新建建筑全面执行绿色建筑标准，星级绿色建筑占比达到30%以上，新建政府投资公益性公共建筑和大型公共建筑全部达到一星级以上。2030年前严寒、寒冷地区新建居住建筑本体达到83%节能要求，夏热冬冷、夏热冬暖、温和地区新建居住建筑本体达到75%节能要求，新建公共建筑本体达到78%节能要求。推动低碳建筑规模化发展，鼓励建设零碳建筑和近零能耗建筑。加强节能改造鉴定评估，编制改造专项规划，对具备改造价值和条件的居住建筑要应改尽改，改造部分节能水平应达到现行标准规定。持续推进公共建筑能效提升重点城市建设，到2030年地级以上重点城市全部完成改造任务，改造后实现整体能效提升20%以上。推进公共建筑能耗监测和统计分析，逐步实施能耗限额管理。加强空调、照明、电梯等重点用能设备运行调适，提升设备能效，到2030年实现公共建筑机电系统的总体能效在现有水平上提升10%。

（七）建设绿色低碳住宅。提升住宅品质，积极发展中小户型普通住宅，限制发展超大户型住宅。依据当地气候条件，合理确定住宅朝向、窗墙比和体形系数，降低住宅能耗。合理布局居住生活空间，鼓励大开间、小进深，充分利用日照和自然通风。推行灵活可变的居住空间设计，减少改造或拆除造成的资源浪费。推动新建住宅全装修交付使用，减少资源消耗和环境污染。积极推广装配化装修，推行整体卫浴和厨房等模块化部品应用技术，实现部品部件可拆改、可循环使用。提高共用设施设备维修养护水平，提升智能化程度。加强住宅共用部位维护管理，延长住宅使用寿命。

……

（十）推进绿色低碳建造。大力发展装配式建筑，推广钢结构住宅，到2030年装配式建筑占当年城镇新建建筑的比例达到40%。推广智能建造，到2030年培育100个智能建造产业基地，打造一批建筑产业互联网平台，形成一系列建筑机器人标志性产品。推广建筑材料工厂化精准加工、精细化管理，到2030年施工现场建筑材料损耗率比2020年下降20%。加强施工现场建筑垃圾管控，到2030年新建建筑施工现场建筑垃圾排放量不高于300吨/万平方米。积极推广节能型施工设备，监控重点设备耗能，对多台同类设备实施群控管理。优先选用获得绿色建材认证标识的建材产品，建立政府工程采购绿色建材机制，到2030年星级绿色建筑全面推广绿色建材。鼓励有条件的地区使用木竹建材。提高预制构件和部品部件通用性，推广标准化、少规格、多组合设计。推进建筑垃圾集中处理、分级利用，到2030年建筑垃圾资源化利用率达到55%。

三、打造绿色低碳县城和乡村

……

（十三）推进绿色低碳农房建设。提升农房绿色低碳设计建造水平，提高农房能效水平，到2030年建成一批绿色农房，鼓励建设星级绿色农房和零碳农房。按照结构安全、功能完善、节能降碳等要求，制定和完善农房建设相关标准。引导新建农房执行《农村居住建筑节能设计标准》等相关标准，完善农房节能措施，因地制宜推广太阳能暖房等可再生能源利用方式。推广使用高能效照明、灶具等设施设备。鼓励就地取材和利用乡土材料，推广使用绿色建材，鼓励选用装配式钢结构、木结构等建造方式。大力推进北方地区农村清洁取暖。在北方地区冬季清洁取暖项目中积极推进农房节能改造，提高常住房间舒适性，改造后实现整体能效提升30%以上。

……

四、强化保障措施

……

（十九）完善金融财政支持政策。完善支持城乡建设领域碳达峰的相关财政政策，落实税收优惠政策。完善绿色建筑和绿色建材政府采购需求标准，在政府采购领域推广绿色建筑和绿色建材应用。强化绿色金融支持，鼓励银行业金融机构在风险可控和商业自主原则下，创新信贷产品和服务支持城乡建设领域节能降碳。鼓励开发商投保全装修住宅质量保险，强化保险支持，发挥绿色保险产品的风险保障作用。合理开放城镇基础设施投资、建设和运营市场，应用特许经营、政府购买服务等手段吸引社会资本投入。完善差别电价、分时电价和居民阶梯电价政策，加快推进供热计量和按供热量收费。

……

财政支持做好碳达峰碳中和工作的意见（节选）

为深入贯彻落实党中央、国务院关于碳达峰碳中和重大战略决策，根据《中共中央 国务院关于完整准确全面贯彻新发展理念做好碳达峰碳中和工作的意见》和《2030年前碳达峰行动方案》（国发〔2021〕23号）有关工作部署，现就财政支持做好碳达峰碳中和工作提出如下意见。

一、总体要求

（一）指导思想

以习近平新时代中国特色社会主义思想为指导，全面贯彻党的十九大和十九届历次全会精神，深入贯彻习近平生态文明思想，按照党中央、国务院决策部署，坚持稳中求进工作总基调，立足新发展阶段，完整、准确、全面贯彻新发展理念，构建新发展格局，推动高质量发展，坚持系统观念，把碳达峰碳中和工作纳入生态文明建设整体布局和经济社会发展全局。坚持降碳、减污、扩绿、增长协同推进，积极构建有利于促进资源高效利用和绿色低碳发展的财税政策体系，推动有为政府和有效市场更好结合，支持如期实现碳达峰碳中和目标。

（二）工作原则

立足当前，着眼长远。围绕如期实现碳达峰碳中和目标，加强财政支持政策与国家“十四五”规划纲要衔接，抓住“十四五”碳达峰工作的关键期、窗口期，落实积极的财政政策要提升效能，更加注重精准、可持续的要求，合理规划财政支持碳达峰碳中和政策体系。

因地制宜，统筹推进。各地财政部门统筹考虑当地工作基础和实际，稳妥有序推进工作，分类施策，制定和实施既符合自身实际又满足总体要求的财政支持措施。加强财政资源统筹，常态化实施财政资金直达机制。推动资金、税收、政府采购等政策协同发力，提升财政政策效能。

结果导向，奖优罚劣。强化预算约束和绩效管理，中央财政对推进相关工作成效突出的地区给予奖励支持；对推进相关工作不积极或成效不明显地区适当扣减相关转移支付资金，形成激励约束机制。

加强交流，内外畅通。坚持共同但有区别的责任原则、公平原则和各自能力原则，强化多边、双边国际财经对话交流合作，统筹国内国际资源，推广国内外先进绿色低碳技术和经验，深度参与全球气候治理，积极争取国际资源支持。

（三）主要目标

到2025年，财政政策工具不断丰富，有利于绿色低碳发展的财税政策框架初步建立，有力支持各地区各行业加快绿色低碳转型。2030年前，有利于绿色低碳发展的财税政策体系基本形成，促进绿色低碳发展的长效机制逐步建立，推动碳达峰目标顺利实现。2060年前，财政支持绿色低碳发展政策体系成熟健全，推动碳中和目标顺利实现。

……

三、财政政策措施

……

（四）完善政府绿色采购政策

建立健全绿色低碳产品的政府采购需求标准体系，分类制定绿色建筑和绿色建材政府采购需求标准。大力推广应用装配式建筑和绿色建材，促进建筑品质提升。加大新能源、清洁能源公务用车和用船政府采购力度，机要通信等公务用车除特殊地理环境等因素外原则上采购新能源汽车，优先采购提供新能源汽车的租赁服务，公务用船优先采购新能源、清洁能源船舶。强化采购人主体责任，在政府采购文件中明确绿色低碳要求，加大绿色低碳产品采购力度。

……

“十四五”建筑节能与绿色建筑发展规划（节选）

2022 年 3 月

为进一步提高“十四五”时期建筑节能水平，推动绿色建筑高质量发展，依据《中华人民共和国国民经济和社会发展第十四个五年规划和 2035 年远景目标纲要》《中共中央 国务院关于完整准确全面贯彻新发展理念做好碳达峰碳中和工作的意见》《中共中央办公厅国务院办公厅关于推动城乡建设绿色发展的意见》等文件，制定本规划。

一、发展环境

（一）发展基础

“十三五”期间，我国建筑节能与绿色建筑发展取得重大进展。绿色建筑实现跨越式发展，法规标准不断完善，标识认定管理逐步规范，建设规模增长迅速。城镇新建建筑节能标准进一步提高，超低能耗建筑建设规模持续增长，近零能耗建筑实现零的突破。公共建筑能效提升持续推进，重点城市建设取得新进展，合同能源管理等市场化机制建设取得初步成效。既有居住建筑节能改造稳步实施，农房节能改造研究不断深入。可再生能源应用规模持续扩大，太阳能光伏装机容量不断提升，可再生能源替代率逐步提高。装配式建筑快速发展，政策不断完善，示范城市和产业基地带动作用明显。绿色建材评价认证和推广应用稳步推进，政府采购支持绿色建筑和绿色建材应用试点持续深化。

“十三五”期间，严寒寒冷地区城镇新建居住建筑节能达到 75%，累计建设完成超低、近零能耗建筑面积近 0.1 亿平方米，完成既有居住建筑节能改造面积 5.14 亿平方米、公共建筑节能改造面积 1.85 亿平方米，城镇建筑可再生能源替代率达到 6%。截至 2020 年底，全国城镇新建绿色建筑占当年新建建筑面积比例达到 77%，累计建成绿色建筑面积超过 66 亿平方米，累计建成节能建筑面积超过 238 亿平方米，节能建筑占城镇民用建筑面积比例超过 63%，全国新开工装配式建筑占城镇当年新建建筑面积比例为 20.5%。国务院确定的各项工作任务和“十三五”建筑节能与绿色建筑发展规划目标圆满完成。

（二）发展形势

“十四五”时期是开启全面建设社会主义现代化国家新征程的第一个五年，是落实 2030 年前碳达峰、2060 年前碳中和目标的关键时期，建筑节能与绿色建筑发展面临更大挑战，同时也迎来重要发展机遇。

碳达峰碳中和目标愿景提出新要求。习近平总书记提出我国二氧化碳排放力争于 2030 年前达到峰值，努力争取 2060 年前实现碳中和。《中共中央 国务院关于完整准确全面贯彻新发展理念做好碳达峰碳中和工作的意见》和国务院《2030 年前碳达峰行动方案》，明确了减少城乡建设领域降低碳排放的任务要求。建筑碳排放是城乡建设领域碳排放的重点，通过提高建筑节能标准，实施既有建筑节能改造，优化建筑用能结构，推动建筑碳排放尽早达峰，将为实现我国碳达峰碳中和做出积极贡献。

城乡建设绿色发展带来新机遇。《中共中央办公厅国务院办公厅关于推动城乡建设绿色发展的意见》明确了城乡建设绿色发展蓝图。通过加快绿色建筑建设，转变建造方式，积极推广绿色建材，推动建筑运行管理高效低碳，实现建筑全寿命期的绿色低碳发展，将极大促进城乡建设绿色发展。

人民对美好生活的向往注入新动力。随着经济社会发展水平的提高，人民群众对美好居住环境的需求也越来越高。通过推进建筑节能与绿色建筑发展，以更少的能源资源消耗，为人民群众提供更加优良的公共服务、更加优美的工作生活空间、更加完善的建筑使用功能，将在减少碳排放的同时，不断增强人民群众的获得感、幸福感和安全感。

二、总体要求

（一）指导思想

以习近平新时代中国特色社会主义思想为指导，深入贯彻党的十九大和十九届历次全会精神，立足新发展阶段，完整、准确、全面贯彻新发展理念，构建新发展格局，坚持以人民为中心，坚持高质量发展，围绕落实我国2030年前碳达峰与2060年前碳中和目标，立足城乡建设绿色发展，提高建筑绿色低碳发展质量，降低建筑能源资源消耗，转变城乡建设发展方式，为2030年实现城乡建设领域碳达峰奠定坚实基础。

（二）基本原则

——绿色发展，和谐共生。坚持人与自然和谐共生的理念，建设高品质绿色建筑，提高建筑安全、健康、宜居、便利、节约性能，增进民生福祉。

——聚焦达峰，降低排放。聚焦2030年前城乡建设领域碳达峰目标，提高建筑能效水平，优化建筑用能结构，合理控制建筑领域能源消费总量和碳排放总量。

——因地制宜，统筹兼顾。根据区域发展战略和各地发展目标，确定建筑节能与绿色建筑发展总体要求和任务，以城市和乡村为单元，兼顾新建建筑和既有建筑，形成具有地区特色的发展格局。

——双轮驱动，两手发力。完善政府引导、市场参与机制，加大规划、标准、金融等政策引导，激励市场主体参与，规范市场主体行为，让市场成为推动建筑绿色低碳发展的重要力量，进一步提升建筑节能与绿色建筑发展质量和效益。

——科技引领，创新驱动。聚焦绿色低碳发展需求，构建市场为导向、企业为主体、产学研深度融合的技术创新体系，加强技术攻关，补齐技术短板，注重国际技术合作，促进我国建筑节能与绿色建筑创新发展。

（三）发展目标

1. 总体目标。到2025年，城镇新建建筑全面建成绿色建筑，建筑能源利用效率稳步提升，建筑用能结构逐步优化，建筑能耗和碳排放增长趋势得到有效控制，基本形成绿色、低碳、循环的建设发展方式，为城乡建设领域2030年前碳达峰奠定坚实基础。

专栏1“十四五”时期建筑节能和绿色建筑发展总体指标

主要指标	2025年
建筑运行一次二次能源消费总量（亿吨标准煤）	11.5
城镇新建居住建筑能效水平提升	30%
城镇新建公共建筑能效水平提升	20%

（注：表中指标均为预期性指标）

2. 具体目标。到2025年，完成既有建筑节能改造面积3.5亿平方米以上，建设超低能耗、近零能耗建筑0.5亿平方米以上，装配式建筑占当年城镇新建建筑的比例达到30%，全国新增建筑太阳能光伏装机容量0.5亿千瓦以上，地热能建筑应用面积1亿平方米以上，城镇建筑可再生能源替代率达到8%，建筑能耗中电力消费比例超过55%。

专栏2“十四五”时期建筑节能和绿色建筑发展具体指标

主要指标	2025年
既有建筑节能改造面积（亿平方米）	3.5
建设超低能耗、近零能耗建筑面积（亿平方米）	0.5
城镇新建建筑中装配式建筑比例	30%
新增建筑太阳能光伏装机容量（亿千瓦）	0.5
新增地热能建筑应用面积（亿平方米）	1.0
城镇建筑可再生能源替代率	8%
建筑能耗中电力消费比例	55%

（注：表中指标均为预期性指标）

三、重点任务

（一）提升绿色建筑发展质量

1. 加强高品质绿色建筑建设。推进绿色建筑标准实施，加强规划、设计、施工和运行管理。倡导建筑绿色低碳设计理念，充分利用自然通风、天然采光等，降低住宅用能强度，提高住宅健康性能。推动有条件地区政府投资公益性建筑、大型公共建筑等新建建筑全部建成星级绿色建筑。引导地方制定支持政策，推动绿色建筑规模化发展，鼓励建设高星级绿色建筑。降低工程质量通病发生率，提高绿色建筑工程质量。开展绿色农房建设试点。

2. 完善绿色建筑运行管理制度。加强绿色建筑运行管理，提高绿色建筑设施、设备运行效率，将绿色建筑日常运行要求纳入物业管理内容。建立绿色建筑用户评价和反馈机制，定期开展绿色建筑运营评估和用户满意度调查，不断优化提升绿色建筑运营水平。鼓励建设绿色建筑智能化运行管理平台，充分利用现代信息技术，实现建筑能耗和资源消耗、室内空气品质等指标的实时监测与统计分析。

专栏3 高品质绿色建筑发展重点工程

绿色建筑创建行动。以城镇民用建筑作为创建对象，引导新建建筑、改扩建建筑、既有建筑按照绿色建筑标准设计、施工、运行及改造。到2025年，城镇新建建筑全面执行绿色建筑标准，建成一批高质量绿色建筑项目，人民群众体验感、获得感明显增强。
星级绿色建筑推广计划。采取“强制＋自愿”推广模式，适当提高政府投资公益性建筑、大型公共建筑以及重点功能区内新建建筑中星级绿色建筑建设比例。引导地方制定绿色金融、容积率奖励、优先评奖等政策，支持星级绿色建筑发展。

……

（三）加强既有建筑节能绿色改造

1. 提高既有居住建筑节能水平。除违法建筑和经鉴定为危房且无修缮保留价值的建筑外，不大规模、成片集中拆除现状建筑。在严寒及寒冷地区，结合北方地区冬季清洁取暖工作，持续推进建筑用户侧能效提升改造、供热管网保温及智能调控改造。在夏热冬冷地区，适应居民采暖、空调、通风等需求，积极开展既有居住建筑节能改造，提高建筑用能效率和室内舒适度。在城镇老旧小区改造中，鼓励加强建筑节能改造，形成与小区公共环境整治、适老设施改造、基础设施和建筑使用功能提升改造统筹推进的节能、低碳、宜居综合改造模式。引导居民在更换门窗、空调、壁挂炉等部品及设备时，采购高能效产品。

2. 推动既有公共建筑节能绿色化改造。强化公共建筑运行监管体系建设，统筹分析应用能耗统计、能源审计、能耗监测等数据信息，开展能耗信息公示及披露试点，普遍提升公共建筑节能运行水平。引导各地分类制定公共建筑用能（用电）限额指标，开展建筑能耗比对和能效评价，逐步实施公共建筑用能管理。持续推进公共建筑能效提升重点城市建设，加强用能系统和围护结构改造。推广应用建筑设施设备优化控制策略，提高采暖空调系统和电气系统效率，加快LED照明灯具普及，采用电梯智能群控等技术提升电梯能效。建立公共建筑运行调适制度，推动公共建筑定期开展用能设备运行调适，提高能效水平。

……

（六）推广新型绿色建造方式

大力发展钢结构建筑，鼓励医院、学校等公共建筑优先采用钢结构建筑，积极推进钢结构住宅和农房建设，完善钢结构建筑防火、防腐等性能与技术措施。在商品住宅和保障性住房中积极推广装配式混凝土建筑，完善适用于不同建筑类型的装配式混凝土建筑结构体系，加大高性能混凝土、高强钢筋和消能减震、预应力技术的集成应用。因地制宜发展木结构建筑。推广成熟可靠的新型绿色建造技术。完善装配式建筑标准化设计和生产体系，推行设计选型和一体化集成设计，推广少规格、多组合设计方法，推动构件和部品部件标准化，扩大标准化构件和部品部件使用规模，满足标准化设计选型要求。积极发展装配化装修，推广管线分离、一体化装修技术，提高装修品质。

（七）促进绿色建材推广应用

加大绿色建材产品和关键技术研发投入，推广高强钢筋、高性能混凝土、高性能砌体材料、结构保温一体化墙板等，鼓励发展性能优良的预制构件和部品部件。在政府投资工程率先采用绿色建材，显著提高城镇新建建筑中绿色建材应用比例。优化选材提升建筑健康性能，开展面向提升建筑使用功能的绿色建材产品集成选材技术研究，推广新型功能环保建材产品与配套应用技术。

……

（九）推动绿色城市建设

开展绿色低碳城市建设，树立建筑绿色低碳发展标杆。在对城市建筑能源资源消耗、碳排放现状充分摸底评估基础上，结合建筑节能与绿色建筑工作情况，制定绿色低碳城市建设实施方案和绿色建筑专项规划，明确绿色低碳城市发展目标和主要任务，确定新建民用建筑的绿色建筑等级及布局要求。推动开展绿色低碳城区建设，实现高星级绿色建筑规模化发展，推动超低能耗建筑、零碳建筑、既有建筑节能及绿色化改造、可再生能源建筑应用、装配式建筑、区域建筑能效提升等项目落地实施，全面提升建筑节能与绿色建筑发展水平。

……

“十四五”工业绿色发展规划（节选）

工业和信息化部

一、面临形势

（一）发展基础

“十三五”以来，工业领域以传统行业绿色化改造为重点，以绿色科技创新为支撑，以法规标准制度建设为保障，大力实施绿色制造工程，工业绿色发展取得明显成效。

产业结构不断优化。初步建立落后产能退出长效机制，钢铁行业提前完成1.5亿吨去产能目标，电解铝、水泥行业落后产能已基本退出。高技术制造业、装备制造业增加值占规模以上工业增加值比重分别达到15.1%、33.7%，分别提高了3.3和1.9个百分点。

能源资源利用效率显著提升。规模以上工业单位增加值能耗降低约16%，单位工业增加值用水量降低约40%。重点大中型企业吨钢综合能耗水耗、原铝综合交流电耗等已达到世界先进水平。2020年，十种主要品种再生资源回收利用量达到3.8亿吨，工业固废综合利用量约20亿吨。

清洁生产水平明显提高。燃煤机组全面完成超低排放改造，6.2亿吨粗钢产能开展超低排放改造。重点行业主要污染物排放强度降低20%以上。

绿色低碳产业初具规模。截至2020年底，我国节能环保产业产值约7.5万亿元。新能源汽车累计推广量超过550万辆，连续多年位居全球第一。太阳能电池组件在全球市场份额占比达71%。

绿色制造体系基本构建。研究制定468项节能与绿色发展行业标准，建设2121家绿色工厂、171家绿色工业园区、189家绿色供应链企业，推广近2万种绿色产品，绿色制造体系建设已成为绿色转型的重要支撑。

……

（三）主要目标

到2025年，工业产业结构、生产方式绿色低碳转型取得显著成效，绿色低碳技术装备广泛应用，能源资源利用效率大幅提高，绿色制造水平全面提升，为2030年工业领域碳达峰奠定坚实基础。

碳排放强度持续下降。单位工业增加值二氧化碳排放降低18%，钢铁、有色金属、建材等重点行业碳排放总量控制取得阶段性成果。

污染物排放强度显著下降。有害物质源头管控能力持续加强，清洁生产水平显著提高，重点行业主要污染物排放强度降低10%。

能源效率稳步提升。规模以上工业单位增加值能耗降低13.5%，粗钢、水泥、乙烯等重点工业产品单耗达到世界先进水平。

资源利用水平明显提高。重点行业资源产出率持续提升，大宗工业固废综合利用率达到57%，主要再生资源回收利用量达到4.8亿吨。单位工业增加值用水量降低16%。

绿色制造体系日趋完善。重点行业和重点区域绿色制造体系基本建成，完善工业绿色低碳标准体系，推广万种绿色产品，绿色环保产业产值达到11万亿元。布局建设一批标准、技术公共服务平台。

三、主要任务

……

推动传统行业绿色低碳发展。加快钢铁、有色金属、石化化工、建材、纺织、轻工、机械等行业实施绿色化升级改造，推进城镇人口密集区危险化学品生产企业搬迁改造。落实能耗“双控”目标和碳排放强度控制要求，推动重化工业减量化、集约化、绿色化发展。对于市场已饱和的“两高”项目，主要产品设计能效水平要对标行业能耗限额先进值或国际先进水平。严格执行钢铁、水泥、平板玻璃、电解铝等行业产能置换政策，严控尿素、磷铵、电石、烧碱、黄磷等行业新增产能，新建项目应实施产能等量或减量置换。强化环保、能耗、水耗等要素约束，依法依规推动落后产能退出。

壮大绿色环保战略性新兴产业。着力打造能源资源消耗低、环境污染少、附加值高、市场需求旺盛的产业发展新引擎，加快发展新能源、新材料、新能源汽车、绿色智能船舶、绿色环保、高端装备、能源电子等战略性新兴产业，带动整个经济社会的绿色低碳发展。推动绿色制造领域战略性新兴产业融合化、集群化、生态化发展，做大做强一批龙头骨干企业，培育一批专精特新“小巨人”企业和制造业单项冠军企业。

优化重点区域绿色低碳布局。在严格保护生态环境前提下，提升能源资源富集地区能源资源的绿色供给能力，推动重点开发地区提高清洁能源利用比重和资源循环利用水平，引导生态脆弱地区发展与资源环境相适宜的特色产业和生态产业，鼓励生态产品资源丰富地区实现生态优势向产业优势转化。加快打造以京津冀、长三角、粤港澳大湾区等区域为重点的绿色低碳发展高地，积极推动长江经济带成为我国生态优先绿色发展主战场，扎实推进黄河流域生态保护和高质量发展。

……

（五）推动生产过程清洁化转型

强化源头减量、过程控制和末端高效治理相结合的系统减污理念，大力推行绿色设计，引领增量企业高起点打造更清洁的生产方式，推动存量企业持续实施清洁生产技术改造，引导企业主动提升清洁生产水平。

健全绿色设计推行机制。强化全生命周期理念，全方位全过程推行工业产品绿色设计。在生态环境影响大、产品涉及面广、产业关联度高的行业，创建绿色设计示范企业，探索行业绿色设计路径，带动产业链、供应链绿色协同提升。构建基于大数据和云计算等技术的绿色设计平台，强化绿色设计与绿色制造协同关键技术供给，加大绿色设计应用。聚焦绿色属性突出、消费量大的工业产品，制定绿色设计评价标准，完善标准采信机制。引导企业采取自我声明或自愿认证的方式，开展绿色设计评价。

减少有害物质源头使用。严格落实电器电子、汽车、船舶等产品有害物质限制使用管控要求，减少铅、汞、镉、六价铬、多溴联苯、多溴二苯醚等使用。研究制定道路机动车辆有害物质限制使用管理办法，更新电器电子产品管控范围的目录，制修订电器电子、汽车产品有害物质含量限值强制性标准，编制船舶有害物质清单及检验指南，持续推进有害物质管控要求与国际接轨。强化强制性标准约束作用，大力推广低（无）挥发性有机物含量的涂料、油墨、胶黏剂、清洗剂等产品。推动建立部门联动的监管机制，建立覆盖产业链上下游的有害物质数据库，充分发挥电商平台作用，创新开展大数据监管。

削减生产过程污染排放。针对重点行业、重点污染物排放量大的工艺环节，研发推广过程减污工艺和设备，开展应用示范。聚焦京津冀及周边地区、汾渭平原、长三角地区等重点区域，加大氮氧化物、挥发性有机物排放重点行业清洁生产改造力度，实现细颗粒物（PM2.5）和臭氧协同控制。聚焦长江、黄河等重点流域以及涉重金属行业集聚区，实施清洁生产水平提升工程，削减化学需氧量、氨氮、重金属等污染物排放。严格履行国际环境公约和有关标准要求，推动重点行业减少持久性有机污染物、有毒有害化学物质等新污染物产生和排放。制定限期淘汰产生严重环境污染的工业固体废物的落后生产工艺设备名录。

升级改造末端治理设施。在重点行业推广先进适用环保治理装备，推动形成稳定、高效的治理能力。在大气污染防治领域，聚焦烟气排放量大、成分复杂、治理难度大的重点行业，开展多污染物协同治理应用示范。深入推进钢铁行业超低排放改造，稳步实施水泥、焦化等行业超低排放改造。加快推进有机废气（VOCs）回收和处理，鼓励选取低耗高效组合工艺进行治理。在水污染防治重点领域，聚焦涉重金属、高盐、高有机物等高难度废水，开展深度高效治理应用示范，逐步提升印染、造纸、化学原料药、煤化工、有色金属等行业废水治理水平。

（六）引导产品供给绿色化转型

增加绿色低碳产品、绿色环保装备供给，引导绿色消费，创造新需求，培育新模式，构建绿色增长新引擎，为经济社会各领域绿色低碳转型提供坚实保障。

加大绿色低碳产品供给。构建工业领域从基础原材料到终端消费品全链条的绿色产品供给体系，鼓励企业运用绿色设计方法与工具，开发推广一批高性能、高质量、轻量化、低碳环保产品。打造绿色消费场景，扩大新能源汽车、光伏光热产品、绿色消费类电器电子产品、绿色建材等消费。倡导绿色生活方式，继续推广节能、节水、高效、安全的绿色智能家电产品。推动电商平台设立绿色低碳产品销售专区，建立销售激励约束机制，支持绿色积分等“消费即生产”新业态。

大力发展绿色环保装备。研发和推广应用高效加热、节能动力、余热余压回收利用等工业节能装备，低能耗、模块化、智能化污水、烟气、固废处理等工业环保装备，源头分类、过程管控、末端治理等工艺技术装备。加快农作物秸秆、畜禽粪污等生物质供气、供电及农膜污染治理等农村节能环保装备推广应用。发展新型墙体材料一体化成型、铜铝废碎料等工业固废智能化破碎分选及综合利用成套装备，退役动力电池智能化拆解及高值化回收利用装备。发展工程机械、重型机床、内燃机等再制造装备。

创新绿色服务供给模式。打造一批重点行业碳达峰碳中和公共服务平台，面向企业、园区提供低碳规划和低碳方案设计、低碳技术验证和碳排放、碳足迹核算等服务。建立重点工业产品碳排放基础数据库，完善碳排放数据计量、收集、监测、分析体系。推广合同能源管理、合同节水管理、环境污染第三方治理等服务模式。积极培育绿色制造系统解决方案、第三方评价、城市环境服务等专业化绿色服务机构，提供绿色诊断、研发设计、集成应用、运营管理、评价认证、培训等服务，积极参与绿色服务国际标准体系和服务贸易规则制定。

（七）加速生产方式数字化转型

以数字化转型驱动生产方式变革，采用工业互联网、大数据、5G 等新一代信息技术提升能源、资源、环境管理水平，深化生产制造过程的数字化应用，赋能绿色制造。

建立绿色低碳基础数据平台。加快制定涵盖能源、资源、碳排放、污染物排放等数据信息的绿色低碳基础数据标准。分行业建立产品全生命周期绿色低碳基础数据平台，统筹绿色低碳基础数据和工业大数据资源，建立数据共享机制，推动数据汇聚、共享和应用。基于平台数据，开展碳足迹、水足迹、环境影响分析评价。

推动数字化智能化绿色化融合发展。深化产品研发设计、生产制造、应用服役、回收利用等环节的数字化应用，加快人工智能、物联网、云计算、数字孪生、区块链等信息技术在绿色制造领域的应用，提高绿色转型发展效率和效益。推动制造过程的关键工艺装备智能感知和控制系统、过程多目标优化、经营决策优化等，实现生产过程物质流、能量流等信息采集监控、智能分析和精细管理。打造面向产品全生命周期的数字孪生系统，以数据为驱动提升行业绿色低碳技术创新、绿色制造和运维服务水平。推进绿色技术软件化封装，推动成熟绿色制造技术的创新应用。

实施“工业互联网 + 绿色制造”。鼓励企业、园区开展能源资源信息化管控、污染物排放在线监测、地下管网漏水检测等系统建设，实现动态监测、精准控制和优化管理。加强对再生资源全生命周期数据的智能化采集、管理与应用。推动主要用能设备、工序等数字化改造和上云用云。支持采用物联网、大数据等信息化手段开展信息采集、数据分析、流向监测、财务管理，推广“工业互联网 + 再生资源回收利用”新模式。

（八）构建绿色低碳技术体系

推动新技术快速大规模应用和迭代升级，抓紧部署前沿技术研究，完善产业技术创新体系，强化科技创新对工业绿色低碳转型的支撑作用。

加快关键共性技术攻关突破。针对基础元器件和零部件、基础工艺、关键基础材料等实施一批节能减碳研究项目。集中优势资源开展减碳零碳负碳技术、碳捕集利用与封存技术、零碳工业流程再造技术、复杂难用固废无害化利用技术、新型节能及新能源材料技术、高效储能材料技术等关键核心技术攻关，形成一批原创性科技成果。开展化石能源清洁高效利用技术、再生资源分质分级利用技术、高端智能装备再制造技术、高效节能环保装备技术等共性技术研发，强化绿色低碳技术供给。

加强产业基础研究和前沿技术布局。加强基础理论、基础方法、前沿颠覆性技术布局，推进碳中和、二氧化碳移除与低成本利用等前沿绿色低碳技术研究。开展智能光伏、钙钛矿太阳能电池、绿氢开发利用、一氧化碳发酵制酒精、二氧化碳负排放技术以及臭氧污染、持久性有机污染物、微塑料、游离态污染物等新型污染物治理技术装备基础研究，稳步推进团聚、微波除尘等技术集成创新。

加大先进适用技术推广应用。定期编制发布低碳、节能、节水、清洁生产和资源综合利用等绿色技术、装备、产品目录，遴选一批水平先进、经济性好、推广潜力大、市场亟需的工艺装备技术，鼓励企业加强设备更新和新产品规模化应用。重点推广全废钢电弧炉短流程炼钢、高选择性催化、余热高效回收利用、多污染物协同治理超低排放、加热炉低氮燃烧、干法粒化除尘、工业废水深度治理回用、高效提取分离、高效膜分离等工艺装备技术。组织制定重大技术推广方案和供需对接指南。优化完善首台（套）重大技术装备、重点新材料首批次应用保险补偿机制，支持符合条件的绿色低碳技术装备、绿色材料应用。鼓励各地方、各行业探索绿色低碳技术推广新机制。

（九）完善绿色制造支撑体系

健全绿色低碳标准体系，完善绿色评价和公共服务体系，强化绿色服务保障，构建完整贯通的绿色供应链，全面提升绿色发展基础能力。

健全绿色低碳标准体系。立足产业结构调整、绿色低碳技术发展需求，完善绿色产品、绿色工厂、绿色工业园区和绿色供应链评价标准体系，制修订一批低碳、节能、节水、资源综合利用等重点领域标准及关键工艺技术装备标准。鼓励制定高于现行标准的地方标准、团体标准和企业标准。强化先进适用标准的贯彻落实，扩大标准有效供给。推动建立绿色低碳标准采信机制，推进重点标准技术水平评价和实施效果评估，畅通迭代优化渠道。推进绿色设计、产品碳足迹、绿色制造、新能源、新能源汽车等重点领域标准国际化工作。

打造绿色公共服务平台。优化自我评价、社会评价与政府引导相结合的绿色制造评价机制，强化对社会评价机构的监督管理。培育一批绿色制造服务供应商，提供产品绿色设计与制造一体化、工厂数字化绿色提升、服务其他产业绿色化等系统解决方案。完善绿色制造公共服务平台，创新服务模式，面向重点领域提供咨询、检测、评估、认定、审计、培训等一揽子服务。

强化绿色制造标杆引领。围绕重点行业和重要领域，持续推进绿色产品、绿色工厂、绿色工业园区和绿色供应链管理企业建设，遴选发布绿色制造名单。鼓励地方、行业创建本区域、本行业的绿色制造标杆企业名单。实施对绿色制造名单的动态化管理，探索开展绿色认证和星级评价，强化效果评估，建立有进有出的动态调整机制。将环境信息强制性披露纳入绿色制造评价体系，鼓励绿色制造企业编制绿色低碳发展年度报告。

贯通绿色供应链管理。鼓励工业企业开展绿色制造承诺机制，倡导供应商生产绿色产品，创建绿色工厂，打造绿色制造工艺、推行绿色包装、开展绿色运输、做好废弃产品回收处理，形成绿色供应链。推动绿色产业链与绿色供应链协同发展，鼓励汽车、家电、机械等生产企业构建数据支撑、网络共享、智能协作的绿色供应链管理体系，提升资源利用效率及供应链绿色化水平。

打造绿色低碳人才队伍。推进相关专业学科与产业学院建设，强化专业型和跨领域复合型人才培养。充分发挥企业、科研机构、高校、行业协会、培训机构等各方作用，建立完善多层次人才合作培养模式。依托各类引知引智计划，构筑集聚国内外科技领军人才和创新团队的绿色低碳科研创新高地。建立多元化人才评价和激励机制。推动国家人才发展重大项目对绿色低碳人才队伍建设支持。

完善绿色政策和市场机制。建立与绿色低碳发展相适应的投融资政策，严格控制“两高”项目投资，加大对节能环保、新能源、碳捕集利用与封存等的投融资支持力度。发挥国家产融合作平台作用，建设工业绿色发展项目库，推动绿色金融产品服务创新。推动运用定向降准、专项再贷款、抵押补充贷款等政策工具，引导金融机构扩大绿色信贷投放。健全政府绿色采购政策，加大绿色低碳产品采购力度。进一步完善惩罚性电价、差别电价、差别水价等政策。推进全国碳排放权和全国用能权交易市场建设，加强碳排放权和用能权交易的统筹衔接。

……

2030年前碳达峰行动方案（节选）

为深入贯彻落实党中央、国务院关于碳达峰、碳中和的重大战略决策，扎实推进碳达峰行动，制定本方案。

一、总体要求

（一）指导思想

以习近平新时代中国特色社会主义思想为指导，全面贯彻党的十九大和十九届二中、三中、四中、五中全会精神，深入贯彻习近平生态文明思想，立足新发展阶段，完整、准确、全面贯彻新发展理念，构建新发展格局，坚持系统观念，处理好发展和减排、整体和局部、短期和中长期的关系，统筹稳增长和调结构，把碳达峰、碳中和纳入经济社会发展全局，坚持“全国统筹、节约优先、双轮驱动、内外畅通、防范风险”的总方针，有力有序有效做好碳达峰工作，明确各地区、各领域、各行业目标任务，加快实现生产生活方式绿色变革，推动经济社会发展建立在资源高效利用和绿色低碳发展的基础之上，确保如期实现2030年前碳达峰目标。

（二）工作原则

——总体部署、分类施策。坚持全国一盘棋，强化顶层设计和各方统筹。各地区、各领域、各行业因地制宜、分类施策，明确既符合自身实际又满足总体要求的目标任务。

——系统推进、重点突破。全面准确认识碳达峰行动对经济社会发展的深远影响，加强政策的系统性、协同性。抓住主要矛盾和矛盾的主要方面，推动重点领域、重点行业和有条件的地方率先达峰。

——双轮驱动、两手发力。更好发挥政府作用，构建新型举国体制，充分发挥市场机制作用，大力推进绿色低碳科技创新，深化能源和相关领域改革，形成有效激励约束机制。

——稳妥有序、安全降碳。立足我国富煤贫油少气的能源资源禀赋，坚持先立后破，稳住存量，拓展增量，以保障国家能源安全和经济发展为底线，争取时间实现新能源的逐渐替代，推动能源低碳转型平稳过渡，切实保障国家能源安全、产业链供应链安全、粮食安全和群众正常生产生活，着力化解各类风险隐患，防止过度反应，稳妥有序、循序渐进推进碳达峰行动，确保安全降碳。

二、主要目标

“十四五”期间，产业结构和能源结构调整优化取得明显进展，重点行业能源利用效率大幅提升，煤炭消费增长得到严格控制，新型电力系统加快构建，绿色低碳技术研发和推广应用取得新进展，绿色生产生活方式得到普遍推行，有利于绿色低碳循环发展的政策体系进一步完善。到2025年，非化石能源消费比重达到20%左右，单位国内生产总值能源消耗比2020年下降13.5%，单位国内生产总值二氧化碳排放比2020年下降18%，为实现碳达峰奠定坚实基础。

“十五五”期间，产业结构调整取得重大进展，清洁低碳安全高效的能源体系初步建立，重点领域低碳发展模式基本形成，重点耗能行业能源利用效率达到国际先进水平，非化石能源消费比重进一步提高，煤炭消费逐步减少，绿色低碳技术取得关键突破，绿色生活方式成为公众自觉选择，绿色低碳循环发展政策体系基本健全。到2030年，非化石能源消费比重达到25%左右，单位国内生产总值二氧化碳排放比2005年下降65%以上，顺利实现2030年前碳达峰目标。

三、重点任务

将碳达峰贯穿于经济社会发展全过程和各方面，重点实施能源绿色低碳转型行动、节能降碳增效行动、工业领域碳达峰行动、城乡建设碳达峰行动、交通运输绿色低碳行动、循环经济助力降碳行动、绿色低碳科技创新行动、碳汇能力巩固提升行动、绿色低碳全民行动、各地区梯次有序碳达峰行动等“碳达峰十大行动”。

……

（三）工业领域碳达峰行动

工业是产生碳排放的主要领域之一，对全国整体实现碳达峰具有重要影响。工业领域要加快绿色低碳转型和高质量发展，力争率先实现碳达峰。

1. 推动工业领域绿色低碳发展。优化产业结构，加快退出落后产能，大力发展战略性新兴产业，加快传统产业绿色低碳改造。促进工业能源消费低碳化，推动化石能源清洁高效利用，提高可再生能源应用比重，加强电力需求侧管理，提升工业电气化水平。深入实施绿色制造工程，大力推行绿色设计，完善绿色制造体系，建设绿色工厂和绿色工业园区。推进工业领域数字化智能化绿色化融合发展，加强重点行业和领域技术改造。

2. 推动钢铁行业碳达峰。深化钢铁行业供给侧结构性改革，严格执行产能置换，严禁新增产能，推进存量优化，淘汰落后产能。推进钢铁企业跨地区、跨所有制兼并重组，提高行业集中度。优化生产力布局，以京津冀及周边地区为重点，继续压减钢铁产能。促进钢铁行业结构优化和清洁能源替代，大力推进非高炉炼铁技术示范，提升废钢资源回收利用水平，推行全废钢电炉工艺。推广先进适用技术，深挖节能降碳潜力，鼓励钢化联产，探索开展氢冶金、二氧化碳捕集利用一体化等试点示范，推动低品位余热供暖发展。

3. 推动有色金属行业碳达峰。巩固化解电解铝过剩产能成果，严格执行产能置换，严控新增产能。推进清洁能源替代，提高水电、风电、太阳能发电等应用比重。加快再生有色金属产业发展，完善废弃有色金属资源回收、分选和加工网络，提高再生有色金属产量。加快推广应用先进适用绿色低碳技术，提升有色金属生产过程余热回收水平，推动单位产品能耗持续下降。

4. 推动建材行业碳达峰。加强产能置换监管，加快低效产能退出，严禁新增水泥熟料、平板玻璃产能，引导建材行业向轻型化、集约化、制品化转型。推动水泥错峰生产常态化，合理缩短水泥熟料装置运转时间。因地制宜利用风能、太阳能等可再生能源，逐步提高电力、天然气应用比重。鼓励建材企业使用粉煤灰、工业废渣、尾矿渣等作为原料或水泥混合材。加快推进绿色建材产品认证和应用推广，加强新型胶凝材料、低碳混凝土、木竹建材等低碳建材产品研发应用。推广节能技术设备，开展能源管理体系建设，实现节能增效。

……

（四）城乡建设碳达峰行动

加快推进城乡建设绿色低碳发展，城市更新和乡村振兴都要落实绿色低碳要求。

1. 推进城乡建设绿色低碳转型。推动城市组团式发展，科学确定建设规模，控制新增建设用地过快增长。倡导绿色低碳规划设计理念，增强城乡气候韧性，建设海绵城市。推广绿色低碳建材和绿色建造方式，加快推进新型建筑工业化，大力发展装配式建筑，推广钢结构住宅，推动建材循环利用，强化绿色设计和绿色施工管理。加强县城绿色低碳建设。推动建立以绿色低碳为导向的城乡规划建设管理机制，制定建筑拆除管理办法，杜绝大拆大建。建设绿色城镇、绿色社区。

2. 加快提升建筑能效水平。加快更新建筑节能、市政基础设施等标准，提高节能降碳要求。加强适用于不同气候区、不同建筑类型的节能低碳技术研发和推广，推动超低能耗建筑、低碳建筑规模化发展。加快推进居住建筑和公共建筑节能改造，持续推动老旧供热管网等市政基础设施节能降碳改造。提升城镇建筑和基础设施运行管理智能化水平，加快推广供热计量收费和合同能源管理，逐步开展公共建筑能耗限额管理。到2025年，城镇新建建筑全面执行绿色建筑标准。

3. 加快优化建筑用能结构。深化可再生能源建筑应用，推广光伏发电与建筑一体化应用。积极推动严寒、寒冷地区清洁取暖，推进热电联产集中供暖，加快工业余热供暖规模化应用，积极稳妥开展核能供热示范，因地制宜推行热泵、生物质能、地热能、太阳能等清洁低碳供暖。引导夏热冬冷地区科学取暖，因地制宜采用清洁高效取暖方式。提高建筑终端电气化水平，建设集光伏发电、储能、直流配电、柔性用电于一体的“光储直柔”建筑。到2025年，城镇建筑可再生能源替代率达到8%，新建公共机构建筑、新建厂房屋顶光伏覆盖率力争达到50%。

4. 推进农村建设和用能低碳转型。推进绿色农房建设，加快农房节能改造。持续推进农村地区清洁取暖，因地制宜选择适宜取暖方式。发展节能低碳农业大棚。推广节能环保灶具、电动农用车辆、节能环保农机和渔船。加快生物质能、太阳能等可再生能源在农业生产和农村生活中的应用。加强农村电网建设，提升农村用能电气化水平。

……

中共中央办公厅　国务院办公厅印发《关于推动城乡建设绿色发展的意见》（节选）

《关于推动城乡建设绿色发展的意见》主要内容如下。

城乡建设是推动绿色发展、建设美丽中国的重要载体。党的十八大以来，我国人居环境持续改善，住房水平显著提高，同时仍存在整体性缺乏、系统性不足、宜居性不高、包容性不够等问题，大量建设、大量消耗、大量排放的建设方式尚未根本扭转。为推动城乡建设绿色发展，现提出如下意见。

一、总体要求

（一）指导思想。以习近平新时代中国特色社会主义思想为指导，深入贯彻党的十九大和十九届二中、三中、四中、五中全会精神，践行习近平生态文明思想，按照党中央、国务院决策部署，立足新发展阶段、贯彻新发展理念、构建新发展格局，坚持以人民为中心，坚持生态优先、节约优先、保护优先，坚持系统观念，统筹发展和安全，同步推进物质文明建设与生态文明建设，落实碳达峰、碳中和目标任务，推进城市更新行动、乡村建设行动，加快转变城乡建设方式，促进经济社会发展全面绿色转型，为全面建设社会主义现代化国家奠定坚实基础。

（二）工作原则。坚持人与自然和谐共生，尊重自然、顺应自然、保护自然，推动构建人与自然生命共同体。坚持整体与局部相协调，统筹规划、建设、管理三大环节，统筹城镇和乡村建设。坚持效率与均衡并重，促进城乡资源能源节约集约利用，实现人口、经济发展与生态资源协调。坚持公平与包容相融合，完善城乡基础设施，推进基本公共服务均等化。坚持保护与发展相统一，传承中华优秀传统文化，推动创造性转化、创新性发展。坚持党建引领与群众共建共治共享相结合，完善群众参与机制，共同创造美好环境。

（三）总体目标到2025年，城乡建设绿色发展体制机制和政策体系基本建立，建设方式绿色转型成效显著，碳减排扎实推进，城市整体性、系统性、生长性增强，“城市病”问题缓解，城乡生态环境质量整体改善，城乡发展质量和资源环境承载能力明显提升，综合治理能力显著提高，绿色生活方式普遍推广。

到2035年，城乡建设全面实现绿色发展，碳减排水平快速提升，城市和乡村品质全面提升，人居环境更加美好，城乡建设领域治理体系和治理能力基本实现现代化，美丽中国建设目标基本实现。

二、推进城乡建设一体化发展

……

（二）建设人与自然和谐共生的美丽城市。……推动绿色城市、森林城市、“无废城市”建设，深入开展绿色社区创建行动。推进以县城为重要载体的城镇化建设，加强县城绿色低碳建设，大力提升县城公共设施和服务水平。

……

三、转变城乡建设发展方式

（一）建设高品质绿色建筑。实施建筑领域碳达峰、碳中和行动。规范绿色建筑设计、施工、运行、管理，鼓励建设绿色农房。推进既有建筑绿色化改造，鼓励与城镇老旧小区改造、农村危房改造、抗震加固等同步实施。开展绿色建筑、节约型机关、绿色学校、绿色医院创建行动。加强财政、金融、规划、建设等政策支持，推动高质量绿色建筑规模化发展，大力推广超低能耗、近零能耗建筑，发展零碳建筑。实施绿色建筑统一标识制度。建立城市建筑用水、用电、用气、用热等数据共享机制，提升建筑能耗监测能力。推动区域建筑能效提升，推广合同能源管理、合同节水管理服务模式，降低建筑运行能耗、水耗，大力推动可再生能源应用，鼓励智能光伏与绿色建筑融合创新发展。

……

（四）实现工程建设全过程绿色建造。开展绿色建造示范工程创建行动，推广绿色化、工业化、信息化、集约化、产业化建造方式，加强技术创新和集成，利用新技术实现精细化设计和施工。大力发展装配式建筑，重点推动钢结构装配式住宅建设，不断提升构件标准化水平，推动形成完整产业链，推动智能建造和建筑工业化协同发展。完善绿色建材产品认证制度，开展绿色建材应用示范工程建设，鼓励使用综合利用产品。加强建筑材料循环利用，促进建筑垃圾减量化，严格施工扬尘管控，采取综合降噪措施管控施工噪声。推动传统建筑业转型升级，完善工程建设组织模式，加快推行工程总承包，推广全过程工程咨询，推进民用建筑工程建筑师负责制。加快推进工程造价改革。改革建筑劳动用工制度，大力发展专业作业企业，培育职业化、专业化、技能化建筑产业工人队伍。

（五）推动形成绿色生活方式。推广节能低碳节水用品，推动太阳能、再生水等应用，鼓励使用环保再生产品和绿色设计产品，减少一次性消费品和包装用材消耗。倡导绿色装修，鼓励选用绿色建材、家具、家电。持续推进垃圾分类和减量化、资源化，推动生活垃圾源头减量，建立健全生活垃圾分类投放、分类收集、分类转运、分类处理系统。加强危险废物、医疗废物收集处理，建立完善应急处置机制。科学制定城市慢行系统规划，因地制宜建设自行车专用道和绿道，全面开展人行道净化行动，改造提升重点城市步行街。深入开展绿色出行创建行动，优化交通出行结构，鼓励公众选择公共交通、自行车和步行等出行方式。

……

五、加强组织实施

（一）加强党的全面领导。把党的全面领导贯穿城乡建设绿色发展各方面各环节，不折不扣贯彻落实中央决策部署。建立省负总责、市县具体负责的工作机制，地方各级党委和政府要充分认识推动城乡建设绿色发展的重要意义，加快形成党委统一领导、党政齐抓共管的工作格局。各省（自治区、直辖市）要根据本意见确定本地区推动城乡建设绿色发展的工作目标和重点任务，加强统筹协调，推进解决重点难点问题。市、县作为工作责任主体，要制定具体措施，切实抓好组织落实。

（二）完善工作机制。加强部门统筹协调，住房城乡建设、发展改革、工业和信息化、民政、财政、自然资源、生态环境、交通运输、水利、农业农村、文化和旅游、金融、市场监管等部门要按照各自职责完善有关支持政策，推动落实重点任务。加大财政、金融支持力度，完善绿色金融体系，支持城乡建设绿色发展重大项目和重点任务。各地要结合实际建立相关工作机制，确保各项任务落实落地。

（三）健全支撑体系。建立完善推动城乡建设绿色发展的体制机制和制度，推进城乡建设领域治理体系和治理能力现代化。制定修订城乡建设和历史文化保护传承等法律法规，为城乡建设绿色发展提供法治保障。深化城市管理和执法体制改革，加强队伍建设，推进严格规范公正文明执法，提高城市管理和执法能力水平。健全社会公众满意度评价和第三方考评机制，由群众评判城乡建设绿色发展成效。加快管理、技术和机制创新，培育绿色发展新动能，实现动力变革。

（四）加强培训宣传。中央组织部、住房城乡建设部要会同国家发展改革委、自然资源部、生态环境部加强培训，不断提高党政主要负责同志推动城乡建设绿色发展的能力和水平。在各级党校（行政学院）、干部学院增加相关培训课程，编辑出版系列教材，教育引导各级领导干部和广大专业技术人员尊重城乡发展规律，尊重自然生态环境，尊重历史文化传承，重视和回应群众诉求。加强国际交流合作，广泛吸收借鉴先进经验。采取多种形式加强教育宣传和舆论引导，普及城乡建设绿色发展法律法规和科学知识。

中共中央 国务院关于完整准确全面贯彻新发展理念做好碳达峰碳中和工作的意见

（2021年9月22日）

实现碳达峰、碳中和，是以习近平同志为核心的党中央统筹国内国际两个大局作出的重大战略决策，是着力解决资源环境约束突出问题、实现中华民族永续发展的必然选择，是构建人类命运共同体的庄严承诺。为完整、准确、全面贯彻新发展理念，做好碳达峰、碳中和工作，现提出如下意见。

一、总体要求

（一）指导思想

以习近平新时代中国特色社会主义思想为指导，全面贯彻党的十九大和十九届二中、三中、四中、五中全会精神，深入贯彻习近平生态文明思想，立足新发展阶段，贯彻新发展理念，构建新发展格局，坚持系统观念，处理好发展和减排、整体和局部、短期和中长期的关系，把碳达峰、碳中和纳入经济社会发展全局，以经济社会发展全面绿色转型为引领，以能源绿色低碳发展为关键，加快形成节约资源和保护环境的产业结构、生产方式、生活方式、空间格局，坚定不移走生态优先、绿色低碳的高质量发展道路，确保如期实现碳达峰、碳中和。

（二）工作原则

实现碳达峰、碳中和目标，要坚持“全国统筹、节约优先、双轮驱动、内外畅通、防范风险”原则。

——全国统筹。全国一盘棋，强化顶层设计，发挥制度优势，实行党政同责，压实各方责任。根据各地实际分类施策，鼓励主动作为、率先达峰。

——节约优先。把节约能源资源放在首位，实行全面节约战略，持续降低单位产出能源资源消耗和碳排放，提高投入产出效率，倡导简约适度、绿色低碳生活方式，从源头和入口形成有效的碳排放控制阀门。

——双轮驱动。政府和市场两手发力，构建新型举国体制，强化科技和制度创新，加快绿色低碳科技革命。深化能源和相关领域改革，发挥市场机制作用，形成有效激励约束机制。

——内外畅通。立足国情实际，统筹国内国际能源资源，推广先进绿色低碳技术和经验。统筹做好应对气候变化对外斗争与合作，不断增强国际影响力和话语权，坚决维护我国发展权益。

——防范风险。处理好减污降碳和能源安全、产业链供应链安全、粮食安全、群众正常生活的关系，有效应对绿色低碳转型可能伴随的经济、金融、社会风险，防止过度反应，确保安全降碳。

二、主要目标

到2025年，绿色低碳循环发展的经济体系初步形成，重点行业能源利用效率大幅提升。单位国内生产总值能耗比2020年下降13.5%；单位国内生产总值二氧化碳排放比2020年下降18%；非化石能源消费比重达到20%左右；森林覆盖率达到24.1%，森林蓄积量达到180亿立方米，为实现碳达峰、碳中和奠定坚实基础。

到2030年，经济社会发展全面绿色转型取得显著成效，重点耗能行业能源利用效率达到国际先进水平。单位国内生产总值能耗大幅下降；单位国内生产总值二氧化碳排放比

2005年下降65%以上；非化石能源消费比重达到25%左右，风电、太阳能发电总装机容量达到12亿千瓦以上；森林覆盖率达到25%左右，森林蓄积量达到190亿立方米，二氧化碳排放量达到峰值并实现稳中有降。

到2060年，绿色低碳循环发展的经济体系和

清洁低碳安全高效的能源体系全面建立，能源利用效率达到国际先进水平，非化石能源消费比重达到80%以上，碳中和目标顺利实现，生态文明建设取得丰硕成果，开创人与自然和谐共生新境界。

三、推进经济社会发展全面绿色转型

（三）强化绿色低碳发展规划引领

将碳达峰、碳中和目标要求全面融入经济社会发展中长期规划，强化国家发展规划、国土空间规划、专项规划、区域规划和地方各级规划的支撑保障。加强各级各类规划间衔接协调，确保各地区各领域落实碳达峰、碳中和的主要目标、发展方向、重大政策、重大工程等协调一致。

……

（五）加快形成绿色生产生活方式

大力推动节能减排，全面推进清洁生产，加快发展循环经济，加强资源综合利用，不断提升绿色低碳发展水平。扩大绿色低碳产品供给和消费，倡导绿色低碳生活方式。把绿色低碳发展纳入国民教育体系。开展绿色低碳社会行动示范创建。凝聚全社会共识，加快形成全民参与的良好格局。

四、深度调整产业结构

……

（八）大力发展绿色低碳产业

加快发展新一代信息技术、生物技术、新能源、新材料、高端装备、新能源汽车、绿色环保以及航空航天、海洋装备等战略性新兴产业。建设绿色制造体系。推动互联网、大数据、人工智能、第五代移动通信（5G）等新兴技术与绿色低碳产业深度融合。

……

七、提升城乡建设绿色低碳发展质量

（十七）推进城乡建设和管理模式低碳转型

在城乡规划建设管理各环节全面落实绿色低碳要求。推动城市组团式发展，建设城市生态和通风廊道，提升城市绿化水平。合理规划城镇建筑面积发展目标，严格管控高能耗公共建筑建设。实施工程建设全过程绿色建造，健全建筑拆除管理制度，杜绝大拆大建。加快推进绿色社区建设。结合实施乡村建设行动，推进县城和农村绿色低碳发展。

（十八）大力发展节能低碳建筑

持续提高新建建筑节能标准，加快推进超低能耗、近零能耗、低碳建筑规模化发展。大力推进城镇既有建筑和市政基础设施节能改造，提升建筑节能低碳水平。逐步开展建筑能耗限额管理，推行建筑能效测评标识，开展建筑领域低碳发展绩效评估。全面推广绿色低碳建材，推动建筑材料循环利用。发展绿色农房。

……

十、提高对外开放绿色低碳发展水平

（二十四）加快建立绿色贸易体系

持续优化贸易结构，大力发展高质量、高技术、高附加值绿色产品贸易。完善出口政策，严格管理高耗能高排放产品出口。积极扩大绿色低碳产品、节能环保服务、环境服务等进口。

（二十五）推进绿色“一带一路”建设

加快“一带一路”投资合作绿色转型。支持共建“一带一路”国家开展清洁能源开发利用。大力推动南南合作，帮助发展中国家提高应对气候变化能力。深化与各国在绿色技术、绿色装备、绿色服务、绿色基础设施建设等方面的交流与合作，积极推动我国新能源等绿色低碳技术和产品走出去，让绿色成为共建“一带一路”的底色。

……

十二、完善政策机制

（三十）完善投资政策

充分发挥政府投资引导作用，构建与碳达峰、碳中和相适应的投融资体系，严控煤电、钢铁、电解铝、水泥、石化等高碳项目投资，加大对节能环保、新能源、低碳交通运输装备和组织方式、碳捕集利用与封存等项目的支持力度。完善支持社会资本参与政策，激发市场主体绿色低碳投资活力。国有企业要加大绿色低碳投资，积极开展低碳零碳负碳技术研发应用。

（三十一）积极发展绿色金融

有序推进绿色低碳金融产品和服务开发，设立碳减排货币政策工具，将绿色信贷纳入宏观审慎评估框架，引导银行等金融机构为绿色低碳项目提供长期限、低成本资金。鼓励开发性政策性金融机构按照市场化法治化原则为实现碳达峰、碳中和提供长期稳定融资支持。支持符合条件的企业上市融资和再融资用于绿色低碳项目建设运营，扩大绿色债券规模。研究设立国家低碳转型基金。鼓励社会资本设立绿色低碳产业投资基金。建立健全绿色金融标准体系。

（三十二）完善财税价格政策

各级财政要加大对绿色低碳产业发展、技术研发等的支持力度。完善政府绿色采购标准，加大绿色低碳产品采购力度。落实环境保护、节能节水、新能源和清洁能源车船税收优惠。研究碳减排相关税收政策。建立健全促进可再生能源规模化发展的价格机制。完善差别化电价、分时电价和居民阶梯电价政策。严禁对高耗能、高排放、资源型行业实施电价优惠。加快推进供热计量改革和按供热量收费。加快形成具有合理约束力的碳价机制。

……

十三、切实加强组织实施

（三十四）加强组织领导

加强党中央对碳达峰、碳中和工作的集中统一领导，碳达峰碳中和工作领导小组指导和统筹做好碳达峰、碳中和工作。支持有条件的地方和重点行业、重点企业率先实现碳达峰，组织开展碳达峰、碳中和先行示范，探索有效模式和有益经验。将碳达峰、碳中和作为干部教育培训体系重要内容，增强各级领导干部推动绿色低碳发展的本领。

（三十五）强化统筹协调

国家发展改革委要加强统筹，组织落实2030年前碳达峰行动方案，加强碳中和工作谋划，定期调度各地区各有关部门落实碳达峰、碳中和目标任务进展情况，加强跟踪评估和督促检查，协调解决实施中遇到的重大问题。各有关部门要加强协调配合，形成工作合力，确保政策取向一致、步骤力度衔接。

（三十六）压实地方责任

落实领导干部生态文明建设责任制，地方各级党委和政府要坚决扛起碳达峰、碳中和责任，明确目标任务，制定落实举措，自觉为实现碳达峰、碳中和作出贡献。

（三十七）严格监督考核

各地区要将碳达峰、碳中和相关指标纳入经济社会发展综合评价体系，增加考核权重，加强指标约束。强化碳达峰、碳中和目标任务落实情况考核，对工作突出的地区、单位和个人按规定给予表彰奖励，对未完成目标任务的地区、部门依规依法实行通报批评和约谈问责，有关落实情况纳入中央生态环境保护督察。各地区各有关部门贯彻落实情况每年向党中央、国务院报告。

住房和城乡建设部等15部门关于加强县城绿色低碳建设的意见（节选）

建村〔2021〕45号

各省、自治区、直辖市住房和城乡建设厅（委、管委）、科技厅（委、局）、工业和信息化厅（经信厅、经信局、工信局、经信委）、民政厅（局）、生态环境厅（局）、交通运输厅（委、局）、水利（水务）厅（局）、文化和旅游厅（局）、应急管理厅（局）、市场监管局（厅、委）、体育局、能源局、林草局、文物局、乡村振兴（扶贫）部门，新疆生产建设兵团住房和城乡建设局、科技局、工业和信息化局、民政局、生态环境局、交通运输局、水利局、文化和旅游局、应急管理局、市场监管局、体育局、能源局、林草局、文物局、扶贫办：

县城是县域经济社会发展的中心和城乡融合发展的关键节点，是推进城乡绿色发展的重要载体。为深入贯彻落实党的十九届五中全会精神和“十四五”规划纲要部署要求，推进县城绿色低碳建设，现提出如下意见。

一、充分认识推动县城绿色低碳建设的重要意义

以县城为载体的就地城镇化是我国城镇化的重要特色。县域农业转移人口和返乡农民工在县城安家定居的需求日益增加，提高县城建设质量，增强对县域的综合服务能力，对于推进以人为核心的新型城镇化和乡村振兴具有十分重要的作用。改革开放以来，我国县城建设取得显著成就，县城面貌发生巨大变化，但在县城规模布局、密度强度、基础设施和公共服务能力、人居环境质量等方面仍存在不少问题和短板，迫切需要转变照搬城市的开发建设方式，推进县城建设绿色低碳发展。加强县城绿色低碳建设，是贯彻新发展理念、推动县城高质量发展的必然要求，是推进以县城为重要载体的新型城镇化建设、统筹城乡融合发展的重要内容，是补齐县城建设短板、满足人民群众日益增长的美好生活需要的重要举措。各地要立足新发展阶段，贯彻新发展理念，推动构建新发展格局，坚持以人民为中心的发展思想，统筹县城建设发展的经济需要、生活需要、生态需要、安全需要，推动县城提质增效，提升县城承载力和公共服务水平，增强县城综合服务能力，以绿色低碳理念引领县城高质量发展，推动形成绿色生产方式和生活方式，促进实现碳达峰、碳中和目标。

二、严格落实县城绿色低碳建设的有关要求

……

（五）大力发展绿色建筑和建筑节能

县城新建建筑要落实基本级绿色建筑要求，鼓励发展星级绿色建筑。加快推行绿色建筑和建筑节能节水标准，加强设计、施工和运行管理，不断提高新建建筑中绿色建筑的比例。推进老旧小区节能节水改造和功能提升。新建公共建筑必须安装节水器具。加快推进绿色建材产品认证，推广应用绿色建材。发展装配式钢结构等新型建造方式。全面推行绿色施工。提升县城能源使用效率，大力发展适应当地资源禀赋和需求的可再生能源，因地制宜开发利用地热能、生物质能、空气源和水源热泵等，推动区域清洁供热和北方县城清洁取暖，通过提升新建厂房、公共建筑等屋顶光伏比例和实施光伏建筑一体化开发等方式，降低传统化石能源在建筑用能中的比例。

（六）建设绿色节约型基础设施

县城基础设施建设要适合本地特点，以小型化、分散化、生态化方式为主，降低建设和运营维护成本。倡导大分散与小区域集中相结合的基础设施布局方式，统筹县城水电气热通信等设施布局，因地制宜布置分布式能源、生活垃圾和污水处理等设施，减少输配管线建设和运行成本，并与周边自然生态环境有机融合。加强生活垃圾分类和废旧物资回收利用。构建县城绿色低碳能源体系，推广分散式风电、分布式光伏、智能光伏等清洁能源应用，提高生产生活用能清洁化水平，推广综合智慧能源服务，加强配电网、储能、电动汽车充电桩等能源基础设施建设。

……

三、切实抓好组织实施

（一）细化落实措施

省级住房和城乡建设部门要会同科技、工业和信息化、民政、生态环境、交通运输、水利、文化和旅游、应急管理、市场监管、体育、能源、林业和草原、文物、乡村振兴等有关部门按照本意见要求，根据本地区县城常住人口规模、地理位置、自然条件、功能定位等因素明确适用范围，特别是位于生态功能区、农产品主产区的县城要严格按照有关要求开展绿色低碳建设。各地要根据本地实际情况提出具体措施，细化有关要求，可进一步提高标准，但不能降低底线要求。

（二）加强组织领导

各地要充分认识加强县城绿色低碳建设的重要性和紧迫性，将其作为落实“十四五”规划纲要、推动城乡建设绿色发展的重要内容，加强对本地区县城绿色低碳建设的督促指导，发挥科技创新引领作用，建立激励机制，强化政策支持。指导各县切实做好组织实施，压实工作责任，确保各项措施落实落地。各级住房和城乡建设等部门要在当地党委政府领导下，加强部门合作，形成工作合力，扎实推进实施工作。要加大宣传引导力度，发动各方力量参与县城绿色低碳建设，营造良好氛围。

（三）积极开展试点

各地要根据本地实际，选择有代表性的县城开展试点，探索可复制可推广的经验做法。要对本地区县城绿色低碳建设情况进行评估，总结工作进展成效，及时推广好的经验模式。住房和城乡建设部将会同有关部门在乡村建设评价中对县城绿色低碳建设实施情况进行评估，针对存在的问题提出改进措施，指导各地加大工作力度，持续提升县城绿色低碳建设水平。

住房和城乡建设部
科技部
工业和信息化部
民政部
生态环境部交通运输部
水利部
文化和旅游部
应急部
市场监管总局
体育总局
能源局林草局
文物局
乡村振兴局

住房和城乡建设部等部门关于加快新型建筑工业化发展的若干意见（节选）

建标规〔2020〕8号

各省、自治区、直辖市住房和城乡建设厅（委、管委）、教育厅（委）、科技厅（委、局）、工业和信息化主管部门、自然资源主管部门、生态环境厅（局），人民银行上海总部、各分行、营业管理部、省会（首府）城市中心支行、副省级城市中心支行，市场监管局（厅、委），各银保监局，新疆生产建设兵团住房和城乡建设局、教育局、科技局、工业和信息化局、自然资源主管部门、生态环境局、市场监管局：

新型建筑工业化是通过新一代信息技术驱动，以工程全寿命期系统化集成设计、精益化生产施工为主要手段，整合工程全产业链、价值链和创新链，实现工程建设高效益、高质量、低消耗、低排放的建筑工业化。《国务院办公厅关于大力发展装配式建筑的指导意见》（国办发〔2016〕71号）印发实施以来，以装配式建筑为代表的新型建筑工业化快速推进，建造水平和建筑品质明显提高。为全面贯彻新发展理念，推动城乡建设绿色发展和高质量发展，以新型建筑工业化带动建筑业全面转型升级，打造具有国际竞争力的“中国建造”品牌，提出以下意见。

……

二、优化构件和部品部件生产

……

（九）推广应用绿色建材

发展安全健康、环境友好、性能优良的新型建材，推进绿色建材认证和推广应用，推动装配式建筑等新型建筑工业化项目率先采用绿色建材，逐步提高城镇新建建筑中绿色建材应用比例。

……

九、加大政策扶持力度

（三十三）强化项目落地

各地住房和城乡建设部门要会同有关部门组织编制新型建筑工业化专项规划和年度发展计划，明确发展目标、重点任务和具体实施范围。要加大推进力度，在项目立项、项目审批、项目管理各环节明确新型建筑工业化的鼓励性措施。政府投资工程要带头按照新型建筑工业化方式建设，鼓励支持社会投资项目采用新型建筑工业化方式。

（三十四）加大金融扶持

支持新型建筑工业化企业通过发行企业债券、公司债券等方式开展融资。完善绿色金融支持新型建筑工业化的政策环境，积极探索多元化绿色金融支持方式，对达到绿色建筑星级标准的新型建筑工业化项目给予绿色金融支持。用好国家绿色发展基金，在不新增隐性债务的前提下鼓励各地设立专项基金。

（三十五）加大环保政策支持

支持施工企业做好环境影响评价和监测，在重污染天气期间，装配式等新型建筑工业化项目在非土石方作业的施工环节可以不停工。建立建筑垃圾排放限额标准，开展施工现场建筑垃圾排放公示，鼓励各地对施工现场达到建筑垃圾减量化要求的施工企业给予奖励。

（三十六）加强科技推广支持

推动国家重点研发计划和科研项目支持新型建筑工业化技术研发，鼓励各地优先将新型建筑工业化相关技术纳入住房和城乡建设领域推广应用技术公告和科技成果推广目录。

（三十七）加大评奖评优政策支持

将城市新型建筑工业化发展水平纳入中国人居环境奖评选、国家生态园林城市评估指标体系。大力支持新型建筑工业化项目参与绿色建筑创新奖评选。

中华人民共和国住房和城乡建设部
中华人民共和国教育部
中华人民共和国科学技术部
中华人民共和国工业和信息化部
中华人民共和国自然资源部
中华人民共和国生态环境部
中国人民银行
国家市场监督管理总局
中国银行保险监督管理委员会
2020 年 8 月 28 日

（此件公开发布）

绿色建筑创建行动方案

为全面贯彻党的十九大和十九届二中、三中、四中全会精神，深入贯彻习近平生态文明思想，按照《国家发展改革委关于印发〈绿色生活创建行动总体方案〉的通知》(发改环资〔2019〕1696号)要求，推动绿色建筑高质量发展，制定本方案。

一、创建对象

绿色建筑创建行动以城镇建筑作为创建对象。绿色建筑指在全寿命期内节约资源、保护环境、减少污染，为人们提供健康、适用、高效的使用空间，最大限度实现人与自然和谐共生的高质量建筑。

二、创建目标

到2022年，当年城镇新建建筑中绿色建筑面积占比达到70%，星级绿色建筑持续增加，既有建筑能效水平不断提高，住宅健康性能不断完善，装配化建造方式占比稳步提升，绿色建材应用进一步扩大，绿色住宅使用者监督全面推广，人民群众积极参与绿色建筑创建活动，形成崇尚绿色生活的社会氛围。

三、重点任务

(一) 推动新建建筑全面实施绿色设计

制修订相关标准，将绿色建筑基本要求纳入工程建设强制规范，提高建筑建设底线控制水平。推动绿色建筑标准实施，加强设计、施工和运行管理。推动各地绿色建筑立法，明确各方主体责任，鼓励各地制定更高要求的绿色建筑强制性规范。

(二) 完善星级绿色建筑标识制度

根据国民经济和社会发展第十三个五年规划纲要、国务院办公厅《绿色建筑行动方案》(国办发〔2013〕1号)等相关规定，规范绿色建筑标识管理，由住房和城乡建设部、省级政府住房和城乡建设部门、地市级政府住房和城乡建设部门分别授予三星、二星、一星绿色建筑标识。完善绿色建筑标识申报、审查、公示制度，统一全国认定标准和标识式样。建立标识撤销机制，对弄虚作假行为给予限期整改或直接撤销标识处理。建立全国绿色建筑标识管理平台，提高绿色建筑标识工作效率和水平。

(三) 提升建筑能效水效水平

结合北方地区清洁取暖、城镇老旧小区改造、海绵城市建设等工作，推动既有居住建筑节能节水改造。开展公共建筑能效提升重点城市建设，建立完善运行管理制度，推广合同能源管理与合同节水管理，推进公共建筑能耗统计、能源审计及能效公示。鼓励各地因地制宜提高政府投资公益性建筑和大型公共建筑绿色等级，推动超低能耗建筑、近零能耗建筑发展，推广可再生能源应用和再生水利用。

(四) 提高住宅健康性能

结合疫情防控和各地实际，完善实施住宅相关标准，提高建筑室内空气、水质、隔声等健康性能指标，提升建筑视觉和心理舒适性。推动一批住宅健康性能示范项目，强化住宅健康性能设计要求，严格竣工验收管理，推动绿色健康技术应用。

(五) 推广装配化建造方式

大力发展钢结构等装配式建筑，新建公共建筑原则上采用钢结构。编制钢结构装配式住宅常用构件尺寸指南，强化设计要求，规范构件选型，提高装配式建筑构配件标准化水平。推动装配式装修。打造装配式建筑产业基地，提升建造水平。

(六) 推动绿色建材应用

加快推进绿色建材评价认证和推广应用，建立绿色建材采信机制，推动建材产品质量提升。指导各地制定绿色建材推广应用政策措施，推动政府投资工程率先采用绿色建材，逐步提高城镇新建建筑中绿色建材应用比例。打造一批绿色建材应用示范工程，大力发展新型绿色建材。

（七）加强技术研发推广

加强绿色建筑科技研发，建立部省科技成果库，促进科技成果转化。积极探索5G、物联网、人工智能、建筑机器人等新技术在工程建设领域的应用，推动绿色建造与新技术融合发展。结合住房和城乡建设部科学技术计划和绿色建筑创新奖，推动绿色建筑新技术应用。

（八）建立绿色住宅使用者监督机制

制定《绿色住宅购房人验房指南》，向购房人提供房屋绿色性能和全装修质量验收方法，引导绿色住宅开发建设单位配合购房人做好验房工作。鼓励各地将住宅绿色性能和全装修质量相关指标纳入商品房买卖合同、住宅质量保证书和住宅使用说明书，明确质量保修责任和纠纷处理方式。

四、组织实施

（一）加强组织领导

省级政府住房和城乡建设、发展改革、教育、工业和信息化、机关事务管理等部门，要在各省（区、市）党委和政府直接指导下，认真落实绿色建筑创建行动方案，制定本地区创建实施方案，细化目标任务，落实支持政策，指导市、县编制绿色建筑创建行动实施计划，确保创建工作落实到位。各省（区、市）和新疆生产建设兵团住房和城乡建设部门应于2020年8月底前将本地区绿色建筑创建行动实施方案报住房和城乡建设部。

（二）加强财政金融支持

各地住房和城乡建设部门要加强与财政部门沟通，争取资金支持。各地要积极完善绿色金融支持绿色建筑的政策环境，推动绿色金融支持绿色建筑发展，用好国家绿色发展基金，鼓励采用政府和社会资本合作（PPP）等方式推进创建工作。

（三）强化绩效评价

住房和城乡建设部会同相关部门按照本方案，对各省（区、市）和新疆生产建设兵团绿色建筑创建行动工作落实情况和取得的成效开展年度总结评估，及时推广先进经验和典型做法。省级政府住房和城乡建设等部门负责组织本地区绿色建筑创建成效评价，及时总结当年进展情况和成效，形成年度报告，并于每年11月底前报住房和城乡建设部。

（四）加大宣传推广力度

各地要组织多渠道、多种形式的宣传活动，普及绿色建筑知识，宣传先进经验和典型做法，引导群众用好各类绿色设施，合理控制室内采暖空调温度，推动形成绿色生活方式。发挥街道、社区等基层组织作用，积极组织群众参与，通过共谋共建共管共评共享，营造有利于绿色建筑创建的社会氛围。

关于加快建立绿色生产和消费法规政策体系的意见（节选）

推行绿色生产和消费是建设生态文明、实现高质量发展的重要内容，党中央、国务院对此高度重视。改革开放特别是党的十八大以来，我国在绿色生产、消费领域出台了一系列法规和政策措施，大力推动绿色、循环、低碳发展，加快形成节约资源、保护环境的生产生活方式，取得了积极成效。但也要看到，绿色生产和消费领域法规政策仍不健全，还存在激励约束不足、操作性不强等问题。为加快建立绿色生产和消费法规政策体系，提出以下意见。

一、总体要求

（一）指导思想。以习近平新时代中国特色社会主义思想为指导，全面贯彻党的十九大和十九届二中、三中、四中全会精神，深入践行习近平生态文明思想，坚持以人民为中心，落实新发展理念，按照问题导向、突出重点、系统协同、适用可行、循序渐进的原则，加快建立绿色生产和消费相关的法规、标准、政策体系，促进源头减量、清洁生产、资源循环、末端治理，扩大绿色产品消费，在全社会推动形成绿色生产和消费方式。

（二）主要目标。到 2025 年，绿色生产和消费相关的法规、标准、政策进一步健全，激励约束到位的制度框架基本建立，绿色生产和消费方式在重点领域、重点行业、重点环节全面推行，我国绿色发展水平实现总体提升。

二、主要任务

（三）推行绿色设计。健全推行绿色设计的政策机制。建立再生资源分级质控和标识制度，推广资源再生产品和原料。完善优先控制化学品名录，引导企业在生产过程中使用无毒无害、低毒低害和环境友好型原料。强化标准制定统筹规划，加强绿色标准体系建设，扩大标准覆盖范围，加快重点领域相关标准制修订工作，根据实际提高标准和设计规范。（国家发展改革委、工业和信息化部、生态环境部、市场监管总局等按职责分工负责）

……

（十）扩大绿色产品消费。完善绿色产品认证与标识制度。建立健全固体废物综合利用产品质量标准体系。落实好支持节能、节水、环保、资源综合利用产业的税收优惠政策。积极推行绿色产品政府采购制度，结合实施产品品目清单管理，加大绿色产品相关标准在政府采购中的运用。国有企业率先执行企业绿色采购指南，建立健全绿色采购管理制度。建立完善节能家电、高效照明产品、节水器具、绿色建材等绿色产品和新能源汽车推广机制，有条件的地方对消费者购置节能型家电产品、节能新能源汽车、节水器具等给予适当支持。鼓励公交、环卫、出租、通勤、城市邮政快递作业、城市物流等领域新增和更新车辆采用新能源和清洁能源汽车。（国家发展改革委、工业和信息化部、财政部、生态环境部、住房城乡建设部、交通运输部、商务部、国资委、税务总局、市场监管总局、铁路局、民航局、邮政局等按职责分工负责）

（十一）推行绿色生活方式。完善居民用电、用水、用气阶梯价格政策。落实污水处理收费制度，将污水处理费标准调整至补偿污水处理和污泥处置设施运营成本并合理盈利水平。加快推行城乡居民生活垃圾分类和资源化利用制度。制定进一步加强塑料污染治理的政策措施。研究制定餐厨废弃物管理与资源化利用法规。推广绿色农房建设方法和技术，逐步建立健全使用绿色建材、建设绿色农房的农村住房建设机制。（国家发展改革委、生态环境部、住房城乡建设部、财政部等按职责分工负责）

三、组织实施

根据党中央、国务院决策部署和改革需要，统筹推动绿色生产和消费领域法律法规的立改废释工作。各有关部门要按照职责分工，加快推进相关法律法规、标准、政策的制修订工作。各地区要根据本意见的要求，结合实际出台促进本地区绿色生产和消费的法规、标准、政策，鼓励先行先试，做好经验总结和推广。各级财政、税收、金融等部门要持续完善绿色生产和消费领域的支持政策。各级宣传部门要组织媒体通过多种渠道和方式，大力宣传推广绿色生产和消费理念，加大相关法律法规、政策措施宣传力度，凝聚社会共识，营造良好氛围。

中共中央　国务院关于开展质量提升行动的指导意见（节选）

提高供给质量是供给侧结构性改革的主攻方向，全面提高产品和服务质量是提升供给体系的中心任务。经过长期不懈努力，我国质量总体水平稳步提升，质量安全形势稳定向好，有力支撑了经济社会发展。但也要看到，我国经济发展的传统优势正在减弱，实体经济结构性供需失衡矛盾和问题突出，特别是中高端产品和服务有效供给不足，迫切需要下最大气力抓全面提高质量，推动我国经济发展进入质量时代。现就开展质量提升行动提出如下意见。

一、总体要求

（一）指导思想

全面贯彻党的十八大和十八届三中、四中、五中、六中全会精神，深入贯彻习近平总书记系列重要讲话精神和治国理政新理念新思想新战略，牢固树立和贯彻落实新发展理念，紧紧围绕统筹推进“五位一体”总体布局和协调推进“四个全面”战略布局，认真落实党中央、国务院决策部署，以提高发展质量和效益为中心，将质量强国战略放在更加突出的位置，开展质量提升行动，加强全面质量监管，全面提升质量水平，加快培育国际竞争新优势，为实现“两个一百年”奋斗目标奠定质量基础。

（二）基本原则

——坚持以质量第一为价值导向。牢固树立质量第一的强烈意识，坚持优质发展、以质取胜，更加注重以质量提升减轻经济下行和安全监管压力，真正形成各级党委和政府重视质量、企业追求质量、社会崇尚质量、人人关心质量的良好氛围。

——坚持以满足人民群众需求和增强国家综合实力为根本目的。把增进民生福祉、满足人民群众质量需求作为提高供给质量的出发点和落脚点，促进质量发展成果全民共享，增强人民群众的质量获得感。持续提高产品、工程、服务的质量水平、质量层次和品牌影响力，推动我国产业价值链从低端向中高端延伸，更深更广融入全球供给体系。

——坚持以企业为质量提升主体。加强全面质量管理，推广应用先进质量管理方法，提高全员全过程全方位质量控制水平。弘扬企业家精神和工匠精神，提高决策者、经营者、管理者、生产者质量意识和质量素养，打造质量标杆企业，加强品牌建设，推动企业质量管理水平和核心竞争力提高。

——坚持以改革创新为根本途径。深入实施创新驱动发展战略，发挥市场在资源配置中的决定性作用，积极引导推动各种创新要素向产品和服务的供给端集聚，提升质量创新能力，以新技术新业态改造提升产业质量和发展水平。推动创新群体从以科技人员的小众为主向小众与大众创新创业互动转变，推动技术创新、标准研制和产业化协调发展，用先进标准引领产品、工程和服务质量提升。

（三）主要目标

到2020年，供给质量明显改善，供给体系更有效率，建设质量强国取得明显成效，质量总体水平显著提升，质量对提高全要素生产率和促进经济发展的贡献进一步增强，更好满足人民群众不断升级的消费需求。

——产品、工程和服务质量明显提升。质量突出问题得到有效治理，智能化、消费友好的中高端产品供给大幅增加，高附加值和优质服务供给比重进一步提升，中国制造、中国建造、中国服务、中国品牌国际竞争力显著增强。

——产业发展质量稳步提高。企业质量管理水平大幅提升，传统优势产业实现价值链升级，战略性新兴产业的质量效益特征更加明显，服务业提质增效进一步加快，以技术、技能、知识等为要素的质量竞争型产业规模显著扩大，形成一批质量效益一流的世界级产业集群。

——区域质量水平整体跃升。区域主体功能定位和产业布局更加合理，区域特色资

源、环境容量和产业基础等资源优势充分利用，

产业梯度转移和质量升级同步推进，区域经济呈现互联互通和差异化发展格局，涌现出一批特色小镇和区域质量品牌。

——国家质量基础设施效能充分释放。计量、标准、检验检测、认证认可等国家质量基础设施系统完整、高效运行，技术水平和服务能力进一步增强，国际竞争力明显提升，对科技进步、产业升级、社会治理、对外交往的支撑更加有力。

二、全面提升产品、工程和服务质量

……

（七）提升原材料供给水平

鼓励矿产资源综合勘查、评价、开发和利用，推进绿色矿山和绿色矿业发展示范区建设。提高煤炭洗选加工比例。提升油品供给质量。加快高端材料创新，提高质量稳定性，形成高性能、功能化、差别化的先进基础材料供给能力。加快钢铁、水泥、电解铝、平板玻璃、焦炭等传统产业转型升级。推动稀土、石墨等特色资源高质化利用，促进高强轻合金、高性能纤维等关键战略材料性能和品质提升，加强石墨烯、智能仿生材料等前沿新材料布局，逐步进入全球高端制造业采购体系。

（八）提升建设工程质量水平

确保重大工程建设质量和运行管理质量，建设百年工程。高质量建设和改造城乡道路交通设施、供热供水设施、排水与污水处理设施。加快海绵城市建设和地下综合管廊建设。规范重大项目基本建设程序，坚持科学论证、科学决策，加强重大工程的投资咨询、建设监理、设备监理，保障工程项目投资效益和重大设备质量。全面落实工程参建各方主体质量责任，强化建设单位首要责任和勘察、设计、施工单位主体责任。加快推进工程质量管理标准化，提高工程项目管理水平。加强工程质量检测管理，严厉打击出具虚假报告等行为。健全工程质量监督管理机制，强化工程建设全过程质量监管。因地制宜提高建筑节能标准。完善绿色建材标准，促进绿色建材生产和应用。大力发展装配式建筑，提高建筑装修部品部件的质量和安全性能。推进绿色生态小区建设。

……

四、夯实国家质量基础设施

（十九）加快国家质量基础设施体系建设

构建国家现代先进测量体系。紧扣国家发展重大战略和经济建设重点领域的需求，建立、改造、提升一批国家计量基准，加快建立新一代高准确度、高稳定性量子计量基准，加强军民共用计量基础设施建设。完善国家量值传递溯源体系。加快制定一批计量技术规范，研制一批新型标准物质，推进社会公用计量标准升级换代。科学规划建设计量科技基础服务、产业计量测试体系、区域计量支撑体系。

加快国家标准体系建设。大力实施标准化战略，深化标准化工作改革，建立政府主导制定的标准与市场自主制定的标准协同发展、协调配套的新型标准体系。简化国家标准制定修订程序，加强标准化技术委员会管理，免费向社会公开强制性国家标准文本，推动免费向社会公开推荐性标准文本。建立标准实施信息反馈和评估机制，及时开展标准复审和维护更新。

完善国家合格评定体系。完善检验检测认证机构资质管理和能力认可制度，加强检验检测认证公共服务平台示范区、国家检验检测高技术服务业集聚区建设。提升战略性新兴产业检验检测认证支撑能力。建立全国统一的合格评定制度和监管体系，建立政府、行业、社会等多层次采信机制。健全进出口食品企业注册备案制度。加快建立统一的绿色产品标准、认证、标识体系。

……

关于推进绿色“一带一路”建设的指导意见（节选）

环国际〔2017〕58号

推进“一带一路”建设工作领导小组各成员单位：

丝绸之路经济带和21世纪海上丝绸之路（以下简称“一带一路”）建设，是党中央、国务院着力构建更全面、更深入、更多元的对外开放格局，审时度势提出的重大倡议，对于我国加快形成崇尚创新、注重协调、倡导绿色、厚植开放、推进共享的机制和环境具有重要意义。为深入落实《推动共建丝绸之路经济带和21世纪海上丝绸之路的愿景与行动》，在“一带一路”建设中突出生态文明理念，推动绿色发展，加强生态环境保护，共同建设绿色丝绸之路，现提出以下意见。

一、重要意义

（一）推进绿色“一带一路”建设是分享生态文明理念、实现可持续发展的内在要求。绿色“一带一路”建设以生态文明与绿色发展理念为指导，坚持资源节约和环境友好原则，提升政策沟通、设施联通、贸易畅通、资金融通、民心相通（以下简称“五通”）的绿色化水平，将生态环保融入“一带一路”建设的各方面和全过程。推进绿色“一带一路”建设，加强生态环境保护，有利于增进沿线各国政府、企业和公众的相互理解和支持，分享我国生态文明和绿色发展理念与实践，提高生态环境保护能力，防范生态环境风险，促进共建国家和地区共同实现2030年可持续发展目标，为“一带一路”建设提供有力的服务、支撑和保障。

（二）推进绿色“一带一路”建设是参与全球环境治理、推动绿色发展理念的重要实践。绿色发展成为各国共同追求的目标和全球治理的重要内容。推进绿色“一带一路”建设，是顺应和引领绿色、低碳、循环发展国际潮流的必然选择，是增强经济持续健康发展动力的有效途径。推进绿色“一带一路”建设，应将资源节约和环境友好原则融入国际产能和装备制造合作全过程，促进企业遵守相关环保法律法规和标准，促进绿色技术和产业发展，提高我国参与全球环境治理的能力。

（三）推进绿色“一带一路”建设是服务打造利益共同体、责任共同体和命运共同体的重要举措。全球和区域生态环境挑战日益严峻，良好生态环境成为各国经济社会发展的基本条件和共同需求，防控环境污染和生态破坏是各国的共同责任。推进绿色“一带一路”建设，有利于务实开展合作，推进绿色投资、绿色贸易和绿色金融体系发展，促进经济发展与环境保护双赢，服务于打造利益共同体、责任共同体和命运共同体的总体目标。

二、总体要求

（一）总体思路

按照党中央和国务院决策部署，以和平合作、开放包容、互学互鉴、互利共赢的“丝绸之路”精神为指引，牢固树立创新、协调、绿色、开放、共享的发展理念，坚持各国共商、共建、共享，遵循平等、追求互利，全面推进“五通”绿色化进程，建设生态环保交流合作、风险防范和服务支撑体系，搭建沟通对话、信息支撑、产业技术合作平台，推动构建政府引导、企业推动、民间促进的立体合作格局，为推动绿色“一带一路”建设作出积极贡献。

（二）基本原则

——理念先行，合作共享。突出生态文明和绿色发展理念，注重生态环保与社会、经济发展相融合，积极与沿线国家或地区相关战略、规划开展对接，加强生态环保政策对话，丰富合作机制和交流平台，促进绿色发展成果共享。

——绿色引领，环保支撑。推动形成多渠道、多层面生态环保立体合作模式，加强政企统筹，鼓励行业和企业采用更先进、环境更友好的标准，提高绿色竞争力，引领绿色发展。

——依法依规，防范风险。推动企业遵守国际经贸规则和所在国生态环保法律法规、政策和标准，高度重视当地民众生态环保诉求，加强企业信用制度建设，防范生态环境风险，保障生态环境安全。

——科学统筹，有序推进。加强部门统筹和上下联动，根据生态环境承载力，推动形成产能和装备制造业合作的科学布局；依托重要合作机制，选择重点国别、重点领域有序推进绿色“一带一路”建设。

（三）主要目标

根据生态文明建设、绿色发展和共建国家可持续发展要求，构建互利合作网络、新型合作模式、多元合作平台，力争用3-5年时间，建成务实高效的生态环保合作交流体系、支撑与服务平台和产业技术合作基，制定落实一系列生态环境风险防范政策和措施，为绿色“一带一路”建设打好坚实基础；用5-10年时间，建成较为完善的生态环保服务、支撑、保障体系，实施一批重要生态环保项目，并取得良好效果。

三、主要任务

（一）全面服务“五通”，促进绿色发展，保障生态环境安全

……

3. 推进绿色基础设施建设，强化生态环境质量保障。制定基础设施建设的环保标准和规范，加大对“一带一路”沿线重大基础设施建设项目的生态环保服务与支持，推广绿色交通、绿色建筑、清洁能源等行业的节能环保标准和实践，推动水、大气、土壤、生物多样性等领域环境保护，促进环境基础设施建设，提升绿色化、低碳化建设和运营水平。

4. 推进绿色贸易发展，促进可持续生产和消费。研究制定政策措施和相关标准规范，促进绿色贸易发展。将环保要求融入自由贸易协定，做好环境与贸易相关协定谈判和实施；提高环保产业开放水平，扩大绿色产品和服务的进出口；加快绿色产品评价标准的研究与制定，推动绿色产品标准体系构建，加强国际交流与合作，推广中国绿色产品标准，减少绿色贸易壁垒。加强绿色供应链管理，推进绿色生产、绿色采购和绿色消费，加强绿色供应链国际合作与示范，带动产业链上下游采取节能环保措施，以市场手段降低生态环境影响。

5. 加强对外投资的环境管理，促进绿色金融体系发展。推动制定和落实防范投融资项目生态环保风险的政策和措施，加强对外投资的环境管理，促进企业主动承担环境社会责任，严格保护生物多样性和生态环境；推动我国金融机构、中国参与发起的多边开发机构以及相关企业采用环境风险管理的自愿原则，支持绿色“一带一路”建设；积极推动绿色产业发展和生态环保合作项目落地。

……

（三）制定完善政策措施，加强政企统筹，保障实施效果

……

2. 强化企业行为绿色指引，鼓励企业采取自愿性措施。鼓励环保企业开拓沿线国家市场，引导优势环保产业集群式“走出去”，借鉴我国的国家生态工业示范园区建设标准，探索与沿线国家共建生态环保园区的创新合作模式。落实《对外投资合作环境保护指南》，推动企业自觉遵守当地环保法律法规、标准和规范，履行环境社会责任，发布年度环境报告；鼓励企业优先采用低碳、节能、环保、绿色的材料与技术工艺；加强生物多样性保护，优先采取就地、就近保护措施，做好生态恢复；引导企业加大应对气候变化领域重大技术的研发和应用。

……

国务院办公厅关于建立统一的绿色产品标准、认证、标识体系的意见

国办发〔2016〕86号

各省、自治区、直辖市人民政府，国务院各部委、各直属机构：

健全绿色市场体系，增加绿色产品供给，是生态文明体制改革的重要组成部分。建立统一的绿色产品标准、认证、标识体系，是推动绿色低碳循环发展、培育绿色市场的必然要求，是加强供给侧结构性改革、提升绿色产品供给质量和效率的重要举措，是引导产业转型升级、提升中国制造竞争力的紧迫任务，是引领绿色消费、保障和改善民生的有效途径，是履行国际减排承诺、提升我国参与全球治理制度性话语权的现实需要。为贯彻落实《生态文明体制改革总体方案》，建立统一的绿色产品标准、认证、标识体系，经国务院同意，现提出以下意见。

一、总体要求

（一）指导思想

以党的十八大和十八届三中、四中、五中、六中全会精神为指导，按照“五位一体”总体布局、“四个全面”战略布局和党中央、国务院决策部署，牢固树立创新、协调、绿色、开放、共享的发展理念，以供给侧结构性改革为战略基点，充分发挥标准与认证的战略性、基础性、引领性作用，创新生态文明体制机制，增加绿色产品有效供给，引导绿色生产和绿色消费，全面提升绿色发展质量和效益，增强社会公众的获得感。

（二）基本原则

坚持统筹兼顾，完善顶层设计。着眼生态文明建设总体目标，统筹考虑资源环境、产业基础、消费需求、国际贸易等因素，兼顾资源节约、环境友好、消费友好等特性，制定基于产品全生命周期的绿色产品标准、认证、标识体系建设一揽子解决方案。

坚持市场导向，激发内生动力。坚持市场化的改革方向，处理好政府与市场的关系，充分发挥标准化和认证认可对于规范市场秩序、提高市场效率的有效作用，通过统一和完善绿色产品标准、认证、标识体系，建立并传递信任，激发市场活力，促进供需有效对接和结构升级。

坚持继承创新，实现平稳过渡。立足现有基础，分步实施，有序推进，合理确定市场过渡期，通过政府引导和市场选择，逐步淘汰不适宜的制度，实现绿色产品标准、认证、标识整合目标。

坚持共建共享，推动社会共治。发挥各行业主管部门的职能作用，推动政、产、学、研、用各相关方广泛参与，分工协作，多元共治，建立健全行业采信、信息公开、社会监督等机制，完善相关法律法规和配套政策，推动绿色产品标准、认证、标识在全社会使用和采信，共享绿色发展成果。

坚持开放合作，加强国际接轨。立足国情实际，遵循国际规则，充分借鉴国外先进经验，深化国际合作交流，维护我国在绿色产品领域的发展权和话语权，促进我国绿色产品标准、认证、标识的国际接轨、互认，便利国际贸易和合作交往。

（三）主要目标

按照统一目录、统一标准、统一评价、统一标识的方针，将现有环保、节能、节水、循环、低碳、再生、有机等产品整合为绿色产品，到2020年，初步建立系统科学、开放融合、指标先进、权威统一的绿色产品标准、认证、标识体系，健全法律法规和配套政策，实现一类产品、一个标准、一个清

单、一次认证、一个标识的体系整合目标。绿色产品评价范围逐步覆盖生态环境影响大、消费需求旺、产业关联性强、社会关注度高、国际贸易量大的产品领域及类别，绿色产品市场认可度和国际影响力不断扩大，绿色产品市场份额和质量效益大幅提升，绿色产品供给与需求失衡现状有效扭转，消费者的获得感显著增强。

二、重点任务

（四）统一绿色产品内涵和评价方法

基于全生命周期理念，在资源获取、生产、销售、使用、处置等产品生命周期各阶段中，绿色产品内涵应兼顾资源能源消耗少、污染物排放低、低毒少害、易回收处理和再利用、健康安全和质量品质高等特征。采用定量与定性评价相结合、产品与组织评价相结合的方法，统筹考虑资源、能源、环境、品质等属性，科学确定绿色产品评价的关键阶段和关键指标，建立评价方法与指标体系。

（五）构建统一的绿色产品标准、认证、标识体系

开展绿色产品标准体系顶层设计和系统规划，充分发挥各行业主管部门的职能作用，共同编制绿色产品标准体系框架和标准明细表，统一构建以绿色产品评价标准子体系为牵引、以绿色产品的产业支撑标准子体系为辅助的绿色产品标准体系。参考国际实践，建立符合中国国情的绿色产品认证与标识体系，统一制定认证实施规则和认证标识，并发布认证标识使用管理办法。

（六）实施统一的绿色产品评价标准清单和认证目录

质检总局会同有关部门统一发布绿色产品标识、标准清单和认证目录，依据标准清单中的标准组织开展绿色产品认证。组织相关方对有关国家标准、行业标准、团体标准等进行评估，适时纳入绿色产品评价标准清单。会同有关部门建立绿色产品认证目录的定期评估和动态调整机制，避免重复评价。

（七）创新绿色产品评价标准供给机制

优先选取与消费者吃、穿、住、用、行密切相关的生活资料、终端消费品、食品等产品，研究制定绿色产品评价标准。充分利用市场资源，鼓励学会、协会、商会等社会团体制定技术领先、市场成熟度高的绿色产品评价团体标准，增加绿色产品评价标准的市场供给。

（八）健全绿色产品认证有效性评估与监督机制

推进绿色产品信用体系建设，严格落实生产者对产品质量的主体责任、认证实施机构对检测认证结果的连带责任，对严重失信者建立联合惩戒机制，对违法违规行为的责任主体建立黑名单制度。运用大数据技术完善绿色产品监管方式，建立绿色产品评价标准和认证实施效果的指标量化评估机制，加强认证全过程信息采集和信息公开，使认证评价结果及产品公开接受市场检验和社会监督。

（九）加强技术机构能力和信息平台建设

建立健全绿色产品技术支撑体系，加强标准和合格评定能力建设，开展绿色产品认证检测机构能力评估和资质管理，培育一批绿色产品标准、认证、检测专业服务机构，提升技术能力、工作质量和服务水平。建立统一的绿色产品信息平台，公开发布绿色产品相关政策法规、标准清单、规则程序、产品目录、实施机构、认证结果及采信状况等信息。

（十）推动国际合作和互认

围绕服务对外开放和“一带一路”建设战略，推进绿色产品标准、认证认可、检验检测的国际交流与合作，开展国内外绿色产品标准比对分析，积极参与制定国际标准和合格评定规则，提高标准一致性，推动绿色产品认证与标识的国际互认。合理运用绿色产品技术贸易措施，积极应对国外绿色壁垒，推动我国绿色产品标准、认证、标识制度走出去，提升我国参与相关国际事务的制度性话语权。

三、保障措施

（十一）加强部门联动配合

建立绿色产品标准、认证与标识部际协调机制，成员单位包括质检、发展改革、工业和信息化、财政、环境保护、住房城乡建设、交通运输、水利、农业、商务等有关部门，统筹协调绿色产品标准、认证、标识相关政策措施，形成工作合力。

（十二）健全配套政策

落实对绿色产品研发生产、运输配送、消费采购等环节的财税金融支持政策，加强绿色产品重要标准研制，建立绿色产品标准推广和认证采信机制，支持绿色金融、绿色制造、绿色消费、绿色采购等政策实施。实行绿色产品领跑者计划。研究推行政府绿色采购制度，扩大政府采购规模。鼓励商品交易市场扩大绿色产品交易、集团采购商扩大绿色产品采购，推动绿色市场建设。推行生产者责任延伸制度，促进产品回收和循环利用。

（十三）营造绿色产品发展环境

加强市场诚信和行业自律机制建设，各职能部门协同加强事中事后监管，营造公平竞争的市场环境，进一步降低制度性交易成本，切实减轻绿色产品生产企业负担。各有关部门、地方各级政府应结合实际，加快转变职能和管理方式，改进服务和工作作风，优化市场环境，引导加强行业自律，扩大社会参与，促进绿色产品标准实施、认证结果使用与效果评价，推动绿色产品发展。

（十四）加强绿色产品宣传推广

通过新闻媒体和互联网等渠道，大力开展绿色产品公益宣传，加强绿色产品标准、认证、标识相关政策解读和宣传推广，推广绿色产品优秀案例，传播绿色发展理念，引导绿色生活方式，维护公众的绿色消费知情权、参与权、选择权和监督权。

国务院办公厅

2016年11月22日

中共中央、国务院《生态文明体制改革总体方案》（节选）

为加快建立系统完整的生态文明制度体系，加快推进生态文明建设，增强生态文明体制改革的系统性、整体性、协同性，制定本方案。

一、生态文明体制改革的总体要求

（一）生态文明体制改革的指导思想

全面贯彻党的十八大和十八届二中、三中、四中全会精神，以邓小平理论、“三个代表”重要思想、科学发展观为指导，深入贯彻落实习近平总书记系列重要讲话精神，按照党中央、国务院决策部署，坚持节约资源和保护环境基本国策，坚持节约优先、保护优先、自然恢复为主方针，立足我国社会主义初级阶段的基本国情和新的阶段性特征，以建设美丽中国为目标，以正确处理人与自然关系为核心，以解决生态环境领域突出问题为导向，保障国家生态安全，改善环境质量，提高资源利用效率，推动形成人与自然和谐发展的现代化建设新格局。

（二）生态文明体制改革的理念

树立尊重自然、顺应自然、保护自然的理念，生态文明建设不仅影响经济持续健康发展，也关系政治和社会建设，必须放在突出地位，融入经济建设、政治建设、文化建设、社会建设各方面和全过程。

树立发展和保护相统一的理念，坚持发展是硬道理的战略思想，发展必须是绿色发展、循环发展、低碳发展，平衡好发展和保护的关系，按照主体功能定位控制开发强度，调整空间结构，给子孙后代留下天蓝、地绿、水净的美好家园，实现发展与保护的内在统一、相互促进。

树立绿水青山就是金山银山的理念，清新空气、清洁水源、美丽山川、肥沃土地、生物多样性是人类生存必需的生态环境，坚持发展是第一要务，必须保护森林、草原、河流、湖泊、湿地、海洋等自然生态。

树立自然价值和自然资本的理念，自然生态是有价值的，保护自然就是增值自然价值和自然资本的过程，就是保护和发展生产力，就应得到合理回报和经济补偿。

树立空间均衡的理念，把握人口、经济、资源环境的平衡点推动发展，人口规模、产业结构、增长速度不能超出当地水土资源承载能力和环境容量。

树立山水林田湖是一个生命共同体的理念，按照生态系统的整体性、系统性及其内在规律，统筹考虑自然生态各要素、山上山下、地上地下、陆地海洋以及流域上下游，进行整体保护、系统修复、综合治理，增强生态系统循环能力，维护生态平衡。

（三）生态文明体制改革的原则

坚持正确改革方向，健全市场机制，更好发挥政府的主导和监管作用，发挥企业的积极性和自我约束作用，发挥社会组织和公众的参与和监督作用。

坚持自然资源资产的公有性质，创新产权制度，落实所有权，区分自然资源资产所有者权利和管理者权力，合理划分中央地方事权和监管职责，保障全体人民分享全民所有自然资源资产收益。

坚持城乡环境治理体系统一，继续加强城市环境保护和工业污染防治，加大生态环境保护工作对农村地区的覆盖，建立健全农村环境治理体制机制，加大对农村污染防治设施建设和资金投入力度。

坚持激励和约束并举，既要形成支持绿色发展、循环发展、低碳发展的利益导向机制，又要坚持源头严防、过程严管、损害严惩、责任追究，形成对各类市场主体的有效约束，逐步实现市场化、法治化、制度化。

坚持主动作为和国际合作相结合，加强生态环境保护是我们的自觉行为，同时要深化国际交流和务实合作，充分借鉴国际上的先进技术和体制机制建设有益经验，积极参与全球环境治理，承担并履行好同发展中大国相适应的国际责任。

坚持鼓励试点先行和整体协调推进相结合，在党中央、国务院统一部署下，先易后难、分步推进，成熟一项推出一项。支持各地区根据本方案确定的基本方向，因地制宜，大胆探索、大胆试验。

（四）生态文明体制改革的目标

到2020年，构建起由自然资源资产产权制度、国土空间开发保护制度、空间规划体系、资源总量管理和全面节约制度、资源有偿使用和生态补偿制度、环境治理体系、环境治理和生态保护市场体系、生态文明绩效评价考核和责任追究制度等八项制度构成的产权清晰、多元参与、激励约束并重、系统完整的生态文明制度体系，推进生态文明领域国家治理体系和治理能力现代化，努力走向社会主义生态文明新时代。

构建归属清晰、权责明确、监管有效的自然资源资产产权制度，着力解决自然资源所有者不到位、所有权边界模糊等问题。

构建以空间规划为基础、以用途管制为主要手段的国土空间开发保护制度，着力解决因无序开发、过度开发、分散开发导致的优质耕地和生态空间占用过多、生态破坏、环境污染等问题。

构建以空间治理和空间结构优化为主要内容，全国统一、相互衔接、分级管理的空间规划体系，着力解决空间性规划重叠冲突、部门职责交叉重复、地方规划朝令夕改等问题。

构建覆盖全面、科学规范、管理严格的资源总量管理和全面节约制度，着力解决资源使用浪费严重、利用效率不高等问题。

构建反映市场供求和资源稀缺程度、体现自然价值和代际补偿的资源有偿使用和生态补偿制度，着力解决自然资源及其产品价格偏低、生产开发成本低于社会成本、保护生态得不到合理回报等问题。

构建以改善环境质量为导向，监管统一、执法严明、多方参与的环境治理体系，着力解决污染防治能力弱、监管职能交叉、权责不一致、违法成本过低等问题。

构建更多运用经济杠杆进行环境治理和生态保护的市场体系，着力解决市场主体和市场体系发育滞后、社会参与度不高等问题。

构建充分反映资源消耗、环境损害和生态效益的生态文明绩效评价考核和责任追究制度，着力解决发展绩效评价不全面、责任落实不到位、损害责任追究缺失等问题。

……

（四十六）建立统一的绿色产品体系

将目前分头设立的环保、节能、节水、循环、低碳、再生、有机等产品统一整合为绿色产品，建立统一的绿色产品标准、认证、标识等体系。完善对绿色产品研发生产、运输配送、购买使用的财税金融支持和政府采购等政策。

……

政府采购支持绿色建材促进建筑品质提升政策项目实施指南

第一章 总则

第一条 为推进政府采购支持绿色建材促进建筑品质提升政策实施工作，根据《财政部住房城乡建设部工业和信息化部关于扩大政府采购支持绿色建材促进建筑品质提升政策实施范围的通知》（财库〔2022〕35号），结合国家现行绿色建筑与建筑节能、绿色建材的相关法律、法规和技术标准，制定本指南。

第二条 本指南适用于纳入政府采购支持绿色建材促进建筑品质提升政策实施范围的建设工程项目可研编制、设计与审查、政府采购、施工、检测、验收、第三方机构（预）评价全流程的相关活动，包括医院、学校、办公楼、综合体、展览馆、会展中心、体育馆、保障性住房等政府采购工程项目（含适用招标投标法的政府采购工程项目）。

第三条 纳入政策实施范围的采购人1及有关各方应当参照本指南执行。

第四条 纳入政策实施范围的城市财政、住房城乡建设、工业和信息化（经济和信息化）、自然资源、市场监管、政务服务等主管部门应参照本指南，按照部门职责分工做好项目相关审批、采购与监管工作。

第五条 纳入政策实施范围的建设工程项目除应符合本指南的规定外，还应符合国家、地方及行业现行相关法律、法规和标准的规定。

第二章 可行性研究

第六条 项目建议书应明确本项目的绿色建筑星级、绿色建材应用比例和装配率目标值。

第七条 编制可行性研究报告，应主动对照《绿色建筑和绿色建材政府采购需求标准》（以下简称《需求标准》），编写绿色建筑和绿色建材专篇，包括但不限于下列内容：

（一）项目绿色建筑和绿色建材应用概况、编制依据，相关绿色规划与建设条件；

（二）绿色建筑星级目标，主要措施和相关专业建设要求；

（三）绿色建材应用率目标，主要措施和相关专业建设要求；

（四）装配式项目装配率目标值、全装修要求，主要措施和相关专业建设要求。

第八条 编制项目投资估算，应综合考虑绿色建筑和绿色建材的相关增量成本以及绿色建材批量集中采购的成本节约，包括下列内容：

（一）绿色建筑的星级增量成本；

（二）绿色建材高性能要求（绿色要求和品质属性要求）的增量成本，具备条件的可经询价或参照材料设备目录价格和税费标准编制；

（三）新工艺、新技术、新材料、新设备的运用、检测、第三方（预）评价等环节的费用；

（四）装配式建造、全装修等技术运用增量成本；

（五）通用类绿色建材实施批量集中采购后的实际下降成本。

第九条 纳入政策实施范围的城市投资主管部门根据相应流程对可研报告进行评审时，可邀请绿色建筑、绿色建材、装配式建筑相关专家，针对可行性研究报告中绿色建筑和绿色建材章节进行评审，并在评审结论中予以体现。

第三章 设计与审查

第十条 在项目设计阶段应编制绿色建材使用量清单，并对绿色建筑中绿色建材的应用比例进行核算。核算方法可在现行《绿色建筑评价标准》（GB/T50378）的基础上进行细化，如相关政策或标准有所调整，应按最新政策或标准执行。

第十一条 工程设计成果文件应包含技术规格书，技术规格书应明确结构材料与构配件、建筑装饰装修材料、设备设施等绿色建材的指标要求。

第十二条 设计单位应根据项目实际情况，对照《需求标准》等规范要求进行项目设计。

施工图审查机构应根据图审合同约定，对项目的绿色建筑和装配式建筑进行预评价，并出具预评价报告。未要求进行施工图设计文件审查的项目，由设计单位向采购人出具设计文件满足《需求标准》的承诺书。

第十三条 方案设计阶段，应对照《需求标准》进行绿色建筑和绿色建材设计策划，主要包括下列内容：

（一）规划与建设条件，绿色建筑星级等级定位及绿色建材应用总体策略；

（二）建筑工程项目建造方式及其结构形式；

（三）建筑专业建设要求；

（四）结构专业建设要求；

（五）暖通专业建设要求；

（六）给排水专业建设要求；

（七）电气专业建设要求。

第十四条 初步设计阶段，设计成果文件中应明确绿色建筑和绿色建材主要设计应用内容和建材技术参数，还应包含下列绿色设计内容：

（一）绿色规划与建设条件，绿色建筑星级等级要求，其中星级等级应按照相应城市的绿色建筑专项规划和《绿色建筑评价标准》（GB/T50378）等相关要求分别明确；

（二）绿色建筑工程项目建造方式及其结构形式；

（三）建筑专业建设要求、设计内容及绿色建筑材料、装饰装修材料的基本要求；

（四）结构专业建设要求、设计内容及绿色结构材料与构配件的基本要求；

（五）暖通专业建设要求、设计内容及绿色功能设备设施的基本要求；

（六）给排水专业建设要求、设计内容及绿色功能设备设施的基本要求；

（七）电气专业建设要求、设计内容及绿色功能设备设施的基本要求；

（八）绿色建筑和装配式建筑预评价表，绿色建材应用比例计算书。

第十五条 施工图设计阶段，设计成果文件应对照《需求标准》明确绿色建筑和绿色建材主要设计内容、参数及具体构造和措施，并对前一阶段获取政府部门批复中的相关内容进行复核和深化。设计专篇应包含下列内容：

（一）建筑工程项目建造方式及其结构形式；

（二）建筑专业建设要求、设计内容及装饰装修材料要求；

（三）结构专业建设要求、设计内容及结构材料与构配件要求；

（四）暖通专业建设要求、设计内容及其设备设施要求；

（五）给排水专业建设要求、设计内容及其设备设施要求；

（六）电气专业建设要求、设计内容及其设备设施要求；

（七）绿色建筑自评分表；

（八）绿色建材应用汇总表。

第十六条 采购人宜委托施工图审查机构对施工图设计文件是否落实《需求标准》进行评估。未要求进行施工图设计文件审查的项目，采购人应当在办理施工许可手续节点之前向建设行政主管部门提交落实《需求标准》的承诺书。

第四章 政府采购

第十七条 采购人组织工程量清单和政府采购最高限价 / 招标控制价编制时，应纳入《需求标准》的相关要求，包含绿色建筑和绿色建材实施成本。对施工图不明确之处，采购人应及时组织设计单位、编制单位进行沟通并形成书面文件。

第十八条 编制采购文件（含工程招投标文件）和拟定合同文本，应满足下列要求：

（一）根据不同的采购类型，如设计、施工或工程总承包（EPC）等，在采购文件和拟定合同中应按照《需求标准》明确相应的绿色建筑评价等级、建设要求及绿色建材采购（招标）要求；

（二）“建设工程要求和材料性能符合《需求标准》的相关要求”应作为采购文件的实质性要求并以醒目方式进行标识，且在投标无效条件或否决投标条件中作相应载明；

（三）在拟定合同范本中应按采购文件的要求明确项目的绿色建筑等级、绿色建材应用比例和装配率，并将符合《需求标准》相关要求作为实质性条款；

（四）拟定施工合同中，须明确工程承包单位对涉及使用《需求标准》中的绿色建材的，应当全部采购和使用符合《需求标准》的绿色建材。

第十九条 采购文件和拟定合同中，应要求绿色建材供应商在参与采购活动时提供下列证明性文件的其中一种作为核实依据：

（一）提供符合《需求标准》相关指标要求的绿色建材检测报告；

（二）提供符合《需求标准》相关指标的绿色建材产品认证证书；

（三）《需求标准》中明确由企业承诺的指标，供应商可仅提供企业承诺书。

第二十条 设区的市、自治州以上人民政府财政部门，根据纳入政策实施范围的项目实际需求和绿色建材供应商生产实际，综合考虑建材的通用性、标准化程度、金额和用量等因素，研究确定实施批量集中采购的通用类建材种类并制定批量集中采购实施方案。

第二十一条 采购人梳理纳入批量集中采购范围的绿色建材应用数量，组织开展绿色建材集中采购应用量填报，在施工招标前报送财政部门和政府集中采购机构（部门集中采购机构）。政府集中采购机构（部门集中采购机构）根据政府采购相关法律法规、绿色建材批量集中采购实施方案等，编制采购文件，组织采购活动，分期分批实施批量集中采购。

第二十二条 确定中标、成交供应商后，采购人、施工单位（或总承包单位）应在规定期限内与中标、成交供应商签署《绿色建材采购供货合同》，严格应用绿色建材批量集中采购结果。

第二十三条 鼓励推进绿色建材电子化采购交易，所有符合条件的绿色建材产品均可进入电子平台交易，提高绿色建材采购效率和透明度。

第五章 施工

第二十四条 采购人应健全工程项目质量管理体系。采购人的项目负责人应作为第一责任人，承担本项目政策实施工作组织与管理的首要责任，并指定专职人员，明确其绿色建材采购及使用环节的质量管理职责，不具备条件的可聘用专业机构或人员。

第二十五条 施工单位应严格按照设计文件和《需求标准》的规定，以及相关建设工程标准进行施工。施工单位应建立相应的施工管理体系和组织机构，确定绿色建筑和绿色建材应用工作责任人。

第二十六条 派驻现场监理的监理工程师应当具备绿色建筑与绿色建材相关的专业知识和管理能力，熟悉《需求标准》，全面掌握设计文件、施工合同中约定的相关内容。

第二十七条 项目开工前，采购人应针对设计文件中绿色建筑和绿色建材的相关内容，结合《需求标准》组织专项会审，开展设计交底并形成书面纪要。设计单位应积极提供相关技术标准、协助指导施工单位进行新技术、新材料、新工艺、新设备的施工。

第二十八条 施工单位应建立绿色建材进场专项台账，内容包括但不限于产品名称、规格型号、产品数量、进货单位、生产厂家、质量证明文件编号（包括绿色建材产品认证证书等证明性材料）、进场时间、进场复验报告等。

第二十九条 施工单位应分地基和基础、主体结构、装饰装修与安装三个阶段开展自查自纠，重点检查该阶段应完成的绿色建筑和绿色建材相关内容是否已按设计文件实施，并满足《需求标准》及国家、地方其他相关规范标准的要求，且应形成书面文件。

第三十条 纳入政策实施范围的项目应建立绿色建筑和绿色建材相关内容的专项资料档案，包括且不限于下列内容：

（一）绿色建筑和绿色建材相应的责任名单等；

（二）经采购人、设计单位、施工单位、监理单位各方盖章确认的绿色建筑和绿色建材专项会审及设计交底纪要；

（三）建设过程中发生的绿色建筑和绿色建材相关内容的变更资料；变更流程应符合属地行业主管部门对项目节能系统变更管理的相关要求；

（四）绿色建材进场台账、质量证明文件及质量检测等资料；

（五）绿色建材检查记录、工程履约验收、隐蔽验收记录、竣工验收记录等；

（六）施工实施总结。

第三十一条 施工过程中，若发现设计文件涉及绿色建筑和绿色建材的内容有不明确或错漏之处，须及时向采购人报告，并由设计单位进行补充、变更，涉及重大变更的应及时提交原节能评估单位及施工图审查机构进行审查。

当工程设计变更时，其绿色建筑与绿色建材的相关性能不得低于《需求标准》、国家和地方其他现行相关标准的规定。

第三十二条 采购人、施工、监理单位应严格按施工验收规范的要求做好绿色建材的进场检验工作，检验合格后方能用于工程现场。

第三十三条 监理单位应严格按照绿色建筑与绿色建材专项监理实施细则开展监理活动。当发现工程施工不符合相关质量标准、技术要求或《需求标准》时，应当书面通知施工单位改正。当发现工程设计违反上述要求时，应报告采购人由其要求设计单位改正。

第三十四条 有关城市建设行政主管部门应结合建设工程项目施工过程的监督管理检查流程，加强对项目绿色建筑和绿色建材相关内容监督管理，保证项目的顺利推进。

第三十五条 建设行政主管部门和各行业协会，应针对相关的政策实施内容、技术要求、工作流程等，积极开展对建设、设计、施工、监理、检测机构等单位的培训工作，确保全面贯彻执行政策要求。

第六章　检测

第三十六条 纳入政策实施范围的项目绿色建筑与绿色建材性能检测的组织和管理应由采购人负责。

第三十七条 检测机构应符合《建设工程质量检测管理办法》（住房城乡建设部令第 57 号）并通过资质认定（CMA）。采购人可优先选择同时具备实验室认可（CNAS）资质的检测机构。检测方法和检测报告除应符合本指南要求外，还应符合国家和地方现行规范及标准的要求。

第三十八条 为保证建筑品质提升，采购人要按照《需求标准》的相关要求在材料进场和履约验收阶段开展检测报告核查以及相应的实体检测。其结果作为验收的重要依据。

第三十九条 绿色建材进场检验时，施工、监理单位应当核查质量证明文件，包括合格证、相关指标检验（检测）报告 / 认证证书，其中相关指标检验（检测）报告需完整描述受检绿色建材的委托人名称及地址、制造商名称及地址、生产厂名称及地址、产品名称、产品描述、型号、规格，检验报告应给出《需求标准》相应指标要求的测试结果，并明确是否达到其相应的指标要求。

第四十条 绿色建材进场后应按建设工程相关验收规范进行复验，复验样品应随机抽取，并应满足分布均匀、具有代表性的要求。施工单位要加强对进入施工现场的建筑材料的质量管控，对质量证明文件不齐全的建筑材料，不得进场。

第四十一条 施工单位及其取样、送检人员应确保提供的检测试样具有代表性和真实性。

第四十二条 采购人或监理单位见证人员应对施工现场的取样和送检进行见证，且应保证取样和送检的真实性。

第七章　验收

第四十三条 竣工验收前，采购人应组织对绿色建筑、绿色建材、装配式建造情况进行专项验收，形成专项验收报告并对验收结果负责。专项验收报告至少包括下列内容：

（一）绿色建筑及绿色建材项目实施情况；

（二）相关材料复验和现场实体检验情况；

（三）绿色建材应用比例计算书；

（四）装配率计算报告。

第四十四条 绿色建筑、绿色建材、装配率验收结果不合格的，竣工验收不得通过。

第四十五条 纳入政策实施范围的项目通过竣工验收后应申请获得相应星级的绿色建筑标识。

第四十六条 纳入政策实施范围的项目，工程进度款支付比例应当不低于已完工程价款的 80%。

第四十七条 推行施工过程结算，发承包双方通过合同约定，将施工过程按时间或进度节点划分施工周期，对周期内已完成且无争议的工程进行价款计算、确认和支付。经双方确认的过程结算文件作为竣工结算文件的组成部分，竣工后原则上不再重复审核。

第八章附则

第四十八条 纳入政策实施范围的城市（市辖区）可依据本指南，结合实际制定实施办法。

第四十九条 本指南由财政部会同住房城乡建设部、工业和信息化部负责解释，自印发之日起施行。

工业和信息化部办公厅　住房和城乡建设部办公厅　农业农村部办公厅商务部办公厅　国家市场监督管理总局办公厅　国家乡村振兴局综合司 关于开展 2023 年绿色建材下乡活动的通知

工信厅联原函〔2023〕50 号

各省、自治区、直辖市及计划单列市、新疆生产建设兵团工业和信息化主管部门、住房和城乡建设厅（委、局）、农业农村（农牧）厅（局、委）、商务主管部门、市场监管局（厅、委）、乡村振兴局，各有关单位：

为深入贯彻党的二十大关于建设现代化产业体系、全面推进乡村振兴的决策部署，加快绿色建材生产、认证和推广应用，促进绿色消费，助力美丽乡村建设，推动乡村产业振兴，工业和信息化部、住房和城乡建设部、农业农村部、商务部、国家市场监督管理总局、国家乡村振兴局决定在 2022 年试点工作基础上，进一步深入推进，联合开展 2023 年绿色建材下乡活动。有关事项通知如下：

一、活动主题

绿色建材进万家美好生活共创建

二、活动时间

2023 年 1 月—2023 年 12 月

三、试点地区

按照部门指导、市场主导、试点先行原则，在 2022 年已批复第一批试点地区的基础上，根据不同区域发展需求和实际，再选择第二批 5 个左右试点地区开展活动，有意愿的地区可依据本通知要求形成工作方案，向指导部门提出申请。

四、组织形式

（一）参与活动的产品原则上应为获得绿色建材认证的产品，具体获证产品清单和企业名录由绿色建材产品认证技术委员会另行发布，供试点地区参考。试点地区可结合实际制定本地清单名录，对于未获得绿色建材产品认证的产品，试点地区应明确产品技术要求，确保产品符合要求。对于符合认证条件的产品，各地区应加快开展认证活动。

（二）试点地区召开活动启动会后，下沉市、区（县）、乡（镇）、村，通过举办公益宣讲、专场、巡展等不同形式的线上线下活动，加快节能低碳、安全性好、性价比高的绿色建材推广应用。已批复的 7 个试点地区，在充分总结活动经验基础上，积极探索活动新模式，继续深入开展 2023 年绿色建材下乡活动，发挥引领示范作用。

（三）试点地区引导绿色建材生产企业、电商平台、卖场商场等积极参与活动。有条件的地区应对绿色建材消费予以适当补贴或贷款贴息。针对农房、基建等不同应用领域，发挥绿色建造解决方案典型示范作用，提供系统化解决方案，方便消费者选材。活动做好消费维权工作，明确消费维权投诉方式，为消费者提供咨询投诉维权服务。

（四）试点地区选择具有建材产业基础和区位优势的县域、乡镇等，发挥“链主"企业带动作用，促进绿色建材产业链上下游、大中小企业发展，推动绿色建材生产、认证、流通、应用、服务全产业链发展，打造特色产业集群。支持企业针对农村市场开发贴近施工、应用的绿色建材产品和整体解决方案。

（五）由中国建筑材料联合会、绿色建材产品认证技术委员会牵头，组织相关单位成立活动推进组，会同试点地区开展下乡活动。充分发挥第三方作用，完善公共平台，加强行业自律，做好上下游对接，协调组织企业等积极参与，鼓励企业、电商、卖场等让利于民。

（六）试点地区做好活动总结，11 月底前将总结报告分别报送工业和信息化部、住房和城乡建设部、农业农村部、商务部、国家市场监督管理总局、国家乡村振兴局。

五、活动要求

（一）明确部门职责。试点地区有关部门加强配合、形成政策合力。工业和信息化主管部门要开展原材料工业"三品"行动，推动绿色建材产品品种增加，产品品质提升，树立绿色建材品牌影响力。住房和城乡建设主管部门要结合现代宜居农房建设和农房节能改造，开展绿色建材下乡活动，推广新型建造方式，推动绿色建材应用。商务主管部门要鼓励电商平台、线下卖场开设销售专区，加大推介力度，促进绿色消费。市场监管部门要督促相关认证机构依法依规开展绿色建材产品认证活动，严格查处认证违法违规行为。农业农村主管部门要强化绿色建材下乡活动与乡村基础设施建设、农村厕所革命等工作的统筹协调。乡村振兴主管部门要充分调动广大农民群众参与绿色建材下乡活动的积极性，引导树立绿色消费理念，倡导乡村建设项目推广应用绿色建材。

（二）做好安全保障。试点地区制定活动方案、安全方案等，细化措施、责任到人、落实到位，严防事故发生。

（三）注重舆论引导。运用新闻媒体、微博微信、广播电视等渠道，加大绿色建材科普宣传力度，加强活动全过程全覆盖宣传引导，为绿色建材推广应用营造良好舆论环境。

六、联系方式

工业和信息化部（原材料工业司）：010-68205576/5596

中国建筑材料联合会：010-57811075

绿色建材产品认证技术委员会：010-62252317

工业和信息化部办公厅
住房和城乡建设部办公厅
农业农村部办公厅
商务部办公厅
国家市场监督管理总局办公厅
国家乡村振兴局综合司
2023 年 3 月 9 日

关于扩大政府采购支持绿色建材促进建筑品质提升政策实施范围的通知

财库〔2022〕35号

各省、自治区、直辖市、计划单列市财政厅（局）、住房和城乡建设厅（委、管委、局）、工业和信息化主管部门，新疆生产建设兵团财政局、住房和城乡建设局、工业和信息化局：

为落实《中共中央、国务院关于完整准确全面贯彻新发展理念做好碳达峰碳中和工作的意见》，加大绿色低碳产品采购力度，全面推广绿色建筑和绿色建材，在南京、杭州、绍兴、湖州、青岛、佛山等6个城市试点的基础上，财政部、住房城乡建设部、工业和信息化部决定进一步扩大政府采购支持绿色建材促进建筑品质提升政策实施范围。现将有关事项通知如下：

一、实施范围

自2022年11月起，在北京市朝阳区等48个市（市辖区）实施政府采购支持绿色建材促进建筑品质提升政策（含此前6个试点城市，具体城市名单见附件1）。纳入政策实施范围的项目包括医院、学校、办公楼、综合体、展览馆、会展中心、体育馆、保障房等政府采购工程项目，含适用招标投标法的政府采购工程项目。各有关城市可选择部分项目先行实施，在总结经验的基础上逐步扩大范围，到2025年实现政府采购工程项目政策实施的全覆盖。鼓励将其他政府投资项目纳入实施范围。

二、主要任务

各有关城市要深入贯彻习近平生态文明思想，运用政府采购政策积极推广应用绿色建筑和绿色建材，大力发展装配式、智能化等新型建筑工业化建造方式，全面建设二星级以上绿色建筑，形成支持建筑领域绿色低碳转型的长效机制，引领建材和建筑产业高质量发展，着力打造宜居、绿色、低碳城市。

（一）落实政府采购政策要求

各有关城市要严格执行财政部、住房城乡建设部、工业和信息化部制定的《绿色建筑和绿色建材政府采购需求标准》（以下简称《需求标准》，见附件2）。项目立项阶段，要将《需求标准》有关要求嵌入项目建议书和可行性研究报告中；招标采购阶段，要将《需求标准》有关要求作为工程招标文件或采购文件以及合同文本的实质性要求，要求承包单位按合同约定进行设计、施工，并采购或使用符合要求的绿色建材；施工阶段，要强化施工现场监管，确保施工单位落实绿色建筑要求，使用符合《需求标准》的绿色建材；履约验收阶段，要根据《需求标准》制定相应的履约验收标准，并与现行验收程序有效融合。鼓励通过验收的项目申报绿色建筑标识，充分发挥政府采购工程项目的示范作用。

（二）加强绿色建材采购管理

纳入政策实施范围的政府采购工程涉及使用《需求标准》中的绿色建材的，应当全部采购和使用符合相关标准的建材。各有关城市要探索实施对通用类绿色建材的批量集中采购，由政府集中采购机构或部门集中采购机构定期归集采购人的绿色建材采购计划，开展集中带量采购。要积极推进绿色建材电子化采购交易，所有符合条件的绿色建材产品均可进入电子平台交易，提高绿色建材采购效率和透明度。绿色建材供应商在供货时应当出具所提供建材产品符合需求标准的证明性文件，包括国家统一推行的绿色建材产品认证证书，或符合需求标准的有效检测报告等。

（三）完善绿色建筑和绿色建材政府采购需求标准

各有关城市可结合本地区特点和实际需求，提出优化完善《需求标准》有关内容的建议，包括调整《需求标准》中已包含的建材产品指标要求，增加未包含的建材产品需求标准，或者细化不同建筑类型如学校、医院等的需求标准等，报财政部、住房城乡建设部、工业和信息化部。财政部、住房城乡建设部、工业和信息化部将根据有关城市建议和政策执行情况，动态调整《需求标准》。

（四）优先开展工程价款结算

纳入政策实施范围的工程，要提高工程价款结算比例，工程进度款支付比例不低于已完工程价款的80%。推行施工过程结算，发承包双方通过合同约定，将施工过程按时间或进度节点划分施工周期，对周期内已完成且无争议的工程进行价款计算、确认和支付。经双方确认的过程结算文件作为竣工结算文件的组成部分，竣工后原则上不再重复审核。

三、工作要求

（一）明确部门职责

有关城市财政、住房和城乡建设、工业和信息化部门要各司其职，加强协调配合，形成政策合力。财政部门要组织采购人落实《需求标准》，指导集中采购机构开展绿色建材批量集中采购工作，加强对采购活动的监督管理。住房和城乡建设部门要加强对纳入政策实施范围的工程项目的监管，培育绿色建材应用示范工程和高品质绿色建筑项目。工业和信息化部门要结合区域特点，因地制宜发展绿色建材产业，培育绿色建材骨干企业和重点产品。

（二）精心组织实施

有关城市所在省级财政、住房和城乡建设、工业和信息化部门收到本通知后要及时转发至纳入政策实施范围城市的财政、住房和城乡建设、工业和信息化部门，切实加强对有关城市工作开展的指导。有关城市要根据政策要求，研究制定本地区实施方案，明确各有关部门的责任分工，完善组织协调机制，对实践中出现的问题要及时研究和妥善处理，确保扩大实施范围工作顺利推进，取得扎实成效。要积极总结工作经验，提炼可复制、可推广的先进经验和典型做法。

（三）加强宣传培训

各有关地方和部门要依据各自职责加强政策解读和宣传，及时回应社会关切，营造良好的工作氛围。要加强对建设单位、设计单位、建材企业、施工单位的政策解读和培训，调动相关各方的积极性。

附件：1. 政府采购支持绿色建材促进建筑品质提升政策实施范围城市名单

2. 绿色建筑和绿色建材政府采购需求标准

财政部 住房城乡建设部 工业和信息化部

2022年10月12日

关于政府采购支持绿色建材促进建筑品质提升试点工作的通知

财库〔2020〕31 号

各省、自治区、直辖市、计划单列市财政厅（局）、住房和城乡建设主管部门，新疆生产建设兵团财政局、住房和城乡建设局：

为发挥政府采购政策功能，加快推广绿色建筑和绿色建材应用，促进建筑品质提升和新型建筑工业化发展，根据《中华人民共和国政府采购法》和《中华人民共和国政府采购法实施条例》，现就政府采购支持绿色建材促进建筑品质提升试点工作通知如下：

一、总体要求

（一）指导思想

以习近平新时代中国特色社会主义思想为指导，牢固树立新发展理念，发挥政府采购的示范引领作用，在政府采购工程中积极推广绿色建筑和绿色建材应用，推进建筑业供给侧结构性改革，促进绿色生产和绿色消费，推动经济社会绿色发展。

（二）基本原则

坚持先行先试。选择一批绿色发展基础较好的城市，在政府采购工程中探索支持绿色建筑和绿色建材推广应用的有效模式，形成可复制、可推广的经验。

强化主体责任。压实采购人落实政策的主体责任，通过加强采购需求管理等措施，切实提高绿色建筑和绿色建材在政府采购工程中的比重。

加强统筹协调。加强部门间的沟通协调，明确相关部门职责，强化对政府工程采购、实施和履约验收中的监督管理，引导采购人、工程承包单位、建材企业、相关行业协会及第三方机构积极参与试点工作，形成推进试点的合力。

（三）工作目标

在政府采购工程中推广可循环可利用建材、高强度高耐久建材、绿色部品部件、绿色装饰装修材料、节水节能建材等绿色建材产品，积极应用装配式、智能化等新型建筑工业化建造方式，鼓励建成二星级及以上绿色建筑。到 2022 年，基本形成绿色建筑和绿色建材政府采购需求标准，政策措施体系和工作机制逐步完善，政府采购工程建筑品质得到提升，绿色消费和绿色发展的理念进一步增强。

二、试点对象和时间

（一）试点城市

试点城市为南京市、杭州市、绍兴市、湖州市、青岛市、佛山市。鼓励其他地区按照本通知要求，积极推广绿色建筑和绿色建材应用。

（二）试点项目

医院、学校、办公楼、综合体、展览馆、会展中心、体育馆、保障性住房等新建政府采购工程。鼓励试点地区将使用财政性资金实施的其他新建工程项目纳入试点范围。

（三）试点期限

试点时间为 2 年，相关工程项目原则上应于 2022 年 12 月底前竣工。对于较大规模的工程项目，可适当延长试点时间。

三、试点内容

（一）形成绿色建筑和绿色建材政府采购需求标准

财政部、住房和城乡建设部会同相关部门根据建材产品在政府采购工程中的应用情况、市场供给情况和相关产业升级发展方向等，结合有关国家标准、行业标准等绿色建材产品标准，制定发布绿色建筑和绿色建材政府采购基本要求（试行，以下简称《基本要求》）。财政部、住房和城乡建设部将根据试点推进情况，动态更新《基本要求》，并在中华人民共和国财政部网站（www.mof.gov.cn）、住房和城乡建设部网站（www.mohurd.gov.cn）和中国政府采购网（www.ccgp.gov.cn）发布。试点地区可根据地方实际情况，对《基本要求》中的相关设计要求、建材种类和具体指标进行微调。试点地区要通过试点，在《基本要求》的基础上，细化和完善绿色建筑政府采购相关设计规范、施工规范和产品标准，形成客观、量化、可验证，适应本地区实际和不同建筑类型的绿色建筑和绿色建材政府采购需求标准，报财政部、住房和城乡建设部。

（二）加强工程设计管理

采购人应当要求设计单位根据《基本要求》编制设计文件，严格审查或者委托第三方机构审查设计文件中执行《基本要求》的情况。试点地区住房和城乡建设部门要加强政府采购工程中落实《基本要求》情况的事中事后监管。同时，要积极推动工程造价改革，完善工程概预算编制办法，充分发挥市场定价作用，将政府采购绿色建筑和绿色建材增量成本纳入工程造价。

（三）落实绿色建材采购要求

采购人要在编制采购文件和拟定合同文本时将满足《基本要求》的有关规定作为实质性条件，直接采购或要求承包单位使用符合规定的绿色建材产品。绿色建材供应商在供货时应当提供包含相关指标的第三方检测或认证机构出具的检测报告、认证证书等证明性文件。对于尚未纳入《基本要求》的建材产品，鼓励采购人采购获得绿色建材评价标识、认证或者获得环境标志产品认证的绿色建材产品。

（四）探索开展绿色建材批量集中采购

试点地区财政部门可以选择部分通用类绿色建材探索实施批量集中采购。由政府集中采购机构或部门集中采购机构定期归集采购人绿色建材采购计划，开展集中带量采购。鼓励通过电子化政府采购平台采购绿色建材，强化采购全流程监管。

（五）严格工程施工和验收管理

试点地区要积极探索创新施工现场监管模式，督促施工单位使用符合要求的绿色建材产品，严格按照《基本要求》的规定和工程建设相关标准施工。工程竣工后，采购人要按照合同约定开展履约验收。

（六）加强对绿色采购政策执行的监督检查

试点地区财政部门要会同住房和城乡建设部门通过大数据、区块链等技术手段密切跟踪试点情况，加强有关政策执行情况的监督检查。对于采购人、采购代理机构和供应商在采购活动中的违法违规行为，依照政府采购法律制度有关规定处理。

四、保障措施

（一）加强组织领导

试点地区要高度重视政府采购支持绿色建筑和绿色建材推广试点工作，大胆创新，研究建立有利于推进试点的制度机制。试点地区财政部门、住房和城乡建设部门要共同牵头做好试点工作，及时制定出台本地区试点实施方案，报财政部、住房和城乡建设部备案。试点实施方案印发后，有关部门要按照职责分工加强协调配合，确保试点工作顺利推进。

（二）做好试点跟踪和评估

试点地区财政部门、住房和城乡建设部门要加强对试点工作的动态跟踪和工作督导，及时协调解决试点中的难点堵点，对试点过程中遇到的关于《基本要求》具体内容、操作执行等方面问题和相关意见建议，要及时向财政部、住房和城乡建设部报告。财政部、住房和城乡建设部将定期组织试点情况评估，试点结束后系统总结各地试点经验和成效，形成政府采购支持绿色建筑和绿色建材推广的全国实施方案。

（三）加强宣传引导

加强政府采购支持绿色建筑和绿色建材推广政策解读和舆论引导，统一各方思想认识，及时回应社会关切，稳定市场主体预期。通过新闻媒体宣传推广各地的好经验好做法，充分发挥试点示范效应。

附件：绿色建筑和绿色建材政府采购基本要求（试行）

财政部 住房城乡建设部
2020 年 10 月 13 日

市场监管总局办公厅　住房和城乡建设部办公厅　工业和信息化部办公厅
关于加快推进绿色建材产品认证及生产应用的通知

市监认证〔2020〕89号

各省、自治区、直辖市及新疆生产建设兵团市场监管局（厅、委）、住房和城乡建设厅（委、局）、工业和信息化主管部门：

根据《市场监管总局办公厅住房和城乡建设部办公厅工业和信息化部办公厅关于印发绿色建材产品认证实施方案的通知》（市监认证〔2019〕61号，以下简称《实施方案》）要求，三部门联合开展加快推进绿色建材产品认证及生产应用工作，现将有关事项通知如下：

一、扩大绿色建材产品认证实施范围

在前期绿色建材评价工作基础上，加快推进绿色建材产品认证工作，将建筑门窗及配件等51种产品（见附件1）纳入绿色建材产品认证实施范围，按照《实施方案》要求实施分级认证。根据行业发展和认证工作需要，三部门还将适时把其他建材产品纳入实施范围。

二、绿色建材产品分级认证及业务转换要求

获得批准的认证机构应依据《绿色建材产品分级认证实施通则》（见附件2）制定对应产品认证实施细则，并向认监委备案。获证产品应按照《绿色产品标识使用管理办法》（市场监管总局公告2019年第20号）和《绿色建材评价标识管理办法》（建科〔2014〕75号）要求加施“认证活动二”绿色产品标识，并标注分级结果。现有绿色建材评价机构自获得绿色建材产品认证资质之日起，应停止受理认证范围内相应产品的绿色建材评价申请。自2021年5月1日起，绿色建材评价机构停止开展全部绿色建材评价业务。

三、组建绿色建材产品认证技术委员会

组建绿色建材产品认证技术委员会，为绿色建材产品认证工作提供决策咨询和技术支持。第一届技术委员会委员名单附后（见附件3），秘书处设在中国建筑材料工业规划研究院，负责技术委员会日常工作。

四、培育绿色建材示范企业和示范基地

工业和信息化主管部门建立绿色建材产品名录，培育绿色建材生产示范企业和示范基地。由省级工业和信息化主管部门根据不同地域特点和市场需求，加强与下游用户的衔接，组织项目上报。工业和信息化部组织专家对申报材料进行评审、公示，具体申报时间和要求另行通知。

五、加快绿色建材推广应用

住房和城乡建设主管部门依托建筑节能与绿色建筑综合信息管理平台搭建绿色建材采信应用数据库，获证企业或认证机构提出入库申请。省级住房和城乡建设主管部门应发挥职能，做好入库建材产品监督管理。省级住房和城乡建设主管部门要结合实际制定绿色建材认证推广应用方案，鼓励在绿色建筑、装配式建筑等工程建设项目中优先采用绿色建材采信应用数据库中的产品。

六、加强对绿色建材产品认证及生产应用监督管理

各级市场监管、住房和城乡建设、工业和信息化部门在各自职能范围内，加强对绿色建材产品认

证及生产应用监管，发现违法违规行为的，依法严肃查处。

附件：1. 绿色建材产品分级认证目录（第一批）

2. 绿色建材产品分级认证实施通则

3. 第一届绿色建材产品认证技术委员会委员名单

市场监管总局办公厅

住房和城乡建设部办公厅

工业和信息化部办公厅

2020 年 8 月 3 日

2020 年 8 月 3 日

认监委关于发布绿色产品认证机构资质条件及第一批认证实施规则的公告

国家认证认可监督管理委员会公告〔2020〕6 号

根据《国务院办公厅关于建立统一的绿色产品标准、认证、标识体系的意见》（国办发〔2016〕86 号）及《市场监管总局关于发布绿色产品评价标准清单及认证 目录（第一批）的公告》（市场监管总局公告 2018 年第 2 号）、《市场监管总局办公 厅住房和城乡建设部办公厅工业和信息化部办公厅关于印发绿色建材产品认证实 施方案的通知》（市监认证〔2019〕61 号）要求，申请从事绿色产品认证的认证机 构应当依法设立，符合《中华人民共和国认证认可条例》《认证机构管理办法》规 定的基本条件，并具备与从事绿色产品认证相适应的技术能力。具备上述资质条件的认证机构，可按照绿色产品认证第一批目录范围向认监委 提出申请，经批准后方可依据相关认证实施规则（见附件）开展绿色产品认证。

附件：

1. 绿色产品认证实施规则人造板和木制地板
2. 绿色产品认证实施规则涂料
3. 绿色产品认证实施规则卫生陶瓷
4. 绿色产品认证实施规则建筑玻璃
5. 绿色产品认证实施规则太阳能热水系统
6. 绿色产品认证实施规则家具
7. 绿色产品认证实施规则绝热材料
8. 绿色产品认证实施规则防水密封材料
9. 绿色产品认证实施规则陶瓷砖（板）
10. 绿色产品认证实施规则纺织产品
11. 绿色产品认证实施规则木塑制品
12. 绿色产品认证实施规则纸和纸制品

认监委

2020 年 3 月 26 日

市场监管总局办公厅　住房和城乡建设部办公厅 工业和信息化部办公厅 关于印发绿色建材产品认证实施方案的通知

市监认证〔2019〕61号

各省、自治区、直辖市及新疆生产建设兵团市场监管局（厅、委）、住房和城乡建设厅（委、局）、工业和信息化主管部门：

为贯彻落实《质检总局 住房城乡建设部 工业和信息化部 国家认监委 国家标准委关于推动绿色建材产品标准、认证、标识工作的指导意见》（国质检认联〔2017〕544号），推进绿色建材产品认证工作，市场监管总局、住房和城乡建设部、工业和信息化部制定了《绿色建材产品认证实施方案》，现印发给你们，请结合实际认真组织实施。

绿色建材产品认证实施方案

为推进实施绿色建材产品认证制度，健全绿色建材市场体系，增加绿色建材产品供给，提升绿色建材产品质量，促进建材工业和建筑业转型升级，根据《质检总局 住房城乡建设部 工业和信息化部 国家认监委 国家标准委关于推动绿色建材产品标准、认证、标识工作的指导意见》（国质检认联〔2017〕544号，以下简称《指导意见》），制定本方案。

一、组织领导与保障

成立绿色建材产品标准、认证、标识推进工作组（以下简称推进工作组），由市场监管总局、住房和城乡建设部、工业和信息化部有关司局负责同志组成，负责协调指导全国绿色建材产品标准、认证、标识工作，审议绿色建材产品认证实施规则和认证机构技术能力要求，指导绿色建材产品认证采信工作。组建技术委员会，为绿色建材认证工作提供决策咨询和技术支持。

各省、自治区、直辖市及新疆生产建设兵团市场监管局（厅、委）、住房和城乡建设厅（委、局）、工业和信息化主管部门成立本地绿色建材产品工作组，接受推进工作组指导，负责协调本地绿色建材产品认证推广应用工作。

二、认证组织实施

（一）从事绿色建材产品认证的认证机构应当依法设立，符合《认证机构管理办法》基本要求，满足GB/T 27065《合格评定产品、过程和服务认证机构要求》、RB/T 242《绿色产品认证机构要求》相关要求，具备从事绿色建材产品认证活动的相关技术能力。

（二）申请从事绿色建材认证的认证机构，可由省级住房和城乡建设主管部门、工业和信息化主管部门推荐，由市场监管总局商住房和城乡建设部、工业和信息化部后作出审批决定。

（三）绿色建材产品认证机构可委托取得相应资质的检测机构开展与绿色建材产品认证相关的检测活动，并对依据有关检测数据作出的认证结论负责。

（四）绿色建材产品认证目录由市场监管总局、住房和城乡建设部、工业和信息化部根据行业发展和认证工作需要，共同确定并发布。认证实施规则由市场监管总局商住房和城乡建设部、工业和信息化部后发布。

（五）绿色建材产品认证按照《指导意见》、本实施方案及《绿色建材评价标识管理办法》（建科〔2014〕75号）进行实施，实行分级评价认证，由低至高分为一、二、三星级，在认证目录内依据绿色产品评价国家标准认证的建材产品等同于三星级绿色建材。

三、认证标识

按照《绿色产品标识使用管理办法》（市场监管总局2019年第20号公告）要求，对认证目录内依据绿色产品评价国家标准认证的建材产品，适用“认证活动一”的绿色产品标识样式；对按照《绿色建材评价标识管理办法》（建科〔2014〕75号）认证的建材产品，适用“认证活动二”的绿色产品标识样式，并标注分级结果。

四、推广应用

（一）住房和城乡建设主管部门建立绿色建材采信应用数据库，并向社会公开。通过绿色建材评价认证的建材产品经审核后入库。对出现违规行为的企业或认证机构，要及时将相应的建材产品从数据库中清除。

（二）工业和信息化主管部门建立绿色建材产品名录，根据不同地域特点和市场需求，加强与下游用户的衔接，促进绿色建材推广应用，培育绿色建材示范产品和示范企业，推动绿色建材行业加快发展。

（三）各地住房和城乡建设主管部门、工业和信息化主管部门要结合实际制定本地绿色建材认证推广应用方案，鼓励工程建设项目使用绿色建材采信应用数据库中的产品，在政府投资工程、重点工程、市政公用工程、绿色建筑和生态城区、装配式建筑等项目中率先采用绿色建材。

五、监督管理

（一）各级市场监管、住房和城乡建设、工业和信息化部门充分发挥各自职能，对绿色建材产品生产、认证、采信应用等进行监督管理。

（二）对认证活动中出现的违法违规行为，应依法进行处罚，并将涉企行政处罚信息通过国家企业信用信息公示系统及全国绿色建材评价标识管理信息平台公布。

市场监管总局

2019年11月6日

质检总局 住房城乡建设部 工业和信息化部 国家认监委 国家标准委关于《推动绿色建材产品标准、认证、标识工作的指导意见》

国质检认联〔2017〕544 号

各省、自治区、直辖市及计划单列市、新疆生产建设兵团质量技术监督局（市场监督管理部门）、住房城乡建设厅（委）、工业和信息化主管部门，各直属检验检疫局：

为全面贯彻落实党的十九大精神，进一步推进《生态文明体制改革总体方案》（中发〔2015〕25 号）、《中共中央 国务院关于开展质量提升行动的指导意见》（中发〔2017〕24 号）、《中共中央 国务院关于进一步加强城市规划建设管理工作的若干意见》（中发〔2016〕6 号）、《国务院办公厅关于建立统一的绿色产品标准、认证、标识体系的意见》（国办发〔2016〕86 号）、《国务院办公厅关于促进建材工业稳增长调结构增效益的指导意见》（国办发〔2016〕34 号）及《绿色建筑行动方案》（国办发〔2013〕1 号）的落实工作，健全绿色建材市场体系，增加绿色建材产品供给，提升绿色建材产品质量，推动建材工业和建筑业转型升级，现就推动绿色建材产品标准、认证、标识工作提出以下指导意见：

一、目标原则

（一）总体目标

按照国务院要求，将现有绿色建材认证或评价制度统一纳入绿色产品标准、认证、标识体系管理。在全国范围内形成统一、科学、完备、有效的绿色建材产品标准、认证、标识体系，实现一类产品、一个标准、一个清单、一次认证、一个标识的整合目标，建立完善的绿色建材推广和应用机制，全面提升建材工业绿色制造水平。到 2020 年，绿色建材应用比例达到 40% 以上。

（二）基本原则

1. 统一协调，共同实施。通过建立有效的协调机制，各有关部门共同推进绿色建材产品标准、认证、标识的采信和推广应用工作。

2. 稳步推进，平稳过渡。积极稳妥地整合现有绿色建材相关评价认证制度，结合实施情况，制定具体措施，确保政策平稳过渡。

3. 强化监督，多元共治。加强绿色建材产品标准、认证、标识诚信体系建设，完善监督机制，形成政府、行业组织、认证机构、生产企业多元共治的良性局面。

二、组织实施

（三）加强组织协调

质检总局、住房城乡建设部、工业和信息化部、国家认监委、国家标准委共同成立绿色建材产品标准、认证、标识推进工作组（简称五部门工作组），协调指导全国绿色建材产品标准、认证、标识工作。

各地应参照五部门模式成立本地绿色建材产品认证工作组，接受五部门工作组指导，负责本地绿色建材产品认证和推广应用工作，引导本地符合条件的机构申报绿色建材产品认证机构，参与绿色建材产品标准编制，监督管理本地绿色建材产品认证活动，审查、汇总、上报本地绿色建材产品认证结果。

（四）建立统一的产品标准体系

由国家标准委、工业和信息化部、住房城乡建设部构建绿色建材产品标准体系框架，组织研制满足工程建设要求的绿色建材产品评价标准，确定和统一发布绿色建材产品评价标准清单，动态管理绿色建材产品标准。

（五）建立统一的产品认证体系

由国家认监委、住房城乡建设部、工业和信息化部构建绿色建材产品认证体系框架，制定绿色建材产品认证目录、实施规则和证书式样；按照绿色产品认证机构能力要求确定绿色建材产品认证机构。

（六）推进绿色产品认证

积极稳妥地推动绿色建材评价向统一的绿色产品认证转变。

对于纳入统一的标准清单和认证目录的建材产品，符合相关要求的，按照统一的绿色产品认证体系进行绿色产品认证，已获得三星级绿色建材评价标识的建材产品在证书有效期内可换发绿色产品认证证书。

对于未纳入统一的标准清单和认证目录的建材产品，以及统一的标准清单和认证目录内已获得一星级、二星级绿色建材评价标识的建材产品，仍参照《绿色建材评价标识管理办法》（建科〔2014〕75号）执行，按照分级认证的原则实施自愿性产品认证，由国家认监委批准的认证机构进行认证。

（七）加强机构能力建设

认证机构应具备从事绿色建材产品认证活动相适应的工作条件和技术能力，按照《认证机构管理办法》（质检总局令第164号）管理，由国家认监委批准，住房城乡建设部、工业和信息化部共同参与监督管理。

三、采信应用

（八）完善政策措施

质检总局、住房城乡建设部、工业和信息化部、国家认监委、国家标准委要制定完善相关政策，加强政策衔接，统筹绿色建材标准制定、产品认证、生产应用等环节，积极引导建材生产企业参与绿色建材产品认证，抓紧建立绿色建材采信和推广应用机制。结合深化“一带一路”等国家战略，推动建立绿色建材产品国际互认合作机制，推动中国产品和服务“走出去”。

（九）积极采信应用

各地要结合实际，制定本地绿色建材认证推广应用方案，明确发展目标、重点任务和保障措施，积极鼓励工程建设项目使用绿色建材，在政府投资工程、重点工程、市政公用工程等项目中率先采用绿色建材。建设一批绿色建材推广应用示范工程。将绿色建材产品认证和推广应用工作列入生态文明建设、城市规划建设管理工作、新型城镇化建设、节能减排等监督考核指标体系，加大考核力度。定期对各地开展绿色建材产品认证和推广应用进行检查。

四、监督保障

（十）加强监督检查

要强化对认证过程的监管，确保认证工作规范有序；遵循“双随机、一公开”原则，定期或不定期对认证机构和获证企业进行监督检查，对不符合认证要求的产品、企业进行处置，追究相关企业和认证机构责任。依法查处认证违法违规行为，建立违法违规的认证机构黑名单制度，向社会公布黑名单，并记入相关机构信用记录，纳入全国统一的信用信息共享交换平台。

（十一）强化社会共治

及时发布认证机构及获证企业相关信息，任何组织和个人有权对绿色建材产品认证中的违法违规行为进行举报，各地、各相关部门应当及时调查处理。绿色建材产品认证机构要主动公开认证产品标准、程序、方法、结果，自觉接受社会监督。建立认证机构、认证人员、获证企业、最终用户的关联制约机制、风险责任机制，依靠行政监管、认可约束、行业自律、社会监督，实现多元共治。

（十二）加强宣传引导

加强绿色建材产品标准、认证、标识相关政策解读。贴近群众、走进生活，开展多种形式的绿色建材产品宣介活动，向社会提供绿色建材产品认证信息查询、统计分析、结果发布等服务，引导消费者选材，强化公众绿色生产和消费理念，让广大消费者接受认证结果、信任认证制度。支持企业提品质、树品牌，促进建材工业提质升级。

质检总局 住房城乡建设部 工业和信息化部

国家认监委 国家标准委

2017年12月28日

2 标准化工作

BIAOZHUNHUAGONGZUO

中国国检测试控股集团股份有限公司

关于邀请参加《绿色建材评价 保温系统材料》《绿色建材评价 无机装饰板材》标准修订工作的函

各有关单位：

根据《2022年第一批协会标准制订、修订计划》（建标协字〔2022〕13号）文件要求，为大力发展绿色建材，支撑建筑节能、绿色建筑和新型城镇化建设需求，促进建材工业转型升级，落实中共中央、国务院《关于开展质量提升行动的指导意见》和国务院办公厅《关于建立统一的绿色产品标准、认证和标识体系的意见》的文件精神，受住房和城乡建设部科技与产业化发展中心委托，由中国国检测试控股集团股份有限公司牵头负责T/CECS 10032—2019《绿色建材评价 保温系统材料》、T/CECS 10042—2019《绿色建材评价 无机装饰板材》标准的修订工作。

为使标准的编制更加科学、先进和可操作，并保证按时完成，现征集业内有代表性的科研院所和骨干企业作为参编单位。如贵单位有意愿参加，请填好参编申请（附件二）并加盖公章后，将扫描件发送至Lsjc@ctc.ac.cn。

联系人：任世伟、马丽萍、刘翼

电　话：010-51167148

邮　箱：Lsjc@ctc. ac. cn

附件一：委托函

附件二：标准参编申请表

中国国检测试控股集团股份有限公司

2022 年 07 月 10 日

中国国检测试控股集团股份有限公司

关于邀请参加《绿色建材评价 建筑消能阻尼器》等5项绿色建材系列标准编制工作的函

各有关单位：

为大力发展绿色建材，健全绿色建材标准体系，加快推进绿色建材产品认证工作，根据中国工程建设标准化协会《关于印发〈2022年第二批协会标准制定、修订计划〉的通知》（建标协字〔2022〕40号）要求，受住房和城乡建设部科技与产业化发展中心委托，由国检集团牵头负责《绿色建材评价 建筑消能阻尼器》、《绿色建材评价 玄武岩纤维及其复合材料》、《绿色建材评价 预制保温管及管件》、《绿色建材评价 风电叶片》、《绿色建材评价 室外运动场地面层合成材料》等5项标准制定工作。

为使标准更加科学、先进和可操作，现征集业内科研院所和骨干企业参与标准制定工作。如有意愿参加，请填好标准参编申请表（附件）并加盖公章后，将扫描件发送至Lsjc@ctc.ac.cn。

联系人：任世伟、马丽萍

电　话：010-51167148

邮　箱：Lsjc@ctc.ac.cn

附件：标准参编申请表

中国国检测试控股集团股份有限公司

2023年02月23日

中国国检测试控股集团股份有限公司

关于邀请参加《绿色建筑低碳选材技术导则》标准制订工作的函

各有关单位：

根据中国工程建设标准化协会“2022年第一批协会标准制订、修订计划”（建标协字〔2022〕13号）的通知，由中国国检测试控股集团股份有限公司牵头负责《绿色建筑低碳选材技术导则》标准制订工作。

绿色建筑是建筑业落实双碳目标的必然选项，建筑材料的低碳化选用是支撑绿色建筑“低碳属性”的天然基因。立足于选材源头管控视角，探究绿色建筑贯穿设计、施工、使用等全流程的低碳选材方法理论，剖析绿色建筑与建筑材料产业链的供需适配与协同降碳机制，以标准化手段构建基于建材碳足迹为基础要素，统筹节约、长寿、循环、利废、环保、健康等多要素于一体的绿色建筑低碳选材综合技术体系，对于推进绿色建筑与建材产业链纵深融合、协同降碳具有重要意义。

本标准旨在以绿色建筑高质量发展需求为牵引，以选材为切入点，建立一套科学适用、前瞻引领、操作可行的绿色建筑低碳选材技术体系，为高品质绿色建筑低碳选材提供规范化指导依据，促进绿色低碳建材在建筑领域深化推广应用、助力城乡建设领域双碳目标实现。

为保障标准编制的科学、合理和可操作性，现征集业内有代表性的科研院所和骨干企业作为参研单位，共同做好标准编制工作。若贵单位有意愿参加，请将参编申请（附件一）填好并加盖公章后，将扫描件发送至Lsjc@ctc.ac.cn。

联系人：赵春芝、刘佳

电　话：010-51167578、010-51167148

邮　箱：Lsjc@ctc.ac.cn

附件一：标准参编申请表

中国国检测试控股集团股份有限公司

2022年11月9日

附件一：

标准参编申请表

<table>
<tr><td>姓名</td><td></td><td>性别</td><td></td><td>出生年月</td><td></td></tr>
<tr><td>职务</td><td></td><td>职称</td><td></td><td>最终学历</td><td></td></tr>
<tr><td>民族</td><td></td><td>籍贯</td><td></td><td>有无标准编写经历</td><td></td></tr>
<tr><td>何年何校毕业</td><td colspan="3"></td><td>所学专业</td><td></td></tr>
<tr><td>技术工作简历</td><td colspan="5"></td></tr>
<tr><td>电话</td><td></td><td>手机</td><td></td><td>传真</td><td></td></tr>
<tr><td>电子信箱</td><td colspan="3"></td><td>邮政编码</td><td></td></tr>
<tr><td>地址</td><td colspan="5"></td></tr>
<tr><td>备注</td><td colspan="5"></td></tr>
</table>

参编单位（盖章）：

年　　月　　日

中国国检测试控股集团股份有限公司

关于邀请参加《绿色建材评价 建筑用气凝胶绝热材料》行业标准编制工作的函

各有关单位：

根据《工业和信息化部办公厅关于印发2022年第三批行业标准制修订和外文版项目计划的通知》（工信厅科函[2022]312号），由中国国检测试控股集团股份有限公司牵头负责建材行业标准《绿色建材评价 建筑用气凝胶绝热材料》的制定工作，计划编号为2022-1971T-JC。

绿色建材是建材行业高质量发展的不二选项，是绿色建筑与新型城镇化建设的关键物质基础，是新时代双碳目标战略布局中的重要一子。与此同时，万众瞩目的绿色建材评价认证亦作为国家行动正如火如荼开展中。气凝胶材料作为公认的传统建筑保温绝热材料的革命性替代产品，在国家绿色与双碳政策红利的深度加码下，迎来了前所未有的发展机遇，成为绿色建材领域中熠熠闪烁的新星。然而，如何科学评价气凝胶绝热材料的绿色低碳属性，基于什么样的标准来系统认定其为“绿色建材”，诸如此类问题均尚属空白。鉴于此，建立统一、规范的建筑用气凝胶绝热材料绿色建材评价标准体系，支撑绿色建材产品供给，是气凝胶绝热材料行业亟待解决的重要事项。本标准将充分紧贴我国建筑用气凝胶绝热材料行业现有产品体系及应用发展实际，研究、制定其绿色建材分级评价技术体系，为推动开展建筑用气凝胶绝热材料绿色建材产品认证奠定标准支撑。

为使标准内容更加科学、合理、协调、可操作，现征集业内有代表性的骨干企业、科研院所、检测认证机构、专家学者等参与标准制定工作。有意愿者请填写参编申请（附件），并加盖公章后将扫描件发送至以下方式。

联系人：任世伟、马丽萍

电　话：010-51167148

邮　箱：lsjc@ctc.ac.cn

附　件：标准参编申请

中国国检测试控股集团股份有限公司

2023 年 02 月 05 日

中国国检测试控股集团股份有限公司

关于邀请参加新一批《绿色建材评价标准》编制工作的函

各有关单位：

为大力发展绿色建材，加快推进绿色建材标准工作，受住房和城乡建设部科技与产业化发展中心委托，由国检集团牵头负责新一批《绿色建材评价标准》的编制任务（附件一）。

为使标准更加科学、先进和可操作，现征集业内科研院所和骨干企业参与共同编制。如贵单位有意愿参加，请填好参编申请（附件二）并加盖公章后，将扫描件发送至Lsjc@ctc.ac.cn。

联系人：任世伟、马丽萍、刘翼

电　话：010-51167148

邮　箱：Lsjc@ctc.ac.cn

附件一：住建部科技与产业化发展中心委托函

附件三：标准参编申请表

中国国检测试控股集团股份有限公司

2022年02月18日

住房和城乡建设部科技与产业化发展中心（住房和城乡建设部住宅产业化促进中心）文件

关于邀请参与编制《绿色建材评价系列标准》的函

中国建材检验认证集团股份有限公司：

根据《2021年第一批协会标准制订、修订计划》（建标协字〔2021〕11号）文件要求，为加快推进绿色建材评价工作，顺利完成编制任务，经研究，现邀请贵单位牵头参与我中心主编的绿色建材评价系列标准的编制工作（详见附件）。

请你单位精心组织，抓紧落实，并于2023年6月完成标准编制工作。

请回函确认。

附件：标准编制任务清单

住房和城乡建设部科技与产业化发展中心

2021年6月18日

附件

标准编制任务清单

一、 绿色建材评价 石墨烯电热制品

二、 绿色建材评价 建筑垃圾再生骨料

三、 绿色建材评价 气凝胶复合材料

四、 绿色建材评价 光伏并网逆变器

五、 绿色建材评价 装配式内装部品

六、 绿色建材评价 辐射制冷材料

七、 绿色建材评价 无机地坪材料

八、 绿色建材评价 纤维增强热固性塑料管及管件

九、 绿色建材评价 建筑隔震橡胶支座

十、 绿色建材评价 预制混凝土管片和管桩

十一、 绿色建材评价 建筑柔性饰面材料

中国建材检验认证集团股份有限公司

国检集团函〔2018〕143号

关于征集认证认可行业标准《室内装饰装修服务认证要求》参编单位的函

各有关单位：

根据国家认监委“关于下达2018年第一批认证认可行业标准制(修)订计划项目的通知”（国认科〔2018〕39号），由中国建材检验认证集团股份有限公司负责认证认可行业标准《室内装饰装修服务认证要求》的编制工作，完成时间为2020年4月30日。

《质量发展纲要（2011~2020年）》提出，认证认可工作重点之一是“加快实施服务认证”，提出至2020年全国实现服务质量的标准化、规范化和品牌化，服务业质量水平显著提升，达到或接近国际先进水平，服务业品牌价值和效益大幅提升，推动实现服务业大发展的总体安排。

当前，我国室内装饰装修服务行业发展正在“从小规模到产业化”，“从无序竞争到品牌较量”的转变阶段，形成集成化、工厂化生产，选择联合、加盟、合作等各种形式的发展模式，企业制度、经营模式、增长方式正面临重大改变。如何在新的发展阶段，规范室内装饰装修服务行业，创造标准化的服务模式和监督体制，已成为关系到室内装饰装修行业做大做强和“二次发展创业”成败的关键所在。通过采取国际通行的服务认证和分级认证的模式，将服务质量评价的结果明示给服务购买者，可促进室内装饰装修服务行业的规范性和一致性，打造透明、可信和可靠的消费环境，提高顾客满意度水平，对促进品牌培育，引领转型升级具有重要的现实意义。

《室内装饰装修服务认证要求》旨在为认证机构提供室内装饰装修服务认证要求及其评价准则和方法。为保证该标准的科学性、合理性和可操作性，现面向行业征集参编单位，共同完成标准的编制工作。有意愿参编的单位，请填写申请表（附件）并加盖公章，将扫描件发送至 xuxin@ctc.ac.cn。

联系人：许欣、赵春芝、马丽萍、张启龙、文刚、刘翼

电　话：010-51167148，51167578，51167005

邮　箱：xuxin@ctc.ac.cn

附件：参编申请表

中国建材检验认证集团股份有限公司

2018 年 8 月 2 日

综合管理部　　2018年8月2日印发

中国建筑材料联合会
金属复合材料分会文件

中建材联金属分会秘发[2019]012 号

关于邀请参加建材行业标准《金属复合装饰材料行业绿色工厂评价要求》和《金属复合装饰材料行业绿色供应链管理 导则》编制工作的函

各有关单位：

为贯彻落实《中国制造 2025》和《工业绿色发展规划（2016-2020 年）》，工业和信息化部等多部门联合印发了《绿色制造工程实施指南（2016-2020 年）》，其明确了到 2020 年要在我国工业企业中初步建立包含绿色工厂、绿色供应链、绿色产品、绿色园区在内的绿色制造体系，各省市也依此陆续出台了创建省市级绿色工厂、绿色供应链的政策文件。2019 年，国家发展和改革委、科技部联合印发的《关于创建市场导向的绿色技术创新体系的指导意见》中，进一步明确提出“要健全绿色工厂评价体系，开展绿色工厂建设示范”、“推动企业运用互联网信息化技术，建立覆盖原材料采购、生产、物流、销售、回收等环节的绿色供应链管理体系”。

为支撑金属复合装饰材料行业的绿色制造体系规范化创建、管理与评估等工作，根据《工业和信息化部办公厅关于印发2019年第二批行业标准制修订项目计划的通知》（工信厅科函【2019】195号）的要求，由中国建材检验认证集团股份有限公司和中国建材联合会金属复合材料分会牵头负责两项建材行业标准《金属复合装饰材料行业绿色工厂评价要求》和《金属复合装饰材料行业绿色供应链管理 导则》的编制工作，计划编号分别为：2019-0667T-JC和2019-0668T-JC。

为使标准内容更加科学、合理、协调、可操作，现征集业内有代表性的骨干企业、机构、专家学者参与标准制定工作。如有意愿参加，请填写参编申请（附件一）并加盖公章后，将扫描件发送至1113011048@qq.com。

联系人：汪一强、马丽萍

电　话：010-51167662

邮　箱：1113011048@qq.com

附件一：标准参编申请

中国建筑材料联合会金属复合材料分会

2019年10月15日

中国建材检验认证集团股份有限公司

关于邀请参加《建材产品水足迹核算、评价与报告通则》认证认可行业标准编制工作的函

各有关单位：

根据国家认证认可监督管理委员会“认监委关于下达2019年认证认可行业标准制修订计划项目的通知”（国认监[2019]13 号）要求，由中国建材检验认证集团股份有限公司牵头负责认证认可行业标准《建材产品水足迹核算、评价与报告通则》的编制工作，计划编号：2019RB009。

水是事关国计民生的基础性自然资源和战略性经济资源，是生态环境的控制性要素。习近平总书记在党的十九大报告中提出要“实施国家节水行动”。2019 年，发改委、水利部联合印发了《国家节水行动方案》，提高水资源利用效益、建设节水型社会上升为国家战略。在此情形下，基于全生命周期理念，着眼统筹兼顾源头控制、过程用水效率提升和末端污染防控的水资源综合管控体系，同时充分利用评价、认证等国际通行的技术手段和市场化机制，构建以水足迹理念为基础的水资源观，对于落实国家“节水优先”方针具有重要意义，也将为“以水定城、以水定地、以水定人、以水定产”等制度的落实提供切实可行的技术方案。

本标准将立足于建材行业，运用基于生命周期的水足迹思维，通过实现对建材行业产品生命周期内水资源利用及水污染管控的可核查、可评价、可报告，一方面为建材行业节水型标杆产品的评价认证工作提供科学、合理、可操作的技术支撑，同时也有助于为建材工业企业加强水资源取用、产排污管控，为行业和政府部门制定节水减排管控政策提供参考，具有较好的行业示范意义。

为保证该标准的科学、合理和可操作性，现征集业内有代表性的骨干企业、机构、专家学者参与标准制定工作。如有意愿参加，请填写申请表（附件）并加盖公章后，将扫描件发送至 mlp@ctc.ac.cn。

联系人：马丽萍、张艳姣、刘翼、蒋荃

电　话：010-51167148、51167005

E-mail：mlp@ctc.ac.cn

中国建材检验认证集团股份有限公司

二〇二〇年六月八日

3 绿色评价·认证服务

LÜSEPINGJIA·RENZHENGFUWU

中国绿色产品认证 / 绿色建材产品认证

中国绿色产品认证是依据中共中央、国务院《生态文明体制改革总体方案》（中发〔2015〕25 号）和国务院办公厅《关于建立统一的绿色产品标准、标识和认证的指导意见》（国办发〔2016〕86 号）建立的，由国家推行的高端认证制度。

中国绿色产品是指在全生命周期过程中，符合环境保护要求，对生态环境和人体健康无害或危害小、资源能源消耗少、品质高的产品。

首批认证目录

人造板和木质地板、涂料、卫生陶瓷、建筑玻璃、太阳能热水系统、家具、绝热材料、防水与密封材料、陶瓷砖（板）、纺织产品、木塑制品、纸和纸制品

绿色建材产品认证是市场监管总局、住房和城乡建设部、工信部在原绿色建材评价标识工作基础上，依据三部门《绿色建材产品认证实施方案》（市监认证〔2019〕61 号）和《关于加快推进绿色建材产品认证及生产应用的通知》（市监认证〔2020〕89 号）建立的，由国家推行的分级认证制度，是按照中共中央、国务院要求推动绿色产品认证在建材领域率先落地的重要举措。

绿色建材是指在全生命周期内，可减少对天然资源消耗和减轻对生态环境影响，具有“节能、减排、安全、便利、可循环”特征的建材产品。绿色建材认证由低到高分为一星级、二星级和三星级。通过前述中国绿色产品认证的建材产品等同于三星级绿色建材。

首批认证目录（6 大类 51 种）

围护结构及混凝土类：预制构件、钢结构房屋用钢构件、现代木结构用材、砌体材料、保温系统材料、预拌混凝土、预拌砂浆、混凝土外加剂（减水剂）

门窗幕墙及装饰装修类：建筑门窗及配件、建筑幕墙、建筑节能玻璃、建筑遮阳产品、门窗幕墙用型材、钢质户门、金属复合装饰材料、建筑陶瓷、卫生洁具、无机装饰板材、石膏装饰材料、石材、镁质装饰材料、吊顶系统、集成墙面、纸面石膏板

防水密封及建筑涂料类：建筑密封胶、防水卷材、防水涂料、墙面涂料、反射隔热涂料、空气净化材料、树脂地坪材料

给排水及水处理设备类：水嘴、建筑用阀门、塑料管材管件、游泳池循环水处理设备、净水设备、软化设备、油脂分离器、中水处理设备、雨水处理设备

暖通空调及太阳能利用与照明类：空气源热泵、地源热泵系统、新风净化系统、建筑用蓄能装置、光伏组件、LED 照明产品、采光系统、太阳能光伏发电系统

其他设备类：设备隔振降噪装置、控制与计量设备、机械式停车设备

关于我们

二十年来长期致力于绿色建材产品评价认证工作，积极为我国绿色发展事业贡献力量：

▸ 首批中国绿色产品认证机构、三星级绿色建材评价机构、工信部工业节能与绿色发展评价中心

▸ 中国绿色产品认证建材组组长单位、国家绿色产品标准化总体组成员

▸ 牵头编制 40 余项绿色产品和绿色建材评价标准、中国绿色产品认证实施规则（建材领域）

▸ 二十年来承担数十项绿色建材评价认证国家科研项目，多次获得省部级科技进步奖

重要意义

▸ 实施国推认证，是践行国家绿色发展理念的重要举措；

▸《国家发展改革委 司法部关于加快建立绿色生产和消费法规政策体系的意见》（发改环资〔2020〕379 号）

▸ 提出，积极推行绿色产品政府采购制度，结合实施产品品目清单管理，加大绿色产品相关标准在政府采购中的运用

▸《财政部 住房和城乡建设部关于政府采购支持绿色建材促进建筑品质提升试点工作的通知》（财库〔2020〕31 号）提出，绿色建材将作为政府采购实质性条件

▸ 获证产品准许使用中国绿色产品或绿色建材产品认证标识，彰显产品绿色高端优势及企业品牌实力

▸ 为成功入选国家级或地方省市绿色工厂、绿色供应链示范提供强有力助力

▸ 招投标过程获益：国推认证产品市场认可度高，增强企业差异化竞标能力

▸ 工程应用获益：住房和城乡建设部搭建绿色建材采信应用数据库，获证产品将被绿色建筑、装配式建筑等工程建设项目

▸ 优先采用

▸ 行业推广获益：工信部将建立绿色建材产品名录，培育绿色建材生产示范企业和示范基地

▸ 各地方省市已陆续推出财税金融、政府优先采购等激励政策。国家层面还将继续出台完善相关支持政策

绿色产品认证 / 绿色建材星级认证 010-51167148

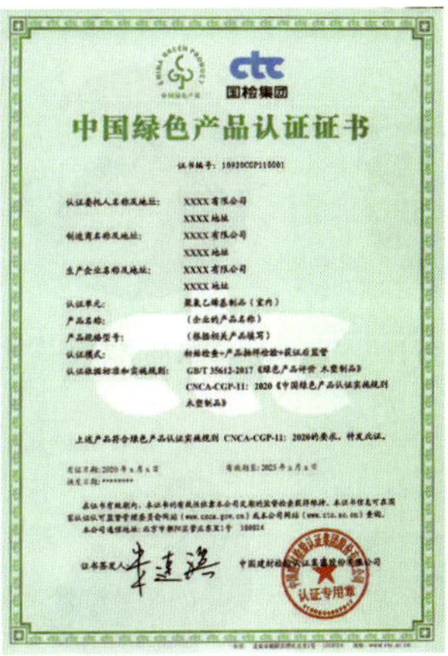

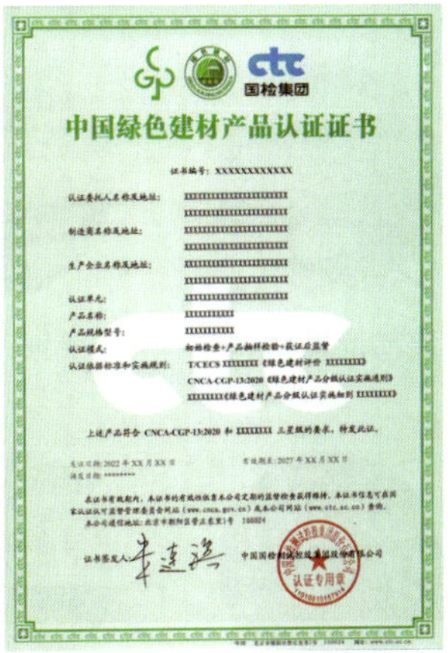

儿童安全级产品认证

儿童是家庭的希望，国家民族的未来。给所有儿童创造安全舒适的家庭、社会和学习环境，让他们健康成长，一直是国检集团努力的目标。

儿童安全级产品认证由国检集团一群年轻的爸爸妈妈开发。他们本着“幼吾幼以及人之幼”的初心，在多年绿色建材认证评价技术研究的基础上，以更严苛的环保标准、更严谨的认证规则控制拟通过认证的建材产品的有害物质指标，保障儿童活动场所空气质量及环境安全健康，践行国检集团“让生活更美好”的使命。

受理范围

墙面涂覆材料、壁纸（布）、木质地板、人造板、弹性地板、塑胶跑道材料、家具、集成墙面、木塑制品、木器涂料等

儿童安全级认证 010-51167148

墙面涂覆材料

壁纸（布）

木质地板

人造板

弹性地板

塑胶跑道材料

儿童家具

集成墙面

木塑制品

木器涂料

健康建材认证

中共中央、国务院发布《“健康中国 2030”规划纲要》，健康建材产业链将会是一个规模巨大、潜力无限的行业。“新冠”疫情直接催生了家装消费升级，健康建材将成为刚需。关于健康建材相应的权威评价标准和第三方认证出

现了空白和缺位，市场混乱。疫情催生出的巨大消费市场导致这一矛盾空前突出。

国检集团旗帜鲜明地提出：健康建材是在符合严苛的有害物质和污染源控制指标的基础上，具有“主动健康”功能性的建材产品。包括但不限于：

▸ 具有空气净化功能，可改善居室空气质量的

▸ 具有抗菌功能，可改善居室水质或微生物环境的

▸ 具有调节功能，可改善居室声、光、热、湿等建筑物理环境舒适度的

▸ 产品符合人体工程学设计，使用中具有舒适、安全或健康等功能的

▸ 其他可提升人居环境健康水平的

健康建材认证 010- 51167148

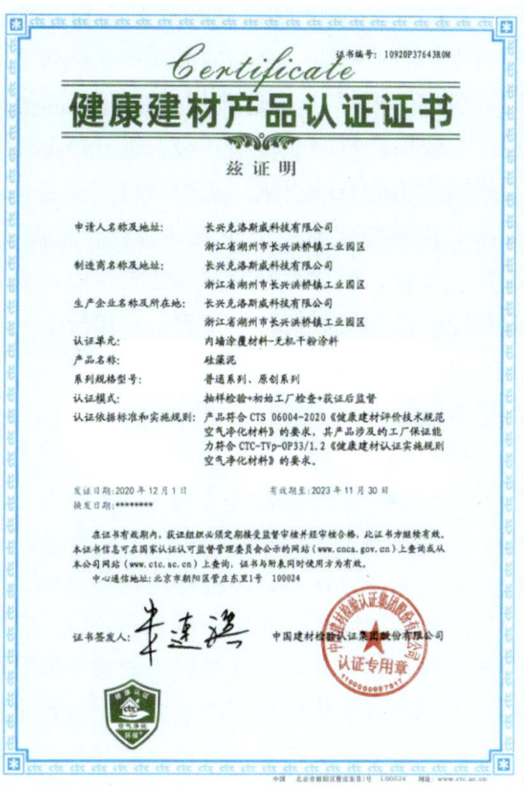
证书编号：10920P37643R0M

Certificate

健康建材产品认证证书

兹证明

申请人名称及地址：长兴克洛斯威科技有限公司
浙江省湖州市长兴洪桥镇工业园区

制造商名称及地址：长兴克洛斯威科技有限公司
浙江省湖州市长兴洪桥镇工业园区

生产企业名称及所在地：长兴克洛斯威科技有限公司
浙江省湖州市长兴洪桥镇工业园区

认证单元：内墙涂覆材料-无机干粉涂料

产品名称：硅藻泥

系列规格型号：普通系列、原创系列

认证模式：抽样检验+初始工厂检查+获证后监督

认证依据标准和实施规则：产品符合 CTS 06004-2020《健康建材评价技术规范 空气净化材料》的要求，其产品涉及的工厂保证能力符合 CTC-TVp-OP33/1.2《健康建材认证实施规则 空气净化材料》的要求。

发证日期：2020 年 12 月 1 日　　有效期至：2023 年 11 月 30 日

换发日期：********

在证书有效期内，获证组织必须定期接受监督审核并经审核合格，此证书方继续有效。本证书信息可在国家认证认可监督管理委员会公示的网站（www.cnca.gov.cn）上查询或从本公司网站（www.ctc.ac.cn）上查询，证书与附表同时使用方为有效。

中心通信地址：北京市朝阳区管庄东里1号　100024

证书签发人：　　中国建材检验认证集团股份有限公司

认证专用章

中国　北京市朝阳区管庄东里1号　100024　网址：www.ctc.ac.cn

优质建材产品认证

CTC 推出的“优质建材产品”旨在为优秀的建材生产企业提供一个高端品质产品认证平台，为广大消费者提供一个选购优质建材产品的可信渠道，为我国建材产业转型升级、提升产品质量的国家战略作出应有的贡献。优质建材产品认证的适用范围：优秀的建材生产企业（陶瓷、水泥、玻璃、涂料、板材、型材等）的高端建材产品，获证企业数量控制在行业企业总数的 5% ～ 10%。

认证的基本模式：型式试验 + 初始工厂检查 + 获证后监督。

优质建材产品认证实行综合评价打分制，满分 100 分，综合评价总得分不低于 85 分为通过。其中：工厂检查满分 50 分，包括工厂质量保证能力检查和产品一致性检查，根据现场检查结果予以评分；产品质量检查满分 35，依据各产品认证实施规则所附技术要求和型式试验报告实测性能数据予以评分，技术要求依托相关产品现行国家标准或行业标准，在主要质量指标予以拔高；其他综合评价满分 15 分，依据企业科研能力、管理体系获证情况、生产规模、售后服务等进行评分。

优质建材产品认证 010-51167735

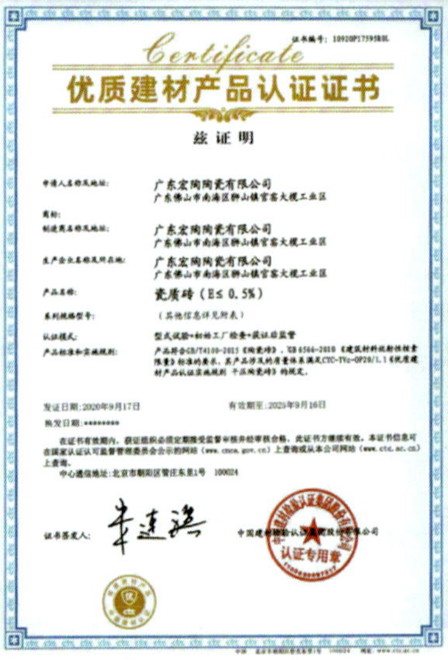
Certificate
优质建材产品认证证书
兹证明
广东宏陶陶瓷有限公司
广东佛山市南海区狮山镇官窑大榄工业区
广东宏陶陶瓷有限公司
广东佛山市南海区狮山镇官窑大榄工业区
广东宏陶陶瓷有限公司
广东佛山市南海区狮山镇官窑大榄工业区
瓷质砖（E≤ 0.5%）
（其他信息详见附表）
型式试验+初始工厂检查+获证后监督
发证日期：2020年9月17日
有效期至：2025年9月16日
换发日期：********
中心通信地址：北京市朝阳区管庄东里1号 100024
认证专用章

Ⅲ型环境声明／碳足迹／水足迹

EPD（亦称Ⅲ型环境声明、环境产品声明）是以生命周期评价 LCA 为方法论基础，提供基于生命周期全过程的量化环境信息报告。碳足迹、水足迹同样以 LCA 为基础，量化评价产品在整个生命周期内的温室气体排放或水资源消耗。因其可向消费者、经销商等提供与产品相关的科学、可验证、可比的环境信息，被认为是对政府绿色采购及产品生态设计等最有力的支持工具。

▸ 作为当前绿色产品认证、绿色制造体系评价、绿色建材产品认证的重要指标

▸ 服务 LEED 等国内外绿色建筑评价

▸ 通过量化表达产品的绿色低碳环保特征，增强企业及其产品的品牌影响和市场竞争力

▸ 彰显企业实施节能减排和改善环境质量的决心和责任，提升企业社会形象

▸ 有效应对国际绿色贸易壁垒，促进出口

EPD ／碳足迹／水足迹 010-51167148

绿色建筑选用产品证明商标

证明商标，是指由对某种商品或者服务具有监督能力的组织所控制，而由该组织以外的单位或个人使用于其商品或者服务，用以证明该商品或者服务的原产地、原料、制造方法、质量或者其他特定品质的标志。

绿色建筑选用产品证明商标是国家建筑材料测试中心经国家商标局合法注册，用于证明建材产品符合绿色建筑设计选材需求的特定标志，受法律保护。国家建筑材料测试中心拥有证明商标的管理权和专用权。绿色建筑选用产品证明商标将助力和引导开发商、建筑师绿色选材，提升企业市场竞争力，凸显产品高端价值。

绿色建筑选用产品证明商标 010-51167148

®

绿色建筑选用产品

4 入选产品技术资料

RUXUANCHANPINJISHUZILIAO

证书编号：LB2022SR001

二维暖烯石墨烯电热膜、石墨烯加热墙板

产品简介

石墨烯电热膜是由高导电的石墨烯与高分子材料高效复合，实现均匀分散，得到高导电复合膜之后，再用绝缘材料将其封装在内进而制备得到的平面型发热元件，与传统加热产品对比有着许多突出的优点。首先电热转换效率高，同时升温速度快，可以做到即开即热，省去了预热能量的浪费。最重要的是，石墨烯加热膜舒适性很强，以远红外低温辐射作为主要的能量传输方式（电热辐射效率 87% 以上）。这种辐射是 8 ～ 15μm 的远红外线，具有良好的医疗理疗作用，人体处于低温环境中，就如同置于阳光下，提高了生活的舒适度。同时石墨烯加热膜在低温辐射条件下，室内空气对流速度大幅度降低，减少灰尘，无噪声，室内无冷点热点，温度均衡，使人无干燥感。

石墨烯远红外发热膜结合先进的工艺，配合温控器，以单模块形式组合成一个整体的发热墙板，可以外挂在墙壁和立柱上。电热转换率高达 99% 以上，热量传递以远红外线辐射和热对流为主，双效取暖。墙暖表面即开即热，房间内 20min 即可预热。

适用范围

石墨烯电热膜应用于民用加热领域，主要用于建材家居采暖。用石墨烯电热膜供暖系统来替代燃煤采暖，安装便捷，使用简单，电热转换率高达 99%。

石墨烯加热墙板适用于学校采暖、农村采暖、厂房采暖、老旧建筑采暖等。

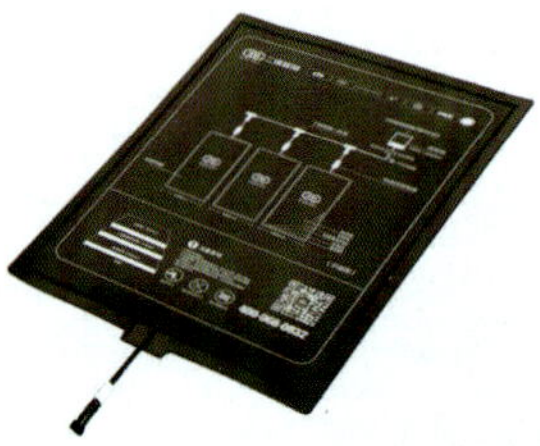

技术指标

石墨烯电热膜主要技术性能指标［根据检测报告（2020）WT-HW-00591］如下：

检测项目	标准要求	检验结果
功率偏差	±10%	−4%
工作温度 /℃	≤ 80	36
温度不均匀度 /℃	≤ 7	5
工作温度下的泄漏电流 / mA	≤ 0.25	0.01
工作温度下的电气强度	样品引出棒或两电极与外壳之间，应能承受 50Hz、3750V 基本正弦波交流试验电压，历时 1min，应无击穿现象	符合要求
防水等级	应至少 IPX7	符合要求
冷态、热态绝缘电阻 / MΩ	≥ 50	200
电源引线抗拉伸性能	样品引出线应能经受不小于 100N 的拉力，试验后样品不应出现明显变形、位移、断裂等现象	符合要求
剥离强度 / N	≥ 3.0	横向 3.7，纵向 4.0
电 − 热辐射转换效率	≥ 55%	75%
工作寿命 / h	≥ 30000	> 30000

常州二维暖烯科技有限公司
地址：江苏省常州西太湖科技产业园兰香路 8 号 12 号楼二楼东边厂房
电话：400-068-0832
传真：0519-81687927
官方网站：www.2dgraptherm.com

石墨烯加热墙板主要技术性能指标如下：

检测项目	标准要求	检验结果
功率偏差	−10% ～ 5%	−4%
工作温度下的泄漏电流	电源任一极（L/N）—易触及接地金属部件≤ 0.75	0.022mA
	电源任一极（L/N）—易触及非金属部件≤ 0.75	0.007mA
工作温度下的电气强度	带电部件与易触及接地金属部件之间 1000V 不击穿	符合要求
	带电部件与易触及非金属部件之间 3000V 不击穿	符合要求
接地电阻	≤ 0.1Ω	符合要求

工程案例

项目名称：阿克苏教育学院电采暖项目

建筑面积：32655.94m^2

供暖方式：石墨烯电热膜供暖

项目简介：为贯彻落实自治区《电化新疆》精神，加快推进“电化阿克苏”电供暖工作，阿克苏教育学院石墨烯电采暖示范工程项目启动，设计电采暖功率 86W/m^2。石墨烯电采暖施工简单快速，使用舒适安全，校区采暖使用智能化集中控制管理。对比校园集中供暖模式，石墨烯电采暖在学校寒假期间可节约采暖开支，同时大大降低校方人工管理费用和后期维护成本。不仅实现了供暖的信息化管理，还真正意义上实现了节能减排、按需供暖。

项目名称：第三师图木舒克市“煤改电”项目

改造户数：17605 户

供暖方式：石墨烯加热器供暖

项目简介：第三师图木舒克市贯彻落实自治区“1+3+3+ 改革开放”工作部署，根据兵团工作安排，按照《兵团南疆“煤改电”（一期试点方案）》要求，改善兵团居民生活品质，推进电能替代燃煤供暖模式。

生产企业

常州二维暖烯科技有限公司是常州二维碳素科技股份有限公司（证券代码：833608）的全资子公司，是一家专注于石墨烯智慧热管理研发、生产和销售的国家级高新技术企业，是通过了住房城乡建设部科技成果评估验收的企业、工信部 2025 智能制造工业强基企业、国家能源中心核准清洁能源供热石墨烯领域的技术支撑方、多项行业标准起草单位，承担了多项国家供热改造项目和政府清洁能源治理标杆工程。目前，二维暖烯石墨烯电热膜已广泛应用于建材家居、理疗穿戴、家电等领域。

常州二维暖烯科技有限公司
地址：江苏省常州西太湖科技产业园兰香路 8 号 12 号楼二楼东边厂房
电话：400-068-0832
传真：0519-81687927
官方网站：www.2dgraptherm.com

证书编号：LB2022SR002

昆普装配式远红外地暖模块、远红外墙暖画板

产品简介

远红外地暖模块具有以下优势：

（1）高效节能

公司自主研发生产的石墨烯导电发热油墨，除采用以石墨烯为主要导电发热填料外，还引入了PTC热敏电阻原理，精心挑选PTC热敏功能材料，配以石墨烯、碳纤维粉、碳纳米管、树脂类高分子材料、粘结剂、溶剂、助剂等，经科学配伍，混合搅拌研磨，而制备成纳米级的导电发热油墨。通电时，当发热芯片的温度超过设计的最高温度时，发热油墨的电阻值随着温度的升高呈阶跃性的增高（居里温度原理），从而显著降低发热芯片的功率，达到自限温度和节能的目的，提高了发热芯片的使用寿命、安全性和节能性。按照昆普远红外地暖模块的加热速度和散热性能，取暖建筑达到国家建筑节能标准要求。根据室外空气温度的不同，建筑室内配置远红外地暖模块的功率为80～120W/m^2，比其他形式的电地暖综合节省30%～45%。

（2）安全性能低衰减

①全封闭线路设计：远红外发热芯片通过多层高温高压浸合封装工艺，多效防护，防水、防漏电、防电磁辐射、防衰减，电极采用电子胶封闭；模块采用走线槽装置，线路无断线并联，有效防止连接不实而短路，虚接产生电火花而造成事故的风险，每组系统整线上墙连接控制系统，全程线路全封闭，避免遇水和潮湿环境短路的情况发生。

②地线设计：远红外地暖模块设置有地线，安装时地线会连接到每一块地暖模块，并接入控制器接地线，实现远红外地暖模块和整个建筑连接，避免雷击损坏设备，保证设备的正常使用，保证人身和财产安全。

③表面材料设计：远红外地暖模块正反两面为黑灰色水泥布设计，安全环保无排放，能够很好地与地面水泥砂浆黏合成一体，避免离型起鼓，给客户造成损失。

④超低衰减：浸合式封装使保暖材料与发热浆料芯片融为一体，据测试30000h后衰减1.4%。石墨烯电热膜是由高导电的石墨烯与高分子材料高效复合，实现均匀分散，得到高导电复合膜之后，再用绝缘材料将其封装在内进而制备得到的平面型发热元件。其与传统加热产品相比有着许多突出的优点。首先电热转换效率高，同时升温速度快，可以做到即开即热，省去了预热能量的浪费。最重要的是，石墨烯加热膜舒适性很强，以远红外低温辐射作为主要的能量传输方式（电热辐射效率87%以上）。这种辐射是8~15μm的远红外线，具有良好的医疗理疗作用，人体处于低温环境中，就如同置于阳光下，提高了生活的舒适度。同时石墨烯加热膜在低温辐射条件下，室内空气对流速度大幅度降低，使室内减少灰尘，无噪声，室内无冷点热点，温度均衡，使人无干燥感。

石墨烯远红外发热膜结合先进的工艺，配合温控器，以单模块形式组合成一个整体的发热墙板，可以外挂在墙壁和立柱上。电热转换率高达99%以上，热量传递以远红外线辐射和热对流为主，双效取暖。墙暖表面即开即热，房间内20min即可预热。

美博康暖科技（北京）有限公司
地址：北京市大兴区北兴路2号17号楼907
工厂地址：江苏省阜宁市阜城镇施恩工业区
电话：13901146013
官方网站：www.mbkn.com.cn

远红外墙暖画板

远红外墙暖画板由发热系统、电路系统、保暖系统、装饰系统、温控系统构成。发热、保温、电路、装饰系统集成封装在一起，也称为远红外墙暖集成发热板。其中发热系统的核心部件是远红外墙暖专用发热芯片。装饰系统表面有各种图案，以适应居家不同装饰风格的配套。墙暖发热芯片设计最高温度 85 ～ 95℃，升温快，随开随用，5min 左右表面即可达 85 ～ 95℃，40min 左右就可使室内温度达到 20℃左右。其他方面的性能和技术参数均与地暖相似。

适用范围

远红外地暖的供暖方式为低温热辐射，具有非常广泛的适用范围，可以用于各种类型的建筑物和房间之中。作为一种新型的供暖方式，除了适用于冬季比较寒冷的我国东北地区以及其他北方地区，也同样适用于冬季较寒冷并且没有取暖设施的其他大部分地区。目前，远红外地暖广泛应用于别墅、商品房、经济适用房，学校、医院、商场、工厂和办公用房等；也同样广泛应用于农村自建房、煤改电工程等。

远红外墙暖画板可用于较小空间的室内环境采暖或个人补充采暖之用，尤其适合卫生间、卧室、书房等小面积区域的采暖需求。

技术指标

远红外地暖模块主要技术性能指标如下：

检测项目	标准要求	检验结果
功率偏差	−10% ～ +5%	≤ 20
升温时间	≤ 20	≤ 0.75
泄漏电流	≤ 0.75	≥ 50
冷态绝缘电阻	≥ 50	≥ 50
热态绝缘电阻	≥ 50	≥ 0.83
法向全发射率	≥ 0.83	≥ 50%
电 - 热辐射转换率	≥ 50%	≥ 90%

远红外墙暖画板主要技术性能指标如下：

检验项目	单位	标准要求	检验结果
冷态绝缘电阻	MΩ	≥ 50	＞ 200
热态绝缘电阻	MΩ	≥ 50	＞ 200
法向全发射率	—	≥ 0.83	0.94
电 – 热辐射转换率	%	≥ 50	89
5 万小时工作寿命	%	≥ 90	95.95

工程案例

甘肃省卓尼县阿子滩镇集中供暖提升改造项目 – 地暖改造项目、甘肃省卓尼县申藏镇集中供暖提升改造项目 – 地暖改造项目、包头市昆都仑区冬季清洁取暖项目、山东枣庄市滕州市 2021 年度农村地区清洁取暖电代煤二期采购及安装项目 E 标包。

生产企业

美博康暖科技（北京）有限公司是一家集石墨烯远红外应用——电采暖和光伏发电研发、生产、销售于一体的新型科技公司。公司拥有自己的石墨烯应用技术研究机构，具有专业的精英研发团队，并与国内多家材料研究机构和高等院校有紧密合作关系，深层拓展优质材料及优秀科研人员。公司自主研发的产品获得了多项国家发明专利和实用新型专利。

2017 年成立江苏康暖科技公司，并建立了生产基地，基地总占地面积达 16000m^2，一线员工 100 余名，技术人员 10 人。从远红外浆料的调制到制版、印刷、烘道、芯片封装、制画、组装等拥有完整的生产线。年产发热芯片 100 余万片。组装车间 2000m^2，年生产能力 200 余万套，其中远红外地暖模块 50 万片、远红外墙暖 30 万套、碳纤维取暖器 15 万台、碳晶取暖器 15 万台、远红外高温辐射板 5 万台、踢脚线取暖器 1 万台。为保证产品品质，公司从美国进口热像检测仪 6 台和各类耐电压测试仪。公司配有自己的实验室，专人测试产品功率的衰变与各种电性能。

近年来，公司广泛参与河北省、河南省与山东省的煤改电项目，累计已售 100 万套发热芯片，碳晶墙暖 20 万片，远红外墙暖画板 50 万片，并承接多项远红外地暖项目。公司现已取得相应的 3C 认证和健康体系、环境体系、质量体系认证。多年的生产经历让我们在产品质量与品质上精益求精，力求打造远红外采暖应用行业的知名企业。

美博康暖科技（北京）有限公司

地址：北京市大兴区北兴路 2 号 17 号楼 907
工厂地址：江苏省阜宁市阜城镇施恩工业区
电话：13901146013
官方网站：www.mbkn.com.cn

证书编号：LB2022BW001

雅思图中空玻璃微珠保温隔热材料

产品简介

"雅思图 YASITU"® 中空玻璃微珠保温材料，是以水为溶剂、多种纳米材料复合调制制备而成的一种纳米保温材料。该系统材料选用优质的纳米材料和气凝胶作为主要原料，经特殊的制备工艺，形成复合型材料。将该材料涂覆在被涂物表面后，能形成一层致密的真空层，可有效阻止太阳光和空气中热辐射和热传导。因纳米材料大大减缓热传导的速度，从而减少被涂物内部和外部的热量对流交换，最终实现对建筑良好的保温隔热效果，满足国家在一定范围内的节能要求。该材料涂层分为表涂层、中间层及底涂层三层涂覆，不同功能，相互协同形成一个完整的保温隔热体系。该材料附着力强、安全（防火达到 A 级），施工简单，达到住房城乡建设部发布的《工程用中空玻璃微珠保温隔热材料》（JG/T 517—2017）行业标准规定的各项技术指标，可以做建筑的内保温和外保温，是一款新型的保温节能材料。

适用范围

产品广泛应用于工业、民用建筑外墙、内墙的保温材料；广泛使用在夏热冬暖地区建筑节能领域，夏热冬冷地区可结合其他保温材料组合使用；可以在混凝土、木材、钢材等材质上喷涂使用。

技术指标

导热系数［W/（m·K）］≤ 0.030

热阻（m^2·K）/ W：≥ 0.87

燃烧性能：A 级

耐水性：168h 无异常

耐碱性：168h 无异常

耐温变性（5 次循环）：无异常

耐冲击性（500g/30mm）：无异常

抗泛碱性（120h）：无异常

透水性（mL）：0.3

工程案例

郑州政协办公大楼	2019	外墙保温工程	1.8万
湖北洪湖市兴旺小区	2019	外墙内保温工程	16.8万
广西贺州福旺半岛花园	2018	外墙保温工程	21.5万

生产企业

中科恒固（深圳）科技有限公司是一家集研发、生产、销售、服务于一体的科技型企业，公司秉承诚信、创新的经营理念，专心做好绿色无机功能涂料。我们高度注重产品的升级、研发团队的建设，先后与中国建筑材料科学研究总院、深圳建筑科学研究院、深圳涂料技术学会等机构建立紧密合作关系；成功研发出纯天然无机、抑菌、抗病毒功能性涂料、中空玻璃微珠保温隔热材料、无机水晶硬化地坪涂料。我司参与多项国家行业标准的制定工作，成为业界具有一定影响力的高新企业。我们立志做良心产品，树立民族品牌，为美丽中国贡献自己的一份力量。

中科恒固（深圳）科技有限公司
办公地址：深圳市宝安区宝民二路恒荣立方商厦十楼
电话：0755-36304286
传真：0755-36304286
官方网站：www.zkhgnm.com

证书编号：LB2022BW002

中材聚合聚苯板 AEPS

产品简介

聚苯板在世界上已使用了60多年的时间，足以体现其优异的尺寸稳定性，所以我们在聚苯板的基础上进行了改性，彻底让聚苯板克服了易燃的缺陷，迅速升级为了A级不燃材料。有机和无机技术相结合，使用纳米包覆科技在每一个泡沫颗粒周围加附了蜂窝状的防火隔离墙，达到有明火攻击的时候，有效阻止火焰的蔓延，克服了聚苯板遇火熔融的现象。在施工过程中，不需要加入其他A级材料当作防火隔离带，施工工艺跟聚苯板的施工工艺一样，方便快捷。配合优质砂浆的聚合聚苯板，能满足国家标准25～30年的使用寿命。

适用范围

民用建筑、工业建筑、商业住宅、老旧小区改造等项目的外墙保温系统、外墙装饰装修。

技术指标

保温隔热性能优越：用传统的EPS板加工而成的AEPS板，导热系数在0.043W/（m·K）以内，而且长期使用不会影响保温隔热效果，能满足建筑节能75%的要求。

自重轻，降低建筑荷载：表观密度为83kg/m^3，达到了自重轻的性能，减轻了建筑荷载，提高粘贴的安全性。

抗压、抗折强度高：AEPS板抗压强度检验结果为0.36MPa，远远超出大于等于0.10MPa的技术指标。由于抗压强度高，即使长时间积压仍维持不变，具有很大的承载力和良好的抗冲击性。

尺寸稳定性高：尺寸稳定，收缩形变量小，在检验报告中的长度变化为0.26%，宽度变化为0.29%，厚度变化为0.27%，小于技术指标的小于等于0.30%，与EPS相当，是尺寸稳定性较好的保温材料。

热固性产品：AEPS板是由传统的EPS聚苯板或EPS固化、聚合，使聚苯颗粒周围包裹有防火性能的特殊无机材料结晶体，填充均匀，隔绝空气，从而彻底改变了原聚苯板遇火收缩、熔滴的缺陷，保持了原聚苯板优异的物理性能。

吸水率极低：AEPS板吸水率极低，防潮、防水性能突出，而且保温性能不会下降。

粘结性能强：AEPS板具有特殊的粗糙表面，在使用粘结剂、界面砂浆等传统的粘结性材料时，能够与其充分融合，达到类似于齿轮一样相互嵌套的作用力，使其增强粘结性能。AEPS板的粘结性能要比其他传统保温材料的粘结强度大2～3倍，施工不需要额外增加其他工序。

耐候性能优异：AEPS板作为新型的外墙保温材料，通过了国家相关的检验和检测。在经过了80次高温（70℃）—降雨（15℃）循环和20次加热（50℃）—冷冻（−20℃）循环后没有出现空鼓、脱落及开裂现象，检验结果等同于AEPS板在一般的天气情况下可使用的年限超过25年。

山东雅达节能建材科技有限公司

地址：潍坊临朐县
电话：0536-3712908
传真：0536-3712908
官方网站：www.yadajieneng.com.cn

工程案例

序号	项目名称	业态形式	施工面积 /m²
1	潍坊恒大名都	AEPS 保温系统	25000
2	文化片区学校二期	AEPS 保温系统	11500
3	郓城县凤凰城	AEPS 保温系统	32000
4	青岛西海岸贵府花园	AEPS 保温系统	12500
5	济南经十一路	AEPS 保温系统	150000
6	长江瑞城	AEPS 保温系统	80000
7	中国石油大学	AEPS 保温系统	14000
8	彩石项目	AEPS 保温系统	200000
9	鼎秀家园	AEPS 保温系统	170000
10	东营市恒大生态城	AEPS 保温系统	20000
11	青岛市黄岛港湾学校	AEPS 保温系统	95000
12	青岛市南区火车站商圈安置房	AEPS 保温系统	30000
13	星河城三期	AEPS 保温系统	30000
14	凌云居、博慧苑	AEPS 保温系统	42000
15	香江瑞成	AEPS 保温系统	50000
16	蓬莱市登州仙阜项目	AEPS 保温系统	16000

生产企业

山东雅达节能建材科技有限公司是一家集科研、生产、设计、销售、服务于一体的外墙外保温系统供应商，是以技术品质、服务于一身的新型保温防火高新技术密集型企业。经过多年的实践和努力，我们在外墙保温防火科技方面取得了较大的发展。“雅达”作为一面旗帜，它代表的是科技品质、高标准的服务和可靠性。

公司通过了 ISO 9001、ISO 14001 质量环境双体系认证以及 ISO 45001 职业健康安全管理体系认证。

我们提供主导型全系列保温材料，其中的拳头产品就是我们的聚合聚苯板 AEPS。我们拥有丰富的专业化施工队伍，可以更好地为客户提供系统化的服务，从标书设计、材料选用、费用测算、施工技术指导及后续服务的跟进等，实现完整的“一站式”服务。

作为新型保温防火材料的生产厂家，雅达的销售和服务系统遍布全国。我们以规模化生产为前提，依托具有先进水平的技术和装备，以科技创新技术研发优化为后盾，在市场中具有较高的性价比。

山东雅达始终贯彻品质先导、技术先导的经营方针，信誉和品质等同于公司的生命，做一项工程树一座丰碑。“品质一脉相承，品质铸就未来”的核心理念根植在每个雅达人的心中，成为每个人的行为准则。

山东雅达节能建材科技有限公司
地址：潍坊临朐县
电话：0536-3712908
传真：0536-3712908
官方网站：www.yadajieneng.com.cn

证书编号：LB2022BW003

佳易箭模塑聚苯板薄抹灰外墙保温系统材料

产品简介

模塑聚苯板薄抹灰外墙外保温系统是以模塑聚苯板（EPS）为保温层，以聚合物砂浆为增强层的外墙保温系统。本系统具有质轻、价廉、导热率低、吸水性小、隔声防潮、成型工艺简单等优点。

适用范围

产品广泛应用于外墙保温领域。

技术指标

模塑聚苯板薄抹灰外墙保温系统主要性能指标如下：

检验项目	性能指标	检验结果	单项评定
表观密度	18～22	18	合格
导热系数	≤ 0.039	0.037	合格
抗拉强度	≥ 0.10	0.11	合格
燃烧性能	B_1 级	符合 B_1 级要求	合格
氧指数（%）	≥ 30	30.1	合格
执行标准	《模塑聚苯板薄抹灰外墙外保温系统材料》（GB/T 29906—2013）		

济南佳易建材有限公司
地址：济南市历城区荷花路街道裕华路 3 号
电话：0531-88772063
传真：0531-88262227
官方网站：www.jiayigognsi.com

工程案例

2020	1	迪梦温泉小镇（一期）	2020.4	中建三局集团有限公司
	2	昌乐玉园（金都世纪城二期）	2020.3	潍坊金都置业有限公司
	3	雪山片区一期	2020.2	中国建筑第八工程局有限公司
	4	济南新旧动能转换先行区引爆区安置西区（一期）	2020.4	中国建筑第八工程局有限公司
	5	青岛恒大悦龙台四期砂岩浮雕采购及安装	2020.8	青岛亳州置业有限公司（恒大）
	6	山东恒大海上威尼斯项目首期	2020.06	烟台硕钧置业有限公司（恒大）
2021	1	黄台社区城中村改造居民安置用房（安置地块一）	2021.3	济南黄台企业集团
	2	济南第二制药厂二标段	2021.1	中铁建工集团有限公司
	3	新旧动能转换先行区崔寨片区	2021.5	中建八局第二建设有限公司
	4	高铁围合北地块（杨柳春风）	2021.9	济南一建集团有限公司
	5	中车智汇城	2021.9	中建（山东）产业发展有限公司

生产企业

济南佳易建材有限公司是一家专业从事外墙保温材料的科研、开发、生产、销售和施工于一体的综合性企业。公司注册于2006年，注册资金2015万元。

公司秉承“品质第一，锐意进取”的经营理念，以创新、高效、科技为宗旨，坚持“诚信为本，客户至上”的经营原则，以推进建筑节能行业的发展，构建节约型社会，服务大众为己任，联合北京、上海多家科研机构和知名专家、教授，以先进的生产工艺和完整的实验检测设备为基础，研发并投入市场的有EPS/XPS聚苯板薄抹灰系统、岩棉板薄抹灰系统、喷涂硬泡聚氨酯外墙外保温系统、EPS板线条构件、EPS/XPS聚苯板岩棉板复合板系统、天然彩石漆等系列产品。产品质量稳定可靠，各项指标均达到国内检测标准的要求，并得到了国内墙体节能保温领域专家和建筑业用户的一致认可和赞誉，目前已推广保温工程面积约5000万m^2，获得了良好的社会效益和经济效益。

济南佳易建材有限公司
地址：济南市历城区荷花路街道裕华路3号
电话：0531-88772063
传真：0531-88262227
官方网站：www.jiayigognsi.com

证书编号：LB2022BW004　　HB2022BW001

振申泡沫玻璃节能装饰一体板、泡沫玻璃

产品简介

泡沫玻璃保温装饰一体板是由泡沫玻璃板、装饰面以及胶粘剂复合而成，在工厂预制成型的块状制品。其表面可以根据设计要求加工成不同造型的凹凸装饰板或者线条。装饰层直接喷涂在泡沫玻璃板上，可以采用真石漆、仿石涂料等涂装材料，以实现泡沫玻璃保温、装饰、防水、防火一体化的功能。

公司自主研发、生产的高性能泡沫玻璃是以二氧化硅为主要原材料，经过高温提炼出生产高性能泡沫玻璃的主要原料——玻璃，经过研磨后掺入适量发泡剂，通过窑炉高温发泡和退火冷却制成，是具有均匀的独立密闭气孔结构的新型无机保冷、绝热材料。由于它完全保留了无机玻璃的化学稳定性，具有密度低、导热系数小、不透湿、不吸水、不燃烧、不霉变、不受虫鼠啮、机械强度高等特点，能耐除氟化氢以外的化学侵蚀；使用寿命与建筑物同步。

适用范围

泡沫玻璃节能装饰一体板适用于新建的公共建筑、民用建筑的外墙外保温；框架结构的节能围护系统。

技术指标

泡沫玻璃节能装饰一体板主要性能指标如下：

项目		性能指标		试验方法
		Ⅰ型	Ⅱ型	
单位面积质量 /（kg/m²）		＜ 20	20 ～ 30	JG/T 287
拉伸粘结强度 / MPa	原强度	≥ 0.10，破坏泡沫玻璃板内	≥ 0.15，破坏泡沫玻璃板内	JG/T 287
	耐水强度	≥ 0.10	≥ 0.15	
	耐冻融强度	≥ 0.10	≥ 0.15	
吸水率（g/m²）		≤ 500		JG/T 287
抗弯荷载 / N		不小于板材自重		JG/T 287
不透水性		系统内侧未渗透		JG/T 287
抗冲击性	二层及以上	3J 级		JG/T 287
	首层	10J 级		
燃烧性能等级		A1 级		JG/T 287

浙江振申绝热科技股份有限公司

地址：嘉兴市秀洲区王店镇东西二路北侧沿塘路西侧
电话：0573-83312577
官方网站：http://www.zhenshen.cn

泡沫玻璃主要性能指标如下：

项目	国家标准	检验结果
导热系数 / [W/（m·K）]	≤ 0.45	0.43
抗压强度 / MPa	≥ 0.5	0.95
抗折强度 / MPa	≥ 0.4	0.56
透湿系数 / [ng/（Pa·s·m）]	≤ 0.025	0.11

工程案例

甘肃荣芳商贸中心	2016.6	外墙	30000m^2
山西华北油田公寓楼	2015.11	外墙	15000m^2
嘉兴澳太建材厂房及办公楼	2015.12	外墙	20000m^2
宝石公馆别墅	2015.10	内装	2500m^2
南通小海八期住宅项目	2013	墙面	15000m^2
御宫艺墅	2013	墙面	5200m^2
尚海湾项目	2013	墙面	15000m^2

生产企业

浙江振申绝热科技股份有限公司位于长三角杭州湾经济圈、上海经济圈、环太湖经济圈的黄金腹地，是长江经济带嘉兴市秀洲区王店镇工业园区的国家高新技术企业。

“振华工程”“振申绝热”公司现总资产 11 亿元，厂区占地 230 亩，生产科研、办公用房 20 余万平方米，是集绝热保温为主的工程设计、产品研发、集成制作、施工安装、维修服务一体化运营的公司，特别专注于绝热保温领域的前沿技术研究应用，研发团队为省级企业技术中心、省级高新技术研究开发中心，具有国际先进的检测设备和研发设施，承担过国家重大科技计划和火炬计划，拥有科技进步奖、科技成果和自主发明专利核心技术，主导产品泡沫玻璃及系统部件达到 ASTM 标准和 CINI 规范要求。公司是《泡沫玻璃绝热制品》《工业设备管道及绝热工程设计规范》《泡沫玻璃外墙外保温系统材料技术要求》《设备及管道绝热技术通则》《设备及管道绝热效果的测试与评价》等国家和行业标准的主要参与制定者。

公司围绕国家节能减排、绿色建筑、低碳经济的基本国策和战略方针，进行转型升级和集成创新，自主研发“振申”泡沫玻璃先进工艺和制造方法，使其成为防火性能 A1 级，防腐、防水的保温隔热材料，在节能环保领域大有前途。“振申”泡沫玻璃生产工艺采用废玻璃回收的循环经济模式，被列为《中国资源综合利用技术政策大纲》推广的资源节约型、环境友好型产品，是国务院《关于印发工业转型升级规划（2011—2015 年）的通知》明确的“新材料”。公司实行 ISO 9001 质量管理体系、ISO 14001 环境管理体系、ISO 45001 职业健康安全管理运行体系，具有防腐保温资质、船级社认证资质和安全生产许可证等。

公司“振申”“ZES”商标在国内、国际市场有着良好声誉。“ZES”商标在欧盟、美国、日本、韩国、俄罗斯联邦、印度等 32 个国家和地区注册，是我国泡沫玻璃的主要出口企业之一。

浙江振申绝热科技股份有限公司

地址：嘉兴市秀洲区王店镇东西二路北侧沿塘路西侧

电话：0573-83312577

官方网站：http://www.zhenshen.cn

证书编号：LB2022WT001

九牧面盆龙头、连体马桶、台上盆

产品简介

连体马桶：产品高温煅烧，瓷体致密坚实，吸水率低，不易发黄发臭；稀土抗菌施釉，长效抑菌，光滑内壁，不易挂污；喷射虹吸冲水，360°全管道施釉，强力冲净不残留，一级水效，顶按双冲水量3.5/5L，节能环保；缓降盖板，静音免夹。

台上盆：产品采用稀土抗菌釉料，实现长效抑菌，24小时抗菌率达99.99%；高温煅烧，陶瓷致密性强，吸水率低，不龟裂，不易泛黄，自带溢流孔，使用不溢水，安全有保障。

面盆龙头：采用黄铜原材低压精铸，50万次寿命阀芯，经久耐用，品质优良；硅胶起泡器，混气节水，防溅易洁；晶钻电镀工艺，25小时10级表面盐雾等级，耐污防腐蚀，日久恒新。

适用范围

产品常用于酒店、酒店、机场、交通站点、商场、写字楼、医院公共卫生间、学校、体育场馆、旅游景点等工程项目。

技术指标

连体马桶技术指标如下：

序号	检测项目	性能指标
1	吸水率：瓷质卫生陶瓷产品的吸水率 $E \leqslant 0.5\%$ 灯陶质卫生陶瓷产品的吸水率 $0.5\% < E \leqslant 15.0\%$	符合
2	抗裂率：经抗裂试验应无釉裂、无坏裂	符合
3	冲水装置：便器类产品应配备满足用水量要求的冲水装置，并应保证其整体的密封性	符合
4	防虹吸功能：所配套的冲水装置应具有防虹吸功能	符合
5	水封 水封深度：所有带整体存水弯便器的水封深度应不小于50mm	水封深度：60mm 优于国标要求
6	坐便器冲水噪声：冲洗噪声的累计百分数声级L50应不超过55dB（A），累计百分数声级L10应不超过65dB（A）	符合
7	连接密封性：便器按生产厂的安装说明装备冲水装置和进水装置后，应按进行试验，连接管路无渗漏	符合
8	安装使用说明书	符合
9	坐便器水效等级：各等级坐便器的用水量应符合《坐便器水效限定值及水效等级》（GB 25502—2017）表1的规定	水效等级为1级

台上盆技术指标如下：

序号	检测项目	性能指标
1	最大允许变形值（mm）洗面器、洗手盆表面≤6	安装面1，优于国标要求≤6
2	吸水率：瓷质卫生陶瓷产品，≤0.5	0.1，优于国标要求≤0.5
3	抗裂性：经抗裂试验应无釉裂、无坯裂	符合
4	耐荷重性：应能承受1.1kN的荷重。测试后，应无形变、无任何可见结构破损	符合
5	溢流功能：设有溢流孔的洗面器、洗脸盆、洗手盆和净身器进行溢流检验，应保持5min不溢流	符合

面盆龙头技术指标如下：

序号	检测项目	性能指标
1	盐雾试验按《人造气氛腐蚀试验 盐雾试验》（GB/T 10125—2012）铜加速乙酸盐雾试验要求，进行6.25h测试后，外观评级须达到10级	符合
2	附着力	符合

日丰企业集团有限公司

地址：广东省佛山市三水区乐平镇三水工业园日丰路1号（邮编：528137）
联系方式：0595-86149999
客服热线：400-1919-999
官网：http://www.jomoo.com.cn

续表

序号	检测项目	性能指标
3	镀层膜厚	符合
4	抗安装负载：对软管连接螺纹施加 20N • m 扭力矩，保持 60s，螺纹应无裂纹、无损坏	符合
5	抗使用负载：在混合水位置开启和关闭方向上施加 6N •m，保持 5min，把手应无变形或损坏、阀芯上游定封无渗漏。把手应能承受 5N 的轴向拉力，无脱落，无损坏	符合
6	灵敏度：水嘴控制装置半径 r>45mm，要求控制装置的转动位移≥ 10mm	符合
7	抗水压机械性能：阀芯上游在 2.5MPa 下，关闭阀芯，保压 60s 阀芯上游任何等部件无永久性变形带流量调节器的阀芯下游：在 0.MPa 下，打开阀芯及出水口，保压 60s，阀芯下游任何零部件无永久性变形	符合
8	防冻裂：将密封合格的阀体进水端在 0.3MPa 下通水后关闭阀芯，放置在 -5℃环境中 12h 后，5h 解冻后阀体应无冻裂、变形，密封测试应无渗漏	符合
9	密封测试	符合
10	流量测试：在（0.1±0.01）MPa 动压下普通水嘴流量为：3.0L/min ≤ Q ≤ 9.0L/min	4.4L/min，符合

工程案例

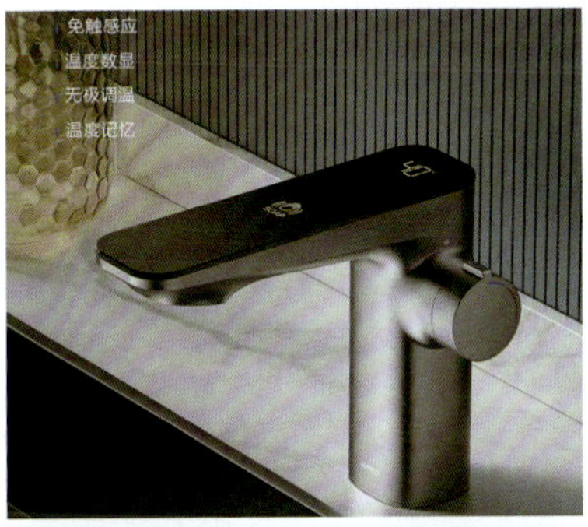

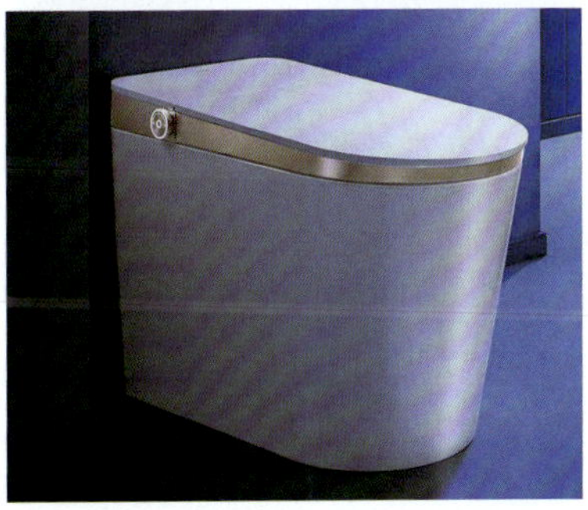

安阳林州市永和铂爵国际酒店
和达集团 2020 年至 2021 年全品类战略采购项目
乌鲁木齐市高新区（新市区）荣和新城医疗养老院项目
信阳师范学院淮河校区二期项目
圆通速递股份有限公司（设配套公建）室内精装修工程 2021 年度战略
岳阳市君和建筑工程有限公司 2021 年五金洁具集采项目
珠海国维中央广场一期
赣州市铁龙工程实业有限公司铁龙大酒店
岳阳市君和建筑工程有限公司 2021 年五金洁具集采项目
济宁源兴装饰工程有限公司 2021 至 2022 年全品类战略合作采购项目
青岛鑫鸿飞建设工程有限公司 2020 年至 2021 年全品类战略采购项目
山东港信装饰景观建设有限公司 2021 至 2022 年度洁具战略合作
湖南九根藤装饰科技有限公司 2020 年精装修洁具集采项目
湖南九根藤装饰科技有限公司 2021 年精装修洁具集采项目
上海盛康医院投资管理有限公司 2019 至 2021 战略集采合作
武汉火箭军指挥学院改造
新乡海泉柏悦酒店
信阳市中心医院羊山分院项目
烟台市嘉保信装饰公司 2021-2022 年度全品类战略采购项目
延庆新城会展中心万豪酒店精装修项目

生产企业

九牧创立于 1990 年，是一家集科研、生产、销售和服务于一体的综合性整体厨卫制造商，在全球拥有 5 大生产基地、16 个工厂，是国家级企业技术中心、国家级工业设计中心认定企业，荣获中国质量奖提名奖、绿色设计国际贡献奖、科技创新一等奖。2018 年，九牧成功入选央视《大国品牌》，成为 2022 年冬奥会开闭幕式主会场鸟巢卫生洁具独家供应商、中国短道速滑队赞助商，开启大国品牌新征程，书写中国骄傲。经世界品牌实验室评定，九牧以 221.58 亿跻身中国品牌价值 500 强，并成功入选“亚洲品牌 500 强“，荣登亚洲知名厨卫品牌，再次彰显了九牧蓬勃的品牌发展力。

证书编号：LB2022WT002

日丰淋浴房、智能坐便器、排水器

产品简介

淋浴房：采用灵活独特的设计，活动式屏风，优质的不锈钢、铝合金边框与扶手，特制的玻璃面板，使用安心、放心。

智能坐便器：全程洁净使用，干净卫生；35～39℃恒温清洗，富氧活水按摩；一键全自动清洗功能；自动冲水；自动节能；72 小时活水置换；双重守护，六重安全；自动翻盖，脚踢感应翻盖，男士合盖冲水（部分机型）。

排水器：安装方便，易清洗，全激光自动焊接，强度高。

适用范围

产品应用领域：卫浴领域。

适用范围：卫浴五金、卫浴洁具。

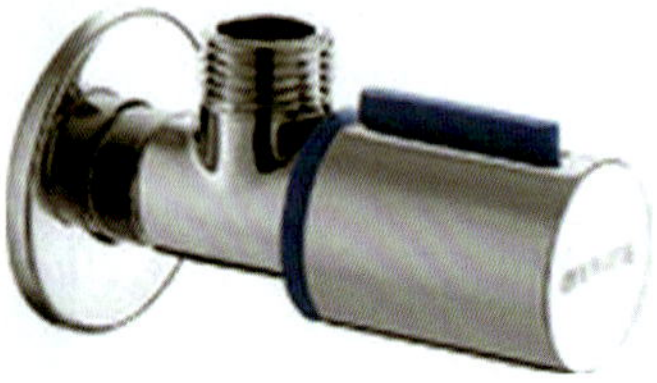
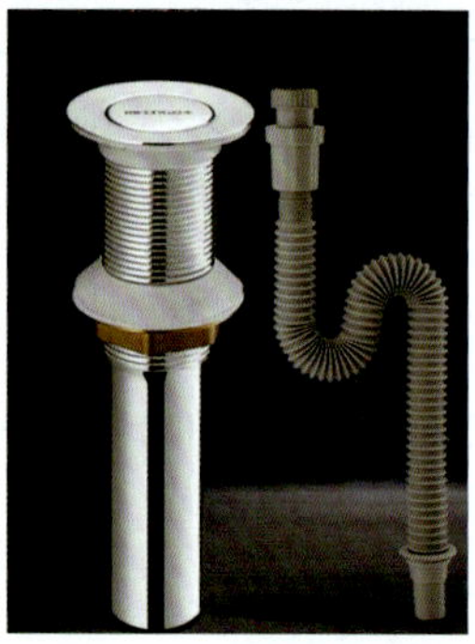

技术指标

淋浴房

序号	项目	性能
1	荷重要求	底面中央 1.47kN，保持 3min，试验后无裂纹、剥离、变形等缺陷
		上缘面水平中央 1.57kN，保持 3min，试验后无裂纹、剥离、变形等缺陷
		内侧面水平中央 0.2kN，保持 3min，试验后无裂纹、剥离、变形等缺陷
2	房体结构强度	对挡水屏冲击最薄弱部位，在直径约 200mm 的布袋中，装满质量为 15kg 的干沙，将干沙袋拉至高低差为 134mm 时，冲击其 5 次。挡水屏无变形、破损、裂纹，门能开启

智能坐便器

产品外观、冲水性能符合《卫生陶瓷》GB/T 6952—2015 要求。

节水产品用水等级符合《坐便器水效限定值及水效等级》GB 25502—2017 要求。

电器电子部件符合《家用和类似用途电器的安全　第 1 部分：通用要求》GB 4706.1—2005、《家用和类似用途电器的安全　坐便器的特殊要求》GB 4706.53—2008 要求。

排水器

序号	项目	性能
1	密封性，流量	试验中，排水渗流量不大于 63mL/min，排水量不小于 0.4L/min
2	抗安装负载性能	安装螺母施加 20+0.2N • m 的力矩后保持 300s，拆卸后无损伤、裂纹、螺纹应无损坏、溢扣现象，密封性能良好

日丰企业集团有限公司
地址：广东省佛山市三水区乐平镇三水工业园日丰路 1 号（邮编：528137）
电话：0757-66893218
传真：0757-66893218
官方网站：www.rifeng.com.cn

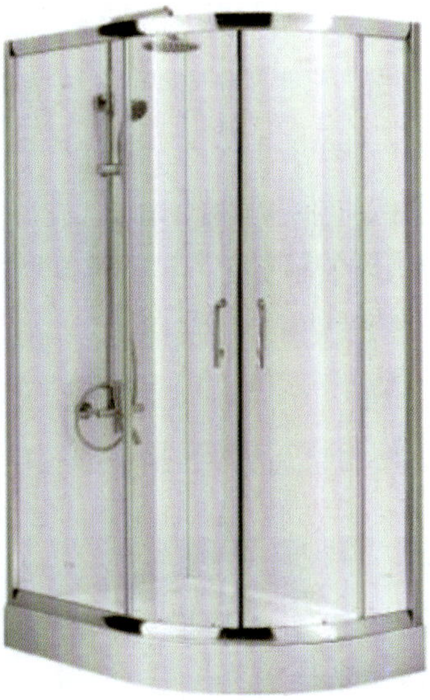

工程案例

供水工程：幸福小镇三期（银川）、永康万国富和上东首府项目（河北）

排水工程：鞍山红星山南府（鞍山）、抚顺信达天厦小区

地暖工程：鸿瑞时代大厦项目（内蒙古）

燃气工程：杭州绿都鉴未来住宅、天津海河教育园区 02 单元 02–24 地块项目

电力护套：瀚海 – 尔湾项目（河南）、宁乡美的城（湖南）

市政管道：山东美好临邑生产基地项目、赛达大道（2016-03 地块项目一期）

生产企业

日丰企业集团有限公司创建于 1996 年，前身为佛山市日丰企业有限公司，2015 年 11 月 17 日正式更名。日丰企业集团有限公司是一家集研发、生产、销售、服务于一体的大型国家高新技术企业，是新型管道知名品牌、卫浴行业新兴品牌杰出代表，产品涵盖给水、排水、供暖、燃气、套管、卫浴等领域，畅销一百多个国家和地区。

自公司成立以来，日丰一直将产品品质视为企业发展壮大的核心竞争力，坚持走品质为先的发展道路。日丰拥有国家认定企业技术中心、CNAS 认证实验室等研发机构，获得近四百项国内外专利，这些都为产品品质提供了最有力的坚实保障。在涉及产品的原料选购、生产运输等环节，日丰公司严格把控，把每个工序、每个细节都做到精益求精。

公司以其优异的产品品质，日丰通过了美国 NFS、德国 SKZ 等六十多项国际认证，获得全球亿万用户的广泛认可。

日丰企业集团有限公司

地址：广东省佛山市三水区乐平镇三水工业园日丰路 1 号（邮编：528137）

电话：0757-66893218

传真：0757-66893218

官方网站：www.rifeng.com.cn

证书编号：LB2022WT003

“新中源”装配式整体卫浴

产品简介

装配式整体卫浴是由工厂预制的一体化防水底盘、墙板、天花构成的整体框架，底盘、墙板利用铝芯蜂窝、玻纤和瓷砖在高温高压下一次压合而成；在现场积木式拼装，配上各种功能洁具形成的独立卫生单元，具有标准化生产、快速安装、防漏水等多种优点，可在最小的空间内达到最佳的整体效果。

适用范围

适用于住宅、酒店、医院等各类建筑卫生间的整体装饰装修。

技术指标

装配式整体卫浴主要技术性能指标如下：

检测项目		标准要求	检测结果
使用性能		浴室便于清洗，清洗后地面无积水	符合
		无其他不安全及影响使用的故障	符合
耐湿热		试验后表面无裂纹、无气泡、无剥落、没有明显变色	符合
强度	砂袋冲击	壁板冲击后无裂纹、无剥落、无破损等异常现象	符合
		防水盘冲击后无裂纹、无剥落、无破损等异常现象	符合
	挠度	顶板挠度小于 7.0mm	3.82
		壁板挠度小于 7.0mm	0.41
		防水盘小于 3.0mm	0.35
连接部位密封性		喷嘴试验后无渗漏现象	符合
挠度		最大挠度应小于 3mm	0.35
耐落球冲击		冲击试验后表面无裂纹及玻璃纤维裸露等缺陷	符合
耐渗水性		无渗漏现象	符合
耐酸性		耐酸试验后，无裂纹、分层等缺陷	无缺陷
耐碱性		耐碱试验后，无裂纹、分层等缺陷	无缺陷
耐水性 A		耐水性 A 试验后，表面应无裂纹、鼓泡或明显变色	符合

广东新中源住工新材料有限公司

地址：珠海市横琴新区琴朗道 88 号
电话：0757-85399820
传真：0757-85383429
官方网站：https://www.xinzyzg.com//

工程案例

项目名称	地址	主要供应的产品类型
如家连锁酒店	南昌	装配式整体卫生间
方圆连锁酒店	桐柏	装配式整体卫生间
万科幸福里	中山	装配式整体卫生间
广州何贤医院	广州	装配式整体卫生间

生产企业

广东新中源住工新材料有限公司是一家集住宅工业化技术及相关产品研发、生产、销售于一体的装配式新材料企业。在国家政策大力推广装配式建筑、提倡绿色环保新型建材的战略背景下，依托新中源企业的强大实力，于2021年在珠海横琴成立。公司旗下拥有“新中源陶瓷”“新中源住工”两大核心品牌，业务涵盖瓷砖、集成厨卫、装配式内装、绿色材料等领域。

其中，新中源陶瓷始创于1984年，形成了成熟生产管理模式、覆盖全国的渠道布局，以及良好的品牌运营等优势，多年来一直深受消费者信赖和喜爱。2021年，经过三年提前布局，新中源住工成立，凭借“第3代铝蜂窝复合瓷砖技术”的核心专利及多项先进技术，成为集成厨卫解决方案知名品牌。

公司自成立以来，坚持自主研发和技术创新，积极参与重要国家标准及行业标准的制定，并累计获得多项专利技术。采用科研开发、生产管理、供应链管理、过程控制、质量检测等管理体系，为客户提供从咨询、设计、集成到施工的一体化“全屋装配式定制解决方案”服务。目前，新中源公司已迅速成长为国内的装配式内装先进企业。

未来，新中源公司将继续秉承“聚焦用户价值，创新美好人居”的理念，立足“全屋装配式定制服务商”的战略定位，助力中国住宅工业化的健康可持续发展。

广东新中源住工新材料有限公司
地址：珠海市横琴新区琴朗道88号
电话：0757-85399820
传真：0757-85383429
官方网站：https://www.xinzyzg.com//

证书编号：LB2022XC001

天虹热镀锌结构用冷弯空心型钢（热镀锌方形管）

产品简介

热镀锌结构用冷弯空心型钢（热镀锌方形管）简称方管和矩管，代号分别为F和J。热镀锌方形管按材质分为普碳钢方形管、低合金方形管。“天虹”热镀锌方矩形钢管产品广泛应用于机械设备、太阳能设备、钢结构、汽车部件、桥梁地桩、护栏、船舶内部结构。

适用范围

热镀锌结构用冷弯空心型钢（热镀锌方形管）广泛应用于机械制造、建筑业、冶金工业、农用车辆、农业大棚、汽车工业、铁路、公路护栏、集装箱骨架、家具、装饰以及钢结构领域等。

技术指标

热镀锌结构用冷弯空心型钢（热镀锌方形管）

检验项目		标准要求	检验结果	单项判定
尺寸	边长 /mm	±0.6	0.4/0.2/−0.1/0.1	合格
	壁厚 /mm	3.5% ~ 10%t	3.44；3.40；3.42	合格
化学成分	碳（C）/%	≤ 0.12	0.09	合格
	硫（S）/%	≤ 0.30	0.1	合格
	硅（Si）/%	≤ 0.50	0.33	合格
	锰（Mn）/%	≤ 0.040	0.016	合格
	磷（P）/%	≤ 0.035	0.014	合格
拉伸强度 R_m/MPa		≥ 315	422	合格
断后伸长率 A/%		≥ 22	30	合格
均匀性		钢管试样（焊缝处除外）在硫酸铜溶液中连续浸渍5次不变红（镀铜色）	试样均未出现镀铜色	合格

邯郸正大制管集团股份有限公司
地址：河北省邯郸市成安县聚良大道9号
电话：0310-5231203
传真：0310-5231989
官方网站：http://www/hdzdzg.com

工程案例

碧桂园浔阳府、滨江凯旋城、邯郸体育中心、河北工程大学、万科大都会、联泰万泰城三期、万达广场、美的金科华府、建发南泊湾、吾悦广场等项目。

生产企业

正大制管是国家级高新技术企业、全国守合同重信用企业、国家两化融合管理体系贯标试点企业、中国制造业500强、中国民营企业500强、河北省百强企业，是一家以高频焊管、热镀锌管、螺旋焊管、方矩管、钢塑复合管制造、销售为主导，集科、工、贸、文为一体的现代化综合型企业。

公司先后通过中国船级社ISO 9001、ISO 14001、ISO 45001质量、环境、职业健康与安全三体系认证，美国石油学会API5L认证、欧盟CE认证。“天虹”“吉立”系列钢管产品普遍应用于石油管线、油气输送和给排水、自来水、消防、燃气、集中供暖、采暖蒸汽等低压流体输送及支架、穿线、钢结构、冷弯型材等用途。

公司已成为中建、中铁、中冶、中石化、中石油、中海油等国家诸多大型企业的指定供应商，国内销售网络远及新疆、青海、云贵，遍布全国。目前，“天虹”牌钢管已出口到德国、法国、葡萄牙、美国、加拿大、秘鲁、乌拉圭、哥伦比亚、利比亚、巴西、印度、菲律宾、马来西亚等国家。

壁立千仞，无欲则刚；广博为贤，唯正乃大。正大人以山的浑厚、海的广博，诚信务实的品质，敬业创新的作风，追求卓越、创造永恒的信念，传承千年炼钢文化，成就百年制管企业。

邯郸正大制管集团股份有限公司

地址：河北省邯郸市成安县聚良大道9号
电话：0310-5231203
传真：0310-5231989
官方网站：http://www/hdzdzg.com

证书编号：LB2022XC002

中财门、窗用未增塑聚氯乙烯（PVC-U）型材

产品简介

PVC-U 型材是被广泛应用的一种新型的建筑材料，它是聚氯乙烯树脂添加一定的添加剂（如稳定剂、润滑剂、填充剂等）挤出而成，该材料性能优良、加工方便、用途广泛，由于其物理性能如刚性、弹性、耐腐蚀、抗老化性能优异，是一种新型节能建筑门窗材料。

适用范围

PVC-U 型材性能优良、加工方便，通过内部安装增强型钢，可大幅提高强度，可广泛应用于各种建筑中。中财公司根据不同地区的气候特点，开发了不同的型材系列，供客户选用。

针对冬季寒冷、夏季炎热地区，中财开发了“平开 60 系列”“平开 65 三密封系列”等产品。

针对高寒地区和高档建筑，中财开发了“尊享 65 平开系列”“平开 70 三密封系列”“平开 80 低能耗门窗系列”“平开 88 被动式门窗系列”等产品。

针对华北华南地区的气候特点，中财开发了“推拉 80 系列”产品，并在此基础上，推出了“推拉 60-88 系列”“推拉 92 系列”等产品。

随着南方地区建筑节能要求进一步提高，中财还设计开发了 105 推拉系列以及 192 提升推拉门窗系列产品。

技术指标

A 类型材可视面壁厚不应小于 2.8mm，非可视面不应小于 2.5mm；

B 类型材可视面壁厚不应小于 2.5mm，非可视面不应小于 2.2mm；

长度为 1m 的主型材直线偏差应≤ 1mm。长度为 1m 的辅型材直线偏差应≤ 3mm；

主型材每米长度的质量应不小于每米长度标称质量的 95%；

主型材两个相对最大可视面的加热后尺寸变化率为 ±2.0%；每个试样两可视面的加热后尺寸变化率之差应≤ 0.4%；

焊角的平均应力≥ 35MPa，试样的最小应力≥ 30MPa。

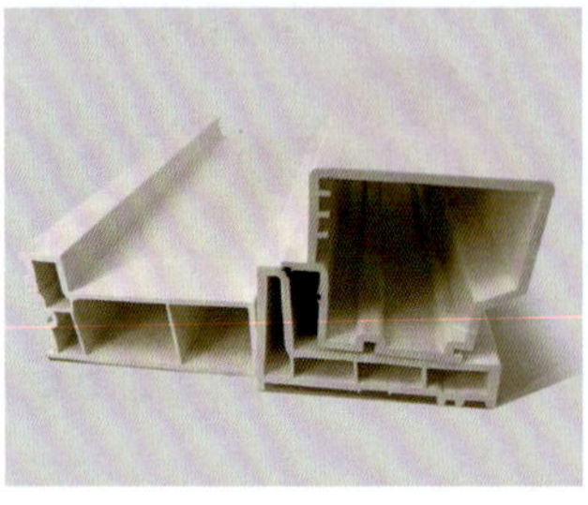

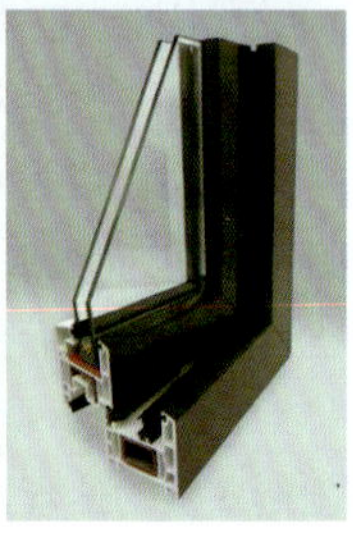

天津中财型材有限责任公司
地址：河北省邯郸市成安县聚良大道 9 号
电话：0310-5231203
传真：0310-5231989
官方网站：http://www/hdzdzg.com

工程案例

序号	项目名称	合同金额（万元）	时间
1	新城金樾华府一标段	约 251.00	2020.4.9 签约
2	晋中碧桂园南区三标段	约 346.40	2020.10.6 签约
3	淄博中南紫云集项目二标段	约 211.38	2020.2.17 签约
4	绿地杭州湾一期（甬新 H-44#）地块门窗工程	约 219.38	2020.2.18 签约
5	琅樾江山项目四期	约 251.10	2020.6.28 签约
6	杭埠孔雀城云湖逸境一期	约 310.50	2020.5.8 签约
7	中建紫云阁住宅小区	约 175.58	2020.9.27 签约
8	重庆新城 . 玺樾九里	约 333.20	2020.11.17 签约
9	宁波杭州湾新区智慧宜居区块（9#-a 地块）	约 215.60	2020.11.20 签约
10	金色领域小区 A1-2 地块	约 75.10	2021.3.4 签约
11	绿地长岛乐享城项目	约 122.00	2021.1.1 签约
12	紫云阁二期 B 地块	约 185.53	2021.3.24 签约

生产企业

天津中财型材有限责任公司是中财招商投资集团化学建材制造业的重要生产基地之一，公司于 2002 年 4 月成立，于同年 12 月投产运行。公司坐落于美丽的国家级开发区——天津经济技术开发区，占地 150 亩，注册资金 5000 万元，拥有近 200 条国内先进的高速挤出生产线，已形成塑料型材和管道 20 余万吨的年生产能力，拥有天津市企业技术中心，主持参与国家与行业标准 19 项。

公司型材主要有平开 60、平开 65、平开 70、平开 80、平开 88、推拉 80、推拉 60-88、推拉 92、推拉 105 等产品系列，畅销全国 30 个省、市、自治区、直辖市及东欧、俄罗斯、东南亚、北非、北美、大洋洲等 20 多个国家和地区。

公司先后通过了 ISO 9001 质量管理体系、ISO 14001 环境管理体系、ISO 45001 职业健康安全管理体系认证，两化融合管理体系评定，能源管理体系认证。获得国家科学技术进步奖、技术发明奖、国家级高新技术企业认定证书、3A 级企业信用等级证书。2016 年荣获滨海新区质量奖，“中财”牌门窗用彩色共挤型材被认定为“天津市杀手锏产品”，尊享系列产品经中国建筑金属结构协会塑料门窗委员会认定为“中国塑料门窗行业名牌窗”；2017 年耐热降噪节能型排水管材系统产品被列为科技小巨人领军企业培育重大项目；2017 年、2019 年两年分别获得天津市质量奖提名奖；2018 年低能耗被动式门窗系统顺利通过了德国被动式房屋研究所的认证，2018 年度科技领军企业；2019 年荣获中国轻工业塑料行业（塑料异型材）十强企业。2020 年荣获环渤海地区建材行业影响力企业、第九届天津市民营企业健康成长工程科技创新 100 强等荣誉称号。2021 年荣获环渤海地区建材行业“诚信企业”AAA 级荣誉证书、巩固拓展脱贫攻坚成果同乡村振兴有效衔接工作社会责任奖证书。中财型材在短短几年时间内，生产、销售连上台阶，销量稳居国内三甲。

天津中财型材有限责任公司
地址：天津市经济技术开发区第十一大街 55 号
电话：022-66230468
传真：022-66230882
邮箱地址：tjzc@zhongcai.com

证书编号：LB2022XC003

天虹热镀锌结构用冷弯空心型钢（热镀锌方形管）、结构用冷弯空心型钢（方形管）

产品简介

热镀锌结构用冷弯空心型钢（热镀锌方形管）

热镀锌结构用冷弯空心型钢（热镀锌方形管）简称方管和矩管，代号分别为 F 和 J。方管按材质分：普碳钢方管、低合金方管。“天虹”热镀锌方矩形钢管产品广泛应用于机械设备、太阳能设备、钢结构用，汽车部件、桥梁地桩、护栏、船舶内部结构用。广泛应用于机械制造、建筑业、冶金工业、农用车辆、农业大棚、汽车工业、铁路、公路护栏、集装箱骨架、家具、装饰以及钢结构领域等。

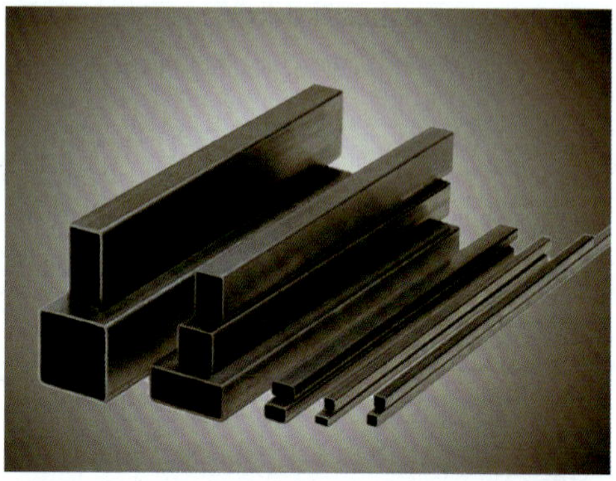

低压流体输送用焊接钢管（热镀锌圆管）

低压流体输送用焊接钢管，标准代号为 GB/T 3091，是在焊接钢管的基础上进行内外热镀锌，使钢管内外壁同时镀有锌层，大大提高钢管防腐性能，达到普通钢管的 20 倍左右。“天虹”低压流体输送用焊接钢管（热镀锌）产品广泛应用于用于水、污水、燃气、消防、空气、油、采暖蒸汽等低压流体输送和机械结构等使用。热镀锌钢管作为输送管道或金属结构，在消防工程、天然气输送、石油加工工业、水利工程建筑以及住宅建筑等得到广泛使用。

适用范围

低压流体输送用焊接钢管（热镀锌）

用途：水、污水、燃气、消防、空气、油、采暖蒸汽等低压流体输送和机械结构等使用。热镀锌钢管作为输送管道或金属结构，在消防工程、天然气输送、石油加工工业、水利工程建筑以及住宅建筑等得到广泛使用。

热镀锌方矩形钢管

用途：机械设备、太阳能设备、钢结构用，汽车部件、桥梁地桩、护栏、船舶内部结构用。

技术指标

低压流体输送用焊接钢管（热镀锌）技术参数

检验项目		标准要求	检验结果	单项判定
力学性能	屈服强度 R_{eh} / MPa	≥ 235	352	合格
	拉伸强度 R_m / MPa	≥ 370	476	合格
	断后伸长率 A / %	≥ 15	20.9	合格
工艺性能	弯曲	弯曲角度 90°，r=6D 试验后，试样上不允许出现裂纹	未见裂纹；完好	合格
表面质量	表面缺陷	钢管内外表面应光滑，不允许有折叠、裂纹、分层、搭焊、断弧、烧穿及其他深度超过壁厚下偏差的缺陷存在	复合要求	合格
镀锌层	重量 / (g/m²)	内外表面锌层总重量不小于 300g/m²	333	合格
	均匀性	钢管试样（焊缝处除外）在硫酸铜溶液中连续浸渍 5 次不变红（镀铜色）	未见变红	合格
	附着力	弯曲角度 90°，r=8D 试验后，试样上不允许出现镀锌层剥离现象	未见剥离；完好	合格

热镀锌结构用冷弯空心型钢（热镀锌方形管）

检验项目		标准要求	检验结果	单项判定
化学成分	碳（C）/ %	≤ 0.12	0.09	合格
	硫（S）/ %	≤ 0.30	0.1	合格
	硅（Si）/ %	≤ 0.50	0.33	合格
	锰（Mn）/ %	≤ 0.040	0.016	合格
	磷（P）/ %	≤ 0.035	0.014	合格
力学性能	拉伸强度 R_m / MPa	≥ 315	422	合格
	断后伸长率 A / %	≥ 22	30	合格

工程案例

公司系列钢管产品广泛使用于国家及省市众多重点工程建设，如南水北调工程、上海世博会、杭州湾大桥，河南城际铁路黄河大桥、武汉长江隧道、三峡大坝、济南奥体中心、南京地铁 3 号线、石武高铁、昆明长水国际机场、万科地产、万达广场、晋煤 300 万吨煤制造油项目、山东液化天然气（LNG）项目、贵州省农村安全饮用水项目等。

生产企业

山西正大制管有限公司，隶属于中国制造业 500 强——邯郸正大制管集团股份有限公司，成立于 2017 年 11 月 15 日，是正大制管继邯郸正大、迁安正大之后，第三个全资子公司。

公司立足高起点、高标准、高定位，项目总投资 10 亿元。主营高频焊管、热镀锌管、螺旋焊管、方矩管等四大系列产品。公司技术力量雄厚，采用国际先进的美国色马图尔固态高频、林肯焊机、德国直读光谱仪、金相分析仪等生产检测设备。拥有高频焊管生产线 12 条，热镀锌管生产线 9 条，螺旋焊管生产线 5 条，方矩管生产线 10 条。达产后可年产各类规格焊接钢管 200 余万吨。

公司系列钢管产品普遍应用于石油管线、油气输送和给排水、自来水、消防、燃气、集中供暖、采暖蒸汽等低压流体输送及支架、穿线、钢结构、冷弯型材等用途。

公司产品对接邯郸总部销售网络，国内销售网络远及新疆、青海、云贵、遍布全国。国外销售网络已涉及德国、法国、葡萄牙、美国、加拿大、秘鲁、乌拉圭、哥伦比亚、利比亚、巴西、印度、菲律宾、马来西亚等国家。

公司将一如既往传承“做正派人，干大事业”企业精神，及“儒家待人，法家治厂”管理理念，秉承“振兴民族工业”之大任，致力于生产优质钢管，用卓越的产品与高品质服务满足顾客的需求，提升社会生活品质。“正气、正派、正直，大方、大气、大度”是正大人的品德，“追求卓越、创造永恒”是正大人的生产观，“逆水行舟，不进则退”是正大人的发展观，而“到中流击水，浪遏飞舟”则是正大人立志传承千年炼钢文化，成就百年制管企业的高远目标。

公司将不遗余力继承和发扬这种品德，致力于打造行业精品，做“有精神的钢管”，为提升社会生活品质，推动钢管业转型升级，实现由大到强而不懈努力！

山西正大制管有限公司

地址：山西省侯马市候北工业园区
电话：0357-4099992
传真：0357-4099992
官方网站：www.hdzdzg.com

证书编号：LB2022XC004

天虹热镀锌结构用冷弯空心型钢（热镀锌方形管）、结构用冷弯空心型钢（方形管）

产品简介

热镀锌结构用冷弯空心型钢（热镀锌方形管）

热镀锌结构用冷弯空心型钢（热镀锌方形管）简称方管和矩管，代号分别为 F 和 J。方管按材质分：普碳钢方管、低合金方管。“天虹”热镀锌方矩形钢管产品广泛应用于机械设备、太阳能设备、钢结构用，汽车部件、桥梁地桩、护栏、船舶内部结构用。广泛应用于机械制造、建筑业、冶金工业、农用车辆、农业大棚、汽车工业、铁路、公路护栏、集装箱骨架、家具、装饰以及钢结构领域等。

结构用冷弯空心型钢（方形管）

结构用冷弯空心型钢（热镀锌方形管）简称方管和矩管，方管按材质分：普碳钢方管、低合金方管。应用领域：广泛应用于机械设备、太阳能设备、钢结构用，汽车部件、桥梁地桩、护栏、船舶内部结构、建筑业、冶金工业、农用车辆、农业大棚、汽车工业、铁路、公路护栏、集装箱骨架、家具、装饰以及钢结构领域等。

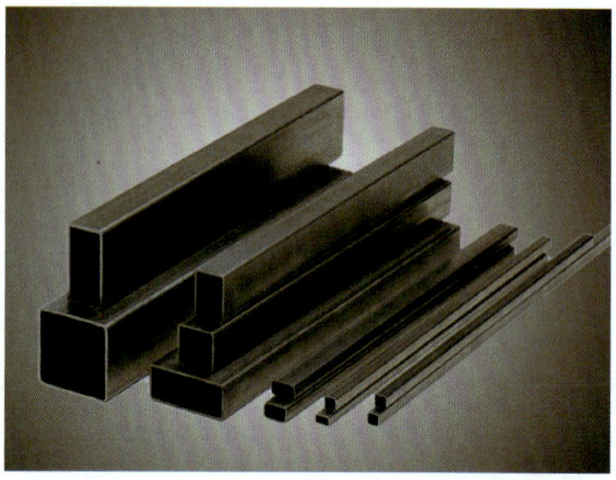

适用范围

热镀锌结构用冷弯空心型钢（热镀锌方形管）

用途：机械设备、太阳能设备、钢结构用，汽车部件、桥梁地桩、护栏、船舶内部结构用。

结构用冷弯空心型钢（方形管）

用途：机械设备、太阳能设备、钢结构用，汽车部件、桥梁地桩、护栏、船舶内部结构、建筑业、冶金工业、农用车辆、农业大棚、汽车工业、铁路、公路护栏、集装箱骨架、家具、装饰以及钢结构领域等。

技术指标

热镀锌结构用冷弯空心型钢（热镀锌方形管）

检验项目		标准要求	检验结果	单项判定
尺寸	边长 / mm	±0.6	0.4/0.2/-0.1/0.1	合格
	壁厚 / mm	3.5% ～ 10%t	3.44；3.40；3.42	合格
化学成分	碳（C）/ %	≤ 0.12	0.09	合格
	硫（S）/ %	≤ 0.30	0.1	合格
	硅（Si）/ %	≤ 0.50	0.33	合格
	锰（Mn）/ %	≤ 0.040	0.016	合格
	磷（P）/ %	≤ 0.035	0.014	合格
	拉伸强度 R_m / MPa	≥ 315	422	合格
	断后伸长率 A / %	≥ 22	30	合格
	均匀性	钢管试样（焊缝处除外）在硫酸铜溶液中连续浸渍 5 次不变红（镀铜色）	试样均未出现镀铜色	合格

迁安正大通用钢管有限公司
地址：迁安市赵店子镇双马路北侧
电话：0315-5356333
传真：0315-5356333
官方网站：http://www/hdzdzg.com

结构用冷弯空心型钢（方形管）

检验项目		标准要求	检验结果	单项判定
尺寸	边长 / mm	±0.6	0.4/0.2/-0.1/0.1	合格
	壁厚 / mm	3.5% ～ 10%t	3.44；3.40；3.42	合格
化学成分	碳（C）/ %	≤ 0.12	0.09	合格
	硫（S）/ %	≤ 0.30	0.1	合格
	硅（Si）/ %	≤ 0.50	0.33	合格
	锰（Mn）/ %	≤ 0.040	0.016	合格
	磷（P）/ %	≤ 0.035	0.014	合格
	拉伸强度 R_m / MPa	≥ 315	422	合格
	断后伸长率 A / %	≥ 22	30	合格
	均匀性	钢管试样（焊缝处除外）在硫酸铜溶液中连续浸渍 5 次不变红（镀铜色）	试样均未出现镀铜色	合格

工程案例

产品广泛使用于国家及省市众多重点工程建设，如南水北调工程、上海世博会、杭州湾大桥，河南城际铁路黄河大桥、武汉长江隧道、三峡大坝、济南奥体中心、南京地铁 3 号线、石武高铁、昆明长水国际机场、万科地产、万达广场、晋煤 300 万吨煤制造油项目、山东液化天然气（LNG）项目、贵州省农村安全饮用水项目等。

生产企业

迁安正大通用钢管有限公司隶属邯郸市正大制管有限公司，成立于 2013 年 10 月。公司坐落于“钢铁之都”唐山，地理位置优越，近邻秦皇岛港、京唐港、曹妃甸港、天津港四大国际型港口，卑水铁路、卑杨公路、杨柏公路、迁曹高速纵贯南北，京秦铁路、京哈高速、102 国道、津秦高铁横穿东西，形成了“四横四纵”的交通网络，便捷的交通为迁安正大的高速发展提供了可靠保障。

公司主营高频焊管、热镀锌管、螺旋焊管、方矩管、钢塑复合管等五大系列产品。公司采用国际先进的美国色马图尔固态高频、林肯焊机、德国直读光谱仪、金相分析仪等生产检测设备。年可生产各类规格“吉立”牌钢管 260 万吨。

公司依靠得天独厚的地理、资源、环境和人才优势，始终坚持规模化、专业化的发展方针，以科学发展观统领全局，所生产的“吉立”牌钢管，先后通过 ISO 9001、ISO 14001、ISO 45001 质量、环境、职业健康与安全三体系认证，并获得中华人民共和国质量检验检疫总局颁发的《中华人民共和国特种设备制造许可证》。公司销售网络以内蒙古、东北、西北为主的销售网点达 100 多个，销售辐射半径达 2000 公里。

本公司秉承“做正派人，干大事业”的企业精神，以振兴民族工业为己任，致力于生产优质钢管，用卓越的产品与高品质服务满足顾客的需求，提升社会生活品质。“吉立”品牌凝聚正大人心血，汇聚正大人智慧，历经十年积淀倾力打造玉琢天成，她传承“天虹”优良品质以强者风范铸就恢宏气质，占据天时地利人和，与“天虹”一道同领中国钢管业一代风骚。

迁安正大通用钢管有限公司
地址：迁安市赵店子镇双马路北侧
电话：0315-5356333
传真：0315-5356333
官方网站：http://www/hdzdzg.com

证书编号：LB2022TC001

“新中源”建筑陶瓷砖

产品简介

我公司的陶瓷砖采用大吨位压机压制成型，产品经过高温烧结，致密性好，吸水率低，破坏强度大，耐化学腐蚀性好，耐磨性好。

适用范围

产品应用于室内外墙砖及地砖，适用于建筑陶瓷装饰。

技术指标

1. 边长：−0.26mm ～ −0.10mm
2. 边直度：−0.01% ～ +0.00%
3. 直角度：−0.01% ～ +0.01%
4. 表面平整度：+0.30mm ～ +0.49mm
5. 表面质量：无明显缺陷
6. 吸水率：平均 0.04%，单个值 0.03% ～ 0.05%
7. 破坏强度：平均值 1902N
8. 断裂模数：平均值 35MPa，最小值 33MPa
9. 有釉砖耐磨性：4 级（2100 转）
10. 抗热震性：无炸裂和裂纹
11. 抗釉裂性：无釉裂
12. 抗冻性：无裂纹和剥落
13. 静摩擦系数：干法 0.62，湿法 0.58
14. 湿膨胀：0.03mm/m
15. 抗冲击性：恢复系数 0.80
16. 耐污染性：5 级
17. 耐化学腐蚀性：高浓度酸和碱 GHA
18. 铅镉溶出量：铅< 0.003mg/dm^2，镉< 0.001mg/dm^2
19. 线性热膨胀系数：α_1=3.86×10^{-6}/℃，α_2=2.75×10^{-6}/℃
20. 放射性核素限量：I_{Ra}=0.6，I_r=0.9

广东新中源住工新材料有限公司
地址：珠海市横琴新区琴朗道 88 号
电话：0757-85399820
传真：0757-85383429
官方网站：https://www.xinzyzg.com//

工程案例

项目名称	地产名称	地址
万国城（太原）	当代节能置业股份有限公司	太原
厦门国贸天成、漳州国贸天成 合肥国贸天悦、南昌国贸天峯	国贸地产集团有限公司	福建、合肥、南昌
联发红莲半岛2号地块、联发龙洲湾1号一期、联发杭政储出〔2017〕7号地块	联发集团有限公司	南宁、柳州、重庆

生产企业

广东新中源住工新材料有限公司，是一家集住宅工业化技术及相关产品研发、生产、销售于一体的装配式新材料企业。在国家政策大力推广装配式建筑、提倡绿色环保新型建材的战略背景下，依托新中源企业的强大实力，于2021年在珠海横琴成立。旗下拥有“新中源陶瓷”“新中源住工”两大核心品牌，业务涵盖瓷砖、集成厨卫、装配式内装、绿色材料等领域。

其中，新中源陶瓷始创于1984年，形成了成熟的生产管理模式、覆盖全国的渠道布局，以及良好的品牌运营等优势，多年来一直深受消费者的信赖和喜爱。2021年，经过三年提前布局，新中源住工成立，凭借“第3代铝蜂窝复合瓷砖技术”的核心专利及多项先进技术，成为集成厨卫解决方案知名品牌。

公司自成立以来，坚持自主研发和技术创新，积极参与重要国家标准及行业标准的制定，并累计获得多项专利技术。采用科研开发、生产管理、供应链管理、过程控制、质量检测等管理体系，为客户提供从咨询、设计、集成到施工的一体化“全屋装配式定制解决方案”服务。目前，公司已迅速成长为国内的装配式内装先进企业。

未来，公司将继续秉持“聚焦用户价值，创造美好人居”的理念，立足“全屋装配式定制服务商”的战略定位，助力中国住宅工业化的健康可持续发展。

广东新中源住工新材料有限公司
地址：珠海市横琴新区琴朗道88号
电话：0757-85399820
传真：0757-85383429
官方网站：https://www.xinzyzg.com//

证书编号：LB2022TC002

“新中源”建筑陶瓷砖

产品简介

产品类别	产品优势
抛光砖	1. 运用“超洁亮”技术，光泽度达到 90°，表面保护层材料粒度小至纳米级且内含防滑因子，大大提升了抛光砖的耐磨、防污、防滑性能； 2. 采用色坯技术，在拉槽和倒角的时候不会产生色差，让装修空间更协调
超平釉	1. 独有 7 级玉白坯，砖面通透，纹路更加逼真； 2. 采用进口釉料，发色纯正，色彩饱和，过渡自然； 3. 纳米超洁亮玻璃态晶面，5 级防污防渗防霉菌； 4. 360° 色坯通体布料，色彩更立体，满足拉槽倒角雕刻等多种装饰，随意切割不漏底坯
瓷片	1. 采用喷墨印花技术，图案效果逼真、自然； 2. 亚光砖釉面光滑、手感细腻、绸面光泽强； 3. 釉面平整，尺寸准确，偏差小； 4. 机械强度高，砖坯坚硬、纯白
仿古砖	1. 吸水率低于 0.1%，且表面附有一层釉面，具有不渗污易清洁的优点； 2. 花色风格多样，极具个性特色； 3. 采用进口耐磨釉制作，耐磨耐用； 4. 亚光风格，关爱消费者，远离光污染
大理石瓷砖	1. 细致入微的纹理、真实舒适的质感、饱满丰富的色彩； 2. 通体色料融合技术、数码喷胶技术、高温慢烧技术、干粒技术

适用范围

产品应用于室内、外墙面及地面铺贴，适用于建筑表面装饰。

技术指标

超平釉（瓷质砖）主要技术指标如下：

1. 表面平整度：+0.20mm ～ +0.37mm
2. 表面质量：距 0.5m 观察，无磕碰、裂纹、落渣及其他明显缺陷
3. 吸水率：平均 0.03%，单个值 0.03% ～ 0.04%
4. 破坏强度：平均值 2513N
5. 断裂模数：平均值 35MPa，最小值 33MPa
6. 有釉砖耐磨性：3 级（1500 转）
7. 抗热震性：无炸裂和裂纹
8. 抗釉裂性：无釉裂
9. 抗冻性：无裂纹和剥落
10. 静摩擦系数：干法 0.61，湿法 0.57
11. 光泽度：最小值 93
12. 湿膨胀：0.04mm/m
13. 抗冲击性：恢复系数 0.83
14. 耐污染性：5 级
15. 耐化学腐蚀性：高浓度酸和碱 GHA
16. 铅镉溶出量：铅 $0.009mg/dm^2$，镉 $0.001mg/dm^2$
17. 线性热膨胀系数：$\alpha_1=3.65\times10^{-6}/℃$，$\alpha_2=4.16\times10^{-6}/℃$
18. 放射性核数限量：$I_{Ra}=0.8$，$I_r=1.0$

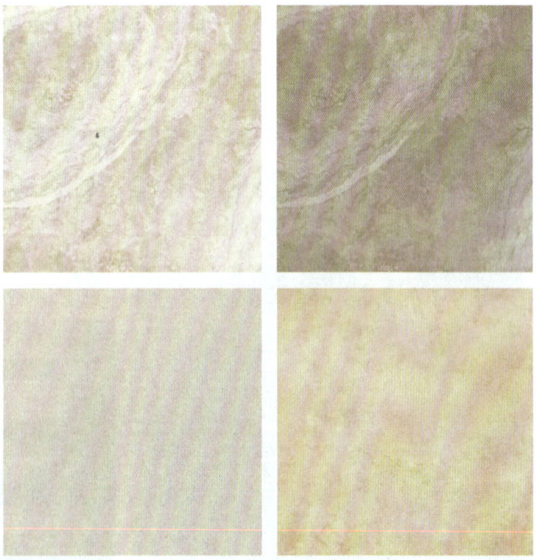

广东新中源新材料有限公司
地址：佛山市禅城区南庄镇南庄大道 190 号
电话：0757-85331503
传真：0757-85310735
官方网站：https://www.xinzhongyuan.com/

仿古砖主要技术指标如下：

1. 翘曲度：−0.01% ～ +0.18%
2. 表面质量：距 0.5m 观察，无磕碰、裂纹、落渣及其他明显缺陷
3. 吸水率：平均 0.3%，单个值 0.3%
4. 破坏强度：平均值 1753N
5. 断裂模数：平均值 35MPa，最小值 33MPa
6. 有釉砖耐磨性：4 级（2100 转）
7. 抗热震性：无炸裂和裂纹
8. 抗釉裂性：无釉裂
9. 抗冻性：无裂纹和剥落
10. 静摩擦系数：干法 0.71，湿法 0.70
11. 湿膨胀：0.04mm/m
12. 抗冲击性：恢复系数 0.78
13. 耐污染性：5 级
14. 耐化学腐蚀性：高浓度酸和碱 GHA
15. 铅镉溶出量：铅 0.004mg/dm^2，镉 0.001mg/dm^2
16. 线性热膨胀系数：α_1=5.07×10^{-6}/℃，α_2=5.36×10^{-6}/℃
17. 放射性核数限量：I_{Ra}=0.6，I_r=0.9

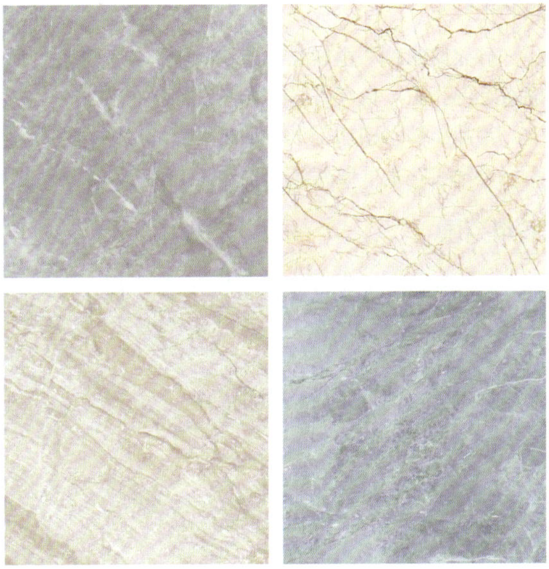

工程案例

与全国 100 强地产部分合作项目

项目名称	地产名称	地址	近年签约额	主要供应的产品类型
南康碧桂园正荣天麓项目	碧桂园控股有限公司	赣州	2312 万元	抛光砖、全抛釉、仿古砖、瓷片
成都万科第五城、成都万科锦西润园、济南万科中心	万科企业股份有限公司	成都、合肥、济南、芜湖、武汉	33214 万元	抛光砖、全抛釉、仿古砖、瓷片
绿地海外滩、绿地中心、绿地之窗	绿地控股集团有限公司	西安、重庆、兰州、银川、包头、	8300 万元	抛光砖、全抛釉、仿古砖、瓷片、大理石
青岛青铁华润城、济南华置天地、烟台公寓	华润置地（北京）股份有限公司	济南、青岛、烟台	4040 万元	抛光砖、全抛釉、仿古砖、瓷片、大理石
杭州新城香悦半岛、常州新城公馆、新城吾悦广场、南京新城花漾紫郡	新城控股集团股份有限公司	杭州、常州、绍兴、南京	2400 万元	抛光砖、全抛釉、仿古砖、瓷片

生产企业

广东新中源新材料有限公司于 2021 年在广东佛山成立，业务涵盖瓷砖、集成厨卫、装配式内装、绿色材料等，为客户提供研发、设计、生产、销售等服务。

公司自成立以来，十分重视技术与产品创新；技术力量雄厚，采用先进的生产设备、优质的原材料、科学的生产工艺组织生产，品质达到国内先进水平；积极响应国家政策，以创新科技、新材料的研发应用，为消费者提供新型装修方式、居住方式解决方案，实现绿色环保、降低成本、缩短周期、提高效率的目的。

公司以客户为中心，为客户创造价值，践行绿色发展方向，为客户创造更多价值，实现更多社会效益。

广东新中源新材料有限公司
地址：佛山市禅城区南庄镇南庄大道 190 号
电话：0757-85331503
传真：0757-85310735
官方网站：https://www.xinzhongyuan.com/

证书编号：LB2022WJ001

砂浆防水剂、混凝土防水密实剂

产品简介

砂浆防水剂：由增强组分和催化组分反应复合而成，与水泥水化析出物发生化学反应，生成凝胶体和结晶体，填充水泥石毛细孔隙，是可提高砂浆密实性、抗渗性的一种橙色无机溶液。

混凝土防水密实剂：与水泥水化析出物发生化学反应，能够填充混凝土内部毛细孔隙，减弱混凝土透水性，使混凝土组织更密实，是可提高混凝土抗渗性，减少混凝土早期收缩，有效控制混凝土裂缝的一种橙色无机类混凝土特种外加剂。

适用范围

产品适用于工业与民用建筑、防护工程、市政公路、地下隧道、山岭、水底隧道及城市地下综合管廊等的防水工程。

技术指标

砂浆防水剂主要技术指标如下：

序号	检验项目		技术要求
1	密度 /（g/cm^3）		1.01 ≤ ρ ≤ 1.05
2	氯离子含量 / %		≤ 0.01
3	总碱量 / %		≤ 3
4	固体含量 / %		≤ 5
5	安定性		合格
6	释放氨的量 / %		≤ 0.01
7	凝结时间	初凝 /min	≥ 60
		终凝 /h	≤ 5
8	抗压强度比 /%	7d	≥ 100
		28d	≥ 100
9	透水压力比 / %		≥ 200
10	吸水率比（48h）/ %		≤ 75
11	早期收缩率比 /%	3d	≤ 60
		7d	≤ 70
		14d	≤ 85
		28d	≤ 100
12	减水率 / %		≤ 5
13	抗氯离子渗透率 / %（密实度提升率 / %）		≥ 10

北京龙阳伟业科技股份有限公司
地址：北京市大兴区红金龙国际企业港 17 号楼
电话：010-51288585
传真：010-89220500
官方网站：www.chinalywy.com

混凝土防水密实剂主要技术指标如下：

序号	检验项目		技术要求
1	安定性		合格
2	泌水率 / %		≤ 70
3	凝结时间差	初凝 /min	≥ −90
4	抗压强度比 / %	3d	≥ 100
		7d	≥ 100
		28d	≥ 100
5	渗透高度比 / %		≤ 40
6	吸水率比（48h）/ %		≤ 75
7	早期收缩率比 /%	3d	≤ 60
		7d	≤ 70
		14d	≤ 85
		28d	≤ 100
8	密度（g/cm^3）		$1.01 \leqslant \rho \leqslant 1.05$
9	氯离子含量 / %		≤ 0.01
10	总碱量 / %		≤ 3
11	固体含量 / %		≤ 5
12	释放氨的量 / %		≤ 0.01
13	减水率 / %		≤ 6
14	含气量差 / %		≥ 1.0
15	抗氯离子渗透率 / %（密实度提升率 / %）		≥ 10

工程案例

北京昆仑国际公寓、大连世界金融中心、北京林肯公园、唐山正东柒麟湾等项目。

生产企业

北京龙阳伟业科技股份有限公司（简称龙阳伟业），作为国家高新技术企业，是一家集材料、技术、服务于一体的优秀系统供应商。自成立以来，龙阳伟业始终致力于从源头、从根本上解决建筑地下水渗漏问题，不仅关注防水材料的供应与施工，更将建筑地下防水工程全过程纳入管理服务范畴，进而解决了地下渗漏问题，更提升了建筑地下结构质量。

公司“基于、系列防水产品的地下刚性（复合）防水技术”先后被写入国家规范《地下工程防水技术规范》（GB 50108—2008）、《地下防水工程质量验收规范》（GB 50208—2011）以及国家建筑标准设计图集《地下建筑防水构造》（10J301）、《现浇混凝土综合管廊》（17GL201）、《预制混凝土综合管廊》（18GL204）和《建筑防水系统构造（三十）》（17CJ40-30）中，并获得了“满足工程防水且与结构寿命相同”的高度评价。龙阳伟业通过了环境管理体系认证（ISO 14001）和质量管理体系认证（ISO 9001），并先后荣获“中国市场品牌成就奖”“全国实施用户满意工程先进单位”等多项荣誉。

近二十年时间，龙阳伟业将“为工程负责”作为企业第一原则，以“工匠之心”铸造产品品质，在做好地下防水工程的同时，保障并提升了建筑地下结构质量，始终践行“为中国建筑质量提升作出贡献”的企业使命。

北京龙阳伟业科技股份有限公司
地址：北京市大兴区红金龙国际企业港 17 号楼
电话：010-51288585
传真：010-89220500
官方网站：www.chinalywy.com

证书编号：LB2022WJ002

苏博特混凝土膨胀剂（HME）、超高性能混凝土预混料（SBT®-UDC）、沥青改性剂（润强）

产品简介

HME 系列混凝土膨胀剂以悬浮窑轻烧氧化镁膨胀剂、历程可控氧化钙熟料和混凝土水化温升抑制材料为主要组分的膨胀剂，具有膨胀大、膨胀历程可控、可降低混凝土温峰等特点，能够分阶段、全过程补偿多种混凝土的自收缩和温降收缩。

SBT®-UDC 超高性能混凝土预混料，系由多种有机、无机高性能添加剂和金属纤维优化设计而成，在常温养护条件下具有优异的力学性能、耐久性能、施工性能以及极佳的延展性和抗冲击冲磨等特点；可节约材料、降低能耗，改变传统混凝土结构“粗、重、笨”的形象并显著提升结构服役寿命和设计自由度，是一种绿色环保材料。

沥青改性剂是指在沥青或沥青混合料中加入的天然或人工合成的有机或无机材料，可熔融或分散在沥青中以改善或提高沥青的路用性能的物质。苏博特结合自身优势和行业背景，针对路面车辙等问题，经过潜心研究，开发了一系列具有自有技术特色的沥青改性剂，主要包括抗车辙剂、沥青增强改性剂等，具有抗车辙性能优异、与沥青相容性好、低温抗裂性能优异、可减薄路面厚度等优势。

适用范围

混凝土膨胀剂适用于不同环境下具有抗裂、防渗要求的膨胀混凝土、预应力混凝土、建筑物后浇带、膨胀加强带及具有温控要求的混凝土结构等。

SBT®-UDC 超高性能混凝土预混料，可以很好地满足土木工程结构轻量化、高层化、大跨化和高耐久的迫切需求，特别适用于大跨径桥梁、装配式节点连接、装饰景制品以及抗爆、耐腐蚀等结构。

沥青改性剂适用于各种等级公路，尤其适用于高速公路、市政道路以及机场跑道等重载、超载沥青路面。

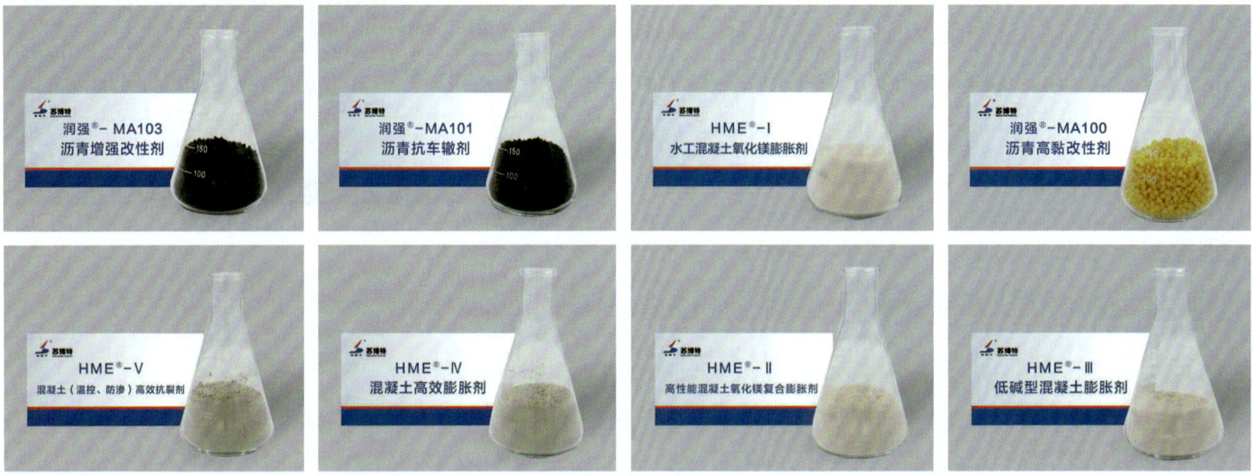

技术指标

混凝土膨胀剂主要性能指标如下：

HME 系列混凝土膨胀剂比表面积大于 200m²/kg，1.18mm 筛筛余不超过 0.5%；水中 7d 限制膨胀率不小于 0.05%，且转空气中 21d 限制膨胀率不小于 −0.005%，优于现行《混凝土膨胀剂》（GB/T 23439）的指标要求；除此之外，可降低初凝后 24h 水泥水化放热不低于 30%，7d 水化放热不低于基准的 90%。HME 系列镁质膨胀剂氧化镁含量不低于 85%；活性反应时间在 50 ～ 300s 可调，活性值波动不超过 ±10s，优于现行《水工混凝土掺用氧化镁技术规范》（DL/T 5296）的指标要求；R 型产品 20℃水中 7d 限制膨胀率不小于 0.022%，28d 与 7d 限制膨胀率值之差不小于 0.022%；40℃水中 7d 限制膨胀率不小于 0.045%，28d 与 7d 限制膨胀率值之差不小于 0.025%，均优于《混凝土用氧化镁膨胀剂》（CBMF 19—2017）的指标要求。

江苏苏博特新材料股份有限公司
地址：江苏省南京市江宁区醴泉路 118 号
电话：025-83278599
传真：025-83278599
官方网站：www.sobute.com

SBT®-UDC 超高性能混凝土预混料主要性能指标如下：

项目	性能指标	项目	性能指标
坍落扩展度 / mm	≥ 650	初裂弯拉强度 / MPa	≥ 10
抗压强度 / MPa	≥ 120	极限弯拉强度 / MPa	≥ 18
抗拉强度 / MPa	≥ 8	收缩率 / με	≤ 300
断裂韧性 /（kJ/m^2）	≥ 25	氯离子扩散系数 /（$10^{-12}m^2/s$）	≤ 0.01
弹性模量 / GPa	≥ 45	冻融循环 / 次	≥ 1000

沥青改性剂主要性能指标如下：

指标	单位	技术参数	技术要求
单个颗粒质量	g	0.02	≤ 0.03
密度	g/cm^3	0.95	≤ 1.0
熔融指数	10g/min	3.2	≥ 1.0
灰分含量	%	0.9	≤ 5
与沥青相容性	—	相容性好，速溶	—
车辙试验动稳定度	次 /mm	8500	≥ 6000

工程案例

苏州滨湖新城地下空间、重庆市天和国际商业中心项目、向家坝水电站、晋红高速、铜陵长江公铁大桥、泰州市政、武汉市政、南京长江第五大桥、上海松浦大桥、杭宁高速新展桥、上海昌平路桥等桥面结构，宁波机场路南延南段（绕城高速—岳林东路）、上海北虹立交、天目西路高架路混凝土护栏安装等湿接缝工程，江宁档案馆、宁波未来城等项目。

生产企业

江苏苏博特新材料股份有限公司（股票简称：苏博特，股票代码：603916）作为新型土木工程材料供应商，主营混凝土外加剂的研发、生产和销售，在防水与修复材料、交通工程材料等功能性产品的研发和推广方面不断取得新突破。

公司始终坚持走科技创新的发展道路，建有"高性能土木工程材料国家重点实验室""江苏省功能性聚醚工程技术研究中心"等行业先进的科研平台，拥有专业配置齐全、年龄结构合理、创新能力强、技术推广与管理经验丰富的人才团队，包括中国工程院院士、国家杰出青年科学基金获得者和科技创新领军人才，多人次获得国家和省部级科研奖项。公司拥有国家授权专利 400 余项，其中发明专利 390 余项，国际专利 4 项，荣获中国专利银奖 1 项、中国专利优秀奖 4 项。"超高性能混凝土抗爆材料成套制备技术、结构设计及其应用"项目荣获 2014 年度国家科技进步二等奖，"超 500 米跨径钢管混凝土拱桥关键技术"荣获 2018 年度国家科技进步二等奖。

公司基于多年来雄厚的技术储备和科技进步成果，坚持"以客户为中心"，以专业技术人才为基础，以先进的试验条件为依托，为客户提供顾问式营销服务。加强服务网络建设，服务范围覆盖全国所有省、市、区；加强服务团队建设，公司营销服务人员全部为混凝土及相关专业人员。公司生产的混凝土外加剂产品以其优异的产品性能、稳定的产品质量、专业的技术服务，赢得了用户的信赖，也赢得了市场，同时提升了公司的品牌形象。公司产品成功应用于港珠澳大桥、田湾核电站、阳江核电站、溪洛渡水电站、向家坝水电站、兰新高铁、南水北调、青岛胶州湾隧道等一大批国家和地方重点工程。

江苏苏博特新材料股份有限公司
地址：江苏省南京市江宁区醴泉路 118 号
电话：025-83278599
传真：025-83278599
官方网站：www.sobute.com

证书编号：LB2022WJ003

凝祥混凝土密封固化剂

产品简介

“凝祥”混凝土密封固化剂是由青岛中科凝瑞先进材料技术有限公司生产的、由中科院青岛生物能源与过程研究所研发的专利产品，产品的各项性能指标达到并超过进口一线品牌的混凝土固化剂产品，是由自来水和无机材料制成的无色透明、无刺激气味、无 VOC 释放、无毒、无害的安全环保类液体制剂，喷涂在混凝土地面、墙面上，与混凝土反应增加混凝土密度、硬度，提高表面耐磨性的高性能功能材料。此外，该产品具有阻水、阻燃的作用，燃烧性能等级达到 A1 级。其能进一步提高混凝土地面的使用寿命，是混凝土表面处理的优选方案。

适用范围

产品主要应用于建筑物的混凝土地面、墙面，可以与混凝土进行反应，形成致密结构，提高混凝土表面的强度、硬度和阻水能力，主要适用范围包括厂房地面、商场地面、仓库地面、学校教学楼、教室、写字楼、展厅、机场大厅、车站大厅、车站站台、车库、机库等混凝土地面和建筑物的混凝土墙面，是混凝土表面防护的优选方案。

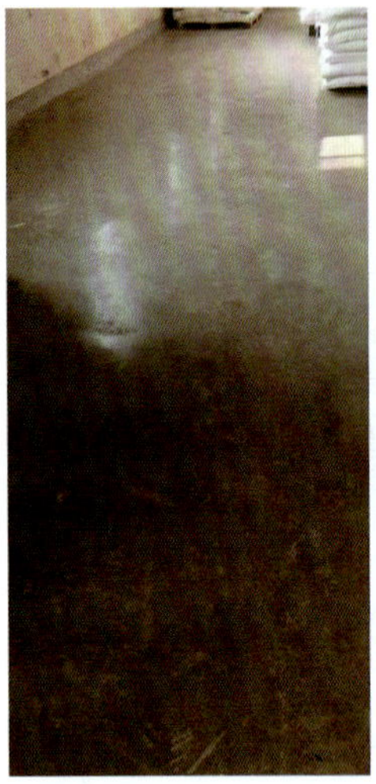

技术指标

主要技术指标如下：

序号	检测项目		技术指标（AR6）	检测结果	单项评定
1	挥发性有机化合物含量（VOC）/（g/L）		≤ 20	未检出	符合
2	防滑性能	摩擦系数（干法）	—	0.78 安全	—
		摩擦系数（湿法）	—	0.81	—
3	燃烧性能（平板状建筑材料 A1 级）	炉内温升 /℃	≤ 20	2	符合
		质量损失率 /%	≤ 20	3	符合
		持续燃烧时间 /s	0	0	符合
		总热值 /（MJ/kg）	≤ 2.0	0.2	符合

青岛中科凝瑞先进材料技术有限公司

地址：山东省青岛市崂山区秦岭路 18 号国展财富中心 1 号楼 312

电话：0532-87660377

续表

序号	检测项目	技术指标（AR6）	检测结果	单项评定
4	固体含量 / %	—	22.16	—
5	pH 值	⩾ 10	11.4	符合
6	耐磨性 / mm	⩽ 0.60	0.33	符合
7	挥发性有机化合物含量（VOC）（g/L）	⩽ 20	未检出	符合
8	莫氏硬度	—	5	—

工程案例

山东济南融创文旅城地库混凝土地面、山东济南劝学里小区地库混凝土地面、山东青岛营上集团车间混凝土地面、中科院青岛生物能源与过程研究所办公楼走廊地面、澳柯玛配套供应商生产车间和仓库地面、山东工艺美院黄岛院区教学楼地面等项目。

生产企业

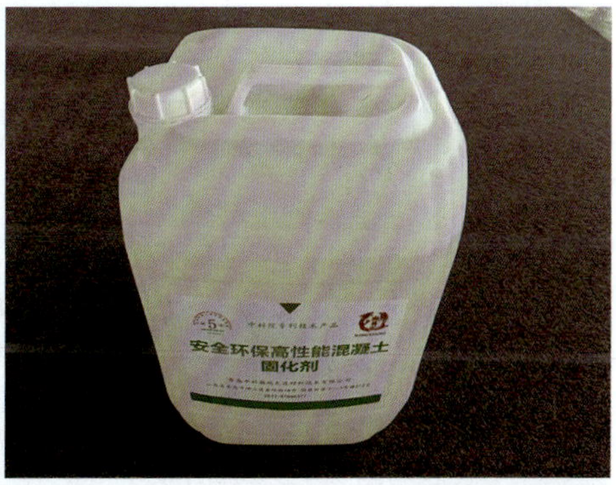

青岛中科凝瑞先进材料技术有限公司成立于 2022 年 5 月，主要从事先进材料成果的市场化转化。主要包括混凝土密封固化剂、外墙保温材料、外墙装饰材料、地面铺设材料等新型先进材料，公司以轻资产运作的模式运作，目前转化的先进材料产品均采用 OEM 工厂生产，有效控制产品的各项成本，为客户提供更具竞争力的产品。

混凝土密封固化剂产品是由中科院青岛生物能源与过程研究所研制的专利产品，后续公司还会与中科院青岛能源所合作，推出混凝土表面养护的系列产品，如表面清洗剂、增光剂、防水剂等。本着绿色环保的理念，公司将为客户提供更多的可替代进口并优于进口一线产品的系列产品，更好地支持国内各行业提高混凝土结构面层的使用寿命，改善混凝土结构面层的使用效果，完美体现混凝土面层结构的美观感受，使用户受益于低成本的处理方案，长期体验原生态质感的享受。

青岛中科凝瑞先进材料技术有限公司
地址：山东省青岛市崂山区秦岭路 18 号国展财富中心 1 号楼 312
电话：0532-87660377

证书编号：LB2022SJ001

中象地找平砂浆、抹面砂浆、粘结砂浆

产品简介

地找平砂浆：采用优质脱硫石膏、水泥、砂子、骨料、环保添加剂等材料，采用专利配方配制而成，具有优异的流动性，能够自动流动找平地面，适用于一般地面找平及地暖回填找平，可使用手工或者机械施工。适宜施工温度为 5 ～ 35℃。本产品初凝时间为 60 ～ 120min，存放在干燥处，保质期为 6 个月。

抹面砂浆：由水泥基胶凝材料、高分子聚合物材料以及填料及添加剂组成，具有一定变形能力和粘结性能的抹面材料。

粘结砂浆：由水泥、石英砂、聚合物胶结料配以多种添加剂组成，具有耐水耐冻融、耐老化性能好等特点。施工方便，是一种非常安全可靠的保温系统粘接材料，施工中不滑坠，具有优良的耐候、抗冲击和防裂性能。

适用范围

地找平砂浆：能为室内装饰做前期找平准备材料。

抹面砂浆：可用于涂抹在建筑物或建筑构件表面。

粘结砂浆：主要用于粘接保温板的粘接剂。

技术指标

地找平砂浆：加水量小于 380mL/kg；施工温度为 5 ～ 35℃；初凝时间大于 60min；保质期为 6 个月。

抹面砂浆：均匀无结块；施工温度为 5 ～ 35℃；产品拉伸粘结强度为 9.9kPa，耐水强度为 8.2kPa；柔韧性为 2.1，抗冲击性为 3J 级。

粘结砂浆：均匀无结块；施工温度为 5 ～ 35℃；保质期为 6 个月。

武乡县中象新材料有限公司

地址：山西省长治市武乡县丰州镇下城村电厂院内

电话：180355118602

工程案例

武汉招商愉樾项目、招商地产西安城市主场项目、青岛越秀和悦府项目等。

生产企业

武乡县中象新材料有限公司成立于2019年，注册资本3000万元。公司响应国家《产业结构调整指导目录（2019年本）》《战略性新兴产业目录》及《“十二五”墙体材料革新指导意见》中关于绿色建筑及建筑节能发展的号召，积极开展节能环保新兴建材产品的生产及研发。公司成立伊始就被深深烙上了绿色标签，对于环境的保护始终贯穿在每一个发展历程中。

公司成立之初就建立了专业的石膏砂浆产品研发和施工技术创新科研团队，并把向客户提供专业高效的产品解决方案，打造安全、舒适、美观和可持续的生活与工作环境奉为公司发展的宗旨。公司成立三年多来，先后加入中国建材工业经济研究会和产品质量专委会，成为理事单位，创立的“靓家俪”绿色环保专项品牌产品（包含轻质喷涂石膏、石膏自流平、批嵌石膏、瓷砖胶、腻子粉等产品）在2020年、2021年连续两个年度被评为绿色建材推荐产品。

目前武乡中象已拥有相当成熟的固废回收再利用生产线和施工设备，并取得了七项相关实用新型专利，也与山东、大连多地的OEM加工厂达成战略合作关系。目前我们的产品已遍布山西、陕西、湖南、湖北、河南、山东、江苏等省份。

地址：山西省长治市武乡县丰州镇下城村电厂院内
电话：180355118602

证书编号：LB2022SN001

埃比自流平水泥

产品简介

它是经济型自流平水泥，是含有特种精细骨料的高塑性自流平水泥，具有优异的流动性和涂布性能，可提供平整、光滑的表面；仅限室内使用。产品施工方便，硬化迅速，流平性好，高硬度，高耐磨，绿色环保。

适用范围

产品为地毯、PVC 地板、SPC、LVT、木地板提供坚硬、平整、吸收性强的基层。产品普遍应用于学校、医院、体育场馆、幼教、养老、居家、工业厂房、地下停车库及办公等场所。

技术指标

加水量：6.2 ～ 6.5L 水 /25kg 粉料流动性（cm）：≥ 13

粉料颜色：灰色使用量：1.6 ～ 1.7kg 粉末 /mm^2

抗折强度（28d 后）（MPa）：约 4 可施工时间：约 20min

抗压强度（28d 后）（MPa）：约 20 保质期：6 个月

（数据为温度 20℃、空气湿度 60%、自流平厚度 2mm 条件下适用）

运输、储存、使用过程中，应防雨、防潮、防冻、防晒，原始包装状态下在 1 ～ 40℃干燥室内存放。

工程案例

上海市杜莎夫人蜡像馆、上海世博会展中心、上海同济大学汽车学院、上海市东方医院、武汉大学图书馆、湖北省孝感市第一人民医院、湖北省孝感市康复中心、荆州市中心人民医院等地面施工工程。

生产企业

上海埃比建筑材料有限公司成立于 2004 年，是一家集新型地材辅料研发、生产、

上海埃比建筑材料有限公司

地址：闵行区三鲁公路 2199 号埃比建材仓储中心
电话：021-58146822
官方网站 :www.shabjc.com

销售、技术服务于一体的系统服务商。公司成立初期引进德国产品，坚持走品质至上、不断进取的实践之路。产品普遍应用于学校、医院、体育场馆、幼教、养老、居家、工业厂房、地下停车库及办公等场所，获得使用方的一致认可。产品及服务项目含界面剂、自流平水泥、弹性地材粘合剂、地材施工工具、配件、表面处理剂等6个系列，实现了弹性地板辅料“一站式”的采购配送服务集成中心。本公司将以更稳定的品质、更便捷的物流配送、更及时的技术支持服务于全国各地客户。

公司恪守“诚信守实、勇担责任、专注品质、科技创新”的经营理念，秉持“客户需求第一、专业服务满意、合作开拓共赢”的服务宗旨，提供质优稳定、经济环保的地材解决方案。

上海埃比建筑材料有限公司
地址：闵行区三鲁公路2199号埃比建材仓储中心
电话：021-58146822
官方网站 :www.shabjc.com

证书编号：LB2022SN002

金隅 42.5 级普通硅酸盐水泥、42.5 级复合硅酸盐水泥、42.5 级普通硅酸盐水泥（低碱）

产品简介

赞皇金隅水泥有限公司生产的“金隅”牌通用硅酸盐水泥产品全部由新型干法旋窑工艺系统生产，采用先进工艺，年消纳尾矿和选矿废石、粉煤灰、脱硫石膏、转炉渣、砂岩粉末、河道淤沙等工业和选矿废渣约 180 万吨。公司主导产品为 P•O 42.5 级、P•O 42.5 级（低碱）、P•C 42.5 级等多个水泥品种，实物质量远远高于国家标准，早期强度达到国家标准的 160% 以上，后期强度达到国家标准的 130% 以上。

公司生产的水泥具有以下显著特点：

水泥中混合材掺量少；产品质量稳定，质量波动小，早后期强度高，富余强度高；配制混凝土可降低综合成本。

水泥碱含量低，可避免与活性骨料反应引起的裂纹，提高混凝土耐久性。我公司矿山品位高，碱含量低，具有生产低碱水泥的独特优势，出厂 P•O 42.5 级低碱水泥碱含量一直保持在 0.60% 以下。

水泥本身色泽长期稳定，可广泛使用于素色外表面建筑物。

配制的混凝土泌水率低。

水泥的抗冻性能好。

水泥的耐磨性能好。

配制的混凝土体积稳定性能好，一年龄期时，混凝土收缩徐变基本趋于平衡，达到国内和国际先进水平，特别适合大体积工程建设。

出磨出厂水泥温度低：我公司水泥粉磨系统采用世界先进的辊压机微选联合粉磨工艺，磨机和 O-Sepa 选粉机拥有独立的通风系统，出磨水泥温度可控制在 60℃左右，出厂水泥温度可控制在 55℃左右。

适用范围

产品广泛应用于国防、交通、水利、工建、民建等有高端需求的工程。

技术指标

P•O 42.5 级出厂水泥质量情况如下：

2021 年	5 月	6 月	7 月	8 月	9 月	10 月	国家标准要求
3d 抗压强度平均值 / MPa	31.2	30.7	29.8	30.5	29.9	30.0	⩾ 17.0
28d 抗压强度平均值 /MPa	56.5	56.8	56.7	56.9	56.5	56.9	⩾ 42.5
28d 抗压强度变异系数 /%	2.13	2.22	2.06	2.25	2.23	2.39	⩽ 3.5

P•O 42.5 级（低碱）出厂水泥质量情况如下：

2021 年	5 月	6 月	7 月	8 月	9 月	10 月	国家标准要求
3d 抗压强度平均值 / MPa	30.2	28.9	29.6	28.9	29.6	30.3	⩾ 17.0
28d 抗压强度平均值 /MPa	57.5	59.6	57.7	58.6	57.7	59.8	⩾ 42.5
28d 抗压强度变异系数 /%	2.15	2.15	2.15	2.15	2.29	2.29	⩽ 3.5

赞皇金隅水泥有限公司
地址：河北省石家庄市赞皇县邢郭乡王家洞村东南
电话：0311-89206718
传真：0311-89206619

P•C 42.5 级出厂水泥质量情况如下：

2021 年	5 月	6 月	7 月	8 月	9 月	10 月	国家标准要求
3d 抗压强度平均值 / MPa	21.2	22.0	21.8	21.8	22.1	21.5	≥ 15.0
28d 抗压强度平均值 / MPa	46.9	47.2	47.3	47.4	48.9	46.8	≥ 42.5
28d 抗压强度变异系数 / %	2.30	2.04	2.63	2.29	1.90	2.20	≤ 3.5

工程案例

公司产品覆盖河北石家庄、邢台、衡水、沧州、辛集以及山东德州等区域，广泛应用于南水北调、石济高铁、郑济铁路、邢衡高速、太行山高速、石家庄新客站、石家庄地铁等国家及地方重点工程。

生产企业

赞皇金隅水泥有限公司坐落在有着“千年古县”“唐相故里”美称的河北省赞皇县，成立于 2008 年 2 月，总资产 19.34 亿元，年产“金隅”牌高强度等级低碱优质水泥 330 万 t，年销售收入 8 亿元，利税总额 1.5 亿元。公司持续坚持实施环境保护革命，采取“管理减排、技术减排、投入减排”三大减排措施。实施循环经济发展战略，积极采用先进的生产工艺，在确保水泥优质产品质量的情况下，积极消纳尾矿和选矿废石、粉煤灰、脱硫石膏、转炉渣等工业和选矿废渣。2018 年 4 月投入使用的水泥窑生活垃圾及固废协同处置生产线，承担起为省会城市石家庄提供城市垃圾、污泥等固废协同处置的配套服务功能。公司融入绿色生态环境理念，利用创建国家级绿色工厂、绿色矿山的契机，实施山青树绿工程，从园林式工厂向森林工厂转变，为绿色省会生态文明建设贡献自己的力量。

公司从“抓好节能项目、改进优化生产工艺、调整工序流程布局、改变作业方式”等方面入手，全面推进节能减排，将“绿色制造”理念贯穿于产品研发和生产制造全过程。2020 年公司 3# 水泥磨超薄衬板节能降耗项目，吨水泥粉磨电耗降低 0.64kW•h/t；应用压缩空气系统节能优化技术改造，项目实施后实现管路智能切换、空压机的智能启停控制及无人值守自动运行、故障报警，节约压缩空气用气量 5% 左右，节电率能够达到 15%。2021 年公司投资 2100 万元进行二线窑篦冷机节能提效改造项目，篦冷机升级改造后，吨熟料节电 2kW•h/t，每年预计节电 374 万 kW•h，热回收效率提高到 76%，标准煤耗降低，吨熟料标准煤节省 4.00kg，年节煤量 6800t。

近年来，赞皇公司先后获得了国家级高新技术企业、国家级绿色工厂、国家级绿色矿山、两化融合国家级示范点，环渤海地区建材行业“技术创新型企业”“AAA 级诚信企业”，河北省“技术创新示范企业”，河北省环保科普基地，河北省“千家科技创新领军企业”，“石家庄市技术创新型企业”等多项国家及省市荣誉称号。近三年公司累计申报发明专利 9 项、实用新型专利 40 项，目前已取得授权发明专利 2 项、实用新型专利 40 项。通过河北省科技厅认定国内领先成果项目 1 项，国际先进成果项目 1 项，获得全国建材行业创新成果 3 项，承担金隅集团和金隅冀东水泥重点科研项目 5 项。2020 年赞皇公司参与和牵头科研项目荣获北京金隅集团科技进步二等奖 1 项、三等奖 3 项。赞皇公司先后参与制定国家及建材行业标准 4 项。

赞皇金隅水泥有限公司

地址：河北省石家庄市赞皇县邢郭乡王家洞村东南
电话：0311-89206718
传真：0311-89206619

证书编号：LB2022SN003

润丰普通硅酸盐水泥（P·O 52.5 级、P·O 42.5 级）、砌筑水泥（M32.5 级）

产品简介

产品具有高强、耐磨、抗渗、低碱、低碳、低放射性、和易性好等特点。其中，P•O 52.5 级普通硅酸盐水泥广泛应用于高速公路桥梁、隧道和市政重点工程梁板，具有高强、抗震、低碱、低碳、低放射性等特性；P•O 42.5 级普通硅酸盐水泥广泛应用于高速公路和市政重点工程，具有凝结硬化快、耐磨、抗渗、抗冻、低碱、低碳、低放射性、和易性好等特性；M32.5 级水泥用于一般建筑抹面、垫层混凝土，具有需水量少、泌水性强、保水率高、低碱、低碳、低放射性、和易性好等特性。

适用范围

产品广泛应用于铁路、高速公路、大型水电站、桥梁、高层民用建筑等领域。

技术指标

P•O 52.5 级水泥技术指标如下：

技术指标		单位（或方法）	GB/T 39698、GB 175 及修改单要求	集团标准要求	公司标准要求
烧失量		%	≤ 5.0	≤ 5.0	≤ 4.5
SO_3		%	≤ 3.5	≤ 3.5	≤ 3.5
MgO		%	≤ 5.0	≤ 5.0	≤ 5.0
Cl^-		%	< 0.10	≤ 0.05	≤ 0.05
比表面积		m^2 / kg	≥ 300	≥ 300	≥ 300
初凝		min	≥ 45	≥ 45	≥ 45
终凝		min	≤ 600	≤ 600	≤ 360
安定性		沸煮法	合格	合格	合格
抗折强度	3d	MPa	≥ 4.0	≥ 4.0	≥ 4.0
	28d	MPa	≥ 7.0	≥ 7.0	≥ 7.5
抗压强度	3d	MPa	≥ 23.0	≥ 24.0	28 ± 2
	28d	MPa	≥ 52.5	57 ± 2	58 ± 2

云南金江沧源水泥工业有限公司
地址：云南省临沧市沧源县勐省镇勐省村白塔山
电话：0883-7512198
传真：0883-7512198

P·O 42.5 级水泥技术指标如下：

技术指标		单位（或方法）	GB/T 39698、GB 175 及修改单要求	集团标准要求	公司标准要求
烧失量		%	≤ 5.0	≤ 5.0	≤ 4.50
SO_3		%	≤ 3.5	≤ 3.5	≤ 3.5
MgO		%	≤ 5.0	≤ 5.0	≤ 5.0
Cl^-		%	< 0.10	≤ 0.05	≤ 0.05
比表面积		m^2/ kg	≥ 300	≥ 300	≥ 300
初凝		min	≥ 45	≥ 45	≥ 45
终凝		min	≤ 600	≤ 600	≦ 360
安定性		沸煮法	合格	合格	合格
抗折强度	3d	MPa	≥ 3.5	≥ 3.5	≥ 4.0
	28d	MPa	≥ 6.5	≥ 6.5	≥ 7.0
抗压强度	3d	MPa	≥ 17.0	≧ 21.0	24±2
	28d	MPa	≥ 42.5	48±2	48±2

工程案例

墨（墨江）—临（临沧）高速公路，临（临沧）—清（清水河）高速公路，临沧市基础建设。

生产企业

云南金江沧源水泥工业有限公司（云南水泥建材集团有限公司控股子公司）在淘汰原年产 10 万 t 湿法回转窑生产线的基础上，技改建设一条日产 2500t 新型干法旋窑水泥熟料生产线。企业资产总额 6.49 亿元，年产水泥 100 万 t、熟料 77.5 万 t 规模；现有员工 179 余人，其中管理人员近 20 人，工程技术人员近 30 人。

公司主营各种强度等级的“润丰”牌优质水泥，产品涵盖 P·O 52.5 级、P·O 42.5 级、M32.5 级水泥、商品熟料等，还可根据市场需要生产 / 销售生产许可证覆盖范围内的产品，广泛应用于铁路、高速公路、大型水电站、桥梁、高层民用建筑等领域。生产线配套建设 4.5MW 纯低温余热发电系统，年发电量约 2400×10^4kW•h。全公司配置 63 台高效布袋除尘器和 SNCR 脱硝系统，系统能力与生产排放相适应，污染物排放达到国家相关标准的规定。

公司全体员工大力弘扬“团结严谨、务实高效”的企业精神，以“降本提效、绿色发展”为主题，以“建设园林式工厂，推动可持续发展”为己任，打造受人尊重的绿色水泥建材企业。

公司始终秉持“质量为本、精益求精、优质服务、用户满意”的质量方针、“遵规守法、清洁绿色、节能减排、持续改进”的环境方针、“安全第一、预防为主、综合治理、持续改进”的职业健康安全方针和“遵守法规、节约能源、提高能效、持续改进”的能源方针，推进绿色工厂建设。

云南金江沧源水泥工业有限公司
地址：云南省临沧市沧源县勐省镇勐省村白塔山
电话：0883-7512198
传真：0883-7512198

证书编号：LB2022SN004

山水东岳普通硅酸盐水泥 P·O 52.5 级（低碱）、复合硅酸盐水泥 P·C 42.5 级、道路硅酸盐水泥 P·R 7.5 级

产品简介

我公司的普通硅酸盐水泥产品具有凝结时间短、快硬早强高强，碱含量、氯离子、水溶性六价铬等有害成分含量低，后期强度增进率高，耐久性好，耐热性强，耐磨性好，流动性好、保水性好等特点。

我公司的复合硅酸盐水泥产品具有早期强度高，碱含量、氯离子、水溶性六价铬等有害成分含量低，后期强度增进率高，耐久性好，耐热性强，水化热低，流动性好、保水性好，干缩性小，有较强的抗溶出性硫酸盐侵蚀性能等特点。

我公司生产的 7.5 级强度等级道路硅酸盐水泥具有质量稳定、性能优良，抗折强度高，耐磨性好，干缩小，抗冻性、抗冲击性、抗硫酸盐性能好等特点，可减少混凝土路面的温度裂缝和磨耗，减少路面维修费用，延长使用年限。

适用范围

普通硅酸盐水泥适用于混凝土、普通混凝土和预应力混凝土的地上、地下和水中结构（包括反复冰冻作用的结构）以及早期强度要求高的结构，也适合绝大部分的工业与民用建筑及无特殊要求的一般工程。

复合硅酸盐水泥可用于无特殊要求的一般结构工程，适用于地下、水利和大体积等混凝土工程，特别是有化学侵蚀的工程。

道路硅酸盐水泥应用于要求抗折强度高、水化热低、抗硫酸盐侵蚀、耐磨性要求比较高的混凝土领域，适用于公路路面、机场跑道、城市人流较多的广场等工程的面层混凝土以及大体积混凝土及核电工程等。

技术指标

P•O 52.5 级水泥产品技术参数如下：

序号	项目	国家标准要求	企业内控标准要求
1	比表面积 /（m^2/kg）	⩾ 300	370±10
2	烧失量 / %	⩽ 5.0	⩽ 3.0
3	MgO / %	⩽ 5.0	⩽ 4.0
4	初凝时间 / min	⩾ 45	⩾ 120
5	初凝时间 / min	⩽ 600	⩽ 300
6	R_2O / %	⩽ 0.60	⩽ 0.58
7	3d 抗压强度 / MPa	⩾ 23.0	⩾ 30.0
8	3d 抗压强度 / MPa	⩾ 52.5	⩾ 58.0
9	水溶性六价铬 /（mg/kg）	⩽ 10	⩽ 7.0
10	安定性	沸煮法合格	沸煮法合格

P•C 42.5 级水泥产品技术参数如下：

序号	项目	国家标准要求	企业内控标准要求
1	0.045mm 筛余 / %	⩽ 30	8±2
2	MgO / %	⩽ 5.0	⩽ 4.0
3	初凝时间 / min	⩾ 45	⩾ 120
4	初凝时间 / min	⩽ 600	⩽ 300
5	R_2O / %	⩽ 0.60	⩽ 0.58

地址：山西省临汾市洪洞县洪洞经济技术开发区

临汾山水水泥有限公司

续表

序号	项目	国家标准要求	企业内控标准要求
6	3d 抗压强度 / MPa	≥ 23.0	≥ 30.0
7	3d 抗压强度 / MPa	≥ 52.5	≥ 58.0
8	水溶性六价铬 /（mg/kg）	≤ 10	≤ 7.0
10	安定性	沸煮法合格	沸煮法合格

P • R 7.5 级水泥产品技术参数如下：

序号	项目	国家标准要求	企业内控标准要求
1	比表面积 /（m^2 /kg）	300~450	360 ± 10
2	烧失量 / %	≤ 3.0	≤ 2.0
3	MgO / %	≤ 5.0	≤ 4.0
4	初凝时间 / min	≥ 90min	≥ 180
5	初凝时间 / min	≤ 720min	≤ 400
6	R_2O / %	≤ 0.60	≤ 0.58
7	3d 抗压强度 / MPa	≥ 21.0	≥ 24.0
	3d 抗折强度 / MPa	≥ 4.0	≥ 4.5
8	28d 抗压强度 / MPa	≥ 42.5	≥ 46.0
	28d 抗折强度 / MPa	≥ 7.5	≥ 8.0
9	安定性	雷氏夹法合格	雷氏夹法合格
10	28d 干缩率 / %	≤ 0.10	≤ 0.08
11	28d 耐磨性 /（kg/m^2）	≤ 3.00	≤ 2.50
12	水溶性六价铬 /（mg/kg）	≤ 10	≤ 7.0

工程案例

临汾市图书馆、临汾市霍州市阳光首府、临汾市旧城改造工程、临汾市汾河改造工程、洪洞格蓝云天小区、洪洞大酒店、洪洞县第二中学、洪洞县中医院、洪洞旧城改造及新农村建设工程、隰吉高速、黎霍高速、永鑫铁路、乾峰大桥、长林高速、341 国道改道、临汾“五一路”改建工程等。

生产企业

临汾山水水泥有限公司隶属于山东山水水泥集团有限公司，集团总部位于山东省济南市。集团拥有 108 家建材类子公司，是一家专注于水泥研发、生产的科技类集团公司。

临汾山水水泥有限公司拥有产能 4000t/d 熟料、年产 100 万 t 高强度等级硅酸盐水泥，配套 7.5MW 纯低温余热发电生产线。截至目前项目累计投资 10 亿元，是晋南区域较大的现代化水泥生产企业。公司拥有先进的生产工艺、自动化生产设备和质量检测系统。公司生产的“山水东岳”牌水泥均通过 ISO 9001 质量管理体系、ISO 14001 环境管理体系、ISO 45001 健康安全管理体系和 ISO 50001 能源管理体系认证。“山水东岳”牌水泥广泛应用于各种大型混凝土工程及工业民用建筑。公司产品具有质量稳定、富余强度高、凝结时间适中、和易性好等优点，广泛用于工业、交通、水利、城建等各种大型工业及民用建筑。公司多次获得全国水泥品质大对比全合格单位、山西省水泥性能大对比全优单位等荣誉。2017 年度被山西省建材工业协会评为“诚信自律模范企业”。

地址：山西省临汾市洪洞县洪洞经济技术开发区

证书编号：LB2022SN005

祁连山 32.5 级砌筑水泥、42.5 级普通硅酸盐水泥、42.5 级普通硅酸盐水泥（低碱）

产品简介

我司生产的 P • O 42.5 级普通硅酸盐水泥、P • O 42.5 级普通硅酸盐水泥（低碱）、M32.5 级砌筑水泥，严格按照国家标准 GB/175—2007、GB/T 3183—2017 组织生产，各项品质指标均优于国家标准，质量优良，凝结时间短（适宜可调）、快硬早强高强、抗冻、耐磨、耐热、水化放热集中，水化热量大，安定性良，适应性较好，抗渗耐磨，深受广大用户欢迎。

适用范围

P • O 42.5 级普通硅酸盐水泥主要用于高速公路、基础工程、农村房屋建筑工程中的各类构件制作，如混凝土圈梁、现浇楼梯、柱、梁、板等构件。

P • O 42.5 级普通硅酸盐水泥（低碱）主要用于铁路、机场、高速公路、桥梁、水利工程等各类构件制作。

M32.5 级砌筑水泥适用于砌筑和抹面砂浆、垫层混凝土所需要的砌筑水泥。

技术指标

P • O 42.5 级普通硅酸盐水泥技术指标要求如下：

指标名称	指标要求
烧失量 / %	≤ 5.0
三氧化硫 / %	≤ 3.5
氧化镁 / %	≤ 5.0
氯离子 / %	≤ 0.06
碱含量 / %	—
细度（80μm）/ %	≤ 10.0
比表面积 /（m^2 / kg）	≥ 300
初凝时间 / min	≥ 45
终凝时间 / min	≤ 300
压蒸安定性	合格
放射性	内照射指数≤ 1.0
	外照射指数≤ 1.0
六价铬 /（mg / kg）	≤ 10.0
3d 抗折强度 / MPa	≥ 4.0
3d 抗压强度 / MPa	≥ 21.0
28d 抗折强度 / MPa	≥ 7.0
28d 抗压强度 / MPa	≥ 46.0

P • O 42.5 级普通硅酸盐水泥（低碱）技术指标要求如下：

指标名称	指标要求
烧失量 / %	≤ 5.0
三氧化硫 / %	≤ 3.5
氧化镁 / %	≤ 5.0
氯离子 / %	≤ 0.06
游离钙 / %	≤ 1.0
碱含量 / %	≤ 0.6
细度（80 μm）/ %	≤ 10.0
比表面积 /（m^2 / kg）	≥ 300 且≤ 350
初凝时间 / min	≥ 45
终凝时间 / min	≤ 300
压蒸安定性	合格
放射性	内照射指数≤ 1.0
	外照射指数≤ 1.0
六价铬（mg / kg）	≤ 10.0
3d 抗折强度 / MPa	≥ 4.5
3d 抗压强度 / MPa	≥ 23.0
28d 抗折强度 / MPa	≥ 7.5
28d 抗压强度 / MPa	≥ 48.0

夏河祁连山安多水泥有限公司
地址：甘肃省甘南州夏河县麻当乡工业园区
电话：0941-5923745
传真：0941-5921888
官方网站：http:/www.qlssn.com

M32.5 级砌筑水泥技术指标要求如下：

指标名称	指标要求
烧失量 / %	—
三氧化硫 / %	≤ 3.5
氧化镁 / %	—
氯离子 / %	≤ 0.06
碱含量 / %	—
细度（45μm）/ %	≤ 10.0
初凝时间 / min	≥ 60
终凝时间 / min	≤ 300

指标名称	指标要求
保水率 / %	≥ 80.0
沸煮法安定性	合格
放射性	内照射指数≤ 1.0
	外照射指数≤ 1.0
六价铬 /（mg / kg）	≤ 10.0
3d 抗折强度 / MPa	≥ 3.0
3d 抗压强度 / MPa	≥ 17.0
28d 抗折强度 / MPa	≥ 5.8
28d 抗压强度 / MPa	≥ 36.0

工程案例

1. 2021 年卓合高速：使用 P•O 42.5 级普通硅酸盐水泥 22 万 t，主要用于桥梁、隧道、涵洞建设。
2. 2021 年王夏高速：使用 P•O 42.5 级普通硅酸盐水泥 15.65 万 t，主要用于桥梁、隧道、涵洞建设。
3. 2021 年久马高速：使用 P•O 42.5 级普通硅酸盐水泥 8 万 t，主要用于桥梁、隧道、涵洞、路面建设。
4. 2021 年临大高速：使用 P•O 42.5 级普通硅酸盐水泥 8 万 t，主要用于隧道、涵洞、路面建设。

生产企业

夏河祁连山安多水泥有限公司是中央企业中国建材集团旗下甘肃祁连山水泥（集团）股份有限公司的控股子公司，属于建材行业。公司于 2011 年由甘肃祁连山水泥（集团）股份有限公司与夏河安多投资有限责任公司联合重组设立，拥有资产 3.3 亿元，位于甘肃省甘南藏族自治州夏河县麻当镇。现有日产 2500t 新型干法水泥熟料生产线一条，年产水泥 100 万 t，同时配套 4.5MW 纯低温余热发电站。公司是甘南州确立的龙头企业和夏河县财源建设支柱企业，也是甘南州大型水泥生产企业之一。公司主要生产的“祁连山”牌系列通用硅酸盐水泥产品有 M32.5 级砌筑水泥、P•O 42.5 级普通硅酸盐水泥（低碱）、P•O 42.5 级普通硅酸盐水泥等 3 个品种。产品销售覆盖甘、青、川地区，广泛用于区域内高速公路、高铁、机场、水电站等重点工程的建设，产品质量优良，深受广大用户的肯定。

近年来，公司在加快发展和市场开拓的同时，实施品牌战略、推进品牌建设，高度重视质量信用管理，通过加强质量诚信管理，坚决落实质量主体责任，严格遵守水泥相关质量法律法规，持续改进 ISO 9001 质量管理体系，先后通过了质量管理体系认证、环境管理体系认证、职业健康安全管理体系认证、普通硅酸盐水泥低碳产品认证、水泥中有害物质限量认证，2017 年通过国家安全一级标准化企业现场验收，2018 年通过环境标准化 A 级企业评审。2021 年 7 月公司化验室经甘肃省建材科研设计院评审获得甘肃省水泥生产企业标准化优秀化验室，为公司产品质量及诚信管理的保证打下了坚实基础。

夏河祁连山安多水泥有限公司
地址：甘肃省甘南州夏河县麻当乡工业园区
电话：0941-5923745
传真：0941-5921888
官方网站：http:/www.qlssn.com

证书编号：LB2022SN006

金隅普通硅酸盐水泥 P·O 42.5 级（低碱）；普通硅酸盐水泥（P·O 42.5 级、P·O 52.5 级）；矿渣硅酸盐水泥 P·S·A 32.5 级

产品简介

普通硅盐水泥（P·O 42.5 级、P·O 52.5 级）：由硅盐水泥熟料、5% ～ 20% 的混合材料及适量石膏磨细制成的水硬性胶凝材料。具有强度高、水化热大，抗冻性好、干缩小，耐磨性较好、抗碳化性较好、耐腐蚀性差、不耐高温等特性。

矿渣硅酸盐水泥 P·S·A 32.5：由硅盐水泥熟料、大于 20% 且小于等于 50% 的矿渣及适量石膏磨细制成的水硬性胶凝材料。具有耐热性好，水化热较低，耐硫酸盐类腐蚀，在潮湿环境中后期强度增长快等特性。

适用范围

水泥产品广泛应用于京藏高速、张承高速、张涿高速、张石高速、宝三高速、张唐铁路、虎丰铁路、多丰铁路、朱日和机场的建设。

技术指标

产品部分性能指标如下：

产品规格	产品检验项目	产品判定要求	检验结果
42.5 级普通硅酸盐水泥	3d 抗压强度	≥ 17.0MPa	32.8MPa
	28d 抗压强度	≥ 42.5MPa	55.1MPa
	氧化镁	≤ 5.0%	3.91%
52.5 级普通硅酸盐水泥	3d 抗压强度	≥ 23.0MPa	33.4MPa
	28d 抗压强度	≥ 52.5MPa	61.2MPa
	氧化镁	≤ 5.0%	3.66%
32.5 级矿渣硅酸盐水泥	3d 抗压强度	≥ 10.0MPa	24.4MPa
	28d 抗压强度	≥ 32.5MPa	50.6MPa
	氧化镁	≤ 6.0%	2.37%

工程案例

工程项目主要有京藏高速、张承高速、张涿高速、张石高速、宝三高速、张唐铁路、虎丰铁路、多丰铁路、朱日和机场的建设。

生产企业

涿鹿金隅水泥有限公司是唐山冀东水泥股份有限公司的全资子公司。2016 年 5 月 31 日，金隅股份与冀东集团股权重组协议正式签约，金隅集团持有冀东集团 55% 的股权，成为其控股股东，并购后，水泥产能将跻身全国水泥产能三甲。

涿鹿金隅水泥有限公司位于河北省张家口市涿鹿县卧佛寺乡大斜阳村，年产高强度等级水泥 200 万 t。2008 年 3 月北京金隅集团（股份）公司与涿鹿县政府签订了以发展水泥工业为主的战略性协议，并投

涿鹿金隅水泥有限公司
地址：河北省涿鹿县卧佛寺镇大斜阳村
电话：0313-6759355
传真：0313-6759351

资 7.5 亿元于 2010 年 5 月 18 日建成投产了一条日产 4000t 熟料水泥生产线。该生产线采用新型干法预分解生产工艺、纯低温余热发电技术，并开展水泥窑协同处置危险废物业务，具有年产熟料 170 万 t、P • O 42.5 级普通硅酸盐水泥 120 万 t、P • C 32.5R 级复合硅酸盐水泥 80 万 t 的生产能力，年发电量为 8064×10^4kW•h，年处置危险废物 20000t，年处置医疗废物 4000t。

该生产线工艺先进，设计合理，节能减排效果明显。从原燃材料进厂到水泥出厂，由中央控制室集中管理，全部实现自动化控制。冷却系统采用先进技术，热效率达 75% 以上，大大提高了二次风与三次风的温度，可有效回收出窑熟料的热量，降低熟料烧成热耗。利用窑头、窑尾废气余热建设的纯低温余热电站，可满足水泥生产线 25% 左右用电需求，年节约标准煤约 2 万 t。生料粉磨系统选用丹麦史密斯公司的立式磨，烘干能力强，粉磨效率高，与传统的管磨系统相比，每吨生料的电耗可减少约 5 ～ 7kW•h。公司积极推进产业升级和绿色转型，积极探索水泥窑协同处置工业危险废弃物，使公司成为城市净化器和政府好帮手。

涿鹿金隅水泥有限公司被评为“张家口市消费者喜爱的品牌”“环渤海地区建材行业诚信企业”“河北省重点工程推荐建材产品”。

随着京津冀一体化的实施及 2022 年冬奥会的成功举办，环渤海地区正在成为我国新的经济增长极。随着国家各项发展国民经济战略的落实，一大批电力、通信、道路交通等基础设施和国家重点建设项目及市级重点工程的逐步实施，城镇和住宅建设、社会主义新农村建设的高速发展，为企业的腾飞提供了广阔的市场前景。

涿鹿金隅水泥有限公司将充分利用这一难得的历史发展机遇，夯实基础，全面提标，做大做强，不断地为京津冀地区的经济发展作出应有的贡献。

涿鹿金隅水泥有限公司
地址：河北省涿鹿县卧佛寺镇大斜阳村
电话：0313-6759355
传真：0313-6759351

证书编号：LB2022SN007

盾石普通硅酸盐水泥（P·O 42.5 级、P·O 42.5R 级）、矿渣硅酸盐水泥（P·S·A 32.5R 级）

产品简介

P·S·A 32.5R 级矿渣硅酸盐水泥，主要混合材为矿渣、石灰石。该品种水泥强度适中，凝结硬化慢、早期强度低、后期强度增长较快，水化热较小，和易性、耐热性较好，保水性较好、黏聚性较好，抗冻性差，耐腐蚀性较好。

P·O 42.5 级 / P·O 42.5R 级普通硅酸盐水泥，主要原材料为熟料并有少量矿渣、矿粉。凝结硬化较快、早期强度高，水化热较大，干收缩较小，需水量低，抗冻性较好，耐热性较差，耐腐蚀性较差，混凝土耐久性好，氯离子含量低。使用我公司生产的水泥制成混凝土不仅早期强度高，同时具有较好的流动性、经时损失小等特点，可以大大降低混凝土外加剂中减水剂的掺加量，降低混凝土的生产成本。

适用范围

P·S·A 32.5R 级矿渣硅酸盐水泥主要用于室内装修。

P·O 42.5 级、P·O 42.5R 级普通硅酸盐水泥主要用于军事、工业（各种钢铁厂、矿区等工业建筑）和民用各种工程（桥梁、码头、道路、高层建筑等）地上、地下各种部位，可配制高强、高性能混凝土、抗冻混凝土等特殊要求的混凝土。

技术指标

产品部分技术指标如下：

P·S·A 32.5R 级			
	氯离子	3d 抗压强度	28d 抗压强度
国标要求	≤ 0.06	≥ 15	≥ 32.5
实际数据	0.034	27.9	52.1
P·O 42.5 级			
	氯离子	3d 抗压强度	28d 抗压强度
国标要求	≤ 0.06	≥ 17	≥ 42.5
实际数据	0.028	32.6	59
P·O 42.5R 级			
	氯离子	3d 抗压强度	28d 抗压强度
国标要求	≤ 0.06	≥ 15	≥ 32.5
实际数据	0.034	22	57

工程案例

遵化永兴建安承建碧桂园工程、秦皇岛祥通承建阿那亚北岸一期、滦州市金源公司承建中铁转体桥等项目。

昌黎冀东水泥有限公司

地址：河北省秦皇岛市昌黎县朱各庄镇大樊各庄
电话：0335-5862016

生产企业

昌黎冀东水泥有限公司成立于2013年4月23日，由唐山冀东水泥股份有限公司与昌黎县武军水泥有限公司合资组建。公司注册资本为14004.84万元，其中唐山冀东水泥股份有限公司占注册资本的69%，昌黎县武军水泥有限公司占注册资本的31%。现有年60t熟料新型干法回转窑生产线一条，水泥年生产能力60万t，配套余热发电站、城市污泥处置设备。“盾石”是企业注册商标。公司通过了GB/T 19001质量管理体系要求、GB/ T 24001环境管理体系要求，获得水泥企业标准化实验室证书。

公司位于昌黎县朱各庄镇大樊各庄，占地340余亩，紧邻京沈铁路、205国道，公司门前是朱各庄火车站货场，距京沈高速入口25千米、秦皇岛港口80千米、京唐港70千米，交通便利，主要经营水泥熟料、水泥、矿粉制造、销售。

我公司生产的水泥主要产品为P•S•A 32.5级、P•C 42.5级、P•S•A 32.5R级、P•O 42.5级、P•O 42.5R级水泥和硅酸盐水泥熟料，重点销往秦皇岛、唐山、浙江及辽宁地区。产品均已通过ISO 9001质量体系认证、国家级建材产品质量认证。

地址：河北省秦皇岛市昌黎县朱各庄镇大樊各庄
电话：0335-5862016

昌黎冀东水泥有限公司

证书编号：LB2022SN008

金隅普通硅酸盐水泥（P·O 52.5 级、P·O 42.5 级）；复合硅酸盐水泥（P·C 42.5 级）

产品简介

普通硅酸盐水泥具有凝结时间短、快硬早强高强、抗冻、耐磨、耐热、水化放热集中、水化热较大、抗硫酸盐侵蚀能力强等性能特点。

复合硅酸盐水泥具有水化热低、耐蚀性好、韧性好的优点，能通过混合材料的复掺优化水泥的性能，改善保水性、降低需水性、减少干燥收缩、早期和后期强度发展适宜。

适用范围

普通硅酸盐水泥可用于任何无特殊要求的工程。复合硅酸盐水泥可用于无特殊要求的一般结构工程，适用于地下、水利和大体积等混凝土工程，特别是有化学侵蚀的工程。

技术指标

产品主要技术指标如下：

<table>
<tr><th colspan="2">控制项目</th><th>P•O 52.5 级</th><th>P•O 42.5 级</th><th>P•C 42.5 级</th></tr>
<tr><td colspan="2">三氧化硫 /%</td><td colspan="3">≤ 3.5</td></tr>
<tr><td colspan="2">烧失量 /%</td><td colspan="2">≤ 4.5</td><td>—</td></tr>
<tr><td colspan="2">氧化镁 /%</td><td colspan="2">≤ 5.0</td><td>≤ 6.0</td></tr>
<tr><td colspan="2">氯离子 /%</td><td colspan="3">≤ 0.06</td></tr>
<tr><td colspan="2">比表面积 /（m²/kg）</td><td colspan="3">≥ 350</td></tr>
<tr><td colspan="2">安定性</td><td colspan="3">合格</td></tr>
<tr><td colspan="2">水溶性 Cr^{6+}/（mg/kg）</td><td colspan="3">≤ 10.0</td></tr>
<tr><td rowspan="2">凝结时间 /min</td><td>初凝</td><td colspan="3">≥ 90</td></tr>
<tr><td>终凝</td><td colspan="2">≤ 300</td><td>≤ 390</td></tr>
<tr><td rowspan="2">抗压强度 /MPa</td><td>3d</td><td>≥ 28.0</td><td>≥ 26.0</td><td>≥ 18.0</td></tr>
<tr><td>28d</td><td>≥ 58.0</td><td>≥ 50.0</td><td>≥ 48.0</td></tr>
<tr><td colspan="2">均质性</td><td colspan="3">28d 抗压强度变异系数 C_v ≤ 3.0%</td></tr>
<tr><td colspan="2">放射性</td><td colspan="3">满足 GB 6566—2010 标准要求</td></tr>
</table>

工程案例

以优质产品和优质服务全力以赴服务太焦高铁国家重点铁路建设项目。

陵川金隅冀东环保科技有限公司

地址：山西省晋城市陵川县平城镇北召村

电话：0356-6844222

生产企业

陵川金隅冀东环保科技有限公司是金隅冀东水泥（唐山）有限责任公司投资设立的现代化水泥生产企业，成立于 2010 年 9 月 25 日，注册资金 3.5 亿元，经营范围为：环保技术开发、技术服务、技术咨询；危险废物经营；矿产资源开采：石灰石开采与销售；水泥、熟料制造与销售。公司坐落于山西省陵川县平城镇，占地 17.96hm^2，拥有一条日产 3000t 新型干法水泥熟料生产线（配套 6MW 纯低温余热发电机组），两台 ϕ3.2m×13m 带辊压机的水泥磨，一条水泥窑协同处置危险废弃物生产线，并自备一座石灰石矿山。熟料年生产能力 100 万 t，水泥年生产能力 75 万 t，危险废弃物年处置能力 3 万 t。公司已通过质量管理体系、职业健康安全管理体系、环境管理体系、能源管理体系、水泥企业能源管理体系和测量管理体系等体系认证和低碳产品认证，公司技术研发中心于 2016 年通过了山西省省级技术中心认证，2018 年公司通过了国家高新技术企业认定。公司管理体系完善，具有较强的研发能力，目前拥有 2 项发明专利、18 项实用新型专利。公司先后荣获“国家建材行业百家节能减排示范企业”“环渤海地区建材行业知名品牌”“山西省守信用重合同单位”“山西省建材行业质量管理优秀企业”“晋城市建材工业协会十强企业”“晋城市低碳示范企业”“陵川县项目建设红旗单位”等荣誉称号。

公司始终坚持质量为本、严守环保红线，筑牢安全底线的发展理念，以建设“平安工厂、绿色工厂、创新工厂、智慧工厂、效益工厂”五型工厂为发展目标，积极践行金隅干事文化，为地方经济发展作出新的贡献。

陵川金隅冀东环保科技有限公司
地址：山西省晋城市陵川县平城镇北召村
电话：0356-6844222

证书编号：LB2022SN009

润丰普通硅酸盐水泥（P·O 42.5 级、P·O 52.5 级）、中热硅酸盐水泥（P·MH 42.5 级）、砌筑水泥（M32.5 级）

产品简介

公司现主要生产销售普通硅酸盐 42.5 级（P•O 42.5 级）水泥、M32.5 级水泥。根据市场需求可生产普通硅酸盐 52.5 级（P•O 52.5 级）水泥、中热硅酸盐 42.5 级（P•MH 42.5 级）水泥。产品具有强度高、质量均匀稳定、拌制混凝土和易性较好、抗渗性和耐久性好等特点。

适用范围

产品适用于各种民用建筑、道路、桥梁、水库大坝等工程领域。

技术指标

出厂水泥质量情况如下：

品种 等级控制项目		M32.5 级		P•O 42.5 级		P•O 52.5 级		P•MH 42.5 级	
		国标	内控	国标	内控	国标	内控	国标	内控
MgO / %		—	≤ 5.0	≤ 5.0	≤ 5.0	≤ 5.0	≤ 5.0	≤ 5.0	≤ 5.0
SO_3 / %		≤ 3.5	≤ 3.5	≤ 3.5	≤ 3.5	≤ 3.5	≤ 3.5	≤ 3.5	≤ 3.5
烧失量 / %		—	—	≤ 5.0	≤ 5.0	≤ 5.0	≤ 5.0	≤ 3.0	≤ 3.0
Cl^- / %		≤ 0.06	≤ 0.06	≤ 0.06	≤ 0.06	≤ 0.06	≤ 0.06	≤ 0.06	≤ 0.06
安定性		合格	合格	合格	合格	合格	合格	合格	合格
水溶性 VI 铬 /（mg/kg）		≤ 10	≤ 10	≤ 10	≤ 10	≤ 10	≤ 10	≤ 10	≤ 10
初凝 /min		≥ 60	≥ 60	≥ 45	≥ 45	≥ 45	≥ 45	≥ 60	≥ 60
终凝 /min		≤ 720	≤ 720	≤ 600	≤ 600	≤ 600	≤ 600	≤ 720	≤ 720
抗折强度 / MPa	1d	—	≥ 2.0	—	≥ 2.5	—	≥ 3.0	—	—
	3d	≥ 2.5	≥ 3.5	≥ 4.0	≥ 4.0	≥ 4.0	≥ 4.0	≥ 3.0	≥ 3.0 ≥ 4.5 ≥ 6.5
	7d	—	—	—	—	—	—	≥ 4.5	≥ 4.5
	28d	≥ 5.5	≥ 6.5	≥ 6.5	≥ 7.0	≥ 7.0	≥ 7.5	≥ 6.5	≥ 4.5
抗压强度 / MPa	1d	—	≥ 7.0	—	≥ 10.5	—	13.0	—	—
	3d	≥ 10	≥ 16	≥ 17.0	≥ 24.0	≥ 23.0	≥ 26.0	≥ 12.0	≥ 12.0
	7d	—	—	—	—	—	—	≥ 22.0	≥ 22.0
	28d	≥ 32.5	37.0±2.0	≥ 42.5	48.0±2.0	≥ 52.5	≥ 56.0	≥ 42.5	≥ 46.0

工程案例

1. 镇康至清水河高速公路（已完成）；

镇康水泥建材有限公司

地址：云南省临沧市镇康县南伞小桥水
电话：0883-6631128
传真：0883-6631128

2. 临沧至清水河高速公路（在建）；

3. 瑞孟高速段，龙镇桥至南伞红岩高速公路（在建）；

4. 镇清二级公路（已完成）；

5. 国道 G219 龙镇桥至永德（户乃）二级公路（在建）。

生产企业

镇康水泥建材有限公司前身为昆钢水泥集团下属全资子公司，2016 年昆钢与华润央企、国企合资强强联手，做大做强组建了云南水泥建材集团，镇康水泥建材有限公司现为云南水泥建材集团旗下全资子公司。

公司位于云南省临沧市镇康县南伞镇小桥水，成立于 2009 年 1 月 16 日，2009 年 6 月 6 日开工建设，2010 年 8 月 29 日生产出合格的水泥，10 月 26 日投入商业化运营，注册资金 1.6 亿元，资产总额 4 亿元。公司拥有一条 2000t/d 新型干法熟料水泥生产线，附带 4.5MW 纯低温余热发电系统，可年产熟料 70 万 t、水泥 80 万 t，发电量 2520×10^4kW•h/a。公司多次获得镇康县年度先进单位、临沧市挂牌保护重点企业等荣誉，并被云南省安全监督管理局认定为“安全生产标准化二级单位”。

镇康水泥建材有限公司

地址：云南省临沧市镇康县南伞小桥水
电话：0883-6631128
传真：0883-6631128

证书编号：LB2022SN010

盾石普通硅酸盐水泥早强型 P·O 42.5R 级；复合硅酸盐水泥 P·C 42.5 级；砌筑水泥 M32.5 级

产品简介

普通硅酸盐 42.5 级水泥：工程级水泥

主要性能优势：

产品特性	产品优势
龄期强度增长较快	混凝土强度发挥快，施工建设、施工周转快
初凝时间长、终凝时间短	用水量低，耐久性良好
与外加剂适宜性良好	混凝土流动性好、塌损小
高强、高性能、低外加剂掺量	低使用成本

主要特点：前期强度稳定，后期强度增进快，和易性好、塌损小，方便运输，低外加剂参量即可使用，为客户降低使用成本。

复合硅酸盐 42.5 级水泥：专业现浇水泥

主要性能优势：

产品特性	产品优势
凝结时间短，早期强度高	满足现浇工程快速承重
低辐射 / 低重金属	更环保、更安全

主要特点：是国家政策、资源综合利用的新一代升级产品，满足工地现场浇筑混凝土的工作性能及各种预制混凝土构件强度等级的要求。普通水化热，初凝时间 160 ～ 220min，工作性能良好，后期强度增进快，为消费者带来优质体验的同时降低使用成本。

砌筑 32.5 级水泥：专业装修水泥

主要性能优势：

产品特性	产品优势
保水性好	满足各规格砂浆使用标准，保水性强
工作性能优异	满足各类施工要求
无须添加外加剂即可使用，施工时间短	低使用成本
低辐射 / 低重金属	更环保、更安全

主要特点：针对目前主流装修用的预拌砂浆使用，无须外加剂；和易性好、保水性好、易于抹面抹灰，施工快捷，省时省力。

适用范围

普通硅酸盐 42.5 级水泥：工程级水泥

适用于地上、地下、水中的不受侵蚀性水作用的混凝土工程，适用于配制高强度等级混凝土、预应力混凝土和有早强要求的混凝土工程。

复合硅酸盐 42.5 级水泥：专业现浇水泥

应用工程范围广泛，适用于地下、水下、海上工程，以及经常承受高水压的工程、大体积混凝土工程、蒸汽养护工程、供热工程，可代替普通硅酸盐水泥用于地面工程，但应加强养护，也可用于短期冻融更换冻结的作品。

冀东水泥重庆江津有限责任公司
地址：重庆市江津区油溪镇丹凤社区
电话：023-85530993
传真：023-85530993

砌筑 32.5 级水泥：专业装修水泥

应用于商场、游乐场、公寓、住宅等抹墙及装修，适用于针对目前主流装修用的预拌砂浆使用，无需外加剂。和易性好、保水性好，易于抹面抹灰、贴砖，施工快捷，省时省力。

技术指标

项目 / 检测依据及要求 / 品种	标准稠度需水量	胶砂流动度	3d 抗压强度	28d 抗压强度
	GB/T 1346—2011（%）	GB/T 2419—2005（P·C 42.5 ≥ 180mm）（M 32.5 180-190mm）	GB/T 17671—2021（P·O 42.5R ≥ 22MPa）（P·C 42.5 ≥ 15MPa）（M 32.5 ≥ 10MPa）	GB/T 17671—2021（P·O 42.5R ≥ 42.5MPa）（P·C 42.5 ≥ 42.5MPa）（M 32.5 ≥ 32.5MPa）
普通硅酸盐 42.5 级早强型水泥（P·O42.5R）	27.4	/	33.3	52.4
复合硅酸盐 42.5 级水泥（P·C42.5）	27.2	239	33.1	52.4
砌筑 32.5 级水泥（M32.5）	28.0	186	27.1	41.7

工程案例

重庆境内笋溪河特大桥、外环江津长江大桥（观音岩长江大桥）、江津区合璧津高速油溪长江大桥、江津区津鼎山长江大桥、江习高速、永川三环高速、重庆市永川区万达广场、江津区交通职业学院等项目。

生产企业

冀东水泥重庆江津有限责任公司成立于 2009 年 3 月，位于江津区油溪镇，具有良好的区位、资源综合优势。本公司是由唐山冀东水泥股份有限公司与重庆金桥水泥有限责任公司共同投资注册的新型现代化干法水泥企业，是股份公司所属的控股子公司。公司建有两条日产 3200t 熟料线带纯低温余热发电水泥生产项目，总投资约 13 亿元。

公司注册资本 36600 万元，其中冀东水泥以现金出资 20130 万元，占注册资本的 55%；金桥水泥以拥有两条日产 3200t 熟料水泥生产线的部分资产进行评估作价 16470 万元作为出资投入，占注册资本的 45%。公司现有员工 320 余人，各类专业技术人员、管理人员及拥有大专及以上学历员工所占比例均高于行业平均水平。

公司主要生产“盾石牌”普通硅酸盐水泥、复合硅酸盐水泥及硅酸盐熟料。一线工程于 2009 年年底正式投产使用，二线工程于 2011 年 3 月底投产。两条生产线年产新型干法水泥约 300 万 t，公司自投产以来产品质量稳定，水泥产品合格率和富裕强度等级合格率始终保持 100%，成为当地生产规模大、竞争力强的大型建材企业。

冀东水泥重庆江津有限责任公司
地址：重庆市江津区油溪镇丹凤社区
电话：023-85530993
传真：023-85530993

证书编号：LB2022SN011

金隅 42.5 普通硅酸盐水泥（低碱）、52.5 普通硅酸盐水泥、32.5 粉煤灰硅酸盐水泥

产品简介

公司生产的水泥具有以下显著特点：

水泥中混合材掺量少；产品质量稳定，质量波动小，早后期强度高，富余强度高；配制混凝土可降低综合成本。

水泥碱含量低，可避免与活性骨料反应引起的裂纹，提高混凝土耐久性。我公司出厂 P·O42.5 低碱水泥碱含量一直保持在 0.60% 以下。

水泥本身色泽长期稳定，可广泛使用于素色外表面建筑物。

配制的混凝土泌水率低。

水泥的抗冻性能好。

水泥的耐磨性能好。

配制的混凝土体积稳定性能好，一年龄期时，混凝土收缩徐变基本趋于平衡，达到国内和国际先进水平，特别适合大体积工程建设。

水泥熟料矿物组成中 $C_3A \leqslant 8\%$，水泥水化热较低，P·O42.5 水泥 3d 水化热为 221J/g，可减少温差应力引起的混凝土裂纹，提高混凝土耐硫酸盐腐蚀能力，可广泛应用于水利工程建设。

适用范围

产品适用于交通、水利、工建、民建等有高端需求的工程。

技术指标

P·O52.5 出厂水泥质量情况如下：

2021—2022 年	11	12	1	2	3	4	国家标准
3d 抗压强度平均值 / MPa	35.2	34.9	35.8	35.5	35.3	35.8	≥ 23.0
28d 抗压强度平均值 / MPa	60.1	59.8	60.4	61.2	61.0	60.5	≥ 52.5
28d 抗压强度变异系数 / %	2.4	2.2	2.1	2.5	2.2	2.3	≤ 3.0

P·O42.5（低碱）出厂水泥质量情况如下：

2021—2022 年	11	12	1	2	3	4	国家标准
3d 抗压强度平均值 / MPa	27.8	28.2	27.4	28.0	27.9	27.2	≥ 17.0
28d 抗压强度平均值 / MPa	50.2	51.4	52.4	51.6	51.8	51.4	≥ 42.5
28d 抗压强度变异系数 / %	2.7	2.4	2.8	2.4	2.6	2.3	≤ 3.5

P·F32.5 出厂水泥质量情况如下：

2021—2022 年	11	12	1	2	3	4	国家标准
3d 抗压强度平均 / MPa	20.2	21.1	21.8	21.4	21.3	21.9	≥ 10.0
28d 抗压强度平均值 / MPa	41.8	41.5	41.8	41.4	41.8	41.7	≥ 32.5
28d 抗压强度变异系数 / %	3.5	3.3	3.4	3.6	3.4	3.3	≤ 4.0

金隅台泥（代县）环保科技有限公司
地址：山西省忻州市代县雁门关乡西瓦窑头村
电话：0350-8102020

工程案例

公司产品覆盖晋北、石家庄等区域，广泛应用于集大原铁路等国家及地方重点工程。

生产企业

金隅台泥（代县）环保科技有限公司的前身为代县国营水泥厂，2021 年 9 月 16 日金隅台泥（代县）环保科技有限公司收购代县宏威水泥有限责任公司。

公司基础设施先进，烧成窑尾系统采用新型预热双旋喷腾管道分解炉与五级悬浮预热器，生料粉磨、煤磨采用低能耗的立式辊磨系统，整个工艺过程由 DCS 集散型控制系统在中央控制室集中操作控制。

公司采取“管理减排、技术减排、投入减排”三大减排措施，实施循环经济发展战略，积极采用先进的生产工艺，不断加快“绿色、循环、低碳”转型升级发展步伐。

2022 年窑头、窑尾收尘器分别更换 3600 条和 6384 条耐高温玻纤覆膜滤袋，收尘器阻力分别降低 200Pa 和 300Pa，熟料综合电耗降低 0.89kWh/t；生料磨、煤磨磨辊密封改造，窑头、窑尾密封改造，漏风量减少，烧成系统氧含量降低 2%，吨熟料标准煤节省 2.00kg；分级燃烧改造后吨熟料氨水消耗量由 3.5kg 降低到 2.47kg；石灰石破碎机篦缝由 75mm 更换为 55mm，入磨粒度减小，生料磨台时提高 30t/h，生料工序电耗降低 1.36kWh/t；燃烧器一次风机更换为气悬浮风机，风机节电 10%；使用 5% 镁渣替代部分石灰石配料，熟料热耗降低，吨熟料标煤节省 1.82kg。

2022 年公司投资 2100 万元建设预热发电项目，项目建成后，吨熟料节电 2kWh，每年预计节电 374 万 kWh，热回收效率提高到 76%，标煤耗降低，吨熟料标煤节省 4.00kg，年节煤量 6800t。

为了推动企业可持续发展和产业转型，2022 年公司投资 2934 万元建设超低排放技改项目，并且同年对物料堆棚及运输廊道进行密封处理，使厂区污染物排放达到超低排放要求。

卫生陶瓷 PVC-U型材 陶瓷砖 外加剂 预拌砂浆 水泥 金属复合材料 预制构件 防水卷材与防水涂料 其他材料

金隅台泥（代县）环保科技有限公司
地址：山西省忻州市代县雁门关乡西瓦窑头村
电话：0350-8102020

证书编号：LB2022SN012

盾石普通硅酸盐水泥 P·O42.5（低碱）；普通硅酸盐水泥 P·O42.5；矿渣硅酸盐水泥 P·S·A 32.5

产品简介

金隅冀东水泥（唐山）有限责任公司唐山分公司生产的“盾石”牌通用硅酸盐水泥产品全部由新型干法旋窑工艺系统生产，采用了先进的 QCX 在线质量控制系统，配备先进的 X- 荧光仪、全自动恒应力压力机、颗粒级配测定仪、原子吸收光谱仪等完善的水泥质量检验控制设备。采用先进工艺，年消纳尾矿和选矿废石、粉煤灰、脱硫石膏、转炉渣、砂岩粉末、河道淤沙等工业和选矿废渣约 160 万 t。水泥具有产品质量稳定、早后期强度高、富余强度高、配制的混凝土泌水率低、抗冻性能好、耐磨性能好、配制的混凝土体积稳定性能好、出磨出厂水泥温度低等特点。公司主导产品为 P • O42.5、P • C42.5 等多个水泥品种，实物质量远远高于国家标准，早期强度达到国家标准的 160% 以上，后期强度达到国家标准的 130% 以上。

适用范围

产品广泛应用于国防、交通、水利、工建、民建等有高端需求的工程。

技术指标

P • O42.5 出厂水泥质量情况如下：

2018—2019 年	10	11	12	1	2	3	国家标准
3d 抗压强度平均值 / MPa	30.8	30.6	30.8	30.5	30.1	30.8	17.0
28d 抗压强度平均值 / MPa	55.4	56.0	56.5	54.7	54.3	54.9	42.5
28d 抗压强度变异系数 / %	2.3	2.3	2.0	2.5	2.1	2.2	无

P • O42.5R 出厂水泥质量情况如下：

2018—2019 年	10	11	12	1	2	3	国家标准
3d 抗压强度平均值 / MPa	31.5	31.1	31.0	31.0	30.0	31.1	22.0
28d 抗压强度平均值 / MPa	55.7	56.1	57.0	55.4	54.1	55.5	42.5
28d 抗压强度变异系数 / %	2.4	1.9	2.3	3.0	0.8	2.4	无

P • S • A32.5 出厂水泥质量情况如下：

2018—2019 年	10	11	12	1	2	3	国家标准
3d 抗压强度平均值 / MPa	19.5	20.6	21.2	20.7	20.1	20.0	10.0
28d 抗压强度平均值 / MPa	39.9	39.8	39.2	39.2	38.6	39.3	32.5
28d 抗压强度变异系数 / %	2.4	1.6	1.8	2.1	2.5	1.5	无

金隅冀东水泥（唐山）有限责任公司唐山分公司
地址：河北省唐山市丰润区王官营镇焦家村村西（马头山、马蹄山、刺山）
电话：0315-3083348

工程案例

公司产品覆盖北京、河北、天津等区域，广泛应用于北京国际机场、北京南苑新机场、北京奥运会、中央电视台、国际体育馆（鸟巢）、天津港、曹妃甸港、城际高铁等国家及地方重点工程。

生产企业

金隅冀东水泥（唐山）有限责任公司唐山分公司（以下简称唐山分公司）成立于2009年，截至2018年12月31日资产总额365001.82万元。自有矿山占地4863524.32m^2，矿山探明储量13377.38万t，经营范围为硅酸盐水泥、熟料制造及相关技术咨询，塑料编织袋、水泥设备、石灰石销售，目前用工总数1470人。2018年实现熟料产量499万t、水泥产量510万t、熟料销量148万t、水泥销量517万t，全年实现营业收入185108万元、利润总额34549万元。

唐山分公司拥有《全国工业产品生产许可证》《安全生产许可证》《河北省排放污染物许可证》《取水许可证》《水泥企业化验室合格证书》《质量管理体系认证证书》《环境管理体系认证证书》《职业健康安全管理体系认证证书》《中国环境标志产品认证证书》、各水泥品种《产品认证证书》等证书。2018年荣获“弘朝科技杯”全国第十六次水泥化学分析大对比全优奖、唐山市水泥行业统计工作先进单位、河北省安全生产应急管理规范化企业、电商采购银奖等荣誉。2018年11月，唐山分公司顺利通过中国国检测试控股集团股份有限公司（简称：CTC）专家安全生产标准化一级企业评审。同时，唐山分公司不断推进环保提升项目和环境美化工程，消除环保风险，提升公司环境水平。

公司厂址位于唐山市丰润区王官营镇冀东水泥原有矿山采空区，2006年6月，经河北省发改委立项核准，投资15.6亿元，三条熟料生产线（C、A、B）分别于2008年9月1日、2008年11月17日、2009年2月13日开始试生产。三条生产线设计生产能力均为4500t，并配套建设装机容量25MW、12MW两个纯低温余热发电机组。

公司生产线采用国际先进的窑外分解技术，由冀东水泥集团自行设计，大型主机设备自主研发制造，设备国产化率99%以上。为有效控制粉尘排放量，减少对周边环境影响，二厂对生料、煤粉等粉状物料采用密闭圆库存储，输送采用密封式设备，排放点设置高效收尘器，各排出口的废气含尘浓度均符合国家标准。同时，采用世界先进的日本川崎重工技术，建设两个纯低温余热发电机组，装机容量为37MW，年发电量2.69亿kWh，可实现32%的电力自给，年节约标准煤9.13万t，相对减少二氧化碳排放21.5万t。在生产过程中，充分利用工业废弃物作为生产辅料，年可消耗工业废弃物达100万t。唐山分公司以生产“盾石”牌低碱硅酸盐水泥为主导产品，有P·Ⅱ 42.5、P·Ⅱ 42.5R、P·S·A32.5、P·C32.5、P·O42.5、P·O42.5R等多个品种。

2017年10月，唐山分公司污泥协同处置项目开始正式运行，处置唐山城市排水有限公司东郊、西郊及丰润分公司的污泥，日处理量达300t。水泥窑协同处置污泥，利用现有设备，在不影响回转窑产质量的情况下，对污泥进行高温焚烧处置，实现了污泥处置的减量和无害化，大大降低了环境污染，体现了水泥企业在当前环保大环境下的生存价值。

金隅冀东水泥（唐山）有限责任公司唐山分公司

地址：河北省唐山市丰润区王官营镇焦家村村西（马头山、马蹄山、刺山）
电话：0315-3083348

证书编号：LB2022SN013

太行山普通硅酸盐水泥 P·O42.5、普通硅酸盐水泥 P·O52.5（低碱）、矿渣硅酸盐水泥 P·S·A 42.5

产品简介

“太行山”牌通用硅酸盐水泥产品由新型干法旋窑工艺系统生产，采用 DCS 控制系统，配备 X- 荧光仪、全自动恒应力压力机、颗粒级配测定仪、原子吸收光谱仪等先进的水泥质量检验设备。采用国际先进水平的悬浮预热和窑外预分解技术，年消纳尾矿和选矿废石、粉煤灰、脱硫石膏、转炉渣、砂岩粉末、河道淤沙等工业和选矿废渣约 180 万 t。公司主导产品为 P • O52.5、P • O52.5（低碱）、P • O42.5R、P • O42.5R（低碱）、P • O42.5、P • O42.5（低碱）、P • S • A 42.5 七个水泥品种，实物质量远远高于国家标准，早期强度达到国家标准的 130% 以上，后期强度达到国家标准的 120% 以上。

公司生产的水泥具有以下显著特点：

产品质量稳定，后期强度高，富余强度高。

水泥碱含量低，可避免与活性骨料反应引起的裂纹，提高混凝土耐久性。生产的低碱水泥的碱含量保持在 0.60% 以下，可广泛应用于铁路、机场等重点工程建设。

水泥颜色均匀，可用于素色外表面建筑物。

需水量低，与混凝土减水剂相容性好。

后期强度高，水泥石密实度高，抗冻性好。

水泥的耐磨性好。

配制的混凝土体积稳定性好，一年龄期时，混凝土收缩徐变基本趋于平衡，达到国内和国际先进水平，特别适合大体积工程建设。

出磨、出厂水泥温度低：我公司水泥粉磨系统采用世界先进的辊压机联合粉磨工艺，磨机和 O-Sepa 高效选粉机拥有独立的通风系统，出磨水泥温度可控制在 60℃左右，出厂水泥温度可控制在 55℃左右。

水泥熟料矿物组成中 C_3A ≤ 8%，水泥水化热低，P • O42.5 水泥 3d 水化热为 246kJ/kg，可减少温差应力引起的混凝土裂纹，提高混凝土耐硫酸盐腐蚀能力，可广泛应用于水利工程建设。

适用范围

适用于国防、交通、水利、工建、民建等有高端需求的工程。

技术指标

P • O52.5（低碱）出厂水泥质量情况如下：

2018—2019 年	12	1	2	3	4	5	国家标准
3d 抗压强度平均值 / MPa	32.0	32.9	32.5	31.7	31.5	31.7	≥ 23.0
28d 抗压强度平均值 /MPa	65.2	68.3	65.9	65.6	64.5	64.0	≥ 52.5
碱含量平均值 / %	0.54	0.56	0.51	0.50	0.51	0.50	≤ 0.06%

P • O42.5 出厂水泥质量情况如下：

2018—2019 年	12	1	2	3	4	5	国家标准
3d 抗压强度平均值 /MPa	29.7	29.2	29.9	29.5	29.3	29.3	≥ 17.0
28d 抗压强度平均值 / MPa	58.1	59.8	60.5	57.9	57.9	56.7	≥ 42.5

邯郸金隅太行水泥有限责任公司

地址：河北省邯郸市峰峰矿区建国路 2 号
电话：0310-5062884
传真：0310-5062929
官方网站：http://www.hdjyth.com/

P·S·A42.5 出厂水泥质量情况如下：

2018—2019 年	12	1	2	3	4	5	国家标准
3d 抗压强度平均值 / MPa	20.4	19.8	20.2	19.7	19.7	20.3	≥ 15.0
28d 抗压强度平均值 /MPa	60.0	60.1	60.6	59.0	56.8	58.7	≥ 42.5

工程案例

公司产品覆盖河北邢台、邯郸，河南濮阳、新乡、长葛、郑州等区域，广泛应用于南水北调、太行山高速、邯郸机场扩建、郑济高铁、郑万铁路、郑州南站等国家重点工程及地方工程项目。

生产企业

邯郸金隅太行水泥有限责任公司隶属于中国企业 500 强北京金隅集团股份有限公司，是一家以建材产品的生产经营为主要业务的大型企业。公司筹建于 1958 年，1969 年建成投产，年产水泥 380 万 t，熟料 330 万 t。矿渣粉、砂石骨料产能分别达到 200 万 t、120 万 t，生活垃圾处置能力 15.5 万 t。

公司始终与时代同前进，创造了众多精品工程，创造了优良的业绩。产品长期、广泛应用于举世瞩目的标志性工程，如：国家体育场鸟巢、国家大剧院、京港澳高速公路、北京西客站、首都机场、南水北调等。

公司全面实施区域化经营，成功打造产业覆盖“两市三区七县”的金隅冀南建材基地。公司将生态治理作为最大的民生，大力推进国家级绿色矿山建设，建立万亩生态园，打造高颜值城市后花园；成为华北地区较早开展水泥窑烟气脱硝技术改造的企业，氮氧化物排放浓度控制在 200mg/m^3 以内。公司颗粒物排放浓度小于 10mg/m^3，二氧化硫排放浓度小于 10mg/m^3，各类污染物排放浓度远低于国家和河北省水泥工业大气污染排放标准；建设一条减量化、资源化、无害化 500t/d 水泥窑协同处置生活垃圾示范项目，成为城市环境的净化器；每年利用矿山废弃尾料、工业粉煤灰、矿渣、钢渣、脱硫石膏、建筑垃圾近 400 万 t，成为助力于邯郸市乃至整个中原地区实现“生态文明”的“清道夫”。

公司文化底蕴深厚、信誉优良、社会认可度高，先后荣获“环渤海地区建材行业最具影响力企业”“工信部 2016 年能效‘领跑者’企业”和“2017 年第一批绿色制造体系示范企业”及“工信部两化融合贯标试点企业”“河北省第一批清洁生产标杆企业”“河北省 A 级环保诚信企业”“河北省政府质量奖”“河北省五一奖奖状”“河北省双三十减排工作优秀企业”“河北省高新技术企业”等荣誉。

邯郸金隅太行水泥有限责任公司
地址：河北省邯郸市峰峰矿区建国路 2 号
电话：0310-5062884
传真：0310-5062929
官方网站：http://www.hdjyth.com/

证书编号：LB2022SN014

盾石普通硅酸盐水泥（P·O52.5、P·O42.5）；普通硅酸盐水泥 P·O42.5（低碱）、普通硅酸盐水泥 P·O42.5（低碱缓凝）

产品简介

内蒙古伊东冀东水泥有限公司生产的“盾石”牌通用硅酸盐水泥产品全部由新型干法旋窑工艺系统生产，采用先进工艺，年消纳电石渣和铁选矿废石、粉煤灰、脱硫石膏、砂岩粉末等工业和废渣约 130 万吨。公司通过了质量管理体系、能源管理体系、环境管理体系、职业健康安全管理体系、测量管理体系、知识产权管理体系等认证。公司主导产品为 P.O42.5、P.O42.5（铁标低碱）、P.F32.5 等水泥多个品种，实物质量远远高于国家标准，早期强度达到国家标准的 150% 以上，后期强度达到国家标准的 120% 以上。全部产品通过了国家产品质量认证、低碳产品认证、绿色设计产品认证。

适用范围

产品广泛应用于国防、交通、水利、工建、民建等有高端需求的工程。

技术指标

P • O42.5 出厂水泥质量情况如下：

2021—2022 年	8	9	10	11	12	1	国家标准
3d 抗压强度平均值 /MPa	30.0	30.5	31.2	31.2	31.4	30.8	≥ 17.0
28d 抗压强度平均值 /MPa	53.9	55.8	55.4	55.7	55.3	55.9	≥ 42.5
28d 抗压强度变异系数 /%	1.20	1.30	1.00	1.0	1.30	1.20	≤ 3.5
2022 年	2	3	4	5	6	7	国家标准
3d 抗压强度平均值 /MPa	32.5	31.4	31.3	30.9	31.0	31.0	≥ 17.0
28d 抗压强度平均值 / MPa	56.2	56.3	55.0	54.9	55.6	55.6	≥ 42.5
28d 抗压强度变异系数 / %	/	1.30	1.20	1.30	1.20	1.20	≤ 3.5

P · O42.5（铁标低碱）出厂水泥质量情况如下：

2022 年	2	3	4	5	6	7	国家标准
3d 抗压强度平均值 /MPa	/	26.9	27.0	27.1	26.6	27.1	≥ 17.0
28d 抗压强度平均值 / MPa	/	53.3	53.5	53.8	53.3	52.9	≥ 42.5
28d 抗压强度变异系数 / %	/	1.30	1.40	1.20	1.20	1.20	≤ 3.5

工程案例

公司产品覆盖北京、呼和浩特、乌兰察布、张家口等区域，广泛应用于呼市东站、呼市快速路、呼市高层建筑、呼张高铁、集大高铁、白安高速、110 国道改造等国家及地方重点工程。

生产企业

内蒙古伊东冀东水泥有限公司（以下简称公司）成立于 2011 年 10 月，注册资本为 1.2 亿元，是唐山冀东水泥股份有限公司和内蒙古伊东化工有限公司强强联合组建的股份制企业，其中唐山冀东水泥股份有限公司股权比例为 59%，内蒙古伊东东兴化工有限公司股权比例为 41%，项目总投资为 5.5 亿元，现为北京金隅集团的二级管理单位，是一家以上市公司为主题背景的国有控股企业。

内蒙古伊东冀东水泥有限公司

地址：内蒙古自治区乌兰察布市卓资县旗下营工业园
电话：0474-4604099

公司现拥有一条利用电石渣代替石灰石日产 2500t 熟料生产线，是 40 万吨聚氯乙烯、32 万吨烧碱项目的综合配套项目。公司是国内首创的能够 100% 利用电石渣代替石灰石的熟料新型干法水泥生产线，可年产熟料 75 万吨，水泥 100 万吨。项目从“资源—产品—废弃物”传统工业模式转变为“资源—产品—废弃物—再生资源”新兴工业模式，使电石渣利用率在水泥生产中达到了最大化，生产现场收尘设施配置齐，排放低于标准；运用新工艺和新技术，以工业废渣做原料，实施资源综合利用，解决了电石渣对环境的严重污染，是当前国内电石渣循环综合利用的最有效途径。

过去的三年间，公司在环境保护、节能减排、绿色经营、公益支持及稳定就业方面均为社会作出了较大贡献。两年来已完成投资 3121.35 万元，项目主要为节能改造升级、环保装备升级等。伊东公司 2022 年 4 月份通过了低碳产品认证，熟料煤耗要远优于国标 1 级标准，碳排放量要远低于认证标准。窑头、窑尾颗粒物排放量 $<10mg/m^3$, 二氧化硫排放量 $<30mg/m^3$, 氮氧化物排放量 $<200mg/m^3$，实现了超低排放目标。2022 年 1 月获得了国家级绿色工厂认定，公司“能效平衡与优化场景”被工信部等四部门评为“2022 年智能制造优秀场景”。

公司先后与当地高等院校和专业科研机构签订了产学研合作协议，形成了以企业为主体、市场为导向、产学研相结合的科技创新体系，建立“绿色建筑材料研发开发中心”，两年来，伊东公司已申请获得了授权实用性专利 31 项、软件著作权专利 6 项。2022 年公司通过了国家级高新技术企业认定。

在北京金隅集团、唐山冀东水泥股份有限公司的坚强领导和支持下，伊东公司将以加强科技创新，推进全面转型升级为目标，将智能制造、绿色制造成为企业转型升级的新动能，构建生产全过程自动化、数字化、可视化、智能化工厂，一举多赢，有效推进伊东公司高质量发展及实现良好经济效益、社会效益和生态效益。

内蒙古伊东冀东水泥有限公司
地址：内蒙古自治区乌兰察布市卓资县旗下营工业园
电话：0474-4604099

证书编号：LB2022SN015

金隅普通硅酸盐水泥（P·O 52.5）、G级油井水泥高抗硫酸盐型G（HSR）、核电工程用硅酸盐水泥 P·N42.5

产品简介

我公司生产的水泥各项内控指标严于国家标准要求，水泥颗粒级配合理，控制水泥45μm细度，比表面积较低，混凝土开裂敏感性低，与各类减水剂相容性好，掺量低，坍落度经时损失小；水泥需水量小，有较好的保水性能，和易性好。

水泥组分满足国家标准要求，水泥粉磨只使用少量石灰石及矿渣，不掺加粉煤灰及其他混合材。混凝土耐久性能好，耐磨能力强，抗硫酸盐性能好。

不过分追求早期强度，早期强度控制更加合理，后期及远龄期强度较高，增进率大，混凝土使用寿命长。

水泥质量稳定，拥有优势的质量控制资源，2条在线配料系统及在线分析系统，能时刻监视过程质量，水泥质量性能稳定，28d强度标准偏差较小。

水化热性能优良，熟料矿物铝酸三钙含量低，水化热较低，无急凝、假凝、缓凝不良影响。

无有害成分，水泥六价铬含量低，所有原燃材料均经过放射性检验，产品无放射性及有害成分。

适用范围

1. 高强度等级混凝土，重点工程。
2. 具有一定高温车间和一般性耐热耐火要求的混凝土结构。
3. 蒸汽养护的构件。
4. 制造地上、地下及水中的混凝土、钢筋混凝土及预应力混凝土结构，包括受循环冻融结构及早期强度要求较高的工程。
5. 一般土建工程，配制建筑砂浆。

技术指标

普通硅酸盐水泥52.5（P•O52.5）性能指标如下：

序号	检测项目		标准要求	检查结果	检测依据
1	比表面积		≥ 300m²/kg	381m²/kg	GB/T 8074
2	三氧化硫		≤ 3.5%	2.62%	GB/T 176
3	氧化镁		≤ 5.0%	4.68%	
4	氯离子		≤ 0.06%	0.044%	
5	抗折强度	3d	≥ 4.0MPa	6.2MPa	GB/T 17671
		28d	≥ 7.0MPa	8.5MPa	
6	抗压强度	3d	≥ 23.0MPa	37.1MPa	
		28d	≥ 52.5MPa	64.8MPa	

平泉冀东水泥有限责任公司
地址：河北省平泉市杨树岭镇耿家沟村（平泉经济开发区11号）
电话：0314-6265660

G 级油井水泥高抗硫酸盐型 G（HSR）性能指标如下：

序号	检测项目	标准要求	检查结果	检测依据
1	烧失量 /%	≤ 3.0	0.7	GB/T 10238
2	不溶物 /%	≤ 0.75	0.70	
3	氧化镁 /%	≤ 6.0	3.9	
4	三氧化硫 /%	≤ 3.0	2.4	
5	硅酸三钙 /%	48 ～ 65	60	
6	铝酸三钙 /%	≤ 3.0	0.8	
7	铁铝酸四钙 + 铝酸三钙 /%	≤ 24	15	
8	碱含量 /%	≤ 0.75	0.34	
9	稠化时间 /min（52℃，35.6MPa）	90 ～ 120	106	
10	15 ～ 30min 最大稠度	≤ 30	15	
11	抗压强度 / MPa（38℃，常压，8h）	≥ 2.1	5.1	
12	抗压强度 / MPa（60℃，常压，8h）	≥ 10.3	13.1	
13	游离液含量 /%	≤ 5.9	4.7	

核电工程用硅酸盐水泥 42.5（P • N42.5）性能指标如下：

序号	检测项目		标准要求	检查结果	检测依据
1	比表面积		280 ≤ X ≤ 400m²/kg	308m²/kg	GB/T 8074
2	三氧化硫		≤ 3.0%	2.18%	GB/T 176
3	氧化镁		≤ 5.0%	3.44%	
4	氯离子		≤ 0.06%	0.032%	
5	抗折强度	3d	≥ 3.5MPa	4.5MPa	GB/T 17671
		28d	≥ 6.5MPa	8.8MPa	
6	抗压强度	3d	≥ 17.0MPa	23.6MPa	
		28d	≥ 42.5MPa	55.5MPa	

工程案例

京沈高铁、双峰寺水库、赤峰万达广场、赤峰中环路建设、承德美丽乡村建设等项目。

生产企业

平泉冀东水泥有限责任公司成立于 2009 年 6 月，坐落在平泉市经济开发区 11 号，地处河北、辽宁、内蒙古交界地带，占地 382.2 亩，注册资本 3.16 亿元人民币，为唐山冀东水泥股份有限公司全资子公司，是一家专注于水泥、熟料产品研发的国有建材企业。公司拥有一条 2500t/d 新型干法特种熟料水泥生产线，配有 4MW 纯低温余热发电系统和水泥窑协同处置污泥及一般固废系统。公司产品注册商标为“金隅”牌水泥，包括通用水泥 52.5R、硅酸盐水泥、特种水泥等系列产品，均通过水泥质量产品认证，广泛应用于各种工业、建筑、道路、桥梁等，市场覆盖赤峰、辽西和平泉等多个城市。公司持续提升精细化管理水平，先后荣获“河北省绿色工厂”“省级安全文化建设示范企业”“建材行业管理特性认证优秀企业”等荣誉。

平泉冀东水泥有限责任公司
地址：河北省平泉市杨树岭镇耿家沟村（平泉经济开发区 11 号）
电话：0314-6265660

证书编号：LB2022SN016

润丰普通硅酸盐水泥 P·O 52.5R（低碱）、中热硅酸盐水泥 P·MH42.5、砌筑水泥 M32.5

产品简介

公司生产的水泥品种有：M32.5、P • O 42.5、P • O 52.5R 等品种等级水泥，实物质量远高于国家标准。公司制定了严于国家标准的产品内控技术标准。

公司生产的水泥性能特点：

普硅 P • O52.5（低碱）：早期、后期强度高，和易性、耐磨性、可塑性、均匀性优良。

中热 / 低热水泥（P·MH 42.5/P·LH 42.5）：水化热低，收缩性小，色泽美观，水泥产品富余强度高，实物质量达到国际先进水平。水泥配制的混凝土拌和物和易性及外加剂适应性好、配制的混凝土泌水率低、体积稳定性好、抗冻及耐磨性能佳、坍落度损失小等特性，可满足混凝土搅拌站长距离输送、使用、施工的要求。

适用范围

低碱 P • O 52.5 水泥适用于高海拔地区铁路混凝土。

P • MH 42.5、P • LH 42.5 水泥适用于水电站、水利工程大坝等大体积混凝土。

M32.5 水泥适用于一般工业与民用建筑物。

技术指标

产品主要技术指标如下：

品种等级控制项目		M32.5		P • O52.5（低碱）		P • MH42.5（P • LH42.5）	
		国标	内控	国标	内控	国标	内控
MgO		—	≤ 5.0	≤ 5.0	≤ 5.0	≤ 5.0	≤ 5.0
SO_3		≤ 3.5	≤ 3.5	≤ 3.5	≤ 3.5	≤ 3.5	≤ 3.5
Loss		—	—	≤ 5.0	≤ 5.0	≤ 3.0	≤ 3.0
Cl^-		≤ 0.06	≤ 0.06	≤ 0.06	≤ 0.06	≤ 0.06	≤ 0.06
安定性		合格	合格	合格	合格	合格	合格
水溶性 VI 铬		≤ 10mg/kg	≤ 10mg/kg	≤ 10mg/kg	≤ 10mg/kg	≤ 10mg/kg	≤ 10mg/kg
初凝 /min		≥ 60	≥ 60	≥ 45	≥ 45	≥ 60	≥ 60
终凝 /min		≤ 720	≤ 720	≤ 600	≤ 600	≤ 720	≤ 720
抗折强度 /MPa	1d	—	≥ 2.0	—	≥ 3.0	—	—
	3d	≥ 2.5	≥ 3.5	≥ 4.0	≥ 4.0	≥ 3.0	≥ 3.0 ≥ 4.5 ≥ 6.5
	7d	—	—	—	—	≥ 4.5	≥ 4.5
	28d	≥ 5.5	≥ 6.5	≥ 7.0	≥ 7.5	≥ 6.5	≥ 4.5
抗压强度 /MPa	1d	—	≥ 7.0	—	13.0	—	—
	3d	≥ 10	≥ 16	≥ 23.0	≥ 26.0	≥ 12.0	≥ 12.0
	7d	—	—	—	—	≥ 22.0	≥ 22.0
	28d	≥ 32.5	37.0±2.0	≥ 52.5	≥ 56.0	≥ 42.5	≥ 46.0

迪庆香格里拉昆钢鸿达水泥有限公司
地址：云南省迪庆藏族自治州香格里拉市建塘镇诺西村
电话：0887-3066102
传真：0887-3066102

工程案例

丽香高速、丽香铁路、川藏铁路、如美电站、旭龙电站等项目。

生产企业

迪庆香格里拉昆钢鸿达水泥有限公司成立于 2011 年 6 月，是云南水泥建材集团有限公司（昆钢集团和华润水泥合资）的下属子公司。2011 年 6 月云南水泥集团对香格里拉市鸿达水泥有限责任公司进行了并购重组，共同出资注册成立了迪庆香格里拉昆钢鸿达水泥有限公司，其中云南水泥建材集团有限公司出资 80%（昆钢集团占 40%，华润水泥占 40%），香格里拉市鸿达水泥有限责任公司占股份 20%，公司注册资本 1.515 亿元。公司股权构成为典型的国家扶持和提倡的央企、重点国企与地方民营企业构成的混合所有制经济。

公司目前在岗职工 178 人，中专及以上学历人员占 80% 左右。公司拥有一支经验丰富的水泥生产管理团队，很多是来自全国各地的工艺技术、市场营销、人力资源、机电设备、安全环保等水泥生产管理方面的专家。

公司目前拥有一条 2500t/d 熟料水泥生产线（带 4.5MW 纯低温余热发电系统），总投资 5.17 亿元，投入环保设施资金 2803 万元，环保投资约占总投资的 5.42%；该项目的设计、建设均采用目前国内外较为先进的工艺、装备，项目配套建设纯低温余热发电及烟气脱硝系统，对粉尘、噪声、废气均进行在线监测控制，符合国家环境保护相关要求。

2500t/d 技改建设项目于 2014 年 8 月开工建设，于 2016 年 3 月全面建成投产。项目建成投产后，年生产熟料 85 万 t，年产水泥 120 万 t，余热发电系统年发电 2480×10^4kW • h，年销售收入将达 3.5 ～ 4.0 亿元，年上缴税金 5000 万～ 6000 万元。

迪庆香格里拉昆钢鸿达水泥有限公司
地址：云南省迪庆藏族自治州香格里拉市建塘镇诺西村
电话：0887-3066102
传真：0887-3066102

证书编号：LB2022SN017

中材 M32.5 级砌筑水泥、42.5 普通硅酸盐水泥、52.5 Ⅱ型硅酸盐水泥

产品简介

我司所生产水泥的主要材料——熟料全部来源于本公司的三条 5000t/d 熟料生产线，其主要生产装备是两台 ϕ4.2m×13.0m 水泥磨，配套 170×120 辊压机及 O-sepa4000 选粉机组成联合终粉磨系统，采用计量精度 ±0.5% 的定量给料配料系统，应用 ABB 公司的 DCS 控制系统，确保产品实物质量稳定。

水泥产品富余强度高、水泥色泽长期稳定，可广泛适用于素色外表面建筑物。

水泥配制的混凝土拌和物和易性及外加剂适应性好、配制的混凝土泌水率低、体积稳定性好、抗冻及耐磨性能佳、坍落度损失小等特性，可满足混凝土搅拌站长距离输送、使用、施工的要求。

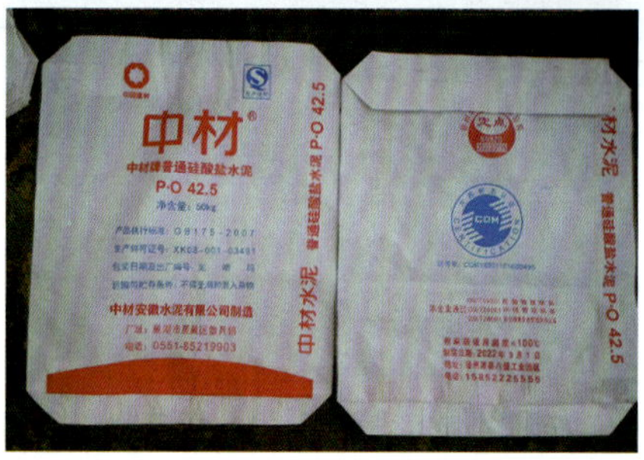

适用范围

P • Ⅱ 52.5 型硅酸盐水泥适用于高强度等级混凝土及大跨度桥梁构件等。

P • O 42.5 普通硅酸盐水泥适用于桥梁、码头、道路、高层建筑工程、一般工业及民用建筑，可配制 C30 ～ C60 不同强度等级的混凝土。

M32.5 砌筑水泥适用于一般工业及民用建筑。

技术指标

P • Ⅱ 52.5 出厂水泥质量情况如下：

2021 年	7 月	8 月	9 月	10 月	11 月	12 月	国家标准
3d 抗压强度平均值 /MPa	31.5	31.9	32.5	31.6	34.2	32.8	≥ 23.0
28d 抗压强度平均值 /MPa	57.0	56.7	56.5	56.6	55.6	56.1	≥ 52.5
28d 抗压强度变异系数 /%	1.80	0.77	0.63	0.75	1.68	1.06	≤ 3.0
2022 年	1 月	2 月	3 月	4 月	5 月	6 月	国家标准
3d 抗压强度平均值 /MPa	34.2	34.0	33.7	33.3	33.2	32.5	≥ 23.0
28d 抗压强度平均值 /MPa	56.2	56.1	56.9	57.3	57.4	57.4	≥ 52.5
28d 抗压强度变异系数 /%	1.60	1.23	1.31	1.05	0.96	1.02	≤ 3.0

P • O 42.5 出厂水泥质量情况如下：

2021 年	7 月	8 月	9 月	10 月	11 月	12 月	国家标准
3d 抗压强度平均值 /MPa	26.3	27.2	26.7	27.0	27.8	27.2	≥ 17.0
28d 抗压强度平均值 /MPa	47.1	47.0	46.9	46.9	47.0	46.9	≥ 42.5
28d 抗压强度变异系数 /%	1.68	1.02	1.08	1.05	1.30	1.58	≤ 3.5
2022 年	1 月	2 月	3 月	4 月	5 月	6 月	国家标准
3d 抗压强度平均值 /MPa	27.5	27.1	25.7	25.9	26.4	26.4	≥ 17.0
28d 抗压强度平均值 /MPa	47.2	46.3	46.8	46.9	47.1	47.2	≥ 42.5
28d 抗压强度变异系数 /%	1.62	1.20	1.19	1.17	1.27	1.37	≤ 3.5

中材安徽水泥有限公司
地址：安徽省合肥市巢湖市散兵镇新街
电话：0551-85213739
传真：0551-85213739

M32.5 出厂水泥质量情况如下：

2021 年	7 月	8 月	9 月	10 月	11 月	12 月	国家标准
3d 抗压强度平均值 /MPa	17.7	18.4	18.1	17.8	18.3	17.5	⩾ 15.0
28d 抗压强度平均值 /MPa	35.9	36.0	36.4	36.6	36.2	36.0	⩾ 32.5
28d 抗压强度变异系数 /%	1.56	1.24	1.19	1.13	1.13	1.55	⩽ 4.5
2022 年	1 月	2 月	3 月	4 月	5 月	6 月	国家标准
3d 抗压强度平均值 /MPa	18.3	16.4	16.0	16.6	16.6	16.7	⩾ 15.0
28d 抗压强度平均值 /MPa	36.3	35.8	35.9	36.5	36.6	36.7	⩾ 32.5
28d 抗压强度变异系数 /%	1.71	0.94	1.38	1.10	1.34	1.18	⩽ 4.5

工程案例

公司产品覆盖安徽、江苏、上海、浙江等区域，广泛应用于上合杭高铁、合安九高铁、北沿江高速、济祁高速、合徐高速、合安高速、无岳高速、引江济淮工程、芜湖长江二桥、环巢湖旅游观光大道和四座特大桥、合肥市高架及地铁、滨湖万达城、万科蓝山花园等重点工程。

生产企业

中材安徽水泥成立于 2010 年 2 月，是中材水泥的全资子公司，公司现有 3×4500t/d 水泥熟料生产线及配套 27MW 余热发电系统，两台 ϕ 4.2m×13m 高效联合水泥粉磨系统，年吞吐量达 580 万 t 的巢湖专用码头，两条瑞典山特维克骨料生产线，一条水泥窑协同处置生活垃圾生产线，年产熟料 540 万 t，水泥 250 万 t，骨料 500 万 t，年无害化处置生活垃圾 18 万 t。

公司位于合肥市巢湖市散兵镇，占地 1108 亩，地处中国五大淡水湖之一的巢湖南岸，紧邻巢庐公路，地理位置条件以及交通优势较为明显。公司生产线采用先进工艺和设备，能耗及环保及运营能力均达到区域内较高水平，生产及生活区绿化率达 90% 以上。公司现有员工 600 人，公司下设生产质量部、综合管理部、财务部、销售部、采购部等十一个生产及职能管理部门。水泥、熟料等产品主要销往安徽、河南、江苏、浙江及上海等地。

2016 年，公司通过了国家安全标准化一级达标验收，公司连续六年荣获“巢湖市经济贡献奖”“巢湖市工业十强企业”称号，并先后荣获安徽省卓越绩效奖、安徽省 AAA 级标准化良好行为企业、安徽省“环保良好企业”、安徽省“绿色工厂”称号。公司拥有水泥用石灰岩采矿许可证、石灰石矿安全生产许可证、安徽省排放污染物许可证、产品认证证书、全国工业产品生产许可证等资质；通过了 ISO 9001 质量管理体系认证、ISO 45001 职业健康安全管理体系认证、ISO 14001 环境管理体系认证、能源管理体系认证。

公司通过导入卓越绩效管理，开展质量文化再造，不仅提升了全体员工质量价值观、产品质量，还凝聚了与客户和供应商的紧密联系，切实达到了让“中材”品牌深入用户内心，成为信赖的标志。

中材安徽水泥有限公司

地址：安徽省合肥市巢湖市散兵镇新街
电话：0551-85213739
传真：0551-85213739

证书编号：LB2022JS001

欧斯龙铝天花板、建筑装饰用铝单板

产品简介

铝天花板：铝材选用国际标准 3003H24 高强度铝合金，其防火能力完全符合《建筑材料及制品燃烧性能分级》（GB 8624—2012）的 A 级标准；铝材表面处理采用滚涂聚酯油漆工艺和喷涂粉末工艺。滚涂板是在铝板基材表面进行脱脂和化学处理后，滚涂优质涂料干燥固化而成。该工艺成功消除了传统粉末喷涂板导致的凹凸和褶皱，令板材表面均匀细腻、柔和亮丽。采用纳米技术，抗油污性能好，而且不易划伤变色。产品耐温性能好、环保性强，具有很强的附着力，抗氧化性，耐酸、碱性强，耐腐蚀，耐衰变，耐紫外线照射等特点。

铝单板：铝单板幕墙板刚性好、重量轻、强度高。氟碳涂层具有优良的抗腐蚀性和耐候性，能抗酸雨、盐雾和各种空气污染物，耐冷热性能极好，能抵御强烈紫外线的照射，能长期保持不褪色、不粉化，使用寿命长，氟碳漆可达 25 年不褪色。铝单板幕墙板工艺性好。采用先加工后喷漆工艺，铝板可加工成平面、弧形面和球面等各种复杂几何形状。铝单板幕墙板不易玷污，便于清洁保养。氟涂料膜的非黏着性，使表面很难附着污染物，更具有良好自洁性。铝单板幕墙板安装施工方便快捷。铝单板在工厂成型，施工现场不需裁切、只需简单固定。铝单板幕墙板可回收再利用，有利于环保。

适用范围

铝单板应用于各种金属幕墙板和金属吊顶板。适用于多种生活工作场所，如：室内、室外、机场、地铁、轻轨、车站、展馆、医院、行政办公大楼、商业楼等各种场所。

技术指标

铝天花板主要性能指标如下：

涂层：光泽度 10° ～ 30° ；

颜色和色差：无明显可察觉色差，$\Delta E \leqslant 1.0$NBS；

正面涂层厚度 ≥ 60μm，反面涂层厚度 ≥ 25μm；

铅笔硬度 ≥ 2H；

附着力：0 级；

耐冲击性（10 次）：无脱漆、开裂；

耐酸碱性：无变化；

欧斯龙铝天花板产品满足《建筑材料及制品燃烧性能分级》（GB 8624—2012）中 A 级要求。

铝单板主要性能指标如下：

铅笔硬度 ≥ 2H；

附着力：0 级；

耐冲击性（10 次）：无脱漆、开裂；

耐酸碱性：无变化。

广州市欧斯龙建材科技有限公司

地址：广州市南沙区榄核镇星海路 2 号之五 1 栋 101
电话：18928951557
传真：020-34872230
官方网站：www.ousilong.com

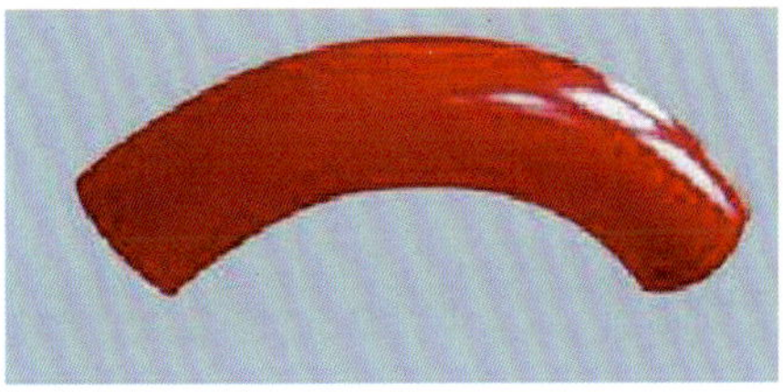

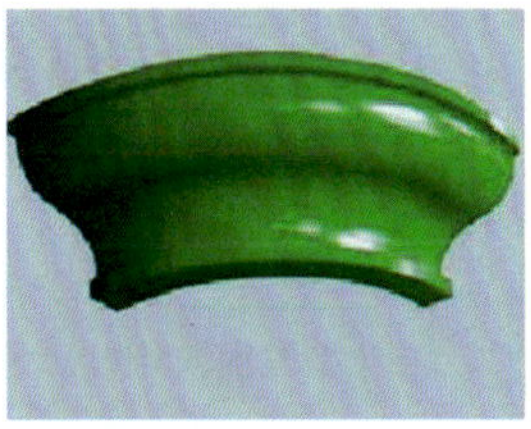
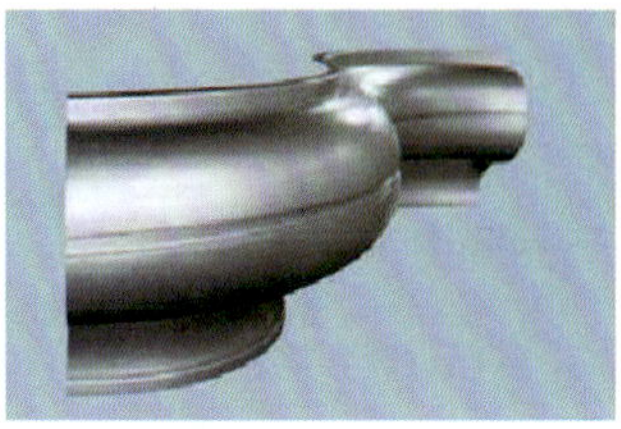

工程案例

广西南宁农产品会展中心，西安奥体中心项目体育馆，西安丝路国际会展中心、桂林两江国际机场，广州地铁十八号线，佛山地铁等项目。

生产企业

广州市欧斯龙建材科技有限公司创建于 1999 年，一直致力于金属天花吊顶、铝幕墙、造型铝单板等工程专用金属吊顶系统的设计、研发、制造及营销。凭借二十多年的坚实品质与专业、务实的服务及品牌建设，现在已发展成为国内专业规模化研发、生产金属天花、铝幕墙系统的制造商之一。

公司总部设在广州市南沙区，工厂占地面积 50000 多平方米，公司下设分厂有金属天花方板厂、金属天花条扣厂、幕墙单板厂、模具厂、数控冲孔厂，新产品开发研究中心及装饰设计工程部。2001—2004 年连续荣获中国建筑装饰协会和广州建筑装饰协会“优秀企业”称号及第九、十届中华博览会“优秀产品”奖，是中国建筑协会“推荐产品”及会员单位。欧斯龙产品已通过 ISO 9001:2015 国际质量体系认证，获 ISO 14001 环境管理体系、ISO 45001 职业健康安全管理体系认证，是中国建筑协会推荐产品。

欧斯龙现已在全球拥有 500 多家代理合作伙伴，且在我国及一些发达国家与地区建立了完善的技术支持服务网络。产品远销欧洲各国、东南亚、中东、俄罗斯、美国、巴西等 60 多个国家和地区。

广州市欧斯龙建材科技有限公司

地址：广州市南沙区榄核镇星海路 2 号之五 1 栋 101
电话：18928951557
传真：020-34872230
官方网站：www.ousilong.com

证书编号：LB2022JS002

雅丽泰铝复合板

产品简介

ALUTILE 雅丽泰铝复合板严格选用各类优质用材，面、底铝板均经过严格的化成处理，所有产品采用双涂双烤、连续热贴复合工艺，产品质量稳定，性能指标优异，经国家建筑材料测试中心连续检测合格，总体性能指标达到国际优等品标准。

ALUTILE 雅丽泰铝复合板采用双面烤漆，其背板已经过彻底清洗及表面化成处理，而且背板同样具有很高的剥离强度，这是区别于其他品牌的重要标志。

适用范围

ALUTILE 雅丽泰铝复合板适用于机场、码头、车站、地铁、商场、酒店、娱乐场所、高档住宅、别墅、办公楼的幕墙装饰及室内装饰;大型广告牌、展示橱窗;室内墙壁、天花板、隔间、厨房、卫生间、墙脚护壁;店面装修、铺内层架、包柱、家具；列车、汽车、轮船、客车车厢装饰。

技术指标

超强剥离强度：采用了新工艺，将铝复合板最关键的技术指标——剥离强度，提高到了极佳状态，剥离强度达到200N/mm。

超耐候性：以 Hylar5000 或 Kynar500 为基料的 PVDF 涂层耐腐蚀、耐污染、耐候性都有独特的优势，无论在炎热的阳光下或严寒的风雪中都无损于产品漂亮的外观；耐人工气候老化（4000h）：色差 $\Delta E1.38$。

易保养：自洁性好，即使在污染较为严重的部分环境，也只需用中性清洗剂清洁即可，清洗后的板材长久如新；耐玷污性：1.4%。

耐冲击性强、韧性高、弯折不损坏面漆，在风沙较大的地区也不会出现因风沙造成的破损情形；耐冲击性：50kg • cm；耐磨耗性：6.2L/μm。

工程案例

	工程名称	规模 / 数量	备注
2019至2021年主要应用案例	中石油项目	170000m^2	2019—2021 年度
	工商银行项目	13000m^2	2019—2021 年度
	武汉红升广场	46000m^2	2019—2021 年度
	南方电网	20000m^2	2019—2021 年度
	南昌市民中心	8500m^2	2021 年度
	简阳文体中心	5000m^2	2020—2021 年度
	绍兴垒球馆	6800m^2	2021 年度
	上饶国际精准医院	16000m^2	2021 年度
	赣江新区	9000m^2	2020—2021 年度
	白鹤滩水电站	25000m^2	2020—2021 年度
	西昌二河口水电站	12000m^2	2020—2021 年度

江西雅丽泰建材股份有限公司
地址：南昌高新开发区创新二路 1155 号
电话：86-791-88169315 400-0800-766
传真：86-791-88169315
官方网站：www.alutile.com

生产企业

江西雅丽泰建材股份有限公司是一家按上市公司要求规范运营的现代股份制企业，位于江西南昌国家级高新技术产业开发区。

雅丽泰承袭一贯匠心品质，自 1995 年专注幕墙板材行业深耕二十多年，从引进德国技术生产铝塑板替代进口，到实现以产品出口的创新超越，形成了以铝复合金属板材为主，保温板、铝单板为辅的金属幕墙板产品系列。并先后研制出全维板、防火 PE 芯材、防火板等优良新产品。雅丽泰不仅在行业内收获诸多荣誉，而且十分注重创新，多个产品拥有自主知识产权。

为保证品质，雅丽泰创建先进的金属复合幕墙材料全项目检测实验所，全面进行相关材料的科学化全项目检测。

公司传承二十多年执着于建筑金属幕墙板的制造匠心，融入环保节能、应用创新的时代元素，致力于为客户提供优良产品，跟随客户的发展而成长。

江西雅丽泰建材股份有限公司
地址：南昌高新开发区创新二路 1155 号
电话：86-791-88169315 400-0800-766
传真：86-791-88169315
官方网站：www.alutile.com

证书编号：LB2022JS003

金筑氟碳喷涂铝单板

产品简介

铝单板是指经过铬化等处理后，再采用氟碳喷涂技术加工形成的建筑装饰材料，具有加工周期短、可塑性强、安装安全牢固、污染性极小等特点，常用于外幕墙、室内装饰使用，是新型建筑材料，氟碳涂料主要是指聚偏氟乙烯树脂，分底漆、面漆、清漆三种。喷涂过程一般分为两涂、三涂或四涂。氟碳涂层具有优良的抗腐蚀性和耐候性，能抗酸雨、盐雾和各种空气污染物，耐冷热性能极好，能抵御强烈紫外线的照射，能长期保持不褪色、不粉化，使用寿命长。

适用范围

铝单板幕墙适用于各种建筑内外墙、大堂门面、柱饰、高架走廊、人行天桥、电梯包边、阳台包装、广告指示牌、室内异形吊顶等的装饰，如机场、车站、医院、歌剧院、体育场馆等各种场所。

技术指标

氟碳喷涂铝单板性能指标如下：

检验项目		标准要求		实测结果
铅笔硬度		1H		2H
光泽度		光泽度＜30	偏差 ±5	15.7～17.9
		30≤光泽度＜70	偏差 ±7	
		光泽度≥70	偏差 ±10	
耐冲击性		正反面铝材应无裂纹，涂层应无脱落与开裂		正反面铝材应无裂纹，涂层应无脱落与开裂
耐磨耗性		≥5L/μm		6.4L/μm
附着力	干式	划格法0级		划格法0级
	湿式	划格法0级		划格法0级
	沸水	划格法0级		划格法0级
耐盐酸		无起泡等变化，$\Delta E \leqslant 5.0$		无起泡等变化，ΔE=0.5
耐砂浆性		无变化		无变化
耐溶剂性		无漏底		无漏底

金筑铝业（天津）有限公司
地址：天津市宁河现代产业园区海航西路
电话：022-69336666
传真：022-69336933
官方网站：http://www.jinzhulvye.com/

工程案例

大连城市旋律工程、大连金石滩检察院工程、大连尚品天城、北戴河火车站、鄂尔多斯机场改扩建项目、亦庄线地铁的亦庄站和旧宫站、盘锦市中心医院、呼和浩特东客运站地下层装修吊顶工程、郑州国贸中心、沈阳皇朝万鑫工程、天津大剧院、天津地铁 3 号线、辽宁省公安厅新建应急指挥中心、北京市昌平区龙旗广场、聊城市茌平区博物馆、长治市潞安酒店、山东银都大厦、辽宁抚顺万达广场、沈阳万达广场、三亚海棠湾洲际度假酒店项目、怀柔雁栖湖、天津南站交通配套工程、咸阳汽博城等项目。

生产企业

金筑铝业成立于 2007 年，是一家专业生产装饰铝单板的新型企业，公司拥有国际上先进的钣金加工设备和氟碳喷涂设备，目前拥有 11 项国家专利。

公司现已从北京老厂区迁至天津新厂区，新厂区占地 125 亩，厂房建筑面积约 70000 平方米，设计年产量达 300 万 m^2。多年来经公司全体员工不断努力、创新，已经使金筑铝业成为国内外标志性建筑工程项目的优质供应商。在未来的发展中，公司将继续坚持“做专业的产品，做受人信任的品牌”的战略目标，继续坚持“技术精益求精，质量节节上升，服务无微不至”的经营理念，致力于提高产品质量，提高生产效率，为顾客实现百分之百满意的承诺。金筑铝业愿与各界朋友携手共创美好明天。

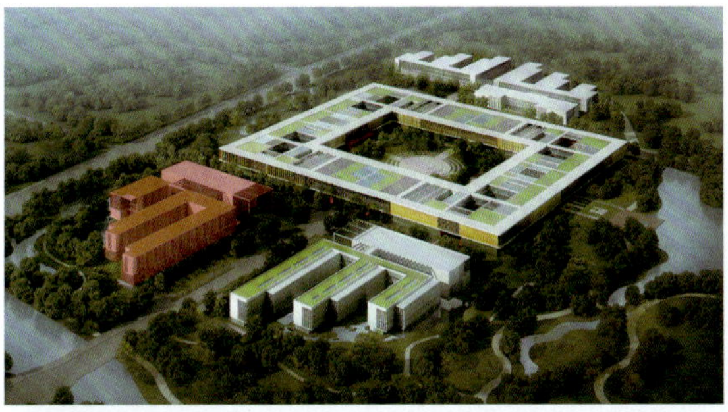

金筑铝业（天津）有限公司

地址：天津市宁河现代产业园区海航西路
电话：022-69336666
传真：022-69336933
官方网站：http://www.jinzhulvye.com/

证书编号：LB2022JS004

“七色牌”普通装饰用铝塑复合板、建筑幕墙用铝塑复合板、建筑装饰用铝单板

产品简介

铝塑复合板简称铝塑板，它是以聚乙烯塑料为芯材，以经过化学处理的涂装铝板（亦称铝箔、铝卷、铝带）为表层材料，经加工处理（连续热压复合）而成的一种复合材料。

建筑装饰用铝单板以铝或铝合金板（带材）为基材，经加工成型且装饰表面具有保护性和装饰性涂层或阳极氧化膜的建筑装饰用单层板。

适用范围

铝塑板适用于大型建筑墙面装饰、商场门面的装修、大型广告招牌、标语牌、车站、机场、展示台架、净化防尘工程等的装修，是理想的室外装饰用板材。铝塑复合板在国内已大量使用。

铝单板适用于各种建筑内外墙、大堂门面、柱饰、高架走廊、人行天桥、电梯包边、阳台包装、广告指示牌、阳台、雨棚、隔板包饰、室外装饰、机场、车站、医院、会议厅、歌剧院、体育场馆、室内异形吊顶等的装饰建筑物外墙，现在普及到了家居装饰。

技术指标

普通装饰用铝塑复合板性能指标如下：

序号	检验项目	技术参数	检验值	单项判定
1	铅笔硬度	≥ HB	1H	合格
2	涂层柔韧性	≤ 3T	2T	合格
3	涂层附着力	不次于 1 级	划圈法 1 级	合格
4	耐冲击	≥ 20kg·cm 不脱漆、无裂痕	≥ 20kg·cm 不脱漆、无裂痕	合格
5	耐溶剂	不露底	不露底	合格
6	耐盐酸	无变化	无变化	合格
7	耐碱性	无变化	无变化	合格
8	耐热水性	无异常	无异常	合格
9	耐盐雾	≤ 1 级	1 级	合格
10	耐人工气候老化	色差≤ 2.0，失光等级≤ 2 级，其他老化性能 0 级	色差 1.16，失光等级：1 级，其他老化性能 0 级	合格

东阿蓝天七色建材有限公司
地址：山东省东阿县大桥驻地
电话：0635-3584120

建筑幕墙用铝塑复合板性能指标如下：

序号	检验项目	技术参数	检验值	单项判定
1	铅笔硬度	≥ HB	1H	合格
2	涂层柔韧性	≤ 2T	1T	合格
3	涂层附着力	不次于 1 级	划圈法 1 级	合格
4	耐冲击	≥ 50kg·cm 不脱漆、无裂痕	≥ 50kg·cm 不脱漆、无裂痕	合格
5	耐溶剂	不露底	不露底	合格
6	耐硝酸	无鼓泡、凸起、粉化等异常 $\Delta E \leqslant 5.0$	无鼓泡、凸起、粉化等异常 $\Delta E \leqslant 5.0$	合格
7	耐盐酸	无变化	无变化	合格
8	耐碱性	无鼓泡、凸起、粉化等异常 $\Delta E \leqslant 2.0$	无鼓泡、凸起、粉化等异常 $\Delta E \leqslant 2.0$	合格
9	耐热水性	无异常	无异常	合格
10	耐盐雾	≤ 1 级	1 级	合格
11	耐人工气候老化	色差≤ 4.0，失光等级≤ 2 级其他老化性能 0 级	色差 0.7，失光等级：1 级其他老化性能 0 级	合格

建筑装饰用铝单板性能指标如下：

序号	检验项目	技术参数	检验值	单项判定
1	铅笔硬度	≥ 1H	2H	合格
2	光泽度	光泽度＜ 30　±5	±2	合格
		30 ≤光泽度＜ 70　±7	±3	合格
		光泽度≥ 70　±10	±4	合格
3	耐冲击	50kg·cm 不脱漆	50kg·cm 不脱漆	合格
4	附着力	干式　划圈法 1 级	划圈法 1 级	合格
		沸水煮　划圈法 1 级	划圈法 1 级	合格
5	耐化学性	耐盐酸　无任何变化	无任何变化	合格
		耐硝酸　无起泡等变化，$\Delta E \leqslant 5.0$	无起泡等变化，$\Delta E \leqslant 5.0$	合格
		耐溶剂　不露底	不露底	合格

工程案例

旺座曲江工程 15000 平方米、石家庄石药工程 20000 平方米、喀什纺织城工程 12000 平方米、山东胜利油田加油 5000 平方米、青岛会展中心 160000 平方米、杭州银杏汇 81000 平方米、遵义高铁新城 85000 平方米、西安交大创新港 50000 平方米、西安丝路国际会展中心 50000 平方米、山东高速服务区 40000 平方米、华为体验店 20000 平方米、郑州大剧院 25000 平方米。

生产企业

东阿蓝天七色建材有限公司位于山东东阿县，坐落在黄河之滨、阿胶故里，最早成立于 1996 年初，系江北实力雄厚的专业铝幕墙生产企业之一。公司主要产品有“七色”牌铝塑板、铝单板、涂层铝卷，产品远销国内外。企业综合实力强，是一家获得多项殊荣的铝幕墙专业生产企业。

东阿蓝天七色建材有限公司
地址：山东省东阿县大桥驻地
电话：0635-3584120

证书编号：LB2022JS005

中名铝塑复合板、铝单板、金属吊顶板

产品简介

中名牌铝塑复合板是经表面处理并用涂层烤漆的铝板作为表面，聚乙烯塑料板作为芯材，经过一系列工艺加工复合而成的新型装饰材料，具有许多无可比拟的优越性。主要特点：质量轻，刚性好，色彩丰富，平整度高，耐久性好，防火性能好，成本特性好，环境协调性好，用途广泛。

铝单板是以铝板为主要原材料，经剪板、冲压或折压等精加工及表面涂装而成。产品具有质量轻、刚性好、强度高、耐候性和耐腐蚀性好，以及可自清洁、色彩丰富、可回收利用等特点。

金属吊顶板以铝合金为主要原材料，经剪板、冲压或滚压等精加工及表面涂装而成，产品具有质量轻、强度高、耐腐蚀、强度高、防火、防潮、阻燃、耐磨、抗裂、耐候性高等特性，结构简单，安装方便；良好的吸声性能，能有效控制和调整室内混响、改善音质、降低噪声；不燃性能满足各类建筑防火的设计要求。

适用范围

铝塑复合板适用于建筑幕墙、室内外装饰、旧楼改造、看板、标识牌、广告招牌、通道、隧道内墙、围墙、阳台、室内隔间、车辆内外装修等。

铝单板广泛用于建筑装饰，如宾馆、酒店、写字楼、商场、机场、体育馆等现代化建筑的幕墙、室内外标志装饰及广告标志牌等。

金属吊顶板适用于高级建筑的内装修，如机场、车站、地铁站、银行、医院、加油站、体育馆、写字楼、购物中心及各种公共建筑。

技术指标

铝塑复合板技术指标如下：

涂层	氟碳涂层采用的是耐候性优异的聚偏二氟乙烯氟碳树脂（PVDF），含量70%，涂层厚度不小于25μm，聚酯涂层厚度不小于16μm
制造工艺	采用两段真空排气螺杆挤出设备，使塑料塑化较好而致密，采用高温热复合工艺，使面板平整，复合强度高
防火	对防火型的铝塑板，采用无机阻燃芯料，具有无毒少烟特点，热值低于12MJ/kg，性能优于《建筑材料及制品燃烧性能分级》（GB 8624）中B级要求

山东吉祥装饰建材有限公司

地址：山东费县探沂工业园
电话：0539-2111828
传真：0539-5616828
官方网站：www.cnjxjc.com

铝单板技术指标如下：

材质	铝单板基材采用 1100H24、1060H24、3003H24、5005H24 等幕墙专用单层铝合金板。材质性能应符合《一般工业用铝及铝合金板、带材 第 2 部分：力学性能》(GB/T 3880.2）要求
涂层	涂料采用美国 PPG、美国威士伯 Valspar、荷兰阿克苏诺贝尔 AkzoNobel、韩国 KCC 等知名品牌涂料，涂层分为二涂一烤、三涂二烤，其涂层性能达到 AAMA（美国建筑制造业协会）和 ASCA（美国建筑喷涂协会）的 AAMA 2605 － 98 标准。静电雾脂粉末喷涂处理，正面厚度≥ 18μm，光滑度 10 ～ 30，铅笔硬度≥ 2H，耐冲击性（10 次）：无开裂、无脱漆，耐酸碱性：无变化
工艺	数控冲剪下料，数控折弯，氩弧焊接封边，无氟化脱脂清洗，锆系无铬表面钝化处理，静电喷涂
使用年限	大于 15 年

金属吊顶板技术指标如下：

涂层	静电粉末喷涂或聚酯喷涂或聚酯预辊涂
	粉末品牌：美国阿克苏•诺贝尔（AKZO Nobel）或奥地利老虎（TIGER）
	聚酯漆品牌：瑞典贝科（Becker）
	粉末涂层性能：厚度：≥ 60 μm，铅笔硬度：≥ 2H，附着力：划格法 0 级，耐冲击性：5N•m，色差：Δ*Ea**b ≤ 1.5，耐盐 / 酸雾腐蚀：1000h，蠕变小于 2mm，抗湿性能：1000h，气泡≤ B2S2
	聚酯漆涂层性能：厚度：≥ 25μm，背面保护涂层：≥ 5μm，铅笔硬度：≥ 2H，附着力：划格法 0 级，耐冲击性：5N•m，色差：Δ*Ea**b ≤ 1.0，耐盐 / 酸雾腐蚀：1000h，蠕变小于 2mm，抗湿性能：1000h，气泡≤ B2S2
声学性能	针孔板孔径：常规有 ϕ 1.8、ϕ 2.3、ϕ 3.0 三种，也可根据需要定做
	无纺玻璃纤维：厚度≥ 0.2mm，密度≥ $60g/m^3$，耐火性能符合《建筑材料及制品燃烧性能分级》GB 8624 A 级，不燃无毒。
	平均降噪系数：≥ 0.75
耐火性能	材质耐火性能符合《建筑材料及制品燃烧性能分级》GB 8624 A 级标准
抗风抗震	系统结构有防风、防震设计，抗Ⅶ烈度地震，抗风能力强
强度要求	面板与龙骨安装后，面板应承受 $160N/m^2$ 的静荷载，最大弹性变量不大于 10mm，塑性变形不大于 2mm。安装板面用的吊件应承受 150N 的静拉力，无明显塑性变形
使用寿命	安全使用年限≥ 10 年

工程案例

滨州体育学院、郴州人防大厦、广汽菲亚特 4s 店、胶州湾隧道收费站、金轮时代广场、靖边火车站、连云港市革命纪念馆、龙之梦购物广场、洛阳万基大厦、南宁丽原天际城、青岛东方城购物中心、太原万达广场、唐山火车站、西安机场、银川公安局办公楼、郑州图书馆、济南万达广场、临沂会展中心、西安海悦广场、威海高铁、青岛极地海洋世界等项目。

生产企业

山东吉祥装饰建材有限公司是一家集集成吊顶、铝塑复合板、防火铝塑板、铝单板等新型装饰材料的研发、生产、销售于一体的高新技术企业，公司成立于 2003 年，注册资本 3188 万元，位于费县探沂工业园，占地 4 万平方米。

公司于 2007 年通过 ISO 14001：2015 环境管理体系认证和 ISO 9001：2015 质量管理体系认证，同年被山东省科学技术厅认定为省级“高新技术企业”、省级“成长型企业”；2008 年，公司产品又通过欧盟 CE 认证，并通过中国建筑材料检验认证中心 CTC 认证，公司被评为山东省“守合同、重信用企业”和山东省第七届、第八届“消费者满意单位”，并被中国农业银行山东省分行评定为“AA 级信用企业”；2009 年，公司被山东省高新技术企业认定管理机构认定为“高新技术企业”，被山东省知识产权局评为“山东省知识产权试点企业”。2010 年被山东省工商局评为“消费者满意单位”；2012 年 10 月公司和中国建材总院、清华大学联合成立科技发展委员会，11 月公司被认定为“铝塑行业常务副理事长单位”。

山东吉祥装饰建材有限公司
地址：山东费县探沂工业园
电话：0539-2111828
传真：0539-5616828
官方网站：www.cnjxjc.com

证书编号：LB2022JS006

双菱热轧带肋钢筋 HRB400E、热轧带肋钢筋 HRB500E

产品简介

湖南华菱涟源钢铁有限公司生产螺纹钢已有 60 余年的历史，经过不断的技术改造和升级，装备先进、规格齐全、质量优良，生产的“双菱”牌热轧带肋钢筋曾三次获国家银质奖，多次获冶金产品实物质量金杯奖，在中南、西南等地区享有美誉。

“双菱”牌热轧带肋钢筋从 20 世纪 80 年代就应用在国内一些知名建筑项目上，比如长沙黄花机场、湘江大桥、长江葛洲坝水利工程、首都国际机场、黄河小浪底水利工程、洞庭湖大桥、三峡水利工程等。

进入 21 世纪，“双菱”牌热轧带肋钢筋相继应用在广珠铁路、武广高铁、湘西矮寨大桥、沪昆高铁、贵州北盘江大桥、海南昌江核电站等重点工程上。省内重点工程如张吉怀高铁、长益常高铁、长沙地铁五号线和六号线、平益高速、安慈高速、浏阳惠科超高清显示器等项目更是优先使用了由涟钢独家供应的“双菱”牌带肋钢筋。

适用范围

主要用于房屋建筑，高速公路的桥梁、隧道，地铁、机场、水库大坝等重点工程。

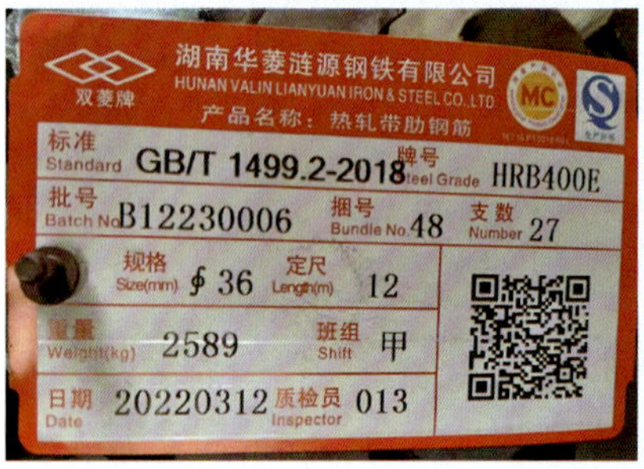

技术指标

1. HRB400E 屈服强度在 430 ～ 460MPa，抗拉强度在 590 ～ 620MPa，A_{gt} 在 12.5% ～ 15.0%；强屈比在 1.30 ～ 1.38。
2. HRB500E 屈服强度在 530 ～ 570MPa，抗拉强度在 690 ～ 730MPa，A_{gt} 在 12.0% ～ 14.5%；强屈比在 1.28 ～ 1.35。

工程案例

1. 海南昌江核电站二期，位于海南省昌江黎族自治县，使用牌号及规格：HRB400E、HRB500E，规格 φ12 ～ φ40mm。
2. 浏阳惠科 LDE 厂房项目，位于湖南省浏阳市，使用牌号及规格：HRB400E、HRB500E，规格 φ12 ～ φ32mm。
3. TCL 空调武汉智能制造产业园，位于湖北省武汉市，使用牌号及规格：HRB500E，规格 φ12 ～ φ32mm。
4. 湖南省平益高速公路，位于湖南省平江至益阳地区，使用牌号及规格：HRB400E，规格 φ12 ～ φ40mm。

湖南华菱涟源钢铁有限公司

地址：湖南省娄底市黄泥塘
电话：13487380311
官方网站：http://www.lysteel.com

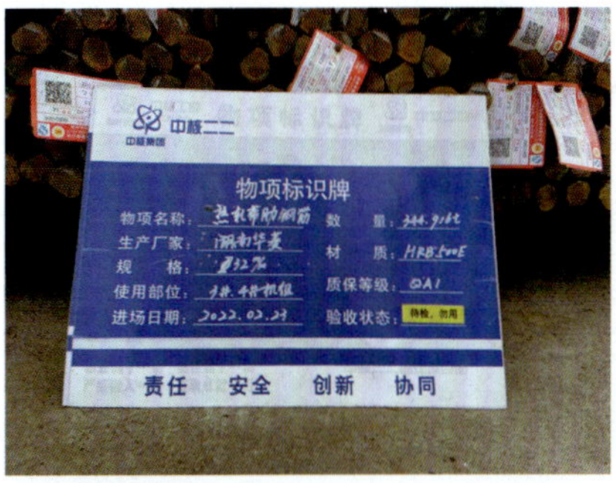

生产企业

华菱涟钢自 1958 年建成投产以来，经过扩建、改造、新建，涟钢的综合生产能力、产品质量和经济效益不断提高，现已成为具有年产钢 1000 万吨以上规模的特大型工业企业。公司经过“十一五”期间的技术改造，完成了 210 座转炉、2250 组热轧板及其配套项目 360m^2 烧结机、3200m^3 高炉等的建设，拥有从炼焦、烧结、冶炼到轧钢等一整套全流程工艺装备。公司产品以热、冷轧薄板为主，棒带材为辅，普、特钢结合，已创 10 多个规格系列的优质产品。

湖南华菱涟源钢铁有限公司

地址：湖南省娄底市黄泥塘
电话：13487380311
官方网站：http://www.lysteel.com

证书编号：LB2022JS007　　HB2022JS001

丰丽建筑装饰用铝单板

产品简介

氟碳铝单板具有如下特点：

外观形状多样化

铝单板幕墙可加工成弧形及异形，表面可喷涂成多种颜色，在墙面形成各种美丽的图案，并且可以和玻璃幕墙等组合成不同的外观形式，使建筑物更具高贵典雅的风格。

耐腐蚀性：表面氟碳喷涂 KYNAR500 树脂含量高，能有效抵抗酸雨、空气污染及紫外光的侵蚀。

无光污染：由于氟碳涂层为亚光表面（光泽度为 35 左右），所以漫反射，不会造成污染。

自清洁性：由于氟碳涂层中 KYNAR500 特殊的分子结构使其表面灰尘不依附着，故有极强的清洁性。

颜色丰富：氟碳涂料颜色多达 100 种，还可根据用户要求创作特殊色彩。

高强度：所采用的优质合金铝强度高，且由于开口处采用焊接工艺，大大提高了铝板的刚度，确保了幕墙的抗风、防震、防雨水渗漏、防空气渗透、防雷、抗冲击效果。

防火特性强：防火性能好，可以满足工程消防的需要。

安装施工方便快捷：铝板在工厂成型，施工现场不需裁切，固定在骨架上即可。

可回收再利用，有利环保：铝板可 100% 回收，不同于玻璃、石材、陶瓷、铝塑板等装饰材料，回收残值高。

适用范围

氟碳铝单板适用于建筑装饰，如宾馆、酒店、写字楼、商场、车站、机场、体育馆等现代化建筑的幕墙，室内外装饰及广告标志牌等。

技术指标

序号	项目		技术要求
1	铅笔硬度		≥ HB
2	附着力		划格法 0 级
3	耐冲击		160 lb-in 没有损失
4	耐磨性		≥ 5L/μm
5	耐盐酸		15min 点滴，无气泡，外观无变化
6	耐硝酸		颜色变化不超过 E ≤ 6NBS
7	耐砂浆		无任何变化
8	耐洗涤剂		无气泡，漆膜无脱落
9	耐湿		4000h，二级以上
10	耐盐雾		4000h，二级以上
11	耐候性	褪色	10 年后，E ≤ 5NBS
12		粉化	10 年后，《色漆和清漆 涂层老化的评级方法》（GB/T 1766）中 1 级
13		光泽保持率	10 年后，保持率 50%
14		膜厚损失	10 年后≤ 10%
15	耐人工老化	褪色	200h 后 E ≤ 5NBS
16		粉化等级	200h 后 0
17		失光等级	200h 后不次于 2 级

上海丰丽集团有限公司
地址：上海市松江区小昆山镇镇中心路 390 号
电话：021-57850952
传真：021-57850108
官方网站：www.fongly.com

工程案例

几内亚体育场、上海金茂大厦、上海市民航管理局、上海科技绿洲大厦、上海兴荣大厦、上海南方友谊商城、上海市青浦海关、上海嘉正国际大厦、上海市中山医院、嘉杰国际广场、山东省立医院、宝山都市商汇工业楼、天津一航院、烟台规划展览馆、烟台旅游大世界、天津地铁大厦、青岛琴畅大厦、武汉光谷花园、芜湖华亿国际购物中心、悦达时代广场、银川市第一人民医院、漕河泾大厦、青岛雁山世纪、武汉青山火车站、湖北鼎元（省农业厅）、武汉科技学院、广西电视台、广西科技馆、广东韶关火车站、泉州第一医院新院、唐山国土资源局、邯郸市武安商业广场、盘锦市辽河油田等工程。

生产企业

上海丰丽集团是中国知名的幕墙系统、室内冷热辐射吊顶系统及室内隔断冷热控制系统整体解决方案供应商，集团总部设在上海松江，主要从事建筑产品的设计、制造、安装及售后服务。集团旗下拥有丰丽 FONGLY、豪士德 husetech 等行业知名品牌。

公司建立了先进的生产工艺和技术研发系统，科学合理的质量、安全、健康管理体系和完善的售后服务保障，公司已通过 ISO 9001 质量管理体系认证、ISO 14001 环境管理体系认证。公司已建立企业技术中心，并创建了实验室和大学、院所研发实验基地。公司以产业化为目标，形成专业配套、设计、施工一体化发展新机制，建立先进完备的生产工艺，引进的德国、意大利激光雕刻机、数控折弯机、氟碳及静电粉末喷涂等国际先进幕墙生产加工设备，足以保证各种幕墙系统加工复杂、精度高的要求，并长期与国内知名建筑材料科研机构联手开发新产品，提高了产品的科技含量。

丰丽以优良的信誉及口碑受到客户与业界人士的好评，公司被认定为“高新技术企业”“上海小巨人培育企业”，被评为“上海市守合同重信用企业”。公司研制开发的产品被列入“上海市火炬计划项目”“国家级火炬计划项目”“国家重点技术改造项目”，丰丽企业技术中心被评为“松江区技术中心”。

凭借先进的管理模式、动力十足的发展势头，丰丽朝着“管理科学化、产业多元化、经营规模化、品牌国际化”的百年企业目标奋力前进，秉承丰丽开拓创新的企业精神，在全球经济一体化的大潮中奔涌向前，成为享誉全球的幕墙材料专业供应商。

上海丰丽集团有限公司

地址：上海市松江区小昆山镇镇中心路 390 号

电话：021-57850952

传真：021-57850108

官方网站：www.fongly.com

证书编号：LB2022JS008

方大建筑装饰用粉末铝单板、建筑装饰用铝塑复合板、纳米自洁氟碳铝单板

产品简介

建筑装饰用铝单板产品根据涂层不同主要分为：氟碳喷涂铝单板、粉末喷涂铝单板、真石漆喷涂铝单板、稀土陶瓷铝单板等十几种产品，采用优质的高强度铝合金材料通过下料、数冲、折弯、氩焊、打磨等一系列复杂的工序加工而成，产品质量轻、刚度好、强度大并且具有耐候性能和抗紫外线性能。

建筑装饰用铝塑复合板产品根据涂层不同主要分为：氟碳喷涂铝塑复合板、粉末喷涂铝塑复合板、仿石材铝塑复合板、仿木纹铝塑复合板等十几种产品。该产品采用优质的高强度铝合金材料通过下料、数冲、折弯、氩焊、打磨等一系列复杂的工序加工而成，最终根据客户要求喷涂形成不同的装饰效果。

适用范围

建筑装饰用铝单板适用于建筑幕墙、柱梁、阳台、隔板包饰、室内装饰、广告标志牌、车厢、家具、展台、仪器外壳、仪表板等。

技术指标

建筑装饰用铝塑复合板主要性能如下：

项目		技术要求	
		外墙板	内墙板
铅笔硬度		≥ HB	
涂层柔韧性 /T		≤ 2	≤ 3
附着力 / 级		不次于 1 级	
耐冲击性		50kg • cm 不脱漆、无裂痕	
耐磨耗性 /（L/μm）		≥ 5	—
耐沸水性		无变化	
耐化学稳定性	耐玷污性	≤ 15%	—
	耐酸性	无变化	
	耐碱性	无变化	
	耐油性	无变化	
	耐溶剂性	无变化	
	耐洗刷性	≥ 10000 次无变化	
耐人工气候老化	色差	≤ 3.0	—
	失光等级	不次于 2 级	—
	其他老化性能	0 级	—
耐盐雾性		不次于 2 级	—
弯曲弹性模量 / MPa		≥ 2.0×10^4	≥ 1.5×10^4
贯穿阻力 / kN		≥ 9.0	≥ 5.0
剪切强度 / MPa		≥ 28.0	≥ 20.0
180° 剥离强度 /（N/mm）		≥ 7.0	≥ 5.0
耐温差性		无变化	
热膨胀系数 /C^{-1}		≤ 4.00×10^{-5}	
热变形温度 /℃		≥ 105	≥ 95
燃烧性能		A2	A2

方大新材料（江西）有限公司
地址：江西省南昌市高新区高新大道 1189 号方大科技园
电话：0791-88132397
传真：0791-88132612
官方网站：http://xcl.fangda.com/index.html

纳米自洁氟碳铝单板主要性能如下：

项目			膜性能要求
光泽度偏差		光泽度＜30	±5
		30≤光泽度＜70	±7
		光泽度≥70	±10
色差			＜0.8
附着力		干式	划格法0级
		湿式	划格法0级
		沸水煮	划格法0级
铅笔硬度			≥1H
耐化学腐蚀性	耐酸性	耐盐酸	无变化
		耐硝酸	无起泡等变化，$\Delta E \leq 5.0$
	耐砂浆性		无变化
	耐溶剂性		丁酮，无漏底
耐磨性			≥5L/μm
纳米自洁水膜性			纳米自洁涂层表面完整水膜
水接触角/°			≤15
油酸光催化降解率			≥80%
耐玷污性			4%（无痕迹）

工程案例

鲁班奖获奖工程		
工程名称	供货面积	装饰材料
上海科技城	25000m²	铝单板、铝天花
广东奥林匹克体育馆	12000m²	铝单板、铝天花
深圳大梅沙隧道	30000m²	铝单板
上海城市规划展示厅	14000m²	铝单板、铝天花
首都机场	13000m²	铝单板、铝天花

鲁班奖获奖工程		
深圳金海湾花园	11000m²	铝单板
重庆时代广场	12000m²	铝单板、蜂窝板
成都双流机场	13200m²	铝单板、铝天花
晋江电力大厦	15000m²	铝单板
江苏省检验检疫综合实验楼	13000m²	铝单板
湖北肿瘤医院	15000m²	铝单板、铝天花

生产企业

方大新材料（江西）有限公司是由方大集团股份有限公司与香港俊佳集团有限公司共同投资兴建的中外合资企业，注册资金1200万美元，工厂占地300亩，生产厂房建筑面积9万平方米，总投资12亿元人民币，是我国目前规模较大的新型建材生产企业，属于江西省重点企业和国家高新技术企业。

方大新材料（江西）有限公司自成立以来，一直致力于金属幕墙装饰产品的研究开发，现已形成集产品研发、生产、销售、服务于一体的大型铝板生产加工基地。公司拥有氟碳喷涂铝单板、金属吊顶、纳米自洁氟碳喷涂铝单板、仿石材氟碳喷涂铝单板、共挤工艺铝塑复合板、防火铝塑复合板、铝蜂窝板、保温板等多种铝板幕墙装饰产品，配备了多工位数控冲床、数控折弯机、板材加工中心、全自动静电喷涂生产线、韩国铝塑复合板生产线、华星铝塑复合板生产线等100多套先进的高精度铝板生产加工设备。公司年生产氟碳喷涂铝单板200万平方米和铝塑复合板达300万平方米以上。

方大新材料（江西）有限公司自成立以来，依托方大集团的资源优势，秉承"科技为本、创新为源 "的经营理念，以独到的战略视角，坚持规模化运作、规范化经营的发展思路，不断研发和生产市场适销的新材料产品，满足国家重点工程项目的需求，销售网络遍及国内各省市区，远销欧美及东南亚国家，优质的产品和服务为"方大"赢得了国内外用户的普遍赞誉。

方大新材料（江西）有限公司
地址：江西省南昌市高新区高新大道1189号方大科技园
电话：0791-88132397
传真：0791-88132612
官方网站：http://xcl.fangda.com/index.html

证书编号：LB2022JS009

奥普集成吊顶

产品简介

集成吊顶是由若干吊顶板和功能器具组合而成的一种吊顶装置，它包括功能器具、吊顶板、安装附件等组件，又称多功能吊顶；功能器具分照明模块、取暖模块、换气模块。

适用范围

产品应用于车站、宾馆、会议室、办公室、厨房、卫生间、过道、阳台、客厅、卧室等领域，适用于建筑内外装饰。

技术指标

集成吊顶主要技术指标如下：

序号	项目	指标要求
1	外观	无气泡、生锈等现象
2	泄漏电流	≤ 0.5mA
3	电气强度	无击穿现象
4	接地电阻	≤ 0.1Ω
5	低压启动	正常启动
6	色差	同一集成吊顶的同一型号材质和颜色的装饰模块应无明显色差
7	表面质量	金属制件表面应色泽均匀，涂镀层不应有剥落、露底、鼓泡等明显缺陷
8	尺寸偏差	应符合设计要求
9	承载性能	承受 160N/m^2，永久变形不大于 2mm
10	噪声声压级	输出换气功率≤ 40W 时，声压级< 60dB，大于 40W 时，双方商定
11	表面硬度	≥ HB
12	附着力	0 级
13	耐酸性	无变化
14	耐碱性	无变化
15	耐油性	无变化
16	燃烧性能	A 级

奥普家居股份有限公司
地址：中国杭州经济技术开发区 21 号大街 210 号
电话：0571-88172888
传真：0571-88176188
官方网站：Http://www.aupu.net

工程案例

招商蛇口：西安招商城市主场、北京臻珑府、北京华商大厦、武汉招商愉樾、无锡招商雍荣府、烟台招商雍景湾、南京长江时代、西安招商央玺、佛山招商岸芷汀兰二期、增城招商臻园二期、会展湾东城二期、湛江招商邮轮城三期、招商乐城国际花园、烟台招商马尔贝拉、中梁招商臻湾府等项目均使用奥普公司的浴霸、凉霸等产品。

龙湖集团：合肥龙湖天璞 / 龙湖光年世纪城（CBD 项目）、江阴南门锡澄运河东侧项目、济南龙湖能源总部项目、龙湖量子谷项目、龙湖昱湖 1 号、嘉兴龙湖坤和朗润园、宁波龙湖海曙环城南路项目（案名未出）、龙湖北岛（龙湖渝北区两路 79 亩项目）、长春龙湖中铁云景、龙湖天宸原著、长春龙湖净月、长春龙湖蔚山路 / 龙湖云峰原著、龙湖椿山、天地源龙湖春江天境等项目均使用奥普公司浴霸。

旭辉集团：旭辉公元、旭辉江山庐州印、中梁旭辉 • 铂悦滨江、金林湾花园、金禧璞琨、如皋 R2020061、无锡旭辉城、江阴敔山湾、铂悦凤犀台、旭辉恒基江与山、旭辉美的天阙、旭辉高林项目（旭辉铂悦五缘湾上）、旭辉都会山、旭辉千山凌云、旭辉江悦府、旭辉梅溪悦章、旭辉太仓项目（2019-WG-9-2 号地块）、苏州相城汇萃 T3T4 项目 / 宸风云庐（禹州）等项目均使用奥普公司浴霸等产品。

生产企业

奥普家居股份有限公司成立于 1993 年，在“为爱设计”的品牌理念指导下，始终秉承“为家人创造产品”的初心，坚持为每个家庭创造温暖、健康与美。

奥普以浴霸、集成吊顶为经营主线，先后研发设计了照明、集成墙面、集成灶、晾衣机等品类产品，实现了业务由点到线、由线到面的全面发展。公司通过深度挖掘客户需求，加强供应链整合，实现了多品类产品的高效融合，构建了以顶部、墙面、地面为切入点的家居空间系列解决方案，可满足卫生间、厨房、客厅、阳台等空间的定制家装需求，为客户提供一体化的空间系统解决方案。公司通过整合代理商、家装、工程、设计师等多种渠道资源，形成了经销商渠道、大宗客户渠道、外销渠道、KA 渠道、直营及其他渠道的多元营销体系。

奥普将在“全区域、全渠道、多品类”战略指导下，通过多品类产品的丰富、优化、升级，销售网络的开拓布局、全面覆盖，渠道资源的开发创新等途径逐步构建大型智能家居综合型企业，为每个家庭创造温暖、健康与美，从而实现业绩的快速增长。

奥普家居股份有限公司
地址：中国杭州经济技术开发区 21 号大街 210 号
电话：0571-88172888
传真：0571-88176188
官方网站：Http://www.aupu.net

证书编号：LB2022JS010

吉利建筑幕墙用铝塑复合板、普通装饰用铝塑复合板、塑铝贴面板

产品简介

铝塑板在近几年已进入家庭装修，因其具有表面光滑、色彩艳丽、耐冲击力强、清洁方便、坚固耐用、施工快捷等特点而被广泛采用。铝塑板分建筑幕墙用铝塑复合板、普通装饰用铝塑复合板和塑铝贴面板三大类，铝塑板采用进口热压滚涂工艺，表面喷漆质量好，漆膜颜色均匀，附着力强，划碰后不易脱漆。

适用范围

除可应用于幕墙、内外墙、门厅、饭店、商店、会议室等的装饰外，还可用于旧建筑的改建，用作柜台、家具的面层、车辆的内外壁等。

技术指标

铝塑板性能指标如下：

检测项目			标准要求
表面铅笔硬度			≥ HB
涂层光泽度偏差			≤ 10
涂层柔韧性 /T			≤ 2
耐冲击性 /（kg・cm）			≥ 50
涂层耐磨耗性 /（L/μm）			≥ 5
涂层耐盐酸性			无变化
涂层耐油性			无变化
涂层耐碱性			无鼓泡、凸起、粉化等异常，色差 $\Delta E \leqslant 2$
涂层耐硝酸性			无鼓泡、凸起、粉化等异常，色差 $\Delta E \leqslant 5$
涂层耐溶剂性			不露底
涂层耐玷污性 /%			≤ 5
耐人工气候老化	色差 ΔE		≤ 4.0
	失光等级 / 级		不次于 2
	其他老化性能 / 级		0
耐盐雾性 / 级			不次于 1
弯曲强度 /MPa			≥ 100
弯曲弹性模量 /MPa			≥ 2.0×10^{4}
贯穿阻力 /kN			≥ 7.0
剪切强度 /MPa			≥ 22.0
剥离强度		平均值	≥ 130（N/mm）
		最小值	≥ 120（N/mm）
耐温差性	剥离强度下降率 /%		≤ 10
	涂层附着力 / 级	划格法	0
		划圈法	1
	外观		无变化
热膨胀系数 /℃$^{-1}$			≤ 4.00×10^{-5}
热变形温度 /℃			≥ 95
耐热水性			无异常
燃烧性能 / 级			不低于 C

浙江吉利装璜材料有限公司
地址：中国浙江省台州市路桥区路南机场路吉利大道
电话：0086-576-82520396
传真：0086-576-82441967
官方网站：www.jlzh.cn

工程案例

广西钦州汽车客源中心、广西大新县妇幼保健院、浙江义乌清真寺、菲律宾圣卢西亚购物中心等。

生产企业

浙江吉利装璜材料有限公司（浙江国美装璜材料有限公司）成立于1997年8月，是中国吉利集团的核心企业，也是吉利集团成为世界500强企业的奠基石。

公司主要生产防火氟碳幕墙用铝塑复合板、PE广告铝塑复合板、PVC发泡铝塑板、氟碳铝单板、涂装铝卷等各类装潢材料；其中铝塑复合板经中国国检测试控股集团股份有限公司（CTC）抽检，全项指标均符合国家标准，连年获得其颁发的“产品合格证”，并于2017年荣获“金属复合材料行业优秀质量奖”，于2020年成为中国建筑材料联合会金属复合材料分会常务理事单位。

公司是铝塑复合板国家标准起草修订单位之一；拥有十余条美、德、日等国际先进水平的制造设备和检测仪器；产品销往全国各地，并实现了大批量出口，业绩也得到了各级政府部门的嘉奖。

公司于2001年通过天祥集团（Intertek）ISO 9001国际质量体系认证，并严格按体系要求实施，把“时刻对品牌负责，永远让顾客满意”作为自己的质量方针。

融入世界，走向未来是吉利人的愿望；追求卓越，缔造完美是吉利人永恒的追求。吉利装璜期待着与您的真诚合作，携手共创美丽家园。

浙江吉利装璜材料有限公司
地址：中国浙江省台州市路桥区路南机场路吉利大道
电话：0086-576-82520396
传真：0086-576-82441967
官方网站：www.jlzh.cn

证书编号：LB2022JS011

开尔建筑装饰用搪瓷钢板

产品简介

产品作为一种复合材料，具有优良的化学和物理属性，以坚韧性好、抗冲击度强的钢板为基材，融合了新工艺、新技术，与无机非金属釉料经800℃以上高温熔融，使二者间产生紧密化学键，从而开发出具有特定功能、可应用于传统日用品以外多个领域的新材料，属于超强耐腐、易清洁、易维护、美观大方、色彩灵活、长效保真、无毒、无辐射、使用寿命长的绿色环保新材料。产品利用目前世界先进的搪瓷静电干法两喷一烧技术与背衬压板技术相结合，以优质低碳钢板为基材，与无机非金属材料经喷涂、高温烧成，利用珐琅板与铝蜂窝芯材、保温材料复合技术而制成新型功能性珐琅板，大大提高了珐琅板档次和可观赏性。产品具有质量轻、强度高、隔热性能优越、耐酸碱、耐腐蚀、使用寿命长等优异性能。

适用范围

1. 内立面装饰搪瓷材料（应用于地铁、隧道等城市地下空间景观装饰）

搪瓷钢板（珐琅板）作为地铁、隧道的优选装饰材料，能够适应地铁站、城市隧道、桥隧等地下空间复杂环境，综合性价比优势明显。搪瓷钢板材料具有长久保持洁净光亮、耐腐蚀、易维护清洁、不易蹭伤刮花、不易燃烧等特点，因此特别适用于地铁、城市景观隧道的装饰。

2. 珐琅板绿色建筑幕墙材料（应用于高端物业楼宇及公共设施外幕墙装饰）

珐琅板绿色建筑幕墙作为建筑幕墙行业的新材料，与其他幕墙材料相比，具有保温隔热效果，减轻建筑自重效果明显，能够显著减少主体结构的材料用量，减轻基础荷载，优化建筑造价，主要应用于商务楼宇、银行、政府机构、医院等领域。

技术指标

产品主要技术指标如下：

产品分类名称	指标项目	国标 / 行标	公司产品
建筑装饰搪瓷钢板	耐酸性	2级及以上	1级
	耐碱性	不失光	不失光
	光泽度	高光≥85，亚光60～85	高光≥85，亚光60～85
	密着性	网状以上	丝状
	防火性能	A2级	A1级
	耐磨性	无明显擦伤	无明显擦伤
	耐硬物冲击性	瓷面无裂纹、无掉瓷	瓷面无裂纹、无掉瓷
	耐软重物体撞击性能	板面无明显变形、瓷面无裂纹	板面无明显变形、瓷面无裂纹
	耐盐水性	不生锈	不生锈
	抗风压性能	瓷面无裂纹、板面无明显变形、背衬不折断或开裂，挂件不松动	瓷面无裂纹、板面无明显变形、背衬不折断或开裂，挂件不松动

工程案例

产品已成功运用于港珠澳隧道搪瓷钢板装饰工程、北京大兴国际机场项目搪瓷钢板装饰工程、国家会议中心二期项目搪瓷钢板装饰工程及上海世博、广州亚运、上海迪士尼、上海当代艺术博物馆、澳大利亚黑德兰商业中心等多个大型标志性建筑的装饰工程。

浙江开尔新材料股份有限公司

地址：浙江省金华市金义都市经济开发区广顺街333号
电话：0579-82889691
传真：0579-82889808
官方网站：http://www.zjke.com

生产企业

浙江开尔新材料股份有限公司成立于2003年，位于浙江省金华市金义新区，于2011年6月成功在深交所创业板（证券代码：300234，证券简称：开尔新材）上市，目前注册资金5.114亿元，拥有员工450人。公司是一家致力于新型功能性搪瓷材料研发、设计、制造与销售的国家高新技术企业。在公司成长过程中，逐步实现了产品进口替代，目前从研发、市场份额、企业规模、产品品质及品牌影响等各个方面，已经成为该细分领域在全球具有影响力的企业。公司是行业标准《建筑装饰用搪瓷钢板》（JG/T 234—2008）起草单位之一、中国硅酸盐学会搪瓷分会理事长单位、中国搪瓷工业协会副理事长单位、工信部两化融合管理体系贯标企业、银行资信信用等级证书AAA级企业、国家轻工联“技术发明”一等奖获得者、国家级绿色工厂、国家级“专精特新”小巨人、浙江省“三名”企业、浙江省高端装备制造业骨干企业、金华市政府质量奖获得者，拥有中国轻工业功能搪瓷材料重点实验室、浙江省重点企业研究院、省技术中心、省级研发中心，产品品牌荣获浙江制造精品产品称号。

浙江开尔新材料股份有限公司
地址：浙江省金华市金义都市经济开发区广顺街333号
电话：0579-82889691
传真：0579-82889808
官方网站：http://www.zjke.com

证书编号：LB2022JS012

辉彩消光矿纤彩涂钢卷、畜牧用高耐蚀彩涂钢卷、光伏系统高耐蚀锌铝镁钢卷

产品简介

辉彩消光矿纤彩涂钢卷是具有特殊网纹纹理的高品质镀 55% 铝锌彩涂钢卷。

畜牧用高耐蚀彩涂钢卷是具有优异的耐畜牧环境腐蚀的高品质热浸镀锌铝镁彩涂钢卷。

光伏系统高耐蚀锌铝镁钢卷是烨辉（中国）生产的具有长寿命、自修复、超耐蚀的高品质热浸镀锌铝镁钢卷。

适用范围

辉彩消光矿纤彩涂钢卷适用于工业、民用、公共建筑的外围护屋顶、墙面材料。

畜牧用高耐蚀彩涂钢卷适用于畜牧业用厂房的外围护屋顶、墙面及饲料槽、谷仓材料。

光伏系统高耐蚀锌铝镁钢卷适用于屋顶式或落地式太阳能光伏系统的光伏板背板、边框、支架、立柱及追日系统材料。

技术指标

辉彩消光矿纤彩涂钢卷：

通过 1000h 中性盐雾试验，通过 1000h 紫外灯加速老化试验，通过 1000h 润湿试验。

畜牧用高耐蚀彩涂钢卷：

通过 1500h 中性盐雾试验，通过 720h 紫外灯加速老化（QUVB）试验。

光伏系统高耐蚀锌铝镁钢卷：

ZM275 以上镀层通过 4800h 中性盐雾试验（平板）。

工程案例

淮北中德产业园、张家口一号光热发电、牧原内乡肉食厂、武汉富士康、中国台湾彰滨光伏电站、山西大同党留庄乡兼浦村等项目。

生产企业

烨辉（中国）科技材料有限公司［以下称烨辉（中国）］是台湾烨辉企业股份有限公司（下称烨辉企业）于 2002 年 1 月 100% 转投资设立，总投资金额为 6.398 亿美元，注册资本为 2.362 亿美元。

烨辉（中国）致力于全制程涂镀钢品的专业制造，产品远销世界各地及我国各省、市、自治区，凭借高附加值及多样化的高端产品与至善化服务，跻身行业楷模。产品包含酸洗涂油卷板、冷轧卷板、各类镀层之镀面卷板、彩涂卷板及彩涂印刷卷板与其他相关制品，广泛应用于新型建筑屋顶墙体、高端装饰材料、畜牧业用、光伏支架材料、3C 产品、汽车及家电用材料等多个领域。

烨辉（中国）自 2004 年底产线陆续开始投产，其生产设备从奥地利、日本、美国、意大利等国家引进，以涂镀产品一站式购物平台为创想，拥有设计年产能分别为：一条酸洗线 90 万吨、二座冷轧机组 60 万吨、一条酸连轧线 100 万吨、一

烨辉（中国）科技材料有限公司
地址：江苏省常熟市经济开发区沿江工业区烨辉路 1 号
电话：0512-52298888
传真：0512-52298456
官方网站：http://www.yiehphuichina.com

条连退线 50 万吨、四条连续式热浸镀锌线 130 万吨、三条连续式烤漆线 57 万吨，为国内外涂镀市场上品质及知名度非常高的优质品牌之一。

烨辉（中国）可为顾客提供生产厚度 1.5 ～ 5.0mm、宽度 600 ～ 1575mm 的酸洗涂油钢卷，厚度 0.17 ～ 3.0mm、宽度 700 ～ 1600mm 的轧硬钢卷，厚度 0.35 ～ 3.0mm、宽度 900 ～ 1650mm 的冷轧退火钢卷，厚度 0.2 ～ 3.0mm、宽度 670 ～ 1650mm 的镀面钢卷，厚度 0.23 ～ 2.0mm、宽度 600 ～ 1550mm 的彩涂钢卷。其中镀面钢卷及彩涂钢卷为烨辉（中国）主要产品。

烨辉（中国）所生产的镀面钢卷除可供应正常锌花、微细锌花、超平滑表面等热浸镀锌钢卷外，还可以生产热浸镀锌铝镁（5% 铝 + 镁）钢卷、热浸镀 55% 铝锌钢卷、热浸镀铝锌镁钢卷（55% 铝 + 镁）、热浸镀铝钢卷。烨辉（中国）是产品种类众多的镀面钢卷制造工厂。

烨辉（中国）所生产的彩涂钢卷不但可使用不同的底材，还可以选用聚酯树脂（PE）、硅质强化树脂（SMP）、亚克力树脂（AC）、聚胺基甲酸树脂（PU）及聚偏二氟乙烯树脂（PVDF）等多类树脂涂膜，并且有极富变化的色彩，更能提供高膜厚涂膜的 PVDF 高级彩涂钢卷、消光艺术彩涂钢板、白板、绿板、印刷钢卷、抗静电彩涂钢卷、自清洁彩涂钢卷、高效抗菌钢卷、畜牧业用彩涂钢卷、洁净节能高耐候彩涂钢卷、家电用途彩涂钢卷等特殊功能的彩涂钢品，提供多重的选择，可根据用户需求实现产品定制化。

烨辉（中国）科技材料有限公司

地址：江苏省常熟市经济开发区沿江工业区烨辉路 1 号
电话：0512-52298888
传真：0512-52298456
官方网站：http://www.yiehphuichina.com

证书编号：LB2022YZ001

先张法预应力混凝土管桩

产品简介

先张法预应力混凝土管桩是采用先张法离心工艺成型的中空管状形水泥制品，是现阶段建筑物基础建设常用的水泥制品。

单桩承载力高：具有高强度、高密度、低水灰比、低渗透、耐冲击、结构承载力高等特点。产品应用范围广：对持力层起伏变化大的地质条件适应性强，适应地域广，建筑类型多。沉桩质量可靠：工厂化、专业化、标准化生产运输吊装方便，接桩快捷。

机械化施工程度高：操作简单、易控制，改善施工环境。

工程造价便宜：单位承载力造价低，施工速度快、功效高、工期短，可提前竣工投产。

适用范围

产品常用于建筑物基础建设，其主要作用是将建筑物或构筑物的荷载传递到地基上，广泛应用于60层以下的多种高层民用建筑、工业厂房、大型设备基础、城市高架道路基础、公路、桥梁、港口码头、机场、城市轻轨、电力、冶金、市政工程及民用建筑等诸多领域，用途基本涵盖了我国所有的建筑工程的基础施工，成为我国重要的建筑桩基础材料。

公司生产的耐腐蚀管桩可扩大适用范围，适用于存在氯盐、硫酸盐及冻融环境的中度、严重腐蚀等级的工业与民用建筑工程、海港工程等。

广东三和管桩股份有限公司

地址：广东省中山市小榄镇同兴东路 30 号
电话：0760-28189998
传真：0760-28203642
官方网站：http://www.sanhepile.com/

技术指标

预应力混凝土管桩（PC）用混凝土强度等级不低于 C60，预应力高强混凝土管桩（PHC）用混凝土强度等级不低于 C80。

预应力钢筋放张时，管桩的混凝土抗压强度不低于 45MPa。

A 型、AB 型、B 型和 C 型管桩的混凝土有效预压应力值分别为 4.0N/mm^2、6.0N/mm^2、8.0N/mm^2 和 10.0N/mm^2。

外径 300mm 管桩预应力钢筋的混凝土保护层厚度不小于 25mm，其余规格管桩预应力钢筋的混凝土保护层厚度不小于 40mm。

工程案例

工业类建筑应用案例：福建古雷炼化一体化项目、华为上海青浦研发生产项目、山东裕龙石化项目、浙石化年产 4000 万吨炼化一体化项目、盛虹炼化一体化项目、宝钢湛江项目、中科（广东）炼化一体化项目、中央储备粮舟山直属库有限公司新建物流仓项目等。

交通路桥类应用案例：阜溧高速公路建湖至兴化段、徽州大道南延工程、江苏海新船务重工有限公司轨道安装项目、京沪高速改扩建 Sy4 标等。

民用类建筑应用案例：潮州万达文旅城、灌云万达广场泰达城、上海宝山 MAX 科技园项目、武汉绿城 CBD 项目等。

公共事业类应用案例：厦门新会展中心体育中心、苏州市妇幼保健院项目、太仓市城东水质净化厂项目、西交利物浦大学太仓校区项目、盐城市第一人民医院二期及医疗综合体等。

生产企业

广东三和管桩股份有限公司创建于 2003 年，是一家专业从事预应力高强混凝土管桩研发、生产、销售的企业。公司前身为中山市三和建材有限公司，后更名为广东三和管桩有限公司，并于 2015 年完成股改正式更名为广东三和管桩股份有限公司。经过二十余年的发展，公司分别在广东、湖北、福建、湖南、辽宁、山东、山西、江苏、安徽等省份共设立了 17 个管桩生产基地，并同时配有各自的物流运输网络，目前已成为国内混凝土管桩行业产销规模前两位的头部企业。公司秉承“沿江西进、沿海北上”的发展战略，致力于成为国际知名的预应力高强度混凝土管桩生产制造商。

公司获得了“广东省建设工业产品准用证”，多年来通过不断提升技术研发实力、改进生产工艺，公司产品在耐久性、环保性、综合稳定性方面均处于行业先进水平。截至 2022 年半年度报告期末，公司已获得专利 178 项，其中发明专利 28 项，实用新型专利 136 项，外观设计专利 14 项，同时参与制定了 34 项国家、行业、地方标准。公司中心试验室于 2007 年被评为省级“管桩工程技术研发中心”，2009 年被评为省级“企业技术中心”。

广东三和管桩股份有限公司

地址：广东省中山市小榄镇同兴东路 30 号
电话：0760-28189998
传真：0760-28203642
官方网站：http://www.sanhepile.com/

证书编号：LB2022FS001

雅思图水泥基面渗透结晶硬化剂（水晶地坪）

产品简介

水晶地坪液体硬化剂优势：

无 VOC 含量，对环境无污染，可在食品、药品等相关场所使用。

地坪使用时间越久越坚硬、越磨越光亮。

有效抵抗水渍和其他杂质的渗透。

合作企业通过 ISO 3 系认证。

产品质量可由 PICC 承保。

液体硬化剂国家、行业标准主编单位。

环保无毒无害，可抵抗弱酸弱碱侵蚀。

无须特殊保养，二次维护成本为零。

地坪硬化后，硬度最高可达 8 莫氏。

水晶地坪液体硬化剂功能特点：

处理前莫氏硬度 3，处理后莫氏硬度 8。

处理后耐磨度提高 150%。

处理前光亮度 7.3，处理后光亮度 21.6。

防水抗渗：有效阻止水、油污及其他污染物的渗透，地面更易于清洗和维护。

抗冻融：硬化后的建筑地坪能有效阻止外部湿气和冰水渗进混凝土层，进而减少结构的损害。

结合力：能有效消除粉尘和防止剥落，更好地贴合油漆、填隙化合物、粘合剂、地板盖物等。

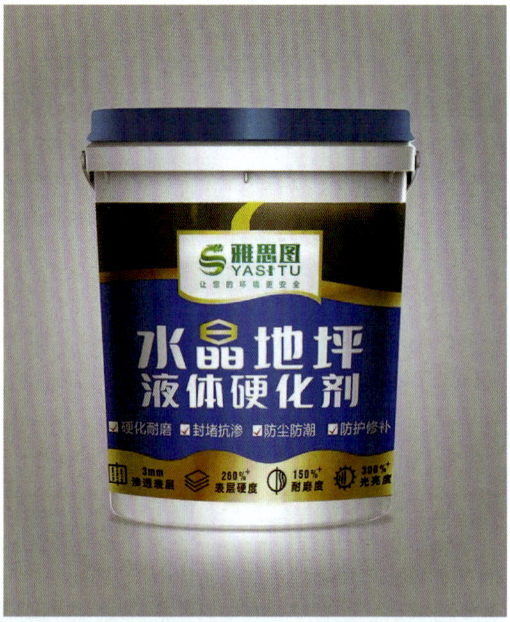

适用范围

产品适用于混凝土、混凝土砖、砂浆、水磨石、水泥基材料、新旧混凝土基面；适用于各类公共设施、军用基地、地下停车场、大型工厂、仓储物流、生产车间、大卖场、机场、加油站、家装等。

技术指标

固体含量/%：明示值 ±2，pH 值 ≥ 10.0，黏度（23 ℃）/mPa·s：1.0 ～ 10.0，耐磨性/mm：AR6 ≤ 0.060、AR2 ≤ 0.20、AR0.5 ≤ 0.05，表面硬度/mm：≤ 4.5，24h 表面吸水率/mm：≤ 5.0

工程案例

深圳中电迪康大厦	2017	地下车库	2.6 万 m^2
深圳香山美墅苑	2020	地下车库	3.23 万 m^2
深圳沃尔玛山姆会员店	2000	卖场地面硬化	3.26 万 m^2

生产企业

中科恒固（深圳）科技有限公司是一家集研发、生产、销售、服务于一体的科技型企业，公司秉承诚信、创新的经营理念，专心做好绿色无机功能涂料。公司高度注重产品的升级、研发团队的建设，先后与中国建筑材料科学研究总院、深圳建筑科学研究院、深圳涂料技术学会等技术权威机构建立紧密合作关系；成功研发出纯天然无机、抑菌、抗病毒功能性涂料、中空玻璃微珠保温隔热保温材料、无机水晶硬化地坪涂料。我司多次参与多项国家、行业标准的制定工作，成为业界具有一定影响力的高新企业。我们立志做良心产品，树立民族品牌，为美丽中国贡献自己的一份力量。

卫生陶瓷 PVC-U型材 陶瓷砖 外加剂 预拌砂浆 水泥 金属复合材料 预制构件 防水卷材与防水涂料 其他材料

中科恒固（深圳）科技有限公司
办公地址：深圳市宝安区宝民二路恒荣立方商厦十楼
电话：0755-36304286
传真：0755-36304286
官方网站：www.zkhgnm.com

证书编号：LB2022FS002

常林反应粘高强型自粘沥青防水卷材、自粘聚合物改性沥青聚酯胎防水卷材、湿铺自粘防水卷材

产品简介

反应粘高强型自粘沥青防水卷材以高性能自粘改性沥青为粘接密封层，上表面覆高强度高分子膜或可剥离的涂硅隔离膜，下表面覆可剥离的涂硅隔离膜所制成的可以卷曲的片状防水材料。

自粘聚合物改性沥青聚酯胎防水卷材以石油沥青为基料，苯乙烯 - 丁二烯 - 苯乙烯（SBS）、丁苯橡胶（SBR）、增粘树脂为改性剂，聚酯胎基布为加强层，上表面覆聚乙烯膜（PE 膜）或可剥离的涂硅隔离膜，下表面覆可剥离的涂硅隔离膜所制成的可以卷曲的片状防水材料。

湿铺自粘防水卷材以石油沥青为基料，特种改性剂制成自粘改性沥青，聚酯胎基布为加强层，下表面覆可剥离的涂硅隔离膜，上表面覆可剥离的涂硅隔离膜或聚乙烯膜（PE 膜）所制成的可以卷曲的片状防水材料。

适用范围

反应粘高强型自粘沥青防水卷材适用于各类建筑的非暴露屋面、地下和室内工程，以及明挖地铁、隧道、水池、水渠等防水工程，尤其适用于不准动用明火的防水工程。

自粘聚合物改性沥青聚酯胎防水卷材适用于非外露屋面和地下工程的防水工程，也适用于明挖法地铁、隧道以及水池、水渠等防水工程；尤其适用于不准动用明火的工程，低温柔性更好，适用于寒冷地区。

湿铺自粘防水卷材广泛用于各类建筑的非暴露屋面、地下和室内防水工程，以及明挖地铁、隧道、水池、水渠等防水工程，尤其适用于不准动用明火的防水工程。

技术指标

反应粘高强型自粘沥青防水卷材技术指标如下：

项目		指标
拉伸性能	拉力 /（N/50mm），≥	300
	最大拉力时伸长率 /%，≥	50
	拉伸时现象	胶层与高分子膜或胎基无分离
撕裂力 /N，≥		20
耐热性		70℃，2h 无流淌、滴落，滑移≤ 2mm
卷材与卷材剥离强度 /（N/mm^2），≥	无处理	1.0
	浸水处理	0.8
	热处理	0.8
与水泥砂浆剥离强度 /（N/mm^2），≥	无处理	1.5
	热老化	1.0
与水泥砂浆浸水后剥离强度 /（N/mm^2），≥		1.5

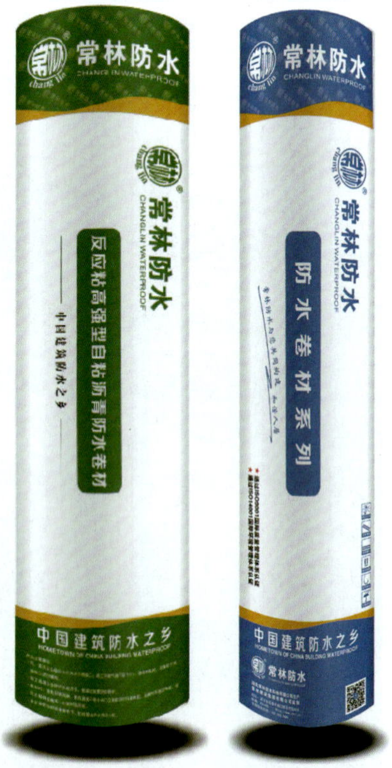

自粘聚合物改性沥青聚酯胎防水卷材技术指标如下：

检测项目	技术指标	典型值
	I	I
拉力（3.0mm）	≥ 450N/50mm	485N/50mm
最大拉力时延伸率	≥ 30%	37%
耐热性	70℃无滑动、流淌、滴落	合格

湖北常林防水科技有限公司

地址：湖北 - 荆州 - 湖北省石首市南口镇爱民垸 88 号
电话：400 088 1685
官方网站：http://www.hbcl.cn/

续表

检测项目	技术指标	典型值
	I	I
低温柔性	-20℃无裂纹	合格
剥离强度（卷材与卷材）	≥ 1.0N/mm	1.5N/mm
剥离强度（卷材与铝板）	≥ 1.5N/mm	1.8N/mm
持黏性	≥ 20min	30min
自粘沥青再剥离强度	≥ 1.5N/mm	1.8N/mm

湿铺自粘防水卷材技术指标如下：

项目		指标
		PY
拉伸性能	拉力 / （N/50mm），≥	500
	最大拉力时伸长率 /%，≥	30
	拉伸时现象	胶层与高分子膜或胎基无分离
可溶物含量 / （g/m²）		2100
撕裂力 /N，≥		200
耐热性		70℃，2h 无流淌、滴落，滑移≤ 2mm
低温柔性 /℃		-20
		无裂纹
卷材与卷材剥离强度 / （N/mm²），≥	无处理	1.0
	浸水处理	0.8
	热处理	0.8
渗油性 / 张数，≤		2
持黏性 /min，≥		30
与水泥砂浆剥离强度 / （N/mm²），≥	无处理	1.5
	热老化	1.0
与水泥砂浆浸水后剥离强度 / （N/mm²），≥		1.5
热老化（80℃，168h）	拉力保持率 /%，≥	90
	伸长率保持率 /%，≥	80
	低温柔性 /℃	-18，无裂纹

工程案例

中铁十九局集团第五工程有限公司

韶关市公安监管中心及配套市政工程

黄孝河综合管廊（中一路—和谐大道段）工程

生产企业

湖北常林防水科技有限公司是一家集防水材料的研发、生产、销售、技术服务于一体的新型民营企业，多年来秉承“发展中求质量，创新中求发展”的宗旨。公司现有防水品牌“常林”“力可粘”“傲琪”，产品涵盖防水涂料、防水卷材、高分子材料、止水堵漏材料等。公司时刻牢记必须走在防水技术的前沿，拥有多名防水专家和防水高级研发技术人员，并获得国家专利成果，品牌深得信赖。多年以来，公司凭借雄厚的实力、严格的管理、诚信的经营，在市场赢得了良好的口碑。公司具有完善的质量保证体系和完备的售后服务体系。公司将不断研发节能环保的各类防水建材，奋力打造中国建筑防水新标杆，继续以高品质的产品和更好的服务回馈社会。

湖北常林防水科技有限公司

地址：湖北 - 荆州 - 湖北省石首市南口镇爱民垸 88 号
电话：400 088 1685
官方网站：http://www.hbcl.cn/

证书编号：LB2022FS003

常林非固化橡胶沥青防水涂料、聚氨酯防水涂料、水乳型沥青防水涂料

产品简介

非固化橡胶沥青防水涂料是一种以橡胶、沥青为主要组分，加入助剂混合制成的在使用年限内保持黏性膏状体的防水涂料。非固化橡胶沥青防水涂料既不是挥发性也不是反应型涂料，而是一种不需要成膜、蠕变型的防水涂料。

聚氨酯防水涂料是一种反应型高分子防水涂料，由 A、B 组分组成，其中 A 组分是聚氨酯预聚体，B 组分是固化剂。使用时将 A、B 两组分按一定比例混合，搅拌均匀，涂覆在基层上，反应固结成为连续、柔韧、无接缝的橡胶防水层。

水乳型沥青防水涂料是以异氰酸酯、聚醚多元醇为主要原料，配以特殊助剂、填充剂、颜料，在先进的工艺设备中经聚合反应而成。使用时涂覆于防水基层，通过与空气中湿气反应，在防水基层表面形成连续、无接缝的具有橡胶特性的涂膜防水层。

适用范围

非固化橡胶沥青防水涂料适用于各种新建或维修防水工程，既可用于常规部位的防水，也可用于变形缝等特殊部位的防水，一般与卷材非外露复合使用；产品粘结性能、延伸性能优异，适用于地下工程的底板、顶板等建筑物的水平面防水。

聚氨酯防水涂料适用于铁路、公路、桥梁、地下室、水池、冷库、地坪等高要求的防水防潮工程。

水乳型沥青防水涂料适用于非外露屋面和地下工程的防水工程，也适用于明挖法地铁、隧道以及水池、水渠等防水工程。尤其适用于不准动用明火的工程，低温柔性更好，适用于寒冷地区。

技术指标

非固化橡胶沥青防水涂料技术指标如下：

检测项目		技术指标	典型值
		Ⅱ型	Ⅱ型
外观		均匀、无结块、无明显可见杂质	均匀、无结块、无明显可见杂质
闪点		≥ 180℃	200℃
固体含量		≥ 98%	99.5%
低温柔性		-20℃，无断裂	-20℃，无断裂
粘结性能		干燥基面	100% 内聚破坏
		潮湿基面	100% 内聚破坏

聚氨酯防水涂料技术指标如下：

检测项目	技术指标	典型值
固体含量	≥ 98%	99%
表干时间	≤ 4h	3h
实干时间	≤ 35h	8h
拉伸强度	≥ 6.00MPa	8.0MPa
断裂伸长率	≥ 450%	550%
撕裂强度	≥ 35N/mm	42N/mm
低温弯折性	≤ -35℃，无裂缝	-35℃，无裂缝
不透水性	0.4MPa，2h，不透水	0.4MPa，2h，不透水

湖北常林防水科技有限公司
地址：湖北 - 荆州 - 湖北省石首市南口镇爱民垸 88 号
电话：400 088 1685
官方网站：http://www.hbcl.cn/

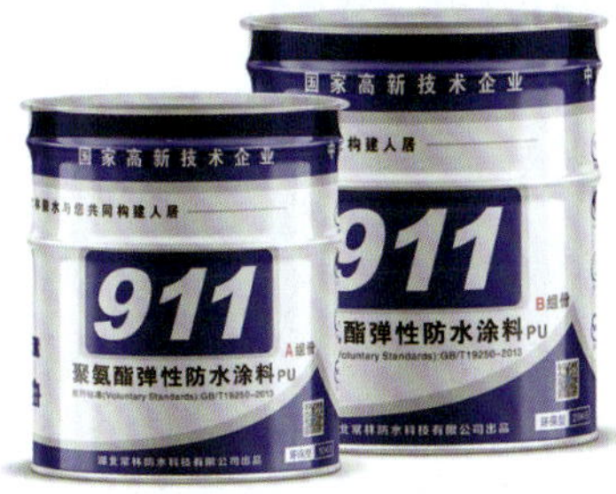

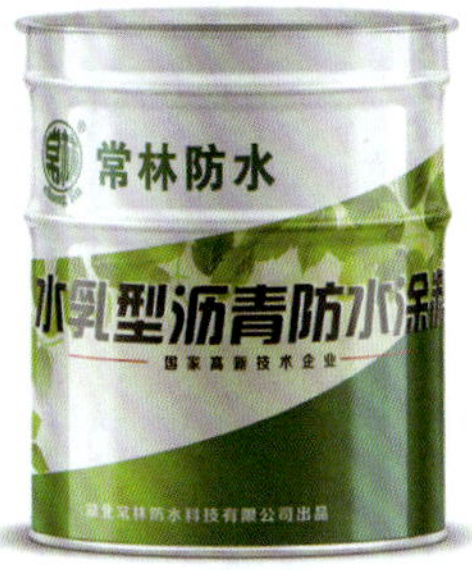

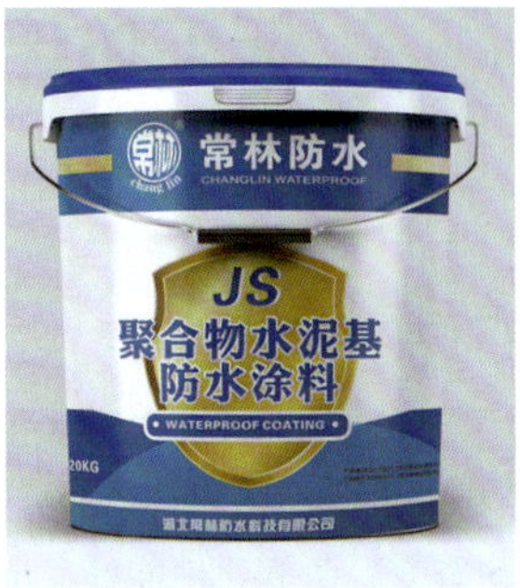

水乳型沥青防水涂料技术指标如下：

检测项目		技术指标	典型值
		Ⅱ型	Ⅱ型
外观		均匀、无结块、无明显可见杂质	均匀、无结块、无明显可见杂质
闪点		≥ 180℃	200℃
固体含量		≥ 45 %	49%
耐热度		（110±2）℃无流淌、滑动、滴落	无流淌、滑动、滴落
不透水性		0.1MPa，30min 无渗水	无渗水
粘结强度		≥ 0.30MPa	0.97MPa
低温柔性	标准条件	0℃，无裂纹	无裂纹
	热处理	5℃，无裂纹	无裂纹
断裂伸长率	标准条件	≥ 600%	大于 1000
	热处理		大于 1000

工程案例

中铁十九局集团第五工程有限公司
韶关市公安监管中心及配套市政工程
黄孝河综合管廊（中一路—和谐大道段）工程

生产企业

湖北常林防水科技有限公司是一家集防水材料的研发、生产、销售、技术服务于一体的新型民营企业，多年来秉承“发展中求质量，创新中求发展”的宗旨。公司现有防水品牌“常林”“力可粘”“傲琪”，产品涵盖防水涂料、防水卷材、高分子材料、止水堵漏材料等。公司时刻牢记必须走在防水技术的前沿，拥有多名防水专家和防水高级研发技术人员，并获得国家专利成果，品牌深得信赖。多年以来，公司凭借雄厚的实力、严格的管理、诚信的经营，在市场赢得了良好的口碑。公司具有完善的质量保证体系和完备的售后服务体系。公司将不断研发节能环保的各类防水建材，奋力打造中国建筑防水新标杆，继续以高品质的产品和更好的服务回馈社会。

湖北常林防水科技有限公司

地址：湖北 - 荆州 - 湖北省石首市南口镇爱民垸 88 号
电话：400 088 1685
官方网站：http://www.hbcl.cn/

证书编号：LB2022FS004

天汇佑佳弹性体改性沥青防水卷材、聚氯乙烯防水卷材、热塑性聚烯烃防水卷材

产品简介

弹性体改性沥青防水卷材是以 SBS（苯乙烯 - 丁二烯 - 苯乙烯）热塑性弹性体作石油沥青改性剂，以优质聚酯毡为胎基，以 PE 膜为覆盖材料，采用先进工艺精制而成具有不透水性能强，耐高温、低温性能好，耐穿刺、耐硌破、耐撕裂、耐腐蚀、耐霉变、耐候化性能好，抗拉强度高、延伸率大、尺寸稳定性能好、对基层收缩变形和开裂适应能力强的弹性体改性沥青防水卷材。

聚氯乙烯（PVC）防水卷材是一种性能优异的高分子防水材料，以聚氯乙烯树脂为原料，采用先进设备和先进工艺制成。产品具有拉伸强度大、延伸率高、收缩率小、低温柔性好、使用寿命长等特点。产品性能稳定、质量可靠、施工方便。

热塑性聚烯烃类（TPO）防水卷材是以石油树脂及乙烯、乙酸、乙烯树脂为基料制成的新型防水卷材，TPO 防水卷材综合了 EPDM 和 PVC 的性能优点，具有前者的耐候能力、低温柔度和后者的可焊接特性。这种材料与传统的塑料不同，在常温显示出橡胶高弹性，在高温下又能像塑料一样成型。因此，这种材料具有良好的加工性能和力学性能，并且具有高强焊接性能。

适用范围

弹性体改性沥青防水卷材广泛应用于工业与民用建筑的屋面、地下室、卫生间等防水工程以及屋顶花园、道路、桥梁、隧道、停车场、游泳池等工程的防水防潮。

聚氯乙烯（PVC）防水卷材适用于工业与民用建筑的各种屋面防水，包括种植屋面、平屋面、坡屋面；建筑物地下防水：包括水库、堤坝、水渠以及地下室各种部位防水防渗；隧道、高速公路、高架桥梁、粮库、人防工程、垃圾填埋场、人工湖等。

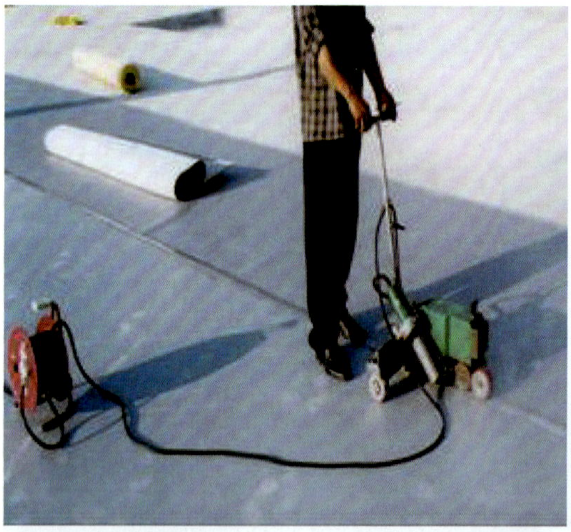

山东天汇防水股份有限公司

地址：聊城市东阿县大桥镇
电话：0635-35853770635-3585377
传真：0635-3585166
官方网站：www.sdthfs.com

技术指标

弹性体改性沥青防水卷材主要性能参数如下：

1. 可溶物大于 2100g/m^2
2. 耐热性 105℃无流淌，滴落，滑移小于 2mm
3. 低温柔性 -25℃
4. 最大峰拉力大于 800N/50mm
5. 最大峰时延伸率大于 40%
6. 渗油性小于 2 张
7. 不透水性 0.3MPa，30min 不透水

聚氯乙烯（PVC）防水卷材主要性能参数如下：

序号	项目		技术要求
1	外观		表面应平整，边缘整齐，无裂纹、空洞、粘结、气泡和疤痕
2	低温弯折		-25℃无裂纹
3	最大拉力 /（N/cm），≥	纵向	120
		横向	
4	断裂伸长率 / %，≥	纵向	150
		横向	
5	热尺寸变化率 / %，≤	纵向	1.0
		横向	

热塑性聚烯烃类防水卷材主要性能参数如下：

序号	项目		技术要求
1	外观		表面应平整，边缘整齐，无裂纹、空洞、粘结、气泡和疤痕
2	低温弯折		-40℃无裂纹
3	拉伸强度 /MPa，≥	纵向	12.0
		横向	
4	断裂伸长率 / %，≥	纵向	500
		横向	
5	热尺寸变化率 / %，≤	纵向	2.0
		横向	

工程案例

山东农业大学屋面防水、日照奎山体育中心项目、鲁西化工、孟达广场项目、济南市环华山公路底下管廊项目、河南驻马店皇家驿站项目、聊城孟达东昌国际新城项目、芜湖西湾花园项目、亳州还原 B 区等。

生产企业

山东天汇防水股份有限公司坐落于阿胶之乡——山东省东阿县，临近平阴黄河大桥北首，105 国道旁。天汇防水公司隶属山东天汇集团，是集水泥外加剂、混凝土外加剂、烤漆桶、镀锌桶、陶瓷耐磨材料、防水材料、新型路桥改性材料为一体的大型民营企业，拥有自营进出口权，年综合产值 10 多亿元人民币。

山东天汇防水股份有限公司是集防水材料研发、生产、销售、施工、服务于一体的高新技术企业。公司先后引进国内先进的自动化生产线 9 条，主要生产 SBS/APP 改性沥青防水卷材、自粘聚合物改性沥青防水卷材、高铁专用高聚物改性沥青防水卷材、热塑性聚烯烃防水卷材（TPO）、聚氯乙烯（PVC）防水卷材、聚乙烯丙纶复合防水卷材、玻纤胎沥青瓦、聚氨酯防水涂料、JS 聚合物水泥防水涂料等系列产品，年产防水卷材 6000 万平方米，防水涂料 20000 吨。

公司拥有符合防水行业要求的国家标准化实验室，配备相应先进仪器，严格按照 ISO 9001 质量体系标准要求，对原料进厂、过程质量控制、成品出厂进行严格把关。公司在全国各地常设销售网点，配备 20 余名资深防水施工技术人员，安排在各省市销售机构随时随地为客户提供及时、优质的服务。公司拥有国家专业建筑防水防腐保温施工一级资质，可对外承接各类大型防水工程，并可提供专业技术指导。

山东天汇防水股份有限公司

地址：聊城市东阿县大桥镇
电话：0635-35853770635-3585377
传真：0635-3585166
官方网站：www.sdthfs.com

证书编号：LB2022FS005

天汇佑佳非固化橡胶沥青防水涂料、聚合物乳液建筑防水涂料、聚合物水泥防水涂料

产品简介

非固化橡胶沥青防水涂料是在应用状态下长期保持黏性膏状体的具有蠕变性的一种新型防水材料。该涂料能封闭基层裂缝和毛细孔，能适应复杂的施工作业面；与空气接触后长期不固化，始终保持黏稠胶质的特性，自愈能力强、碰触即粘、难以剥离，在 -20℃仍具有良好的粘结性能。它能解决因基层开裂应力传递给防水层造成的防水层断裂、挠曲疲劳或处于高应力状态下的提前老化等问题；同时，蠕变性材料的黏滞性使其能够很好地封闭基层的毛细孔和裂缝，解决了防水层的窜水难题，使防水可靠性得到大幅度提高；还能解决现有防水卷材和防水涂料复合使用时的相容性问题。

聚合物乳液建筑防水涂料具有漆膜高弹性，高强度，高粘结力;热尺寸稳定性，低温柔韧性，耐水性和抗裂性能好等优势，施工简便；该产品无毒、无害、无污染，属于重点推广环保产品。

聚合物水泥（JS）防水涂料是绿色环保型防水涂料，属于国家推荐住宅建筑防水涂料。该材料是由有机液料和无机粉料复合而成的双组分防水涂料，具有有机材料弹性高、无机材料耐久性较好的双重特点，涂膜后可形成高强、坚韧的防水涂膜。

适用范围

弹性体改性沥青防水卷材广泛应用于工业与民用建筑的屋面、地下室、卫生间等防水工程以及屋顶花园、道路、桥梁、隧道、停车场、游泳池等工程的防水防潮。

聚合物乳液建筑防水涂料适用于各种新旧平斜面及天沟檐口，特别适用于不规则形状部位之防水渗透；地面建筑：厕所间、厨房、阳台、水池及外墙立面的防水防潮饰面；地下建筑：内外墙、地板、地下隧道、电梯间等。

聚合物水泥防水涂料在工业以及民用建筑内的使用非常广泛，例如比较潮湿的地下室或者厕所，卫浴间、厨房等长期需要接触到水的地方。

技术指标

非固化橡胶沥青防水涂料主要性能参数如下：

序号	项目	指标
1	闪点 /℃ ≥	180
2	固体含量 /% ≥	98
3	延伸性 /mm ≥	15
4	低温柔性	-20℃无断裂
5	耐热性 /℃	65，无滑动、流淌、滴落
6	渗油性 / 张 ≤	2

山东天汇防水股份有限公司
地址：聊城市东阿县大桥镇
电话：0635-35853770635-3585377
传真：0635-3585166
官方网站：www.sdthfs.com

聚合物乳液建筑防水涂料主要性能参数如下：

序号	项 目		指标
1	拉伸强度 /MPa ≥		1.0
2	断裂伸长率 /% ≥		300
3	低温柔性 绕 ϕ10mm 棒弯 180°		-10℃无断裂
4	不透水性（0.3MPa，30min）		不透水
5	固体含量 / % ≥		65
6	干燥时间 /h	表干时间≤	4
		实干时间≤	8

聚合物水泥防水涂料主要性能参数如下：

序号	项 目		指标
1	固体含量 /%≥		70
2	拉伸强度 无处理 /MPa ≥		1.2
3	断裂伸长率 无处理 /%≥		200
4	低温柔性（ф10mm 棒）		-10℃无裂纹
5	粘结强度	无处理 /MPa ≥	0.5
6	不透水性（0.3MPa，30min）		不透水

工程案例

安徽六安霍山金地华府、山西阳泉益智地产公司、山东菏泽城建集团、山东聊城莘州集团河南漯河光天颐城项目、青岛即墨红杉谷项目等。

生产企业

山东天汇防水股份有限公司坐落于阿胶之乡——山东省东阿县，临近平阴黄河大桥北首，105 国道旁。天汇防水公司隶属山东天汇集团，是集水泥外加剂、混凝土外加剂、烤漆桶、镀锌桶、陶瓷耐磨材料、防水材料、新型路桥改性材料为一体的大型民营企业，拥有自营进出口权，年综合产值 10 多亿元人民币。

山东天汇防水股份有限公司是集防水材料研发、生产、销售、施工、服务于一体的高新技术企业。公司先后引进国内先进的自动化生产线 9 条，主要生产 SBS/APP 改性沥青防水卷材、自粘聚合物改性沥青防水卷材、高铁专用高聚物改性沥青防水卷材、热塑性聚烯烃防水卷材（TPO）、聚氯乙烯（PVC）防水卷材、聚乙烯丙纶复合防水卷材、玻纤胎沥青瓦、聚氨酯防水涂料、JS 聚合物水泥防水涂料等系列产品，年产防水卷材 6000 万平方米，防水涂料 20000 吨。

公司拥有符合防水行业要求的国家标准化实验室，配备相应先进仪器，严格按照 ISO 9001 质量体系标准要求，对原材料进厂、过程质量控制、成品出厂进行严格把关。公司在全国各地常设销售网点，配备 20 余名资深防水施工技术人员，安排在各省市销售机构随时随地为客户提供及时、优质的服务。公司拥有国家专业建筑防水防腐保温施工一级资质，可对外承接各类大型防水工程，并可提供专业技术指导。

山东天汇防水股份有限公司
地址：聊城市东阿县大桥镇
电话：0635-35853770635-3585377
传真：0635-3585166
官方网站：www.sdthfs.com

证书编号：LB2022FS006

沪望防渗膜、高分子防护排水异型片、粘霸（湿铺防水卷材）

产品简介

防渗膜：主要原材料是乳白色半透明的高密度聚乙烯 HDPE 树脂，经加热、熔融、模具拉伸成型、冷却而成，无毒、无味、无臭，具有良好的耐热性和耐寒性，有较高的刚性和韧性，机械强度好，具有优异的抗穿刺能力，可以抵抗大部分植物根系。防渗膜可广泛应用于环保和环卫设施、水利工程建设、市政防排水工程建设、园林景观与绿化工程、石油化工系统施工、道路交通设施土工基础加固、农业和农田水利系统建设等。

高分子防护排水异型片：以高密度聚乙烯 HDPE 为主要原材料，经加热、挤塑、模具滚压成型、冷却而成。与土工布粘贴形成一定的空间，可储存适量的水源，同时保持水流的畅通流入虹吸排水槽。异型片还具有防水的作用。

粘霸：国家标准名称是湿铺防水卷材，就是在高分子强力交叉膜的上下表面涂一层具有蠕变功能的橡胶沥青自粘材料，再覆以硅油防粘隔离膜制成。产品具有较高的抗拉强度和延伸率，撕裂性好、抗冲击性高、耐腐蚀，同时还具有一定的耐穿刺性能。

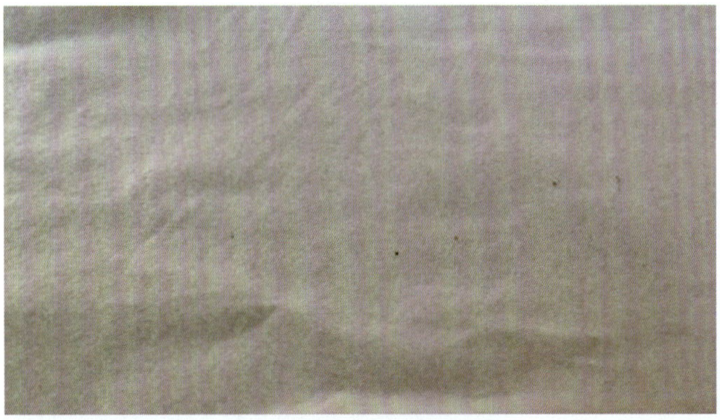

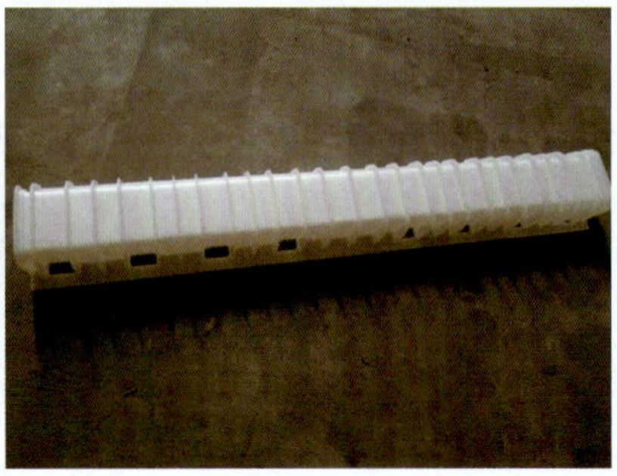

适用范围

产品适用范围：各种机场工程、高速公路、隧道工程、市政工程、海绵城市建设、地下室防潮防渗防排水保护工程、园林绿化用蓄防排水工程、立体绿化工程、绿色生态停车场停车库建设等。

技术指标

防渗膜：拉伸屈服强度（纵向、横向）≥ 13N/mm，拉伸断裂强度（纵向、横向）≥ 20N/mm，屈服伸长率（纵向、横向）≥ 11%，断裂伸长率（纵向、横向）≥ 600%，抗穿刺强度≥ 240N。

高分子防护排水异型片：拉伸强度（纵向、横向）≥ 56N/cm，拉断伸长率（纵向、横向）≥ 35%，抗压性能≥ 300kPa，排水截面积≥ 60cm^2，热空气老化拉伸强度保持率（纵向、横向）≥ 80%，热空气老化拉断伸长保持率（纵向、横向）≥ 70%，耐碱性拉伸强度保持率（纵向、横向）≥ 80%，耐碱性拉断伸长保持率（纵向、横向）≥ 80%。

粘霸（湿铺防水卷材）：拉力（纵向、横向）≥ 150N，最大拉力时伸长率≥ 30%，撕裂强度（纵向、横向）≥ 12N，低温柔性：-15℃无裂纹，渗油性≤ 2 张，持黏性（上、下表面）≥ 15min。

南通沪望塑料科技发展有限公司

地址：江苏省南通市通州区刘桥镇富新路 18 号
电话：0513 － 86849999 86840880 86840789
传真：0513-86848122
官方网站：http://wwww.huwa.com.cn

工程案例

北京鸟巢、北京新机场、上海中心大厦、上海世博园瑞士馆、赣州西站、青岛西站、南京南站、上海浦东国际机场、国赫天著、华润第五城•九里、中海长安雅苑、金地宋都•都会钱塘、武汉荷苑等项目。

生产企业

南通沪望塑料科技发展有限公司成立于 2006 年 1 月，是一家集国际贸易、科技研发、生产、销售于一体的主营 pds 防护虹吸排水收集系统、雨水收集系统、地下管廊渗排水收集系统、植被草沟系统、立体绿化系统等海绵城市建设产品的集团企业。企业注册资金 1508 万元，总资产 13050 多万元，占地 38000 多平方米，拥有九条国内先进的全自动生产线，从片材、压塑、注塑、吸塑、贴布、复合一条龙生产。2021 年企业营销额达 1.74 亿元，利税 4200 多万元。

南通沪望塑料科技发展有限公司拥有现代化的企业管理机制，有各类专业管理人才 30 多名，建有市级技术研究中心，与上海华东理工大学、南京工业大学、南通大学等院校常年开展产学研校企合作。沪望公司是国家建材行业标准《塑料防护排水板》（JC/T 2112 — 2012）的制定单位之一，与中国建筑标准设计研究院共同编订了国家专项技术规范《HW 塑料防护排水板组合系统》专项图集，以及《塑料防护排（蓄）水板建筑构造》国家建筑标准设计参考图集。截至 2021 年 12 月，企业已拥有专利 75 件（其中：发明专利 7 件，实用新型专利 60 件，PCT 国际专利 8 件），另外，还有 11 件发明专利已进入实审阶段；获得南通市政府专利优秀奖 1 件；2021 年度公司研究开发的“海绵城市建设数据化雨水收集系统的实时监测与水质分析、智能化自动管理系统”填补了国内空白。

沪望公司产品销往全国各地，以及欧美、俄罗斯、澳大利亚、东南亚等国际市场。近几年承建项目或客户有上海东方明珠电视塔、上海世纪大道、上海延安路隧道复线、上海虹桥机场、南京鼓楼隧道、南京五台山体育馆、苏州金鸡湖高尔夫球场、西藏林芝机场、四川康定机场等国家大型工程项目。公司与北京矿冶集团总公司、艾芬豪国际集团、中远国际集团以及东南亚房地产商、万达集团、万科集团、绿地集团、华润集团等大型企业建立了长期的供应商关系。

南通沪望塑料科技发展有限公司
地址：江苏省南通市通州区刘桥镇富新路 18 号
电话：0513 — 86849999 86840880 86840789
传真：0513-86848122
官方网站：http://wwww.huwa.com.cn

证书编号：LB2022FS007

固密特超强高韧聚合物水泥基防护涂料、双组分聚脲防水涂料、弹性氟碳涂料

产品简介

超强高韧聚合物水泥基防护涂料：以自制高性能聚合物乳液、进口特种增韧剂、硅酸盐水泥、多种超细掺合料及有机硅类活性物质为主要原料，与多种助剂经一定工艺合成得到。该涂料强度高、韧性好、抗冲磨性能优异，与原混凝土基材相融性好、渗透性高，并能使新老材料高度融合成为一个牢固的整体，尤其具有长期泡水后自身强度及与基材粘结强度不断提高的优异特性。

双组分聚脲防水涂料：以功能性聚醚多元醇、脂肪族异氰酸酯及固化剂为主要反应原料，与多种助剂和填料配制而成。该产品为外露型涂料，较为环保，具有防水性、耐黄变、高强度，良好的抗冲磨、抗老化性能，与多种基材粘结性优良。

弹性氟碳涂料：是由氟乙烯 - 乙烯基醚（酯）共聚物 FEVE 树脂，耐候、耐酸碱的颜填料和进口铝粉，珠光粉、助剂、环保溶剂等材料组成，含 A、B 两个组分，现场按一定比例混合交联固化，其涂膜具有超常的耐候性、防污性、防腐性、保色性，高装饰性能，同时还具有耐化学药品性好、附着力强、致密性好、防渗透能力强的特点，能有效防止水分、二氧化碳的渗透及有害物质的侵蚀，常用于金属、混凝土表面，提高其耐久性，延长服役年限。

适用范围

超强高韧聚合物水泥基防护涂料：适用于水工隧洞内混凝土及岩石基面的防护耐磨工程；尤其适用于水工隧洞内混凝土（岩石）基面的防冲磨蚀防护领域，也适用于其他潮湿或长期泡水环境下的输水建筑物。

双组分聚脲防水涂料：适用于道路桥梁、公路工程、铁路混凝土桥面、混凝土屋面、屋面、钢结构屋面、彩钢板、桥梁、游泳池、污水处理池、水电大坝、混凝土裂缝的封闭、溢洪道以及地坪等防水防腐耐磨工程。

弹性氟碳涂料：适用于房顶、墙面（各种金属材料）门窗、钢结构、各种混凝土、煤气柜、水泥瓦、大门、牌坊、桥梁、大型港口设备、油轮、集装箱等工程领域。

技术指标

超强高韧聚合物水泥基防护涂料主要技术指标如下：

序号	项目		单位	技术指标
1	固体含量		%	≥ 70
2	拉伸强度		MPa	≥ 15
3	断裂伸长率		%	≥ 5
4	粘结强度（混凝土）	无处理	MPa	≥ 4.0 或基材破坏
		潮湿基面	MPa	≥ 4.0 或基材破坏
		浸水处理	MPa	≥ 4.0 或基材破坏
5	粘结强度（花岗岩）	无处理	MPa	≥ 4.0 或基材破坏
6	抗冲磨强度（水下钢球法 72h 无磨损）		h/（kg/m^2）	≥ 500
7	不透水性（0.3MPa，30min）		/	不透水

双组分聚脲防水涂料主要技术指标如下：

序号	项目	质量指标
1	拉伸强度 /MPa	≥ 12
2	断裂伸长率 /%	≥ 300
3	低温弯折性 /℃	−45℃无裂纹
4	不透水性	0.3MPa 120min 不透水
5	固体含量 /%	≥ 85
6	撕裂强度 /（N/mm）	≥ 40
7	粘结强度 /MPa	干粘≥ 2.5

新疆科能新材料技术股份有限公司
地址：新疆乌鲁木齐经济技术开发区（头屯河区）银星街 69 号
电话：0991-3966572
传真：0991-3973017
官方网站：http://www.xj-keneng.com/

弹性氟碳涂料主要技术指标如下：

序号	项目		技术指标
1	固体含量 /%		≥ 55
2	铅笔硬度		＜ 2H
3	基液中氟含量 /%		≥ 20
4	干燥时间	表干 /h	≤ 2
		实干 /h	≤ 24
5	附着力（拉开法）/MPa		≥ 5 或基材破坏
6	弯曲试验 /mm		2
7	耐水性		168h，无异常
8	耐湿冷热循环性		10 次，无异常
9	耐湿热性（1000h）		不起泡，不生锈，不脱落
10	耐冲击性 /cm		≥ 50
11	耐磨性（1kg · 500r）/g		≤ 0.05
12	耐酸性，10%H_2SO_4		无异常
13	耐碱性，10%NaOH		无异常
14	耐玷污性		≤ 10%
15	耐洗刷性，次		＞ 10000
16	耐人工气候老化性（3000h）		不起泡、不脱落、不开裂、不粉化；$\Delta E \leq 3.0$，保光率≥ 80%

工程案例

序号	工程名称
1	西藏拉洛水利枢纽泄洪洞抗冲磨处理工程
2	新疆某隧洞降糙防护处理工程
3	阿尔塔什发电洞防护处理
4	新疆克孜河渡槽侧墙处理工程
5	宁夏同心县渡槽伸缩缝封闭处理工程
6	浙江凤凰水库坝后防碳化处理工程
7	内蒙古东台子坝后防碳化处理工程

生产企业

新疆科能新材料技术股份有限公司是一家专业从事严寒地区水工建筑物抗冻害防护与修复、密封防水等材料的研发、生产、销售及施工技术服务的国家高新技术企业。公司创立于 2004 年，总部设在新疆乌鲁木齐市经济技术开发区（头屯河区），占地 20000m^2，年生产材料能力达 10000 吨，公司已通过 ISO 9000 质量管理、环境体系、知识产权管理、职业健康、知识产权管理五大体系认证，并拥有国家防水施工一级资质。

公司拥有一支攻坚克难、创新不止、富有朝气、乐观积极的高素质专业科研团队，硕士以上学历占 60%。目前，公司已自主研制 3 大系列 20 余种高性能、高品质、环保型水工新材料及配套工艺技术，产品包括单组分聚脲防水涂料、双组分柔性改性环氧涂料、双组分聚脲防水涂料、超强高韧聚合物水泥基防水涂料、渗透型氟硅防护涂料、水性氟碳涂料、大坝专用增强型聚氨酯密封止水材料、硅烷改性单组分聚氨酯密封胶、环保双组分聚氨酯密封胶（水利、道桥、高铁用）、聚硫密封胶、硅烷改性聚醚胶、高固含水溶性聚氨酯灌浆系列材料、低黏度高强度环氧灌浆系列材料、双组分渗透氟硅防护涂料、GMT 新型快速修复抗冲耐磨材料、GMT 外露型高弹性特种聚脲修复材料、GMT 高性能改性聚合物修补砂浆等。多项技术创新成果凸显出公司产品的优势及技术先进性。目前，产品获得国家发明专利 8 项，实用新型专利 20 项。得到科技部、自治区科技厅、乌鲁木齐科技局等部门无偿科研经费资助达 400 万元。公司于 2016 年 4 月成立西安分公司，位于西安市经济技术开发区，业务已覆盖甘、蒙、青、陕、晋、宁、川、渝等地区。公司于 2018 年 2 月成立了上海子公司（上海固密特新材料科技有限公司），位于上海松江区临港高科园，作为公司研发总部及南方各省销售基地。2021 年 2 月成立广州公司，业务扩展到海南、广东、广西等地区。

新疆科能新材料技术股份有限公司
地址：新疆乌鲁木齐经济技术开发区（头屯河区）银星街 69 号
电话：0991-3966572
传真：0991-3973017
官方网站：http://www.xj-keneng.com/

证书编号：LB2022FS008

博力康单组分聚氨酯防水涂料、道桥用聚氨酯防水涂料、粘结卷材用聚氨酯防水涂料

产品简介

博力康®系列聚氨酯防水材料，采用复合聚醚、异氰酸酯、潜固化剂、交联剂、各种功能助剂、颜填料、液体填料等通过真空脱水缩聚反应等系列化的合成制备工艺，得到单/双组分的聚氨酯系列防水材料，广泛应用在高铁、地铁、管廊、房建及地下空间的抗窜水防水工程。

博力康®系列聚氨酯防水材料采用低挥发性的异氰酸酯代替传统高挥发性的异氰酸酯原料，整个体系无游离TDI组分；采用无毒、不挥发、不析出的环保型液体填料，摆脱了传统聚氨酯材料一直使用焦油、橡胶油、芳烃油、沥青、溶剂等高污染、高毒性材料的现状，实现了生产、施工、应用中异氰酸酯、苯类等有害物质的零挥发；同时，采用独特的合成技术，力学性能成倍增加，韧性也有大幅提高，耐腐蚀、耐候性能突出，突破了传统聚氨酯涂料性能差、耐候性不足、服役周期短的缺陷；特种组分的添加，实现了产品的高触变性能，可实现在立面、斜面等异形面厚涂施工，降低施工难度，减少工作量；高固含量（高铁专用聚氨酯和粘贴卷材用聚氨酯固含量达到99.8%），实现产品应用过程的零VOC挥发。

适用范围

博力康®系列聚氨酯防水材料，应用在高铁、地铁、城轨、桥梁、隧道、民用建筑、地下空间、水电等工程领域的防水、抗渗、堵漏等领域。

技术指标

聚氨酯系列防水材料物理力学性能指标

序号	试验项目		技术指标要求	
			P303（粘贴卷材用）	P306（直接防水用）
1	固体含量/%		99.6	99.8
2	拉伸强度/MPa		4.8	7.6
3	拉伸强度保持率/%	加热处理	116	138
4		碱处理	82	86
5		酸处理	85	85
6	撕裂强度/（N/mm）		27.8	38.0
7	断裂伸长率/%	无处理	579	487
8		加热处理	576	521
9		碱处理	562	504
10		酸处理	580	463

江苏苏博特新材料股份有限公司
地址：江苏省南京市江宁区醴泉路118号
电话：025-83278599
传真：025-83278599
官方网站：www.sobute.com

续表

序号	试验项目		技术指标要求	
			P303（粘贴卷材用）	P306（直接防水用）
11	低温弯折性	无处理	-40℃，2h，无裂纹	
12		加热处理		
13		碱处理		
14		酸处理		
15	不透水性（0.4MPa，2h）		不透水	不透水
16	表干时间 /h		3	2
17	实干时间 /h		15	6
18	加热伸缩率 /%		-0.8	-0.7
19	耐碱性		饱和 $Ca(OH)_2$ 溶液，500h，无开裂、无起皮剥落	
20	潮湿基面粘结强度 /MPa		1.1	1.6
21	与混凝土粘结强度 /MPa		2.6	2.6
22	与混凝土的剥离强度 /（N/mm）		3.4	3.7
23	与防水卷材的剥离强度 /（N/mm）		1.3	/

工程案例

博力康®系列聚氨酯防水材料，已在成都地铁轨道交通18号线土建7标、成都地铁轨道交通18号线轨道3标、京霸铁路、南京地铁、猴子岩水电站等重大工程中应用。

生产企业

江苏苏博特新材料股份有限公司（股票简称：苏博特，股票代码：603916）作为新型土木工程材料供应商，主营混凝土外加剂的研发、生产和销售，在防水与修复材料、交通工程材料等功能性产品的研发和推广方面不断取得新突破。

公司始终坚持走科技创新的发展道路，建有“高性能土木工程材料国家重点实验室”“江苏省功能性聚醚工程技术研究中心”等科研平台，拥有专业配置齐全、年龄结构合理、创新能力强、技术推广与管理经验丰富的人才团队，包括中国工程院院士、国家杰出青年科学基金获得者以及科技创新领军人才，多人次获得国家和省部级科研奖项。公司拥有国家授权专利400余项，其中发明专利390余项，国际专利4项，荣获中国专利银奖1项、中国专利优秀奖4项。“超高性能混凝土抗爆材料成套制备技术、结构设计及其应用”项目荣获2014年度国家科技进步二等奖，”超500米跨径钢管混凝土拱桥关键技术”荣获2018年度国家科技进步二等奖。

公司基于多年来雄厚的技术储备和科技进步成果，坚持“以客户为中心”，以出色的专业技术人才为基础，以先进的试验条件为依托，为客户提供顾问式营销服务；加强服务网络建设，服务范围覆盖全国所有省、市、区；加强服务团队建设，公司营销服务人员全部为混凝土及相关专业人员。公司生产的混凝土外加剂产品以其优异的产品性能、稳定的产品质量、专业的技术服务，赢得了用户的信赖，也赢得了市场，同时提升了公司的品牌形象。公司产品成功应用于港珠澳大桥、田湾核电站、阳江核电站、溪洛渡水电站、向家坝水电站、兰新高铁、南水北调工程、青岛胶州湾隧道等一大批国家和地方重点工程。

江苏苏博特新材料股份有限公司

地址：江苏省南京市江宁区醴泉路118号
电话：025-83278599
传真：025-83278599
官方网站：www.sobute.com

证书编号：LB2022FS009

水貂 ALB-S 反光隔热铝箔丁基橡胶自粘防水卷材、EPB-JC 反应性三元乙丙丁基橡胶防水卷材、PEB-JC 反应性聚乙烯膜丁基橡胶自粘防水卷材

产品简介

ALB-S 反光隔热铝箔丁基橡胶自粘防水卷材是一种非沥青基、带自粘层，具有隔热和防水双重功效的自粘卷材。面层采用的增强金属铝箔具有高强度、抗紫外线、反光隔热、防腐防水等功能。丁基橡胶制成的自粘层既有防水功能，又有自粘功能，并加入多种活性物质，能与混凝土产生物理和化学双重结合，实现与混凝土“皮肤式”的满粘防水效果。产品适用于各种暴露屋面的防水，包括工业、商用、民用暴露混凝土屋面、金属彩钢屋面防水工程，坡屋面、金属屋面的隔热垫层；彩色压型板、阳光板、采光罩、风机罩等接缝处的防水密封，为防水行业提供了新颖、环保、安全的防水新材料。

EPB-JC 反应性三元乙丙丁基橡胶自粘防水卷材是采用自有技术，为屋面和地下建筑防水工程设计开发的具有国际先进技术的新一代防水材料。EPB-JC 自粘卷材是将独特气密性、耐老化、耐化学性优异的丁基橡胶制成的自粘层与耐天候老化及高强度性能优异的三元乙丙橡胶片材复合而制成的集功能性、耐久性于一体的防水卷材。EPB-JC 自粘卷材上的丁基橡胶自粘层具有高强的压敏性和化学反应性，能与现浇混凝土基层形成吸盘效应，自粘层中活性物质能与现浇混凝土中的无机物反应形成化学键结合，实现与混凝土“皮肤式”满粘效果，具有自粘性、自愈性及高蠕变性和锁水功能。

PEB 反应性聚乙烯膜丁基橡胶自粘防水卷材是一种非沥青基、带自粘层并具有高性能、宽幅和高施工适应性的高分子防水卷材。面层（主防水层）采用高性能、高耐久性的聚乙烯膜防水卷材，自粘层采用经过改性的非固化丁基橡胶，隔离层采用高强度的 HDPE 膜，经一次性复合加工而成。主要性能高于《预铺防水卷材》(GB/T 23457—2017)。本产品具有独特的技术、可靠的品质、广泛的适用性，为防水行业提供了一种更为可靠，更为环保，更为安全的防水新材料、新工法。

适用范围

产品应用于建筑领域，可采用明挖法、矿山法等多种施工方法，普遍适用于工业、商用、民用地下建筑、地铁车站、隧道等防水工程及长期暴露的混凝土屋面等防水工程，特别适用于对环境、安全要求高的防水工程（如地铁、隧道地下空间、管廊等）。

技术指标

项目		PEBS/PEB	EPBS/EPB
拉断伸长率 /% ≥		400	300
拉伸时现象		胶层与主体材料无分离现象	胶层与主体材料无分离现象
钉杆撕裂强度 /N ≥		400	130
弹性恢复率 /% ≥		—	80
耐热性		80℃，2h 无滑移、流淌、滴落	100℃，2h 无滑移、流淌、滴落
低温弯折性		主体材料 -35℃，无裂纹	主体材料与胶层 -35℃，无裂纹
低温柔性		胶层 -25℃，无裂纹	—
渗油性 / 张数 ≤		1	1
抗窜水性（水力梯度）		0.8MPa/35mm，4h 不窜水	
与后浇混凝土的剥离强度 /（N/mm）	无处理 ≥	1.5	0.8，内聚破坏
	浸水处理 ≥	1.0	0.5，内聚破坏
	泥沙污染表面 ≥	1.0	0.5，内聚破坏
	紫外线处理 ≥	1.0	0.5，内聚破坏
	热处理 ≥	1.0	0.5，内聚破坏
与后浇混凝土浸水后的剥离强度 /（N/mm） ≥		1.0	0.5，内聚破坏
卷材防粘处理部位剥离强度（N/mm） ≤		0.1 或不黏合	0.1 或不黏合

常熟市三恒建材有限责任公司

地址：江苏省常熟市常昆工业园南新路 22 号
电话：0512-52356290
传真：0512-52798840
官方网站：www.sanheng.com.

项目		PEB	EPB
拉伸强度（常温 23℃）/MPa ≥		16	7.5
拉伸强度 /（N/cm）		—	—
扯断伸长率（常温 23℃）/% ≥		550	450
撕裂强度 /（kN/m） ≥		60	25
撕裂强度 /N ≥		—	—
不透水性		0.3MPa，120min 无渗漏	0.3MPa，120min 无渗漏
低温弯折性		-35℃，无裂纹	-40℃，无裂纹
剥离强度 /（N/mm）片材与片材 ≥		0.8	0.8
剥离强度 /（N/mm）片材与水泥砂浆板 ≥		1.0	1.0
热空气老化（80℃ ×168h）	拉伸强度保持率 /% ≥	80	80
	拉伸伸长率保持率 /% ≥	70	70
耐碱性［饱和 $Ca(OH)_2$ 溶液 23℃ ×168h］	拉伸强度保持率 /% ≥	80	80
	拉伸伸长率保持率 /% ≥	90	80
人工气候老化	拉伸强度保持率 /% ≥	80	80
	拉伸伸长率保持率 /% ≥	70	70

工程案例

1. 南京青奥体育公园防水工程
2. 大连金州斯大林路商业街防水工程
3. 常熟市春兰家园防水工程
4. 常熟市高铁新城地下空间防水工程
5. 上海金禺大城防水工程

生产企业

常熟市三恒建材有限责任公司为股份制中型企业，从 20 世纪 80 年代开始从事新型高分子防水材料的研发生产，拥有近 40 年开发、生产、销售和施工高分子防水材料的丰富经验。公司先后获得全国化学建材工业先进集体、劳动与社会保障部高分子防水材料生产技术工人考试基地、江苏省高新技术企业、江苏省 AAA 级重合同守信用企业、中国建筑防水协会信用等级评价 AAA 企业、江苏省化学建材诚信企业、江苏省建筑防水材料新技术产业化基地、上海市诚信创建企业、国家火炬计划常熟高分子新材料产业基地称号，成为国内高分子防水材料行业中的骨干企业。

三恒公司在管理、技术、服务上的高要求确保了水貂产品的高品质。在企业质量管理上，公司严格执行 ISO 9001 质量管理体系标准要求，遵循“专业品质、顾客至上、精心服务、保优争名”的质量方针，注重文明清洁生产和精细管理。在技术研发上，始终保持技术创新优势，每年在研发上投入大量资金，拥有 50 多名技术人员的技术开发梯队和多名技术开发骨干及高级工程师和外聘的国内专家作为公司技术顾问，与国内高等院校、科研院校建立长期合作关系。技术部门每年自定技术研发课题并配备专门的技术开发人员研究前沿技术，提高已有产品的性能，并成功开发了防水材料系列产品及其配套材料。在经营服务上，为客户提供系统的防水服务，做好产品的售后服务，让用户用得满意，让用户用得放心，以系统防水的理念服务业主，实践公司“致力防水 服务社会”的经营理念。

常熟市三恒建材有限责任公司

地址：江苏省常熟市常昆工业园南新路 22 号
电话：0512-52356290
传真：0512-52798840
官方网站：www.sanheng.com.

证书编号：LB2022FS010

西卡聚烯烃（TPO）防水卷材、SikaShield 西固弹性体改性沥青防水卷材、SikaShield 西固自粘防水卷材

产品简介

聚烯烃（TPO）防水卷材：以优质的热塑性聚烯烃（TPO）为主要原材料生产的聚酯内增强型多层合成屋面防水卷材。产品具有出色的耐候性能、焊接性能、尺寸稳定性和拉伸、撕裂强度。

SikaShield 西固弹性体改性沥青防水卷材：以苯乙烯 - 丁二烯 - 苯乙烯（SBS）热塑性弹性体为改性剂，聚酯胎基布为加强层，表面以聚乙烯膜（PE）作隔离材料所制成的高弹性热熔防水卷材。耐穿刺、耐撕裂，有效抵御来自上下表面的损伤破坏，抗拉强度高，延伸性能优异，对基层收缩变形和开裂的适应能力强，耐低温性能优异，特别适合寒冷地区。

SikaShield 西固自粘防水卷材：以自粘聚合物改性沥青为基料，以黑色强力交叉叠压膜为表面材料，背覆隔离膜加工而成的自粘防水卷材。采用自粘法冷施工，自愈性能好，基层要求低，具有超强的粘结性能，可与结构实现微观满粘，有效避免空鼓和窜水现象产生；良好的耐高低温性能，能适应不同地区气候条件，适用温度范围广；独特的“自愈”功能，能自行愈合局部较小受穿刺破损点，有效保障卷材完整性和密封性；优异的延伸性能，适应基层变形和开裂能力强，一定程度上可减少变形、开裂导致卷材被撕裂情况的发生。

适用范围

产品适用于各类型建筑屋面 / 地下室防水：轻钢屋面、混凝土屋面、旧屋面翻新工程、地下室顶板防水、工民建地下室防水，地铁、核电、城市综合管廊、明挖隧道、暗挖隧道等地下防水及其他地下工程。

技术指标

聚烯烃（TPO）防水卷材主要技术指标如下：

序号	试验项目		指标（P 类）
1	拉伸性能	最大拉力 /（N/cm） ≥	250
		最大拉力时伸长率 /% ≥	15
2	热处理尺寸变化率 /% ≤		0.5
3	低温弯折性		-40℃无裂纹
4	抗冲击性能		0.5kg • m，不透水
5	接缝剥离强度 /（N/mm） ≥		3.0
6	梯形撕裂强度 /N ≥		450
7	热老化（115℃）	时间 /h	672
		外观	无起泡、裂纹、分层、粘结和孔洞
		最大拉力保持率 /% ≥	90
		最大拉力时伸长率保持率 /% ≥	90
		低温弯折性	-40℃无裂纹
8	耐化学性	外观	无起泡、裂纹、分层、粘结和孔洞
		最大拉力保持率 /% ≥	90
		最大拉力时伸长率保持率 /% ≥	90
		低温弯折性	-40℃无裂纹
9	人工气候加速老化	时间 /h	7000
		外观	无起泡、裂纹、分层、粘结和孔洞
		最大拉力保持率 /% ≥	90
		最大拉力时伸长率保持率 /% ≥	90
		低温弯折性	-40℃无裂纹

西卡渗耐防水系统（上海）有限公司
地址：上海市闵行区莘庄工业园华宁路 4555 号
电话：02134073788
传真：02134073799
官方网站：www.chn.sika.com

SikaShield 西固弹性体改性沥青防水卷材主要技术指标如下：

序号	项目		I PY	I G	II PY	II G	II PYG
1	浸水后质量增加 /% ≤	PE、S	1.0				
		M	2.0				
2	热老化	拉力保持率 /% ≥	90				
		延伸率保持率 /% ≥	80				
		低温柔性 /℃	-15		-20		
			无裂缝				
		尺寸变化率 /% ≤	0.7	—	0.7	—	0.3
		质量损失 /% ≤	1.0				
3	渗油性 / 张数 ≤		2				
4	接缝剥离强度 /（N/mm） ≥		1.5				
5	钉杆撕裂强度 /N ≥		—				300
6	矿物粒料黏附性 /g ≤		2.0				
7	卷材下表面沥青涂盖层厚度 /mm ≥		1.0				
8	人工气候加速老化	外观	无滑动、流淌、滴落				
		拉力保持率 /% ≥	80				
		低温柔性 /℃	-15		-20		
			无裂缝				

SikaShield 西固自粘防水卷材主要技术指标如下：

序号	项目			指标 PY I	指标 PY II
1	拉伸性能	拉力（N/50mm）≥	2.0mm	350	-
			3.0mm	450	600
			4.0mm	450	800
		最大拉力时延伸率 /% ≥		30	40
2	耐热性			70℃ 无滑动、流淌、滴落	
3	低温柔性 /℃			-20	-30
				无裂纹	
4	不透水性			0.3MPa，120min 不透水	
5	剥离强度 /（N/mm）≥	卷材与卷材		1.0	
		卷材与铝板		1.5	
6	钉杆水密性			通过	
7	渗油性 / 张 ≤			2	
8	持黏性 /min ≥			15	
9	热老化	最大拉力时延伸率 /%		40	
		低温柔度 /℃		-18，无裂纹	-28，无裂纹
		剥离强度卷材与铝板 /（N/mm）≥		1.5	
		尺寸稳定性 /% ≤		1.5	1.0

工程案例

北京奥林匹克五棵松篮球馆、上海世博会瑞士展馆项目、北车集团长春轨道客车有限公司旧屋面翻新项目。

生产企业

1958 年，西卡在大中华区首先建立了香港公司，1992 年在广州开设广州西卡建筑材料有限公司并逐步在全中国建立了营销网络。2005 年将中国总部迁至苏州工业园区开启了西卡在中国的全新发展。

1998 年渗耐在济南建成了第一条均质 PVC 卷材生产线，由此开始了在中国的业务。2004 年在上海建立内增强型 PVC 卷材生产线。2005 年，西卡在全球范围内收购渗耐集团这一拥有超过 4 亿平方米屋面施工记录的公司，使西卡成为全球单层屋面系统市场的规模企业。

西卡作为全球高分子 PVC 卷材生产商，把单层屋面系统的理念引入中国市场，在中国主要生产、销售高质量的均质及内增强型 PVC 防水卷材及系统配件，并提供相关施工指导和技术咨询服务。目前西卡所生产的 PVC 防水卷材和系统配件广泛运用于各种新屋面和屋面翻新等工程领域。

西卡渗耐防水系统（上海）有限公司
地址：上海市闵行区莘庄工业园华宁路 4555 号
电话：02134073788
传真：02134073799
官方网站：www.chn.sika.com

证书编号：LB2022FS011

海韵防水沥青材料
（低黏柔性沥青、低黏补强沥青、防水涂料专用乳化沥青）

产品简介

低黏柔性沥青（产品型号：W70、W90、W200、W300）

产品优势：

①原料优势：精选南美、中东环烷基原油为沥青生产原料，具有黏度低、相容性佳、四组分优的特点；

②性能优势：-29℃不脆断、粘结强度大、相比普通防水沥青产品，可降低卷材生产温度10℃；

③标准引领：洞悉防水客户需求，发布国内首个企业标准《低黏柔性沥青》，引领行业发展；

防水涂料专用乳化沥青（产品型号：TL-1、TL-2、TL-3、TL-4）

产品介绍：

①原料稳定：以自产直馏定制沥青与定制乳化剂、稳定剂为原料，品质稳定；

②工艺定制：通过分子级乳化一体式设备加工，实现水包油体系稳态平衡；

③性能优异：固含量＞60%、粒径＜5μm、吸水率低、机械稳定性优异、与多种聚合物乳液的配伍性优。

低黏补强沥青（产品型号：Y-68、Y-71、Y-81）

产品优势：

①绿色低碳：直接作为胎基浸渍沥青，免配料，节省单位面积有胎卷材近20%的配料能耗；

②精准定制：产品作为胎基浸渍沥青，满足所有国标性能及卷材应用场景需求；

③高强耐热：明显提高卷材强韧硬度及抗热变形性。

④稳定性好：性能稳定，热储存稳定性高，不离析。

适用范围

低黏柔性沥青应用领域与适用范围：建筑防水。

防水涂料专用乳化沥青应用领域与适用范围：防水卷材。

低黏补强沥青应用领域与适用范围：道路建设、道路养护、建筑防水。

技术指标

低黏柔性沥青技术要求

项目	单位	W70	W90	W200		W300	测试方法
				W200N	W200P		
针入度（100g，5s，25℃）	0.1mm	60～80	80～100	—	—	—	T0604-2011
针入度（100g，5s，0℃）≥	0.1mm	-	-	180～280	250～320	280～350	参考 T0604-2011
软化点（5℃）≥	℃	46	45	—	—	—	T0606-2011
软化点（0℃）≥	℃	—	—	17	17	16	Q/371625 JBSH 050 附录 C
10℃延度，≥	cm	25	45	—	—	—	T0605-2011
15℃延度，≥	cm	100	100	—	—	—	T0605-2011
低温柔性，≤	℃	10℃无裂缝	8℃无裂缝	-25℃无裂缝	-26℃无裂缝	-25℃无裂缝	Q/371625 JBSH 050 附录 A
黏附性，≥	N/mm	0.5	0.5	—	—	—	JC/T 2218—2014 附录 B
60℃旋转黏度，≤	mPa·S	—	—	2000	1500	2000	T0625-2011
蜡含量（蒸馏法）≯	%	2.2		3			T0615-2011
闪点（COC）≮	℃	260	240	210	210	205	T0611-2011
溶解度（三氯乙烯）≮	%	99.5					T0607-2011
质量变化，≤	%	±0.8		—	—	—	T0609-2011
热质量损失，≤	%	—	—	±0.7			Q/371625 JBSH 050 附录 D

山东海韵沥青有限公司
地址：山东省滨州市博兴县经济开发区京博工业园009号
电话：18860550316

防水涂料专用乳化沥青技术要求								
序号	项目		单位	TL-1	TL-2 普通型	TL-3	TL-4 改性型	试验方法
1	粒子电荷		—	阴离子（-）	阴离子（-）	阴离子（-）	阴离子（-）	T0653
2	恩格拉黏度（25℃）		—	5 ~ 25	1 ~ 20	5 ~ 40	5 ~ 40	T0622
3	筛上残留物（0.45mm 筛）		%	< 0.1	< 0.1	< 0.1	< 0.1	T0652
4	1d 常温贮存稳定性		%	⩽ 1.0	⩽ 1.0	⩽ 1.0	⩽ 1.0	T0655
5	5d 常温贮存稳定性		%	⩽ 5.0	⩽ 5.0	⩽ 5.0	⩽ 5.0	
6	蒸发残留物	残留分含量	%	58.0 ~ 63.0	40.0 ~ 60.0	58.0 ~ 63.0	59.0 ~ 63.0	T0651
7		针入度（25℃，100g，5s）	0.1mm	50-120	50-120	50-90	40-80	T0604
8		软化点	℃	> 43℃	> 43℃	> 43℃	> 43℃	T0606
9		延度（15℃）	cm	⩾ 50	⩾ 50	⩾ 50	⩾ 50	T0605
10	破乳速度		—	快裂	快裂或中裂	慢裂	快裂或中裂	T0658

低黏补强沥青技术要求						
项目		单位	Y-65	Y-70	Y-75	测试方法
软化点 ⩾		℃	65	70	75	T0606
135℃旋转黏度 ⩽		mPa · s	3500	5000	6500	T0625
闪点（COC） ⩾		℃	260	260	260	T0611
溶解度（三氯乙烯）⩾		%	99	99	99	T0607
15℃密度		g/cm^3	实测	实测	实测	T0603
薄膜烘箱老化	质量变化 ⩽	%	±0.5	±0.5	±0.5	T0609
	针入度比 ⩾	%	70	70	70	T0604
耐热性（105℃，2h）		/	无明显冒油、滴油			附录 A
渗油性（105℃，5h）⩽		张	4	4	4	附录 B

生产企业

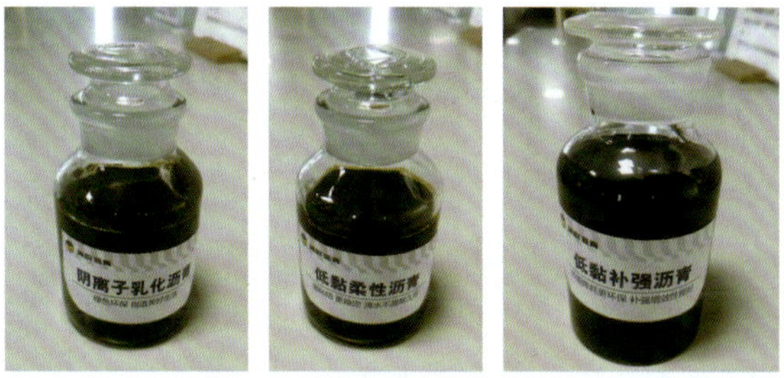

山东京博石油化工有限公司（以下简称“京博石化”）位于山东省滨州市博兴县经济开发区，是一家以石油化工为主业、集石油炼制与后续深加工于一体的大型民营企业。京博石化占地面积 7400 余亩，前身为博兴县润滑油脂厂，1991 年建厂，1998 年确立以石油化工为主业，走多元化发展的道路；2000 年企业由国有企业改制为民营企业，确立了以“仁孝”为核心的企业文化；2013 年投资 2 亿元成立研发中心，技术创新实力居石油化工行业先进水平。

京博石化产业涉及高效能燃料、高端化工品、高性能材料三大板块，其中海韵牌道路沥青成为入选西藏合格供应商的民营炼厂品牌，荣获第一届 CCPC 交通产品优秀认证产品；海韵牌水工沥青成为首个在国家大型水利工程项目中应用的民营沥青品牌。

京博石化积极落实国家供给侧结构性改革和山东省新旧动能转换的要求，通过产品和产业结构调整，逐步从以炼油为主体的产业向炼油、化工、材料协同发展的产业进行转型升级，形成以科技创新、人力资源、现代金融三大支点的企业全要素经营的最佳实践，成为高效能燃料、高端化工品、高性能材料于一体的价值解决方案服务商，逐步推动以第二产业资源为支撑的服务商新业态的形成，努力成为全球领先的绿色化学企业！

证书编号：LB2022FS012

国鸿 SBS 弹性体改性沥青防水卷材、自粘聚合物改性沥青防水卷材、湿铺防水卷材

产品简介

“国鸿”牌 SBS 弹性体改性沥青防水卷材以优质沥青添加苯乙烯 - 丁二烯 - 苯乙烯（SBS）、弹性体树脂作改性材料，经特殊工艺配制成高聚物改性沥青材料，中置增强胎体、外覆盖多种表面材料共同构成。

“国鸿“牌湿铺防水卷材是以石油沥青为基料，加入特种改性剂制成自粘改性沥青，聚酯胎基为加强层，上表面覆可剥离的涂硅隔离膜，下表面覆可剥离的涂硅隔离膜或聚乙烯膜（PE 膜）所制成，是一种可以湿铺施工的聚酯胎自粘改性沥青防水卷材。

“国鸿”牌自粘聚合物改性沥青防水卷材是以高分子聚合物改性沥青和合成橡胶为基料、加入活性助剂，采用聚酯胎为加强层，以聚乙烯膜为表面材料，底面采用硅油防粘隔离纸 / 膜，具有环保性、可冷施工作业的防水卷材。

适用范围

SBS 弹性体改性沥青防水卷材适用于工业与民用建筑的地下室和屋面防水；地铁、综合管廊、隧道、水利等工程的防水。

湿铺防水卷材广泛应用于各类建筑的非暴露屋面、地下和室内露台防水工程，以及明挖地铁、隧道、水池、水渠等防水工程，尤其适用于不准动用明火或雨季施工的防水工程。

自粘聚合物改性沥青防水卷材适用于各种非外露的地下工程、屋面工程、地铁、隧道、水池等各部位的防水防潮工程。

技术指标

SBS 弹性体改性沥青防水卷材主要性能指标如下：

序号	项目		指标	
			I	II
			PY	PY
1	可溶物含量 / （g/m^2） ≥	3.0mm	2100	
		4.0mm	2900	
2	不透水性 30min		0.3MPa	0.3MPa
3	拉力	最大峰拉力 / （N/50mm） ≥	500	800
		试验现象	拉伸过程中，试件中部无沥青涂盖层开裂或与胎基分离现象	
4	延伸率	最大峰时延伸率 /% ≥	30	40
5	浸水后质量增加 /% ≤	PE、S	1.0	
		M	2.0	
6	热老化	拉力保持率 /% ≥	90	
		延伸率保持率 /% ≥	80	
		低温柔性 /℃	-15	-20
			无裂缝	
		尺寸变化率 /% ≤	0.7	0.7
		质量损失 /% ≤	1.0	
7	渗油性	张数 ≤	2	
8	接缝剥离强度 / （N/mm） ≥		1.5	
9	人工气候加速老化	外观	无滑动、流淌、滴落	
		拉力保持率 /% ≥	80	
		低温柔性 /℃	-15	-20
			无裂缝	

自粘聚合物改性沥青防水卷材主要性能指标如下：

序号	项目			指标	
				I	II
1	可溶物含量 / （g/m^2） ≥	3.0mm		2100	
		4.0mm		2900	
2	拉伸性能	拉力 / （N/50mm）	3.0mm	450	600
			4.0mm	450	600
		最大拉力时延伸率 /% ≥		30	40
3	耐热性			70℃无滑动、流淌、滴落	
4	低温柔性 /℃			-20	-30
				无裂纹	
5	不透水性			0.3MPa，120min 不透水	
6	剥离强度 / （N/mm） ≥	卷材与卷材		1.0	
		卷材与铝板		1.5	
7	钉杆水密性			通过	
8	渗油性 / 张数 ≤			2	
9	持黏性 /min ≥			15	
10	热老化	最大拉力时延伸率 /% ≥		30	40
		低温柔性 /℃		-18	-28
				无裂纹	
		剥离强度 卷材与铝板 / （N/mm） ≥		1.5	
		尺寸稳定性 /% ≤		1.5	1.0
11	自粘沥青再剥离强度 / （N/mm） ≥			1.5	

山东国鸿防水材料股份有限公司

地址：山东省潍坊市寿光市滨海（羊口）高新技术开发区南环路与盐都路交叉口西北角

电话：0536-5850877 传真：0536-5850877

官方网站：www.guohongfangshui.com

湿铺防水卷材主要性能指标如下：

序号	项目		指标
			PY
1	可溶物含量 / (g/m²) ≥		2100
2	拉伸性能	拉力 / (N/50mm) ≥	500
		最大拉力时伸长率 /% ≥	30
		拉伸时现象	胶层与高分子膜或胎基无分离
3	撕裂力 /N ≥		200
4	耐热性（70℃，2h）		无流淌、滴落，滑移≤ 2mm
5	低温柔性（-20℃）		无裂纹
6	不透水性（0.3MPa 120min）		不透水
7	卷材与卷材剥离强度（搭接边）/ (N/mm)	无处理 ≥	1.0
		浸水处理 ≥	0.8
		热处理 ≥	0.8
8	渗油性 / 张数 ≤		2
9	持黏性 /min ≥		30
10	与水泥砂浆剥离强度 / (N/mm)	无处理 ≥	1.5
		热处理 ≥	1.0
11	热老化（80℃，168h）	拉力保持率 /% ≥	90
		伸长率保持率 /% ≥	80
		低温柔性（-18℃）	无裂纹
12	热稳定性		无起鼓、流淌，高分子膜或胎基边缘卷曲最大不超过边长 1/4

工程案例

辛正•润和嘉苑项目 1# ～ 11# 住宅楼、12# 社区用房地下防水，山东鉴川新材料科技有限公司军民融合产业示范园等项目。

生产企业

山东国鸿防水材料股份有限公司成立于 2016 年，坐落于潍坊市寿光市羊口镇高新技术开发区。公司注册资本 1.8 亿元，总投资 9.4 亿元，占地面积 311 亩，现有员工 156 人；公司规划将专注于改性沥青防水卷材系列、高分子防水卷材系列、涂料系列、高铁专用系列、地下综合管廊系列等防水材料的生产和研发，以及各类防水系统的整体解决方案。

国鸿防水旗下拥有 12 个办事处，分别设置在北京、上海、山东、河北、河南、江苏、安徽等重点省市，全国拥有 60 多家经销及服务网点。“低碳、环保、技术、诚信、服务”是国鸿防水发展的目标和方向。

国鸿防水自成立投产以来，与中铁建工、中建八局、中核建设、山东三箭建设、山东天元建设、山东盛宇建设、山东顺天建材、江苏南通二建、山东昊华轮胎等近百家企业完成项目合作，为其提供了高品质防水材料；双包施工的潍坊市高铁南站及配套、潍坊市高铁北站综合管廊等项目高质量完成。公司高效务实、注重品质、服务优先的理念受到合作方的一致好评。

未来国鸿防水将大力推进科技创新，做好精细化管理，提高客户满意度，进一步实现“创建百年基业，共筑百年建筑”的愿景；以更强大的实力服务行业、回报社会。

山东国鸿防水材料股份有限公司
地址：山东省潍坊市寿光市滨海（羊口）高新技术开发区
南环路与盐都路交叉口西北角
电话：0536-5850877　　传真：0536-5850877
官方网站：www.guohongfangshui.com

证书编号：LB2022FS013

禹王弹性体改性沥青防水卷材、湿铺防水卷材、自粘聚合物改性沥青防水卷材

产品简介

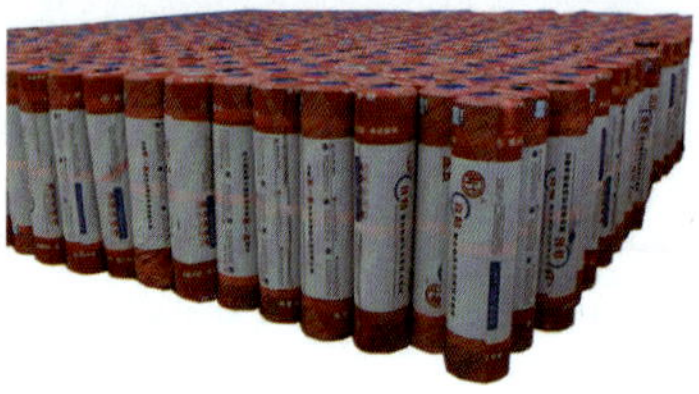

弹性体改性沥青防水卷材：是用苯乙烯-丁二烯-苯乙烯（SBS）橡胶改性沥青做涂层，用玻纤毡、聚酯毡、玻纤增强聚酯毡为胎基，两面覆以隔离材料所做成的一种性能优异的防水材料，具有耐热、耐寒、耐腐蚀、抗老化、热塑性好、抗拉力大、延伸率高、抗撕裂性强等优点。

湿铺防水卷材：是一种采用湿铺法施工，与水泥砂浆拌和物直接粘结的自粘防水材料。在胶质中添加了独有的活性剂、浸水剂等，在保持传统自粘橡胶优点的基础上，增加了胶质的蠕变性，使其渗入到混凝土的孔隙和毛细管中，形成物理吸附与卯榫作用，同时还与混凝土或水泥凝胶发生化学反应，形成化学交联结构，使卷材与基层牢固粘结，形成了密闭、密封的防水层。

自粘聚合物改性沥青防水卷材：是一种很有发展前景的新型防水材料，在国内外刚刚崛起，方兴未艾。该种卷材具有不透水性、低温柔度、抗变形性能及自愈性好等特点，而且易于施工，可以提高铺设速度，加快工程进度。

适用范围

适用于工业、民用建筑如屋面、地下室、墙体、卫生间、水池、水渠、地铁、隧道、公路、管廊、桥梁和机场跑道等防水、防潮、防渗工程，通过耐根穿刺试验验证的卷材亦可用于种植屋面等绿化项目中的防水工程。

技术指标

弹性体改性沥青防水卷材技术指标如下：

项目	标准要求	产品实测数据	备注
最大峰拉力 /（N/50mm）	≥ 500	1286	
浸水后质量增加 /%	≤ 1.0	0.2	
热老化后质量损失 /%	≤ 1.0	0	
接缝剥离强度 /（N/mm）	≥ 1.5	3.4	

湿铺防水卷材技术指标如下：

项目		标准要求	产品实测数据	备注
可溶物含量 /（g/m^2）		≥ 2100	2937	
拉伸性能	拉力 /（N/50mm）	≥ 500	1100	
	最大拉力伸长率 /%	≥ 30	40	
撕裂力 /N		≥ 200	758	

自粘聚合物改性沥青防水卷材技术指标如下：

项目	标准要求	产品实测数据	备注
拉力 /（N/50mm）	≥ 150	389	
最大拉力时延伸率 /%	≥ 30	99	
沥青断裂延伸率 /%	≥ 150	488	
卷材与卷材剥离强度 /（N/mm）	≥ 1.0	2.2	

北新禹王防水科技集团有限公司

地址：辽宁省盘锦市兴隆台区兴油街南、经二路西
电话：0427-6517166、18842741772
传真：0427-6577880
官方网站：www.yuwang.com.cn

工程案例

“禹王”牌产品历经三十余载，产品在众多国家重点工程项目中得到应用，如国家体育馆、鸟巢、首都机场、南京地铁、武广高铁、成兰铁路等项目。

生产企业

禹王集团是防水材料的专业生产厂家，始建于1985年，注册资金1.0亿元，引进西班牙、意大利技术与设备，通过多年的技术研发和设备的不断改造、升级，集团已拥有15条改性沥青卷材生产线、10套宽幅高分子生产装置、24套防水涂料生产装置、4条聚酯无纺布类产品生产线，年设计生产能力改性沥青防水卷材2.35亿平方米、高分子片材5700万平方米、17.74万吨各类防水涂料、沥青瓦1000万平方米、2万吨聚酯无纺布类产品。

集团现拥有辽宁、湖北、安徽、四川、广东、西北六个防水材料生产基地、禹王化纤及橡胶制品等原材料生产基地。

禹王集团是目前国内集生产、科研、施工于一体的综合实力较强的现代化企业集团，技术实力雄厚，具有专业的研发团队和先进的科研设备。30多年来，集团开发了上百项新产品、新技术，拥有国家专利59项，主导参编国家标准、规范81项，并获得高新技术企业、国家级守合同重信用企业、中国建材企业200强、盘锦市市长质量奖等证书、奖牌130多项，多项产品被列为全国建设行业防水专项科技成果推广项目，拥有防水防腐保温一体化的一级施工资质和装修装饰二级施工资质。集团技术中心为省级企业技术中心、辽宁省工程技术研究中心，实验室为建筑防水行业标准化实验室。

禹王产品产销量及市场占有率连续多年居行业前列，拥有32家营销分公司、700余家经销商，营销网络覆盖32个省份，遍布全国。产品成功应用于建筑屋面、地下、隧道、管廊、地铁、高铁、道路、桥梁、水利及环保等众多领域的防水工程中，特别是在港珠澳大桥、海口双子塔、国家体育馆、鸟巢、首都机场、南京地铁、武广高铁等国家重大项目建设中发挥了重要作用。

北新禹王防水科技集团有限公司

地址：辽宁省盘锦市兴隆台区兴油街南、经二路西
电话：0427-6517166、18842741772
传真：0427-6577880
官方网站：www.yuwang.com.cn

证书编号：LB2022FS014

禹王聚氨酯防水涂料、水泥基渗透结晶型防水涂料、聚合物水泥防水涂料

产品简介

聚氨酯防水涂料：是由异氰酸酯、聚醚等经加成聚合反应而成的含异氰酸酯基的预聚体，配以催化剂、无水助剂、无水填充剂、溶剂等，经混合等工序加工制成的防水涂料。该类涂料为反应固化型（湿气固化）涂料，具有强度高、延伸率大、耐水性能好等特点，对基层变形的适应能力强。

水泥基渗透结晶型防水涂料：是以水泥、石英粉等为主要基材，并掺入多种活性化学物质的粉状材料，经与水拌和调配而成的具有一定渗透功能的无机型防水涂料。

聚合物水泥防水涂料：简称 JS 防水涂料，J 指聚合物，S 指水泥。聚合物水泥防水涂料是一种以聚丙烯酸酯乳液、乙烯-醋酸乙烯酯共聚乳液等聚合物乳液与各种添加剂组成的有机液料，和水泥、石英砂、轻重质碳酸钙等无机填料及各种添加剂所组成的无机粉料通过合理配比、复合制成的一种双组分、水性建筑防水涂料。

适用范围

适用于屋面、厨卫间、地下室、明挖地铁和通道、蓄水池、墙面、环保项目等非外露防水、防渗、防潮工程。

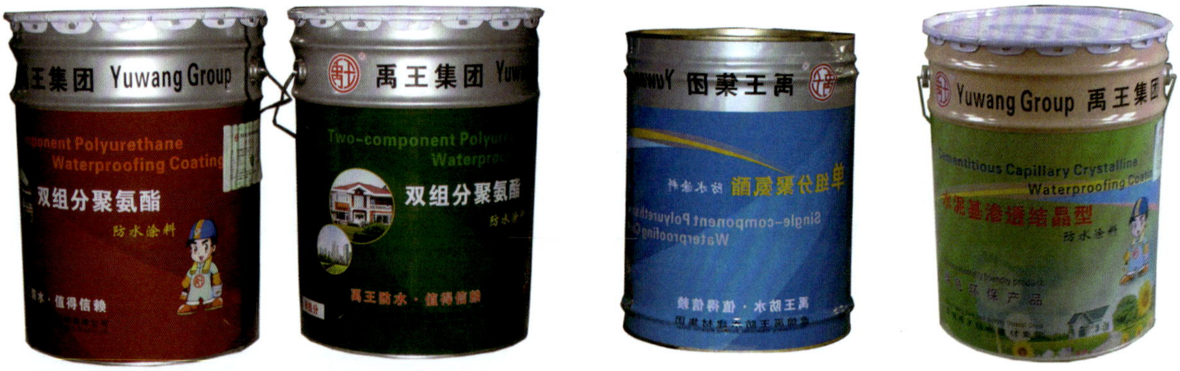

技术指标

聚氨酯防水涂料技术指标如下：

项目		标准要求	产品实测数据	备注
有害物质限量	苯酚 /（mg/kg）	≤ 100	未检出	
	蒽 /（mg/kg）	≤ 10	未检出	
	萘 /（mg/kg）	≤ 200	未检出	
	镉 Cd/（mg/kg）	≤ 75	未检出	
	汞 Hg/（mg/kg）	≤ 60	未检出	

水泥基渗透结晶型防水涂料指标如下：

项目	标准要求	产品实测数据	备注
抗折强度（28d）/MPa	≥ 2.8	7.8	
抗压强度（28d）/MPa	≥ 15.0	32.2	

北新禹王防水科技集团有限公司
地址：辽宁省盘锦市兴隆台区兴油街南、经二路西
电话：0427-6517166、18842741772
传真：0427-6577880
官方网站：www.yuwang.com.cn

聚合物水泥防水涂料指标如下：

项目	标准要求	产品实测数据	备注
碱处理后拉伸强度保持率 /%	≥ 60	139	
浸水处理后拉伸强度保持率 /%	≥ 60	140	
加热处理后断裂伸长率 /%	≥ 150	329	
紫外线处理后断裂伸长率 /%	≥ 150	307	

工程案例

“禹王”牌产品历经三十余载，产品在众多国家重点工程项目中得到应用，如国家体育馆、鸟巢、首都机场、南京地铁、武广高铁、成兰铁路等项目。

生产企业

禹王集团是防水材料的专业生产厂家，始建于 1985 年，注册资金 1.0 亿元，引进西班牙、意大利技术与设备，通过多年的技术研发和设备的不断改造、升级，集团已拥有 15 条改性沥青卷材生产线、10 套宽幅高分子生产装置、24 套防水涂料生产装置、4 条聚酯无纺布类产品生产线，年设计生产能力改性沥青防水卷材 2.35 亿平方米、高分子片材 5700 万平方米、17.74 万吨各类防水涂料、沥青瓦 1000 万平方米、2 万吨聚酯无纺布类产品。

集团现拥有辽宁、湖北、安徽、四川、广东、西北六个防水材料生产基地、禹王化纤及橡胶制品等原材料生产基地。

禹王集团是目前国内集生产、科研、施工于一体的综合实力较强的现代化企业集团，技术实力雄厚，具有专业的研发团队和先进的科研设备。30 多年来，集团开发了上百项新产品、新技术，拥有国家专利 59 项，主导参编国家标准、规范 81 项，并获得高新技术企业、国家级守合同重信用企业、中国建材企业 200 强、盘锦市市长质量奖等证书、奖牌 130 多项，多项产品被列为全国建设行业防水专项科技成果推广项目，拥有防水防腐保温一体化的一级施工资质和装修装饰二级施工资质。集团技术中心为省级企业技术中心、辽宁省工程技术研究中心，实验室为建筑防水行业标准化实验室。

禹王产品产销量及市场占有率连续多年居行业前列，拥有 32 家营销分公司、700 余家经销商，营销网络覆盖 32 个省份，遍布全国。产品成功应用于建筑屋面、地下、隧道、管廊、地铁、高铁、道路、桥梁、水利及环保等众多领域的防水工程中，特别是在港珠澳大桥、海口双子塔、国家体育馆、鸟巢、首都机场、南京地铁、武广高铁等国家重大项目建设中发挥了重要作用。

北新禹王防水科技集团有限公司
地址：辽宁省盘锦市兴隆台区兴油街南、经二路西
电话：0427-6517166、18842741772
传真：0427-6577880
官方网站：www.yuwang.com.cn

证书编号：LB2022QT001

MCM 改性无机粉复合建筑柔性饰面片材

产品简介

改性无机粉复合建筑饰面材料执行行业标准《改性无机粉复合建筑饰面片材》（JC/T 2219）。福臻改性无机粉复合建筑饰面材料以改性无机粉为主要原料（砂土、石粉、粉煤灰、尾矿粉等各种无机物都可作原料），添加高分子聚合物，经搅拌、交联、复合制成，加热烘干，能呈现各种生态砖、生态木材、生态石材、生态铝板、生态陶土板材等效果，厚度为 2 ～ 10mm，具有柔性的可回收再生的轻质建筑饰面片材。福臻改性无机粉复合建筑饰面材料采用专用粘结剂进行粘贴，专用粘结剂执行行业标准《陶瓷砖胶粘剂》（JC/T 547）。

适用范围

MCM 改性无机粉复合建筑柔性饰面片材可应用于工业与民用建筑室内外墙面，地面及屋面装饰装修。产品轻、薄、柔、透，适用新建筑墙面和建筑墙体改造，既可直接粘贴于墙体表面，也可粘贴在墙体外墙保温系统外侧。

技术指标

<table>
<tr><th colspan="2">技术项目</th><th colspan="2">技术指标</th><th>技术参数</th></tr>
<tr><td>吸水率</td><td>—</td><td colspan="2">≤ 15，试件无起鼓、开裂、分层、粉化现象</td><td>10，试件无起鼓、开裂、分层、粉化现象</td></tr>
<tr><td>抗冻性</td><td>—</td><td colspan="2">表面无裂纹、粉化、分层等损坏现象</td><td>表面无裂纹、粉化、分层等损坏现象</td></tr>
<tr><td rowspan="2">耐热性</td><td>尺寸变化率 /%</td><td colspan="2">≤ 0.5</td><td>0.1</td></tr>
<tr><td>表面</td><td colspan="2">无发黏、起泡现象</td><td>无发黏、起泡现象</td></tr>
<tr><td rowspan="3">耐人工老化性（2000h）</td><td>外观</td><td colspan="2">无起泡、开裂或分层</td><td>无起泡、开裂或分层</td></tr>
<tr><td>粉化 / 级</td><td colspan="2">≤ 1</td><td>1</td></tr>
<tr><td>变色 / 级</td><td colspan="2">≤ 2</td><td>2</td></tr>
<tr><td colspan="2">柔度（弯曲直径 300mm）</td><td colspan="2">无裂纹或断裂</td><td>无裂纹或断裂</td></tr>
<tr><td colspan="2">耐玷污性 / 级</td><td colspan="2">≤ 1</td><td>1</td></tr>
<tr><td rowspan="2">耐化学腐蚀性</td><td>耐酸性</td><td colspan="2">表面无开裂、分层、明显变色</td><td>表面无开裂、分层、明显变色</td></tr>
<tr><td>耐碱性</td><td colspan="2">表面无开裂、分层、明显变色</td><td>表面无开裂、分层、明显变色</td></tr>
<tr><td rowspan="2">有害物质限量</td><td>TVOC/（g/m²）</td><td colspan="2">≤ 10</td><td>5.6</td></tr>
<tr><td>可溶性镉 /（mg/m²）</td><td colspan="2">≤ 20</td><td>0.2</td></tr>
<tr><td rowspan="2">放射性核素限量</td><td>I_{Ra}</td><td colspan="2">≤ 1.0</td><td>0.28</td></tr>
<tr><td>I_r</td><td colspan="2">≤ 1.3</td><td>0.39</td></tr>
<tr><td>水蒸气湿流密度 /［g/（m²•h）］</td><td>—</td><td colspan="2">≥ 0.85</td><td>5.62</td></tr>
<tr><td rowspan="6">燃烧性能 A 级</td><td>燃烧增长速率指数 $FIGRA_{0.2MJ}$/（W/s）</td><td rowspan="6">A2 级</td><td>≤ 120</td><td>15</td></tr>
<tr><td>600s 时的总放热量 THR_{600s}/MJ</td><td>≤ 7.5</td><td>2.2</td></tr>
<tr><td>火焰横向蔓延长度（LFS）</td><td>未达到试样长翼边缘</td><td>未达到试样长翼边缘</td></tr>
<tr><td>网格布总热值 PCS/（MJ/m²）</td><td>≤ 4.0</td><td>0.9</td></tr>
<tr><td>饰面片材主要组分总热值 PCS/（MJ/kg）</td><td>≤ 3.0</td><td>2.6</td></tr>
<tr><td>整体总热值 PCS/（MJ/kg）</td><td>≤ 3.0</td><td>2.7</td></tr>
</table>

广州福臻环保科技有限公司
电话：13352803131
地址：广东省广州从化明珠工业园区丽峰路 5 号
网址：http://www.gdfuzhen.cn

工程案例

阳城花园项目、舒康医院项目、上海巨人网络项目、广西民族大学项目、南宁市西庄路小学项目、贵州国际幼儿园、水邑华庭、梨乡学校等项目。

生产企业

广州福臻环保科技有限公司主营 MCM 非金属矿物质生态外墙材料、汽蒸聚合物外墙软瓷、汽蒸聚合物内饰软瓷，是 MCM 生态材料行业的传播力行者。公司的理想是为校园、场馆、公建项目的外墙内装提供安全、环保、耐久的生态材料可持续发展产品。公司践行“安全、绿色、环保”的建筑节能理念，为客户提供专业、优质、全方位的服务，使用户体验到安心、舒适的环境。

广州福臻环保科技有限公司
电话：13352803131
地址：广东省广州从化明珠工业园区丽峰路 5 号
网址：http://www.gdfuzhen.cn

证书编号：LB2022QT002

焱森高密度聚乙烯外护管硬质聚氨酯泡沫塑料预制直埋保温管及管件、新型节能预制架空蒸汽保温管

产品简介

聚氨酯预制直埋保温管主要由工作钢管、保温层、保护壳、渗漏报警线四部分组成。工作钢管：根据输送介质的技术要求分别采用有缝钢管、无缝钢管、双面螺旋缝埋弧焊钢管；保温层：采用硬质聚氨酯泡沫塑料；保护壳：采用高密度聚乙烯；渗漏报警线：制造聚氨酯预制直埋保温管时，在靠近钢管的保温层中，埋设有报警线，一旦管道某处发生渗漏，通过报警线的传导，便可在专用检测仪表上报警并显示出漏水的准确位置和渗漏程度，以便通知检修人员迅速处理漏水的管段，保证热网安全运行。

新型节能架空保温管由工作钢管、保温层、保护壳三部分紧密结合而成。工作钢管：根据设计技术要求和输送介质不同，选取合理的钢管。保温层：采用白料（聚醚多元醇）和黑料（异氰酸酯）进行化学反应形成的聚氨酯泡沫塑料。保护壳：采用镀锌钢板、不锈钢钢板或镀锌铝板。

适用范围

产品应用于供热、石油、化工、天然气以及制冷等需要保温防腐的管道工程。

技术指标

聚氨酯预制直埋保温管主要技术指标如下：

测试项目	单位	性能要求	测试结果
外护管性能数据			
外护管密度	kg/m^3	≥ 940	948.3
碳黑含量	%	2.5±0.5	2.6
拉伸屈服强度	MPa	≥ 19	19.7
断裂伸长率	%	≥ 350	602
纵向回缩率	%	≤ 3	1.26
聚氨酯保温层数据			
密度	kg/m^3	≥ 60	73.8
导热系数	W/（m · K）	≤ 0.033（50℃）	0.032
吸水率	%	≤ 10	7.25
闭孔率	%	≥ 88	92

新型节能预制架空蒸汽保温管主要技术指标如下：

性能	指标	试验方法	备注
密度 /（kg/m^3）	≥ 60	按 GB/T 29046	任意位置
抗压强度 /MPa	≥ 0.3	按 GB/T 29046	径向变形 10% 内
导热系数 /［W/（m•K）］	≤ 0.033	按 GB/T 29046	50℃状态下
吸水率 /%	≤ 10	按 GB/T 29046	常压废水中浸泡 90min
闭孔率 /%	≥ 88	按 GB/T 29046	

邢台市焱森防腐保温工程有限公司
地址：邢台市中兴东大街 1889 号河北工业大学科技园 23 号楼
电话：0319-2155666　　传真：0319-2155666
官方网站：www.yansenbaowen.com

工程案例

序号	工程名称	产品名称	管径	数量
1	沧州渤海新区新材料园区蒸汽管网一期管材项目	预制直埋保温管及管件	DN377 ～ 480	20342m
2	南和职工之家热力管网建设工程	预制保温管	DN900	21440m
3	嘉峪关市供热管网设备、材料采购项目第一标段	预制直埋保温管及管件	DN1220 ～ 1370	25698m
4	常州新龙国际商务区区域供冷供热能源站项目	预制直埋保温管	DN1220	22680m

生产企业

邢台市焱森防腐保温工程有限公司成立于 2014 年，公司资产 1.66 亿元，位于河北省邢台市高新技术开发区，地理位置优越，交通便捷。经过六年发展，公司拥有焱森总部广宗厂区、河间厂区、东北吉林、西北包头、华东常州五大生产基地，总占地面积 30 万平方米，产品生产线 30 条，年生产能力达 2500 千米，是河北省中南部集设计研发、加工制造、生产销售、售后服务于一体的专业化保温管道制造商。

公司主要生产经营供热（冷）用预制直埋聚氨酯保温管、钢套钢蒸汽直埋保温管、预制架空型聚氨酯保温管、喷涂缠绕聚氨酯保温管、玻璃钢保温管、PE-RT（Ⅱ）型聚氨酯复合保温管、3PE 防腐管道及各种保温管件。产品广泛应用于火力发电、城市集中供热、供冷、建筑、石油、化工、车辆、船舶、空调、冶炼、机械制造等行业，产品畅销全国二十几个省市，深受广大用户赞誉。目前公司与中节能建筑节能有限公司、中国铁路工程总公司、中国能源建设集团有限公司、中国华能集团有限公司等用户达成长期合作意向。合作范围包括：各种集中供热、供冷工程的保温管道的供应、热力管道的安装；热力工程设备的安装。

公司秉承安全、理性、持续发展的战略思想，时刻保持以市场为导向，不懈进取，坚持开拓创新、诚信务实、回报社会的企业精神；对产品质量和各项服务一诺千金，为了我们共同美好的未来，愿真诚与您合作，为您服务，让您满意。

邢台市焱森防腐保温工程有限公司

地址：邢台市中兴东大街 1889 号河北工业大学科技园 23 号楼
电话：0319-2155666　传真：0319-2155666
官方网站：www.yansenbaowen.com

证书编号：LB2022QT003

中象批嵌石膏、轻质喷涂石膏、石膏自流平

产品简介

批嵌石膏：采用优质的脱硫石膏、环保添加剂等材料，采用专利配方配制而成。产品在制造中严格控制产品配比，收缩性降至最低。

轻质喷涂石膏：采用机器喷涂施工，以半水石膏和Ⅱ型无水硫酸钙单独或两者混合后作为主要胶凝材料，掺入外加剂制成的抹灰材料。

石膏自流平：采用优质脱硫石膏、水泥、骨料、环保添加剂等材料，按照专利配方配制而成；具有优异的流动性，能够自动流动找平地面；适用于一般地面找平及地暖回填找平，可使用手工或者机械施工；适宜施工温度为 5 ～ 35℃；本产品初凝时间为 60 ～ 120min，存放置干燥处，保质期为 6 个月。

适用范围

批嵌石膏：适用于石膏板、硅钙板、水泥纤维板的接缝和满批处理，可用于阴阳角处理或覆盖螺丝眼，修复裂缝和孔洞。

轻质喷涂石膏：适用于各种砖、混凝土、砌块、水泥墙面、现浇混凝土棚顶等区域的找平；不适用于厨房、卫生间、地下室等潮湿区域。

石膏自流平：具有优异的流动性和流平性能，可以对地面进行精准找平。

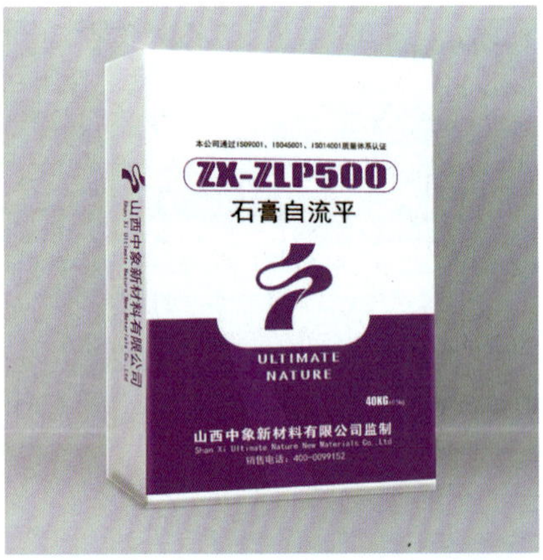

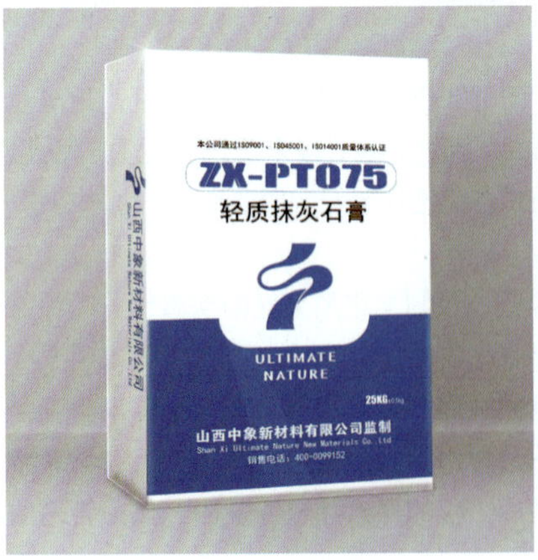

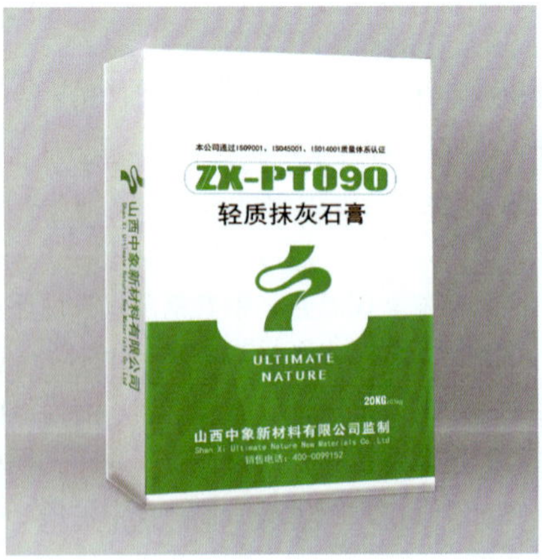

武乡县中象新材料有限公司
地址：山西省长治市武乡县丰州镇下城村电厂院内
电话：180355118602

技术指标

批嵌石膏：均匀无结块；施工温度为 5 ～ 35℃；本产品细度（0.2mm）达 0.7%，凝结时间 70min，施工刮抹无障碍、不打卷，抗拉强度达 0.96MPa，无色变、无霉变、无异味；放射性远低于国家标准。

轻质喷涂石膏：加水量为 650 ～ 700mL/kg；施工温度为 5 ～ 35℃；初凝时间为 60 ～ 90min；本产品甲醛含量 5mg/kg，VOC 含量 1g/kg，苯系物总和含量 50mg/kg，放射性极低；初凝时间 1 ～ 1.5h，抗压强度为 4.1MPa。

石膏自流平：加水量约为 420mL/kg；施工温度为 5 ～ 35℃；初凝时间大于 60min；保质期为 6 个月。

工程案例

武汉招商愉樾项目、招商地产西安城市主场项目、青岛越秀和悦府项目等。

生产企业

武乡县中象新材料有限公司成立于 2019 年，注册资本 3000 万元。公司响应国家《产业结构调整指导目录（2019 年本）》《战略新兴产业目录》中关于绿色建筑及建筑节能发展的号召，积极开展节能环保新兴建材产品的生产及研发。公司成立伊始就被深深烙上了绿色的标签，对于环境的保护始终贯穿在每一个发展历程中。

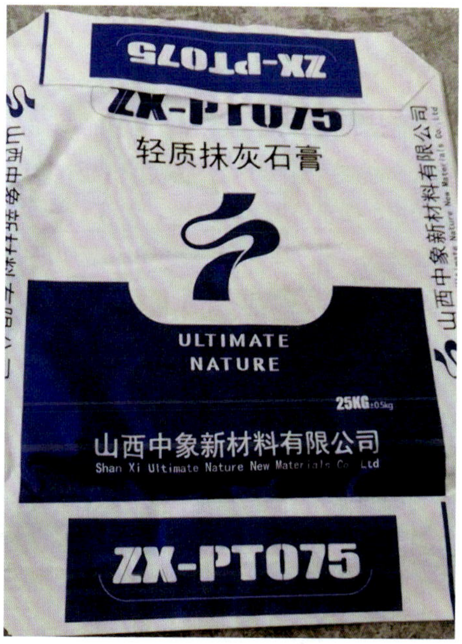

公司成立之初就建立了专业的石膏砂浆产品研发和施工技术创新科研团队，并把向客户提供专业高效的产品解决方案，打造安全、舒适、美观和可持续的生活与工作环境奉为公司发展的宗旨。公司成立三年多来，先后加入中国建材工业经济研究会和产品质量专委会，成为理事单位，创立的“靓家俪”绿色环保专项品牌产品（包含轻质喷涂石膏、石膏自流平、批嵌石膏、瓷砖胶、腻子粉等产品）在 2020、2021 连续两个年度被评为绿色建材推荐产品。

目前武乡中象已拥有相当成熟的固废回收再利用生产线和施工设备，并取得了七项相关实用新型专利，也与山东、大连多地的 OEM 加工厂达成战略合作关系。目前我们的产品已遍布山西、陕西、湖南、湖北、河南、山东、江苏等省份。

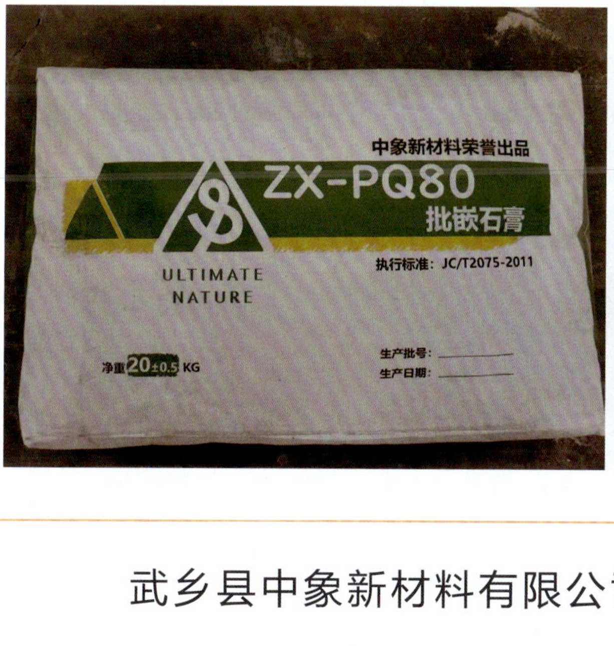

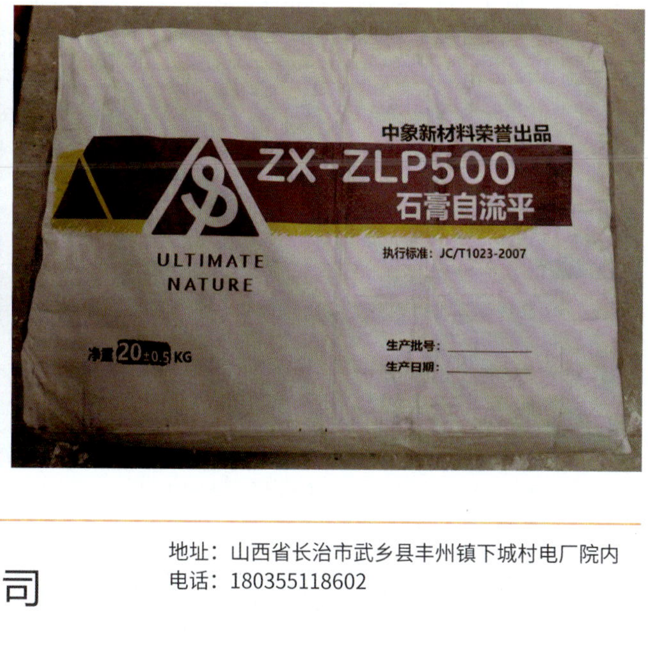

武乡县中象新材料有限公司

地址：山西省长治市武乡县丰州镇下城村电厂院内
电话：180355118602

证书编号：LB2022QT004

宜春金特纤维增强硅酸盐板、钢钙（钢石）板、纤维增强硅晶石栈道板

产品简介

纤维增强硅酸盐板：是本公司在国际先进技术配方基础上，采用 KTN360 工艺，增加多种防火组分及相应的矿物质，以水泥为胶凝材料，有机合成纤维或纤维素纤维等为增强材料，经成型、加压、蒸压养护而成，针对当今被动防火系统的要求研制、开发、生产而成的一种高级别的专业防火的硅酸盐板材。

钢钙（钢石）板：是以环保材料纤维水泥平板作为基材，然后与 0.5 ～ 0.8mm 镀锌钢板通过轻压、固化等先进的工艺复合而成，并在镀锌钢 / 铝板表面涂烤多层耐候性极强、色彩极为稳定的无机涂层的新型材料。产品性能稳定，结构连接牢固，可以代替目前市场上使用的搪瓷钢板和水泥纤维板等材料。

纤维增强硅晶石栈道板：以进口原木纸浆、硅酸盐水泥、石英粉为主要基材，加入其他特殊材料，经过制浆、成型、加压、蒸压养护、表面特殊处理而成的板材。产品具有强度高、可加工性好、防腐蚀、防霉变、耐候性强、使用寿命长等优异性能，作为栈道用板时有良好的踏步体验感和视觉满意度。

适用范围

产品应用领域涵盖公建项目（楼、馆、中心）、基础建设项目（地铁、机场、隧道、高铁等）、民建项目和工业项目（高档酒店、娱乐场所、写字楼、商场、高层住宅、学校、厂房、别墅等）；应用范围包括通风管道风管防火包覆、防火吊顶、地板楼板、内外墙装饰、钢结构构件防火保护系统、隧道顶部防火、隧道侧墙装饰等。

技术指标

纤维增强硅酸盐板：密度≤ 1.10g/cm^3；吸水率≤ 40%；湿胀率≤ 0.20%；导热系数≤ 0.20W/（m • K）；抗冻性经 25 次冻融循环，不开裂、起层、脱落；燃烧性能 A1 级；抗折强度≥ 7.0MPa；抗冲击强度≥ 1.4kJ/m^2；放射性满足 A 类装饰材料要求（内照射指数 I_{Ra} ≤ 0.50；外照射指数 I_r ≤ 0.50）。

钢钙（钢石）板：密度≥ 1.4g/cm^3；吸水率≤ 40%；湿胀率≤ 0.20%；导热系数≤ 0.30W/（m • K）；抗折强度（气干）≥ 22.0MPa；抗折强度（饱水）≥ 24.0MPa；涂层附着力 0 级；涂层耐溶剂性，200 次试验不露底；耐磨性≥ 1.5L/μm；耐磨性≥ 1.5L/μm；可见光反射比≤ 90%；光泽度偏差≤ 10。

纤维增强硅晶石栈道板：密度≥ 1.5g/cm^3；吸水率≤ 28%；湿胀率≤ 0.20%；抗冻性经 100 次冻融循环，不开裂、起层、脱落；弹性模量≥ 12000MPa；抗紫外老化性能 4000h，板面不起泡、无裂纹。

宜春市金特建材实业有限公司

地址：江西省宜春市袁州区医药工业园济民可信大道 155 号

电话：0795-3258088

工程案例

部分工程案例		
地铁项目		
广州地铁 5 号线	武汉地铁 5、8 号线	苏州地铁 5 号线
西安地铁 5 号线	成都地铁 11 号线	上海地铁 6、8、15 号线
北京地铁 6、7 号线	长沙地铁 4 号线	宁波地铁 2 号线
杭州地铁 7 号线	南昌地铁 2 号线	太原地铁
隧道项目		
南京长江隧道	南昌青山湖隧道	南昌象湖隧道
沈阳浑南大道快速路隧道	上海北翟路（外环线 - 中环线）新建工程	江苏南通啬园路快速化改造工程
济南望岳路隧道	周家嘴路隧道	
医院项目		
北京海淀医院	北京协和医院	上海中山医院
成都华西医院	深圳南山医院	北京医院
南京第二人民医院	江苏军区总医院	新疆心脑血管医院
机场项目		
大兴国际机场	广州新白云机场	上海虹桥国际机场
浦东国际机场波音机库	海南三亚机场	首都机场专机楼
乌鲁木齐国际机场	兰州机场	
车站项目		
北京南站	上海南站	南宁火车站
公建项目		
北京国际会议中心	北京科技会展中心	世博中国馆
世博中心	国家体育馆	水立方游泳馆
奥运地下空间	广州白云国际会议中心	世博比利时欧盟馆
奥运水上公园	国家大剧院	中国影视基地
国家博物馆	广东博物馆	山东博物馆
北京对台办公大楼	人民大会堂上海厅	国家统战部办公楼
公安部保密局办公楼	广东省劳动厅办公楼	广东人大办公大楼
甘肃省政协办公楼	西安政协大楼	西安武警指挥中心
贵州省建议厅办公大楼	北京纳帕尔湾别墅	北京城建大厦
中关村金融中心	北京财富中心	北京万通中心
北京东方文化中心	北京太平洋国际大厦	上海港汇广场

生产企业

宜春市金特建材实业有限公司始建于 1989 年，是亚洲专注于投资、开发、生产纤维增强粉石英水泥类及纤维增强粉石英硅酸盐类轻质板材领域的高速发展企业。2006 年 6 月落户袁州区医药工业园，总投资达 1.2 亿元，占地面积 110.03 亩。金特建材为上海宜新实业集团有限公司旗下核心板块企业。金特建材是中国混凝土与水泥制品工业协会硅酸钙板分会理事单位，硅酸钙板 / 水泥纤维平板行业生产、测试、应用标准的参编者，特别是建筑防火领域、建筑防排烟系统、建筑隔声方面等多项产品标准、应用规范、设计图集的参编者，参编标准超过 20 项。金特建材获得超过 30 项专利技术，荣获“江西省新型墙体材料”“国家高新技术企业”等称号。

金特建材将秉承“合作共赢”的基本原则，以客户需求为导向，致力于硅酸钙板及其延伸领域的应用与发展，通过对该领域产业链的系统化管理、整合、优化及关键环节的积极参与和掌控，全力打造金特整体核心竞争力，实现金特建材的可持续发展，力争为推动行业发展作出应有贡献。

宜春市金特建材实业有限公司
地址：江西省宜春市袁州区医药工业园济民可信大道 155 号
电话：0795-3258088

证书编号：LB2022QT005

阿姆斯壮橡胶地板

产品简介

本公司的橡胶地板产品是在橡胶工业制品应用技术配方以及工艺基础上，结合人们生产生活实践中对起居和活动空间舒适性以及健康安全的需求进行设计、研发和加工而成。

它采用天然橡胶以及丁苯橡胶为主体，填充亚纳米级别的高岭土、白炭黑，配以环保型硫化交联体系和抗光氧和热氧化体系，用高苯胶调节使产品软硬适中，添加水合氢氧化铝和阻燃膨润土使产品满足阻燃性需求，使用环保稳定的颜料进行颜色调配以满足视觉享受。配方中摒弃挥发可致空间 VOC 超标的塑解剂，而采用塑炼、密炼、开炼、晾胶养生、压延等一系列工艺过程设计使胶料达到合适塑化融合，然后再以最优的温度压力和时间速度控制硫化过程，使制品满足人们生产生活空间的健康、安全、美观等多方位需要。

适用范围

产品适用于医疗健康、教育、文体、办公、轻工、机场等领域。

技术指标

有害物质指标符合 HG/T 3747.1—2011 标准要求，不含有毒物质多苯芳烃，致癌物亚硝基胺物质含量未检出（GB/T 24153—2009）。

加热尺寸稳定性 ISO 23999±0.3%

柔韧性 ISO 24344 20mm

色牢度 ISO105-B02 6 级（蓝）3 级（灰）

动摩擦系数 EN13893 DS

防火要求达到 B1 级防火等级（GB 8624—2012），产烟毒性达到 ZA1 级

防油滑性能达到 R10（DIN51130）

工程案例

国家速滑馆

广州国家呼吸医学中心

广州增城妇幼

南京江北服务中心

长春金融高等专科学校

南京外国语学校雨花学校

阿姆斯壮（中国）投资有限公司

地址：上海市徐汇区龙华中路 600 号绿地中心 B 座十楼

电话：021-33386688

传真：021-33386699

官方网站：www.armstrongflooring.com

生产企业

阿姆斯壮（中国）投资有限公司是一家优秀的立足于全球视野与业务发展的企业。品牌创立于 1860 年，拥有 160 多年的悠久历史，服务中国市场超过 40 年。

业务经销网络覆盖亚洲及多个国家与地区，拥有弹性卷材、片材、地毯、橡胶地板、墙材等多品类全系列产品。在苏州建有现代化生产基地，持续为中国和亚太市场及全球提供高质量的环保产品与专业服务。

在医疗、教育、办公、养老、制药、酒店与交通等诸多专业领域进行不断深耕，并致力开发更多商用领域应用，同时为客户提供更专业、全面的地墙一体化解决方案。

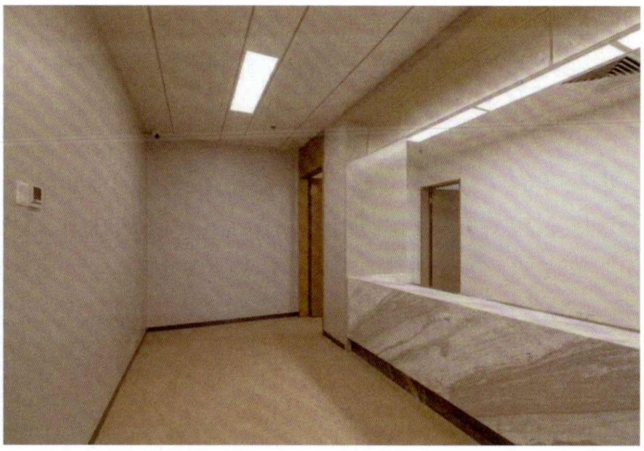

阿姆斯壮（中国）投资有限公司

地址：上海市徐汇区龙华中路 600 号绿地中心 B 座十楼
电话：021-33386688
传真：021-33386699
官方网站：www.armstrongflooring.com

证书编号：LB2022GP001

亚大给水用聚乙烯（PE）管材、燃气用埋地聚乙烯（PE）管材

产品简介

PE 燃气管材介绍：

我公司生产和提供的“亚大”牌 PE 燃气管材、管件完全符合 GB 15558.1—2015、GB 15558.2—2005 的要求，此外，我公司产品还具有以下特点：

1. 具有节能、节地、节材的“三节”特点。聚乙烯管道的生产及应用均无污染，光滑的内壁可减少被输送介质的压力损失，运行能耗低；新开发的 PE100-RC 材料管材，具备良好的点载荷性能和耐划伤性能，其抗开裂性能比普通的 PE100 管材高很多倍，能够很好地用于无沙敷设和满足非开挖技术的要求。
2. 具有优良的耐腐蚀性和耐化学性。PE 为非极性材料，可在绝大部分酸、碱、盐环境下使用，不腐蚀、不锈蚀。
3. 出色的柔韧性，能适应较大的管基不均匀沉降，抗震性能优越。
4. 重量轻，连接方便，有利于施工。
5. 使用寿命长，在正常使用的情况下，能用 50 年以上。

PE 给水管材介绍：

我公司生产和提供的“亚大”牌给水用聚乙烯（PE）管材、管件符合 GB/T 13663.1—2017、GB/T 13663.2—2018、GB/T 13663.3—2018 的相关要求，同时卫生要求也均符合 GB/T 17219 的规定；此外，我公司产品还具有以下特点：

1. 聚乙烯管道的生产及应用均无污染，光滑的内壁可减少被输送介质的压力损失，运行能耗低。
2. 具有优良的耐腐蚀性和耐化学性。PE 为非极性材料，可在绝大部分酸、碱、盐环境下使用，不腐蚀、不锈蚀。
3. 出色的柔韧性，能适应较大的管基不均匀沉降，同时抗震性能优越。
4. 重量轻，连接方便，有利于施工，而且降低了施工及后期维护成本。
5. 使用寿命长，在正常使用的情况下，能用 50 年以上。
6. 能有效抑制藻类、细菌和真菌的生长，是绿色、环保、健康的饮用水输送管道。

适用范围

PE 燃气管材主要应用于市政天然气、煤气管网。

PE 给水管材可应用于市政供、排水管网、园林绿化管网、污水处理、矿砂泥浆输送、核电领域等。

技术指标

按国家标准，要求管材的静液压强度性能要求 80℃、环向应力 5.4MPa、破坏时间≥ 165h，在实际试验中，公司管材静液压强度在 80℃、环向应力 5.4MPa 以下、破坏时间均大于 165h。

按国家标准，要求管材的断裂伸长率性能要求大于等于 350%，在实际试验中，公司管材断裂伸长率均大于 500%。

按国家标准，要求管材的氧化诱导时间（热稳定性）在 200℃下大于 20min，我公司严于国家标准，执行 210℃下进行试验，氧化诱导时间最高可达 100min。

按国家标准，要求管材熔体质量流动速率在加工前后变化小于 20%，在实际试验中，我公司管材的熔体质量流动速率在加工前后变化均小于 8%。

四川亚大塑料制品有限公司

地址：四川省成都市都江堰天府大道 358 号
电话：028-87229767
官方网站：www.chinaust.com

工程案例

1. 四川亚大生产的 PE 燃气管材，应用于成都大运会主会场东安湖体育馆的燃气输送，具有十分重要的意义。

2. 四川亚大中标成都中兴供水公司“草金路改造给水迁改（入廊）”工程项目，此次 PE 管的入廊总设计长度为 7km（型号为：DN200、DN315、DN400），此次水管入廊是公司首个水管入廊项目，为水市场开发提供新思路。

生产企业

四川亚大塑料制品有限公司于 2003 年 2 月成立，注册资金 8000 万元，是中国兵器集团所属凌云工业股份有限公司与瑞士乔治 • 费歇尔工业管道系统有限公司合资设立。公司位于四川成都都江堰市天府大道 358 号，占地面积 38.75 亩，主要生产 PE 燃气、给排水管材、管件等工程塑料制品和配套施工机具设备。

公司业务范围是西南地区，主要客户包括成都城市燃气有限责任公司、华润燃气（集团）有限公司、港华燃气集团公司、重庆燃气集团公司、贵州燃气集团公司、中石油昆仑燃气有限公司、四川省投资集团等西南地区主要燃气公司和自来水公司；目前我公司有 6 条从国外进口的挤出生产线，年产能超过 2 万吨，可生产 20 ～ 800mm 规格的各型管材。

公司先后被认定为国家高新技术企业、四川省企业技术中心及四川省建设创新型企业，公司产品实验测试中心获中国合格评定认可委员会实验室认可证书，公司产品被认定为四川省名优产品，通过了中国环境标志认证、新华节水产品认证、成都市采用国家标准产品认证，连续多年被列入成都市地方名优产品推荐目录，公司获得了成都市模范单位、成都市“小巨人”企业、都江堰市“纳税大户”等荣誉。公司作为环境友好型企业，严格执行国家行业标准，通过了 ISO 9001、ISO 14001、ISO 45001 体系认证，产品质量达到了国际标准，生产基本实现了零排放。

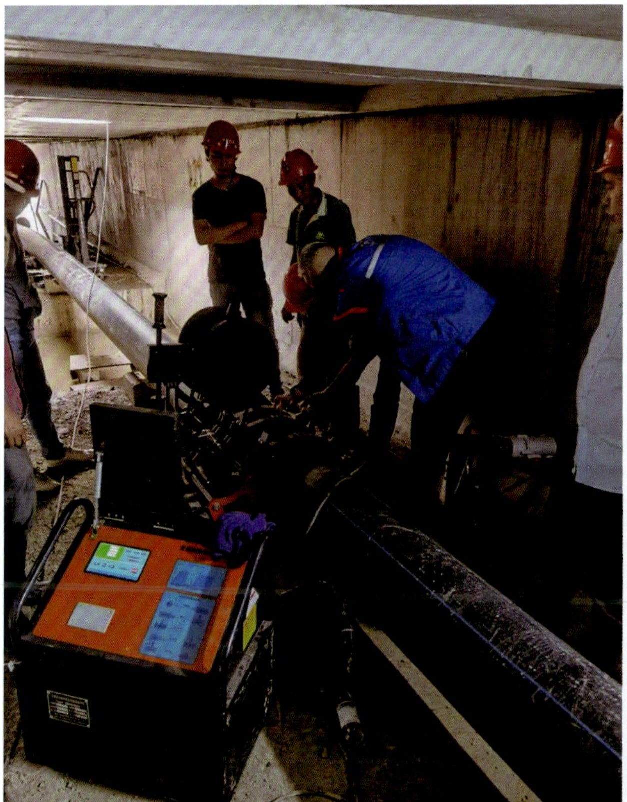

四川亚大塑料制品有限公司

地址：四川省成都市都江堰天府大道 358 号
电话：028-87229767
官方网站：www.chinaust.com

证书编号：LB2022GP002

顺博给水用聚乙烯（PE）管材、管件；冷热水用聚丙烯（PP-R）管材、管件

产品简介

给水用聚乙烯（PE）管材、管件

1.PE 给水管材、管件卫生无毒，在使用过程中不结垢、不滋生藻类和其他微生物，不会对水质进行二次污染。

2.PE 给水管材、管件色泽柔和美丽，内外壁光滑，无凸凹之物，液体输送阻力小，是相同直径白铁管道系统的 60% ～ 70%。

3.PE 给水管材、管件质量轻、强度高、耐压、耐冲击、耐腐蚀性能好、搬运方便、施工快捷、大大降低施工安装的劳动强度。

4.PE 给水管材、管件质轻、易连接，且有一定的韧性；安装简便，由于需热熔焊接连接，连接强度大于管材本身强度，安全可靠，使用寿命可达 50 年；有良好的水密性。

冷热水用聚丙烯（PP-R）管材、管件

顺博牌给水用聚丙烯（PP-R）管材、管件，是以聚丙烯（PP-R）专用料和色母料为原料，经挤出（注塑）成型的涉水产品。主要的产品性能特点有以下几方面：

1. 本产品耐腐蚀性强，管壁光滑，长期使用不结垢，避免管道因结垢而产生堵塞现象。
2. 本产品保温性能好，导热系数为金属管材的 0.5%，节能，不结露。
3. 本产品安装简便，采用热熔连接，效率高，外形美观。
4. 使用寿命：管道系统在正常使用下寿命可长达 50 年以上。

适用范围

1. 城镇供水

HDPE 管道具有安全、卫生、施工方便等综合优势，已成为城镇供水的理想管材。

2. 食品、化工领域

HDPE 管道具有独特的耐化学腐蚀性能，可用于各种酸碱盐溶液的输送或排放，使用寿命长，成本及维护费用低。

3. 矿砂、泥浆输送

HDPE 管道的耐磨性是钢管的 4 倍，可广泛应用于输送矿砂、发电厂的粉煤灰、河道清淤的泥浆等。

4. 置换水泥管、铸铁管和钢管

对于城市原有敷设的水泥管、铸铁管等进行旧管改造，可以不经过大面积开挖，直接将 HDPE 管插入旧管中进行更换，工程造价低，施工时间短，特别适用于老城区的管路改造。

5. 园林绿化管网

园林绿化需要大量的输水管道，HDPE 管道成本低廉，值得大力推广。

其他应用

PE 管道还可以广泛应用于其他领域，如电力、通信护套、农田灌溉、虹吸排水、垃圾填埋、地热空调、深海养殖、埋地消防管道等。

PP-R 管道广泛应用于冷热水管道系统、纯净水管道系统。

技术指标

PP-R 管材技术指标如下：

序号	项目	企业标准要求	国家标准要求
1	20℃静液压强度（环向应力 16.0MPa，1h）	不破裂，不渗漏	不破裂，不渗漏
2	95℃静液压强度（环向应力 4.2MPa，22h）	不破裂，不渗漏	不破裂，不渗漏

浙江奥博管业股份有限公司
地址：浙江省台州市路桥区峰江街道桥洋村
电话：0576-82678005
传真：0576-82678006
官方网站：www.aobogy.cn

续表

序号	项目	企业标准要求	国家标准要求
3	95℃静液压强度（环向应力 3.8MPa，165h）	不破裂，不渗漏	不破裂，不渗漏
4	简支梁冲击试验 /%	破损率＜试样的 8%	破损率＜试样的 10%
5	纵向回缩率（135±2）℃ /%	≤ 1	≤ 2

给水用聚乙烯（PE）管材技术指标如下：

静液压强度

序号	项目	环向应力 /MPa		要求
		PE80	PE100	
1	20℃静液压强度（100h）	9.0	12.4	不破裂，不渗漏
2	80℃静液压强度（165h）	4.6	5.5	不破裂，不渗漏
3	80℃静液压强度（1000h）	4.0	5.0	不破裂，不渗漏

物理性能

序号	项目		要求
1	断裂伸长率 /%		≥ 350
2	纵向回缩率（110℃）/%		≤ 3
3	氧化诱导时间（200℃）/min		≥ 20
4	耐候性（管材累计接受≥ 3.5GJ/m² 老化能量后）	80℃静液压强度（165h）	不破裂，不渗漏
		断裂伸长率 /%	≥ 350
		氧化诱导时间（200℃）/min	≥ 10

工程案例

临安区 2020 年农村饮用水达标提标工程、修水县水利局、南昌县农村饮水安全巩固提升工程、万载县农村饮水安全巩固提升项目、象山县鹤浦镇人民政府污水处理项目、修水县水利局、万石城县城乡一体化供水项目、中煤第九十二工程项目、慈溪市水务工程项目、嘉善县水务集团项目、修水水利局、昆山市交通航务工程项目、江西慧德农村饮用水工程维修养护项目、衢州市城投建设公司工程项目、鹰潭市花桥水利枢纽移民安置工程项目。

生产企业

浙江奥博管业股份有限公司成立于 1999 年，专业从事塑料管道行业，产品涵盖聚丙烯（PP-R）冷热给水管道、聚乙烯（PE）健康给水管道、安全燃气管道；是一家管材口径从 20 ～ 1000mm、所有管件实现原厂生产的国家高新技术企业。

公司始终坚持实施技术创新和品牌战略，铭记质量是企业永恒的生命，在稳步发展中逐渐形成完善的质量保障体系；先后通过了 ISO9001：2015 质量管理体系认证、ISO14001：2015 环境管理体系认证、中国环境标志产品认证和新华节水产品认证等。

公司自 2006 历年被评为“银行信用等级 AAA 级单位”；是浙江省工商企业信用 AAA 级“守合同重信用“单位、国家市场监督管理总局“守合同重信用”公示企业。

随着公司的不断发展壮大，销售、服务网络日益完善，在浙江省内设有 5 个直销中心，全国各地设有 20 多个品牌代理销售网点和售后服务中心，秉承对客户需求的理解，提供全方位的产品系统应用和系统解决方案，及时响应和准确完善的售后服务。此外，公司建有国家认可实验室，省级新型管材技术研发中心，具有较强的新技术新产品的开发能力。未来，我们将一如既往为广大客户提供优质管道和更为称心的服务。

“赢利必先赢心”是我们的经营理念，“提升品牌价值”是我们的宏愿。在未来发展中，奥博管业会紧扣用户的需求，将品牌建设作为重点，开拓创新，以诚致信，以信致远，抓质量，重服务，扩大品牌影响力。同时，奥博将最大限度整合研发、制造、营销三种资源，不断创造出可持续的竞争优势。

浙江奥博管业股份有限公司

地址：浙江省台州市路桥区峰江街道桥洋村
电话：0576-82678005
传真：0576-82678006
官方网站：www.aobogy.cn

证书编号：LB2022GP003

金威薄壁不锈钢管、不锈钢卡压式管件

产品简介

金威不锈钢管材、管件及波纹管采用304食品级不锈钢管，严格选用国内一线品牌钢厂所产不锈钢卷板（首选张家港浦项卷板），坚持原材料进厂检验（原材料化学成分、原材料屈服强度、抗拉强度、延伸率等机械性能检验），确保原材料质量稳定可靠。不锈钢水管是目前最好的直接饮用水输送管材，漏水率低，可以节约宝贵的水资源，可以用于热水、冷水管，同时具有较好的抗晶间腐蚀性能，耐高温、耐氧化、使用寿命长、抗压强度高等优势。

适用范围

不锈钢管应用于石油、化工、农业、医疗、家居生活、机械仪表等工业输送管道等领域，使用范围包括家装、医院、酒店、机场、学校、小区等各种工程，还可以应用于装饰。

技术指标

产品规格	不锈钢管材、管件 DN15~DN300
检验项目	标准要求
外表及表面质量	管件表面应光滑，不得有分层、划伤、脱皮、凹陷、毛刺。管材两端端面与管轴线成垂直
化学成分检测	符合 GB/T 19228.2—2011 表5化学成分要求
扩口试验	依据 GB/T 242—2007，采用60°圆锥扩口率为30%，管壁无裂纹和破损
压扁试验	依据 GB/T 246—2017，压扁至8mm，无裂缝和裂口
涡流探伤	符合 GB/T 7735—2016B 级
气密试验	试验压力1.05MPa，保压时间≥5s，无气泡产生，不渗漏
卫生要求	符合 GB/T 17219—1998 的规定
晶间腐蚀试验	经研磨、洗净、干燥后置于加有铜屑的硫酸-硫酸铜溶液中保持微沸状态16h，然后取出洗净、干燥。弯芯直径 ϕ 5mm，弯曲角度180°后不产生裂纹
盐雾试验	管件用9点均衡方式呈15°～30°倾斜放置于试验箱，化学纯的氯化钠溶于蒸馏水或去离子水中，其浓度为50g/L±5g/L。240h试验，用10倍放大镜观察，内外表面不得出现腐蚀缺陷

产品规格	不锈钢波纹管 DN15～DN300
检验项目	标准要求
外表及表面质量	表面无划伤、脱皮、凹陷、毛刺等
化学成分检测	采用光谱仪对原材料进行化学成分检测
耐冲击性试验	从1m高处垂直落下4kg钢球落到管中间，无裂纹，无缝隙
弯曲性试验	弯曲180°，无裂纹，无泄漏，被覆层无裂纹
耐应力腐蚀试验	直径弯曲180°，浸泡在20%氯化钠、1%亚硝酸钠和79%蒸馏水配制的溶液中，在大气压力下将溶液的温度升至沸点，在沸腾的液体中浸泡14h后取出。将取出的管反方向弯曲180°后，不得有裂纹，无泄漏

安徽金威管业有限公司
地址：合肥市新站区岱河路470号
电话：0551-66335088
传真：0551-66335088
官方网站：http://www.kingwe.com.cn/

工程案例

不锈钢波纹管，不锈钢管材、管件			
序号	项目名称	序号	项目名称
1	安徽省政协宿舍	19	北京东山别墅
2	安徽省政府改造	20	北京总参设计院
3	安徽省委办公楼改造	21	重庆光华医院
4	安徽省设计院	22	池州烟草公司办公楼
5	安徽省人大	23	成都金沙府邸
6	安徽省立医院	24	长丰县供电局
7	安徽省立儿童医院	25	长白山万达国际旅游度假村
8	安徽省检察院	26	德州唐人中心
9	安徽省广电中心	27	滁州喜来登酒店
10	上海．绿城玫瑰园	28	阜阳万方金融广场
11	三亚美丽之冠七星酒店	29	福建晋江磁灶卫生院
12	安徽安医大附院	30	肥东禹洲中央广场
13	山西大同机场	31	淮南大气产业园
14	蚌埠医学院	32	呼市国家公路运输枢纽客运站
15	亳州妇女儿童医院	33	济南城市学院
16	北京中关村	34	南京浦口文化馆
17	北京汉威国际广场	35	青岛博览城
18	云南丽江和玺酒店	36	深圳东方银座

生产企业

安徽金威管业有限公司位于安徽省合肥市新站高新区，成立于2006年，是一家集研发、生产、销售、售后服务于一体的高新技术企业。公司专业从事不锈钢管材及管件、不锈钢波纹管及管件、不锈钢分水器、钢塑复合管、PE覆塑管、自来水管道及配件研发、设计、生产、销售；供热设备、供冷设备、供水设备、燃气设备、燃气不锈钢波纹管设计、生产、销售；机电设备及配件、阀门、电子流量计、电子水表、热镀锌钢管、无缝钢管、涂塑钢管、螺旋钢管、焊管、消防管设计、加工、销售；水电工程安装、管道工程及泵房配套设备安装、维修和各类管道配件技术开发与制造。

公司总投资10亿元，厂区面积130亩，生产、办公面积13.5万平方米。公司是中国建筑金属结构协会给水排水设备分会会员单位、中国建筑建材质量协会会员，央视CCTV品牌入库单位，同时也是《中小型给水泵站技术规范、薄壁不锈钢管排水技术规程》参编单位。

安徽金威管业有限公司

地址：合肥市新站区岱河路470号
电话：0551-66335088
传真：0551-66335088
官方网站：http://www.kingwe.com.cn/

证书编号：LB2022GP004

圣大给水用聚乙烯（PE）管材、管件；冷热水用聚丙烯（PP-R）管材、管件

产品简介

圣大 PE 给水管道产品优点：

圣大聚乙烯 PE 管道系统之间采用电热熔方式连接，接头的强度高于管道本体强度；

圣大聚乙烯 PE 管道可耐多种化学介质的腐蚀；

圣大聚乙烯 PE 管道具有低的缺口敏感性、高的剪切强度和优异的抗刮痕能力，耐环境应力开裂性能也非常突出；

HDPE 管道与钢管的耐磨性对比试验表明，HDPE 管道的耐磨性为钢管的 4 倍；

圣大聚乙烯 PE 管道的柔性使得它容易弯曲，工程上可通过改变管道走向的方式绕过障碍物，在许多场合，管道的柔性能够减少管件用量并降低安装费用；

圣大聚乙烯 PE 管道具有光滑的内表面，其曼宁系数为 0.009。光滑的表面和非黏附特性保证 HDPE 管道具有较传统管材更高的输送能力，同时也降低了管路的压力损失和输水能耗；

圣大聚乙烯 PE 管道的低温脆化温度极低，可在 -20 ～ 60℃温度范围内安全使用。冬季施工时，因材料抗冲击性好，不会发生管子脆裂。

圣大聚乙烯 PE 管道比混凝土管道、镀锌管和钢管更轻，容易搬运和安装，具有更低的人力和设备需求，意味着工程安装费用的大大降低。

圣大聚乙烯 PE 管道具有多种施工技术，除了可以采用传统的开挖方式进行施工外，还可以采用多种全新的非开挖技术如顶管、定向钻孔、衬管、裂管等方式进行施工，这对于一些不允许开挖的场所是很好的选择，因此 HDPE 管道应用领域更为广泛。

冷热水用聚丙烯（PP-R）管材、管件产品具有以下特点：

畅通：内壁光滑 畅通无阻

阻力更小，流通顺畅。

质量：高密度 轻重量

重量仅为钢管的九分之一，20℃时密度为 0.90g/cm^3，能耗更小，施工强度更低。

耐用：性能稳定寿命长达 50 年

瞬间可耐高温 95℃，75℃内可长期使用，是目前理想的室内冷热水管道。

耐腐：非极性材料 保持管道完整性

对水中所有建筑物的化学物质均不起反应，在长期给水过程中不会生锈和腐蚀。

健康：绿色环保 健康无毒

甄选一级 PP-R 原料，高于国家环保标准，在生产、施工、使用过程中均无任何污染。

适用范围

PE 管材适用于城镇自来水管网系统；天然气、燃气输送系统；食品、工业原料输送系统；化工、石油领域输送系统；工业用化学物质流体输入、排放；海水淡化管网；园林绿化供水管网；地源热泵系统；虹吸、同层排水系统；非开挖工程；农用灌溉输道；矿砂、泥浆输送；可置换水泥管、铸铁管和钢管。

PP-R 管材、管件：应用于建筑物的冷热水系统，包括集中供热系统；建筑物内的采暖系统，包括地板、壁板及辐射采暖系统；可直接饮用的纯净水供水系统；集中空调系统；输送或排放化学介质等工业用管道系统。

圣大管业科技股份有限公司

地址：山东省寿光市晨鸣工业园文昌路与建新街交叉路口
电话：0536-5480888
传真：0536-5480888
官方网站：http://www.sgshengda.cn

技术指标

给水用聚乙烯（PE）管材、管件产品性能符合 GB/T 13663.2—2018 及 GB/T 13663.3—2018 标准中的相关要求。

冷热水用聚丙烯（PP-R）管材、管件产品性能符合 GB/T 18742.2—2017 及 GB/T 18742.3—2017 标准中的相关要求。

工程案例

淄博高标准农田项目、广饶县工业水源转换工程项目、济南市农业节水工程项目、安丘城乡供水项目、河南金鹰建设集团有限公司工程项目、乐陵市 11.3 万亩高标准农田建设项目、平邑县农村饮水安全两年攻坚行动项目、陕西省小水网配套工程项目、青岛市西海岸新区城际空间站项目、徐州市淮海国际会展中心项目、呼和浩特绿地之窗项目、大连碧桂园小窑湾项目、聊城东昌府星汇项目、泰安市新泰湖悦天境项目、德州凤凰星辰项目、葫芦岛化工街道碧桂园一期工程、南京南站南广场 G84 项目、廊坊市碧凤湾项目等。

生产企业

圣大管业科技股份有限公司创建于 2002 年，是专业研发、生产与销售各类环保塑胶管道系统的高新技术企业；公司引进德国巴顿等行业内先进设备，具有管材、管件生产线 200 多台套，年生产能力达 15 万吨。公司提供一般公共建筑管道、民用建筑管道、市政建设管道、精品家装管道、农业节水管道等，品种规格齐全。公司总部在山东寿光，在寿光设有四个生产厂区和安徽芜湖一个生产基地，是行业知名的管道生产企业。

圣大管业是中国塑料管道专业委员会理事单位、中国辐射供暖供冷委员会理事单位、山东大学建筑地产业协会会员单位；先后荣获高新技术企业、山东省重点产品推广企业、重合同守信用企业、潍坊市“隐形冠军”企业、潍坊市专精特新企业等各类荣誉称号 100 余项；2020 年入选中央企业集采供应商 50 强，2021 年入围首批雄安新区市政埋地管材企业名单。

圣大管业建有企业标准化实验室，检测设备齐全，公司产品通过国家化学建筑材料测试中心、中国预防医学科学院检测；不锈钢管道产品具备中华人民共和国特种设备生产许可证；公司通过 ISO 9001 质量管理体系认证、ISO 14001 环境管理体系认证、ISO 45001 职业健康安全管理体系认证。圣大管业成立了企业研发中心，致力于新产品研发和新技术推广，与山东大学等科研院所建立了产学研合作基地，先后被认定为潍坊市工程技术研究中心、山东省“一企一技术”研发中心。目前已拥有国家各类专利 20 余项。

圣大管业深耕管道领域 20 年，作为中国工程管道的杰出代表，始终坚持品牌发展和技术创新战略，秉承“做好管道，疏通城市，畅享生活”的企业使命，开启新征程。

圣大管业科技股份有限公司

地址：山东省寿光市晨鸣工业园文昌路与建新街交叉路口

电话：0536-5480888

传真：0536-5480888

官方网站：http://www.sgshengda.cn

证书编号：LB2022GP005

低压流体输送用焊接钢管（热镀锌）、钢塑复合管

产品简介

热镀锌管产品标准名称为“低压流体输送用焊接钢管”，标准代号为 GB/T 3091，是在焊接钢管的基础上进行内外热镀锌，使钢管内外壁同时镀有锌层，大大提高钢管防腐性能，达到普通钢管的 20 倍左右。

钢塑复合管按内防腐形式分为衬塑、涂塑和外覆塑复合钢管。公司根据 GB/T 28897 生产的内衬塑复合管分为冷水管和热水管两种，冷水用衬塑复合管使用温度一般不超过 45℃；热水衬塑复合管使用温度一般不超过 70℃。据测试，衬塑复合管内壁使用寿命为镀锌管的 3 倍以上。与塑料管相比，钢塑复合管具有机械强度高、耐压、耐热性好等优点。

适用范围

低压流体输送用焊接钢管（热镀锌）在消防工程、天然气输送、石油加工工业、水利工程建筑以及住宅建筑等领域得到广泛使用。

钢塑复合管广泛应用于生活饮用水、自来水、燃气、消防、化工产品等流体输送及取暖工程，是镀锌管的升级换代产品。

技术指标

检验项目		标准要求	检验结果	单项判定
力学性能	屈服强度 R_{eh}/MPa	≥ 235	352	合格
	拉伸强度 R_m/MPa	≥ 370	476	合格
	断后伸长率 A/%	≥ 15	20.9	合格
工艺性能	弯曲	弯曲角度 90°，r=6D 试验后，试样上不允许出现裂纹	未见裂纹；完好	合格
表面质量	表面缺陷	钢管内外表面应光滑，不允许有折叠、裂纹、分层、搭焊、断弧、烧穿及其他深度超过壁厚下偏差的缺陷存在	复合要求	合格
镀锌层	重量 / (g/m²)	内外表面锌层总重量不小于 300g/m²	333	合格
	均匀性	钢管试样（焊缝处除外）在硫酸铜溶液中连续浸渍 5 次不变红（镀铜色）	未见变红	合格
	附着力	弯曲角度 90°，r=8D 试验后，试样上不允许出现镀锌层剥离现象	未见剥离；完好	合格

工程案例

公司系列钢管产品广泛应用于国家及省市众多重点工程建设，如南水北调工程、上海世博会、杭州湾大桥、河南城际铁路黄河大桥、武汉长江隧道、三峡大坝、济南奥体中心、南京地铁 3 号线、石武高铁、昆明长水国际机场、万科地产、万达广场、晋煤 300 万吨煤制造油项目、山东液化天然气（LNG）项目、贵州省农村安全饮用水项目等。

生产企业

正大制管是国家级高新技术企业、全国守合同重信用企业、国家两化融合管理体系贯标试点企业、中国制造业 500 强、中国民营企业 500 强、河北省百强企业，是一家以高频焊管、热镀锌管、螺旋焊管、方矩管、钢塑复合管制造、销售为主导，集科、工、贸、文为一体的现代化综合型企业。

公司先后通过中国船级社 ISO 9001、ISO 14001、ISO 45001 质量、环境、职业健康与安全三体系认证，美国石油学会 API5L 认证、欧盟 CE 认证。“天虹”“吉立”系列钢管产品普遍应用于石油管线、油气输送和给排水、自来水、消防、燃气、集中供暖、采暖蒸汽等低压流体输送及支架、穿线、钢结构、冷弯型材等用途。

公司已成为中建、中铁、中冶、中石化、中石油、中海油等国家诸多大型企业的指定供应商，国内销售网络远及新疆、青海、云贵，遍布全国。目前，“天虹”牌钢管已出口到德国、法国、葡萄牙、美国、加拿大、秘鲁、乌拉圭、哥伦比亚、利比亚、巴西、印度、菲律宾、马来西亚等国家。

壁立千仞，无欲则刚；广博为贤，唯正乃大。正大人以山的浑厚、海的广博，诚信务实的品质，敬业创新的作风，追求卓越、创造永恒的信念，传承千年炼钢文化，成就百年制管企业。

邯郸市正大制管有限公司

地址：成安县聚良大道 9 号
电话：0310-5231739
传真：0310-5231989
官方网站：http://www/hdzdzg.com

证书编号：LB2022GP006

文远给水用聚乙烯（PE）管材、管件；市政排水用塑料检查井

产品简介

HDPE 高密度聚乙烯管材、管件具有如下优点：

1. 连接方便，施工简单，方法多样。PE 管管体轻，焊接容易，焊接口少，并可采用管沉入的方法在水底铺设，大大降低施工难度和工程费用。

2. 使用寿命长，耐腐蚀性强。PE 管材具有很强的耐腐蚀性，可耐酸碱腐蚀，其本身就是极好的防腐材料，使用寿命一般为 50 年。

3 流通能力大，管壁光洁度高，不易结垢。PE 管内壁光滑，不结垢。其内表面当量绝对粗糙比值是钢的 1/20，相同管径、相同长度、相同压力下的 PE 管其流通能力要比钢管大 30% 左右，因此经济优势明显。

4. 重量轻、施工方便。管材重量轻，只有钢管的 1/7，是玻璃钢管的 1/2，寿命却是钢管的 4 ～ 5 倍，运输、安装便捷。

5. 较好韧性和挠曲性：高韧性管材，其断裂伸长率达到 350% 以上，对基础不均匀沉降和错位的适应能力强，抗震性好。

6. 强度大、耐冲击，机械性能优越。管材使用的 PE 树脂，抗老化性能好，不易脆化，有韧性，能吸收冲击能，安装时受地形沉降影响小。

7. 密封性好：PE 管本身采用熔接连接，其接口的抗拉强度与爆破强度均高于管材本体，可有效抵抗内压力产生的环向应力和轴应力，因此密封性能十分良好。

8. 抗应力裂性好：PE 管具有低的缺口敏感性，高抗剪切强度及优异的抗痕能力，耐环境应力性非常突出。

9. 低温抗冲击性好：聚乙烯的低温脆化温度极低，可在 -20 ～ 40℃温度范围内安全使用。冬季施工时，因材料抗冲击性好，不会发生管子脆裂。

10. 多种全新的施工方式：PE 管道具有多种施工技术，除了可以采用传统的开挖方式进行施工外，还可以采用多种全新的非开挖技术如顶管、定向钻孔、衬管、裂管等方式进行施工，这对于一些不允许开挖的场所是不错的选择，因此 PE 管道应用领域更广泛。

HDPE 塑料检查井具有如下优点：

1. 耐酸碱腐蚀、耐老化，使用寿命长。

2. 安全环保，密封好，防渗漏。塑料检查井的材料是高密度聚乙烯塑料，无毒无味，使用后可回收利用；密封性好，能杜绝雨污水渗漏、泄漏，以防止地下水污染。

3. 均匀沉降、抗压。管道与井座柔性连接，管道与井座的黏土共同运动，很好地解决了传统检查井与塑料管道连接所产生的不均匀沉降问题，有效防止地面塌陷。

4. 施工方便快捷。采用分体组装结构，井筒可现场切割、调整，适应各种安装深度要求，有效降低成本，加快施工进度，缩短工期（施工速度是传统检查井的 10 ～ 20 倍以上），并可全天候施工。

5. 高效排水。内壁光滑流畅，设有导流槽，污物不易滞留，减少了堵塞的可能，有着出色的排水性能，雨污排放率是传统检查井的 1 ～ 3 倍。

6. 重量轻，易于运输和安装，性能可靠，承载能力强。

7. 综合造价低，维护费用少，可以回收循环利用，有着巨大的社会效益。

8. 密封性能好、防渗漏。

适用范围

HDPE 高密度聚乙烯管材、管件适用于：

1. 农村、城镇供水（PE 管道具有安全、卫生、施工方便等综合优势，已成为农村、城镇供水的理想管材）。

2. 食品、化工领域。

3. 输送矿砂、发电厂的粉煤灰、河道清淤的泥浆等。

4. 更换水泥管、铸铁和钢管（对于城市原有敷设的水泥管、铸铁管等进行旧管改造，可以不经过大面积开挖，直接将

山东文远环保科技股份有限公司

地址：山东省淄博市临淄区经三路 6 号
电话：05338170282
传真：05338170282
官方网站：http://www.wenyuanplastic.cn/

PE 管插入旧管中进行更换，工程造价低，施工时间短，特别适用于老城区的管路改造）。

5. 园林绿化管网（园林绿化需要大量的输水管道，PE 管道成本低廉，值得大力推广）。

6. 非开挖专用管网（主要适用于农村河道非开挖施工，城市道路的牵引施工）。

7. 替代需要承压的排水管网等。

HDPE 塑料检查井适用于：

1. 建筑小区（居住区、公共建筑区、厂区等）、城乡市政、工业园区、旧城改造等范围内埋地塑料排水管道塑料排水检查井工程的设计、施工和维护保养。

2. 一般土质、软土土质、季节性冻土土质和湿陷性黄土土质条件下的塑料排水检查井施工。

技术指标

本公司所生产的给水用聚乙烯（PE）管材、管件产品性能符合 GB/T 13663.2—2018 及 GB/T 13663.3-2018 标准中的相关要求。

HDPE 塑料检查井产品性能符合 CJ/T 326—2010 标准中的相关要求。

工程案例

日照市五莲县农村生活污水治理项目、高唐县农村生活污水治理项目、济南市莱芜区农村生活污水治理项目、南非给水管项目、鲁北化工集团中水管道改造项目。

生产企业

山东文远环保科技股份有限公司是城乡污水处理及城市地下管网建设的高效系统解决方案提供商，致力于成为国内城乡水污染治理环保行业的佼佼者。自 2011 年成立以来，文远环保秉承着对社会负责、对用户负责、对企业负责的态度，赢得了客户及市场的认同。

文远环保构建了集研发、生产、销售于一体的供应体系。通过不断创新和持续研发，目前已拥有了六大系列千余种产品：智能一体化污水处理净化槽系列；塑料给水、燃气、热力、排水、电力通信等管材、管件系列；建筑小区、市政管网塑料检查井系列；疏浚管道及浮体系列；海绵城市雨水收集利用系列。

作为技术型的高新技术企业，文远环保与国内多所高校和科研机构建立长期合作关系，拥有 50 多项专利和创新技术成果，主编、参编了多项国家和行业标准。公司产品通过了美标（ASTMF714）、澳标（AS/NZS4130）、欧标（EN12201）的国际严苛检测以及 CE 认证；公司全面实施 ISO 9001、ISO 14001、ISO 45001 质量 / 环境 / 职业健康管理体系，被政府列入绿色采购清单；获中国环境标志产品认证证书，环保、市政工程施工资质；荣获“山东省高新技术企业”“省级重合同守信用单位”“山东省瞪羚企业”等荣誉；连续两年跻身淄博市高成长企业 50 强，是淄博市较早一批国有资本参股的混合所有制企业。

文远环保建立了遍及全国的营销和服务网络，拥有专业的服务团队，以优良的品质和完善的服务赢得广大客户的信赖。

山东文远环保科技股份有限公司

地址：山东省淄博市临淄区经三路 6 号
电话：05338170282
传真：05338170282
官方网站：http://www.wenyuanplastic.cn/

证书编号：LB2022GP007　　HB2022GP004　　JK2022GP002

中财给水用聚乙烯（PE）管材；给水用钢丝网增强聚乙烯复合管材；建筑排水用硬聚氯乙烯（PVC-U）管材

产品简介

PE 是一种结晶度高、非极性的热塑性树脂。原态 PE 的外表呈乳白色，在微薄截面呈一定程度的半透明状。PE 具有许多优良特性，给水管和燃气管是其两个最大的应用市场。由于其具有强度高、耐高温、抗腐蚀、连接可靠、卫生无毒等特点，被广泛应用于给水管制造领域，是替代传统钢铁给水管、水泥混凝土管的理想管材。

建筑排水用硬聚氯乙烯（PVC-U）管材与传统的排水用铸铁管、水泥管相比，具有质轻、耐化学腐蚀、内壁光滑、不结垢、施工方便等优点，且符合国家以塑代钢、以塑代木的产业推广政策，故成为铸铁管等传统排水的更新换代产品，具有良好的市场前景。

钢丝网骨架塑料复合管是用高强度过塑钢丝网骨架和热塑性塑料聚乙烯为原材料，钢丝缠绕网作为聚乙烯塑料管的骨架增强体，以高密度聚乙烯（HDPE）为基体，采用高性能的 HDPE 改性粘结树脂将钢丝骨架与内、外层高密度聚乙烯紧密地连接在一起而制成的复合管材，又称 srtp 管。管材的增强骨架与内外层塑料互相包容为一个整体，无内外层塑料与增强体剥离之忧。

钢丝网骨架塑料复合管以其优质的材质与先进的生产工艺水平，具有更高的耐压性能。同时，在兼顾强度的同时又具有良好的柔性，适用于长距离埋地供水、输气管道系统。它是通过热熔胶复合连续挤出成型的新型环保管材，既保留了钢管的稳定性优点，又保留了塑料管卫生性能以及技术可靠、使用寿命长等特点。

适用范围

给水用聚乙烯（PE）管材及管件适用于农村安全饮水，城乡饮用水管道；城市自来水管网系统，水务公司，自来水厂；化工、化纤、视频、林业、印染、制药、轻工、造纸、冶金等工业的料液输送管道。

建筑排水用硬聚氯乙烯（PVC-U）管材适用于工业及民用建筑室内外排水管道工程，连续排放生活污水温度不超过 40 度，瞬时排放污水温度不超过 80 度，对管材没有腐蚀作用的工业废水都可以使用，还可以适用：水产养殖业排水工程、农田水利输水灌溉工程、园林园艺绿化供水工程、地埋消防供水工程等等。

钢丝网骨架塑料复合管道是一种性能优异的新型管道，广泛应用于油田、电厂、化工石化企业、自来水公司、市政燃气、海水利用管路等各领域。

技术指标

给水用聚乙烯（PE）管材产性能满足符合下表的要求

项目	要求	试验参数	
熔体质量流动速率（g/10min）	加工前后 MFR 变化不大于 20%	试验质量 试验温度	5kg 190℃
氧化诱导时间	≥ 20min	试验温度	210℃
纵向回缩率	≤ 3%	试验温度 试验长度	110℃ 200mm
炭黑含量（黑色）	2.0% ～ 2.5%	—	—
炭黑分散 / 颜料分散（蓝色）	≤ 3 级	—	—
灰分	≤ 0.1%	试验温度	（850±50）℃
断裂伸长率 $e \leqslant 5$mm	≥ 350%	试样形状试样速度	类型 2 100mm/min
断裂伸长率 5mm $< e \leqslant$ 12mm	≥ 350%	试样形状 试样速度	类型 1 50mm/min
断裂伸长率 $e >$ 12mm	≥ 350%	试样形状 试验速度	类型 1 25mm/min
		或	
		试样形状 试样速度	类型 3 10mm/min

浙江中财管道科技股份有限公司
地址：浙江省新昌县澄潭街道沃西大道 198 号
电话：0575-86125114/0575-86161208
官方网站：www.zhongcai.com

续表

项目	要求	试验参数	
耐慢速裂纹增长 $e \leqslant 5mm$（锥体试验）	< 10mm/24h	—	—
耐慢速裂纹增长 $e > 5mm$（切口试验）	无破坏，无渗漏	试验温度内部试验压力：	80℃
		PE80，SDR11	0.80MPa
		PE100，SDR11	0.92MPa
		试验时间	500h
		试验类型	水 - 水

PVC-U 排水管管材物理力学性能应符合下表的要求。

项目	要求
密度 /（kg/m³）	1350 ~ 1550
维卡软化温度（VST）/℃	⩾ 79
纵向回缩率 /%	⩽ 5
二氯甲烷浸渍试验	表面变化不劣于 4L
拉伸屈服强度 /MPa	⩾ 40
落锤冲击试验 TIR	TIR ⩽ 10%

钢丝网骨架塑料（聚乙烯）复合管管材物理力学性能应符合下表的要求。

序号	项目	要求	试验条件
1	熔体质量流动速率（MFR）	加工前后聚乙烯 MFR 的变化不超过 ±25%	5kg，190℃
2	氧化诱导时间（OIT）	⩾ 20min	200℃
3	受压开裂稳定性	无裂纹、脱层和开裂现象	100mm/min
4	剥离强度	平均剥离强度⩾ 15N/mm，单个试样剥离强度⩾ 12N/mm，且剥离界面为韧性破坏，表面呈絮状	100mm/min
5	环切静液压强度	切割环形槽不破裂、不渗漏	20℃、1.5PN、165h

工程案例

绿城集团，我们从 2012 年开始战略合作，合作项目：杭州亚运村，石家庄桂语听澜项目总承包工程二标段、石家庄桂语听澜项目总承包工程二标段、平湖春风江南项目三期大区市政、景观工程、绿城西安全运村荷风苑项目建安总承包工程、宁波江北区 JB16-02-1c、JB16-02-2d 地块一期【滨河沁月】景观绿化及市政工程义桥镇山后村城中村改造安置房项目、绿城招商•文澜锦园、宿迁梨园湾小镇二期玉雨云庐（东区）一标段景观工程、云天诚园二标段建安总承包工程镇海区 ZH03-02-22-01 地块项目大区市政及景观工程；合作成效：获得理想同行奖。

生产企业

浙江中财管道科技股份有限公司创建于 1995 年，总资产 16 亿元，是一家专业从事塑料管道产品设计、生产、研发、销售的知名企业，年生产能力 30 万吨。公司现有员工 1100 多人，其中专业技术人员 360 人，拥有一支专业配置合理、技术素质过硬的员工队伍。

近年来公司先后荣获国家重点高新技术企业、国家级火炬计划企业、全国塑料制品标准化技术委员会杰出贡献奖、省级技术开发中心、绍兴市专利示范企业等诸多荣誉，同时公司还是全国塑料制品标准化技术委员会（SC3）核心委员、中国塑料协会塑料管道专业委员会副理事单位、上海化学建材协会副理事长单位、浙江省化学建材协会副会长单位，被浙江省技术监督局指定为 PE 焊工资格培训定点协作企业，整体规模与实力在国内同行业中名列前三甲。

公司一直以“强化科技创新、致力持续改进、铸就材料品牌、满足客户需求”为质量方针，始终本着用户第一、顾客至上的企业经营之道，形成了一整套有自己特色的质量管理体系，产品质量一直保持着优秀稳定的水平，得到了广大用户的一致好评。公司生产的 PVC、PE、PP-R 等塑料管道产品涉及城镇基础建设、农村水利及水改工程、住宅建筑及其他许多特殊应用领域，围绕建筑给排水、家装、农村给水、暖通、市政、电力通信等六大系统，成功开发出了多种产品。同时公司先后通过 ISO 9001 质量、ISO 14001 环境、3A 级测量管理等一系列体系的认证、节水产品认证、环境标志认证。

作为大型的管道系统集成商，公司将继续走管道制造专业化道路，服务于市场，立足于自主创新，进一步深化管道系统应用方案的内涵，以我们专业、专注的精神更好满足用户的需求。

浙江中财管道科技股份有限公司
地址：浙江省新昌县澄潭街道沃西大道 198 号
电话：0575-86125114/0575-86161208
官方网站：www.zhongcai.com

证书编号：LB2022GP008

伟星埋地用聚乙烯（PE）双壁波纹管；冷热水用聚丙烯（PP-R）管材；燃气用埋地聚乙烯（PE）管材

产品简介

随着 PP-R 管道在国内建筑给水领域的大力推广，目前已成为我国建筑物内给水市场的优选产品。PP-R 管道系统具有以下特点：

质量轻	PP-R 密度为 0.9g/cm^3 左右，仅为不锈钢的 1/9，搬运及施工强度低
水力特性好	PP-R 管道内壁光滑，不结垢、水阻小，水利条件好
耐温、耐压性能好	完全可满足建筑物内冷热水管道系统的应用要求，设计寿命可达 50 年
连接便利、可靠	PP-R 管道可用电热熔方式连接，管材、管件形成整体化，杜绝漏水隐患
卫生性能好	PP-R 管道通过权威的卫生性能检测，各项指标完全可满足涉水材料要求，输水过程中不产生二次污染
保温性好	PP-R 管道导热系数低，仅为金属管道的 1/200

埋地用聚乙烯（PE）双壁波纹管内外壁是中空且紧密熔接的环状结构；双壁波纹管具有优异的化学稳定性、耐老化及耐环境应力开裂的性能，详细的性能特点如下：

抗外压能力强	外壁呈环形波纹状结构，大大增强了管材的环刚度，从而增强了管道对土壤负荷的抵抗力
工程造价低	在等负荷的条件下，HDPE 双壁波纹管只需要较薄的管壁就可以满足要求，与同材质规格的实壁管相比，能节约一半左右的原材料，所以 HDPE 双壁波纹管造价也较低。这是该管材的又一个很突出的特点
良好的耐低温，抗冲击性能	HDPE 双壁波纹管的脆化温度是 -70℃。一般低温条件下（-30℃以上）施工时不必采取特殊保护措施，冬季施工方便，而且 HDPE 双壁波纹管有良好的抗冲击性
化学稳定性佳	由于 HDPE 分子没有极性，所以化学稳定性好。除少数的强氧化剂外，大多数化学介质对其不起破坏作用。一般使用环境的土壤、电力、酸碱因素都不会使该管道破坏，不滋生细菌，不结垢，其流通面积不会随运行时间增加而减少
优异的耐磨性能	PE 材料是一种耐磨材料，耐磨性为钢管的 4 倍，使用寿命长

燃气用埋地聚乙烯（PE）管材产品具备接口稳定可靠、高韧性、耐开裂、耐刮痕、耐化学腐蚀、可绕性好、使用寿命长、搬运方便、容易维护、施工安装方便等一系列优点。

适用范围

PP-R 管道适用于建筑冷热水领域、采暖领域、空调领域、工业领域等。

埋地用聚乙烯（PE）双壁波纹管适用于（1）市政工程雨水，污水排放；（2）工业废水排放，小区排水工程；（3）盐业输卤，渔业输水，农林排灌；（4）矿井通风、排水工程；（5）凿进工程的进壁管（开孔的双壁波纹管）；（6）水利工程；（7）农林排灌；（8）低压电缆与通信电缆护套管；（9）高速公路预埋管道等领域。

燃气用埋地聚乙烯（PE）管材主要应用于市政燃气管道、小区燃气输送等领域。

技术指标

PP-R 管材的物理化学性能如下：

项目	试验条件	指标要求
灰分	600℃ 1h	≤ 1.5%
熔融温度	10℃ /min、200℃	≤ 148℃
氧化诱导时间	20℃ /min、210℃	≥ 30min
95℃ /1000h 静液压试验后的氧化诱导时间		≥ 20min
纵向回缩率	（135±2）℃	≤ 2%
简支梁冲击试验	（0±2）℃	破损率≤试样的 10%
熔体质量流动速率	230℃、2.16kg	≤ 0.5g/10min 且与对应聚丙烯混配料的变化率不超过 20%
静液压强度	20℃ 1h 17.0MPa	无破裂、无渗漏
	95℃ 22h 4.5MPa	
	95℃ 165h 4.3 MPa	
	95℃ 1000h 3.5MPa	

浙江伟星新型建材股份有限公司
地址：浙江省临海市柏叶中路 229 号
电话：0576-85179027
传真：0576-85179027
官方网站：https://www.china-pipes.com/

埋地用聚乙烯（PE）双壁波纹管物理性能如下：

项目		要求
环刚度 /（kN/m^2）	SN4	≥ 4
	SN8	≥ 8
	SN12.5	≥ 12.5
冲击性能（TIR）/%		≤ 10
环柔性		试样圆滑，无反向弯曲，无破裂，两壁无脱开
烘箱试验		无气泡，无分层，无开裂
蠕变比率		≤ 4

燃气用埋地聚乙烯（PE）管材物理性能如下：

序号	项目	单位	GB 15558.1—2015		G5+ PE001.1—2008		结果判定
			试验参数	要求	试验参数	要求	
1	静液压强度（80℃，1000h）	/	PE80 PE100	4.0MPa 5.0MPa	PE80 PE100	4.0MPa 5.0MPa	通过
2	断裂伸长率	%		≥ 350%		≥ 350%	≥ 500%
3	耐快速裂纹扩展（RCP）(en ≥ 15mm)	MPa	0℃	S4 试验的临界压力 $P_{c,\ s4}$ ≥ MOP/2.4-0.072	0℃	S4 试验的临界压力 $P_{c,\ s4}$ ≥ MOP/2.4-0.072	通过
4	耐慢速裂纹增长，en ≤ 5mm 锥体试验	mm/24h			80℃	＜ 10	0.9
	耐慢速裂纹增长，en>5mm 切口试验	h	80℃， PE80 SDR11 0.8MPa PE100 SDR11 0.92MPa	≥ 500	80℃， PE80 SDR11 0.8MPa PE100 SDR11 0.92MPa	≥ 500	通过
5	氧化诱导时间	min	200℃	＞ 20	200℃	＞ 60	通过
6	熔体质量流动速率（MFR）	g/10min	190℃，5kg	加工后，MFR 变化＜ 20%	190℃，5kg	加工后，MFR 变化＜ 20%	通过
7	纵向回缩率	%	110℃	≤ 3	110℃	≤ 3	通过
8	压缩复原	H	0℃ 25 ～ 50mm/min 压扁保持 （60±5）min，1min 内释放	试样压扁后，进行静液压试验： 20℃，12.0MPa，破坏时间≥ 100h 80℃，5.0MPa，破坏时间≥ 1000h	0℃ 25 ～ 50mm/min 压扁保持 （60±5）min，1min 内释放	试样压扁后，进行静液压试验： 20℃，12.0MPa，破坏时间≥ 100h 80℃，5.0MPa，破坏时间≥ 1000h	通过

工程案例

鸟巢、水立方、上海世博会中国馆、吉利西安新能源汽车产业园、”曼谷新地标”大型商场暹罗天地、华润燃气、港华燃气、昆仑燃气、上海燃气、杭州燃气、杭州德胜快速路改造工程、天台污水处理工程、玉环市清水工程、上海航星污水管道工程、江苏靖江污水处理工程、永康市城市排污工程、台州发电厂排水工程。

生产企业

浙江伟星新型建材股份有限公司创建于 1999 年，专业研发、制造、销售各类高品质、高附加值的新型塑料管道，是国内 PPR 管道的技术先驱与龙头企业，也是国内塑料管道行业高端管道典范，于 2010 年 3 月在深交所中小板挂牌上市（证券简称：伟星新材，证券代码：002372）。公司是中国塑料加工工业协会副理事长单位、中塑协塑料管道专业委员会副理事长单位，获得“高新技术企业”“国家企业技术中心”“中国塑料管道工程技术研究开发中心”“国家知识产权示范企业”“中国轻工业百强企业”“中国轻工业塑料行业（塑料管材）十强企业”“中国中小板上市公司投资价值五十强前十强”“浙江省创新型示范企业”“浙江省专利奖”等荣誉。

公司在浙江、上海、天津、重庆、西安建有五大现代化生产基地，主要管道产品分为三大系列：一是 PPR 系列管材、管件，用于建筑内冷、热给水；二是 PE 系列管材、管件，主要应用于市政供水、采暖、燃气、市政排水排污、工业等领域；三是 PVC 系列管材、管件，主要应用于建筑内排水、市政和农村排水排污。未来公司在做好管道业务的同时，积极布局防水、净水两大领域：一方面以“家装领域专业的隐蔽工程系统供应商”为目标，高标准开启国内家装防水新时代；另一方面以用水健康为己任，开启洁净用水新时代。

浙江伟星新型建材股份有限公司
地址：浙江省临海市柏叶中路 229 号
电话：0576-85179027
传真：0576-85179027
官方网站：https://www.china-pipes.com/

证书编号：LB2022GP009

铭仕薄壁不锈钢管材、管件

产品简介

环压式管材、管件产品特点：

1. 高可靠性，使用环境的变化不易改变其连接状态。正常使用终身免维修。

2. 通径损失小，环压不改变管材断面的几何形状，连接处流量损失小，可忽略不计。

3. 密封性能好，腔体填充式密封（即两线一面的密封），密封材料选用圆柱状的硅橡胶，能够迅速填充，防止漏水。

4. 材料优越，管材管件主要采用 304（或 316L）不锈钢，密封圈采用硅橡胶，不但卫生性能更好，使用寿命更长，而且耐温性能好。

5. 耐压更高，从目前技术来看，只有环压式连接是目前可以满足工作压力为 2.5MPa 的薄壁管连接方式，且可应用于 DN150 的大口径管道连接。

双卡压式管材、管件产品特点：

1. 采用 304 或 316L 卫生级不锈钢材料，卫生环保，使用绿色安全，保证水质健康。

2. 安全可靠，施工便利，省去了传统焊接方式现场焊接、套丝、滚槽等步骤，卡压式连接可瞬间完成，省时省力，一次成功。

3. 强度高，抗震性好，连接部位采用一次连接方式，避免管道活接松动。

4.70 年使用寿命保障，无须更新维护，节省成本。

沟槽式管材、管件产品特点：

1. 施工简便：304 或 316L 沟槽不锈钢管件只需配套标准件不锈钢卡箍、螺栓、密封圈对管道进行安装，沟槽管件和管道安装可在相对狭窄的工作空间和场所操作，拆卸时通过扳手即可处理，安装可以用扳手辅助拧紧工作。

2. 安全可靠：安装过程中使用的滚槽机和开孔器是公司提供的配套专用工具，可以保证管端槽的加工精度；夹具内腔的密封圈可以抓住管道，实现自紧密封，内压越大，密封越好，管件的公称压力可高至 2.5MPa。

3. 安全经济：沟槽卡箍连接不会磨损，管道不需要二次安装，因此安装成本大大降低。

4. 健康环保：沟槽管件的配管和安装不需要焊接或明火作业。由于管端之间存在间隙，沟槽连接减少了噪声和振动的传递。

适用范围

冷热水、饮用水、消防、燃气、供暖等流体运输都可以使用，且能用于医疗、饮食、化工业等领域流体产品输送。产品广泛应用于户用室内外燃气管道系统、中高端建筑水系统、空压管道系统、家庭净水系统、食品以及医药流体输送等领域。

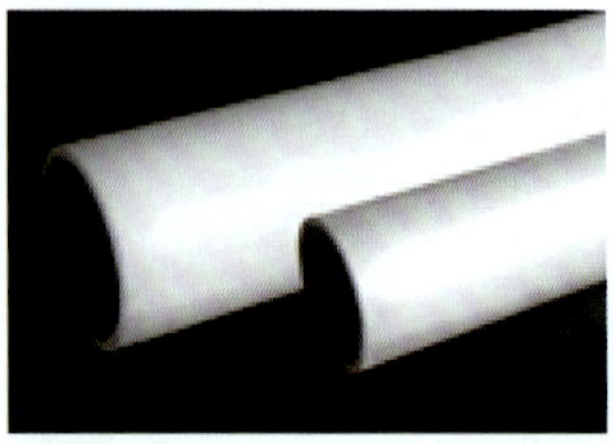
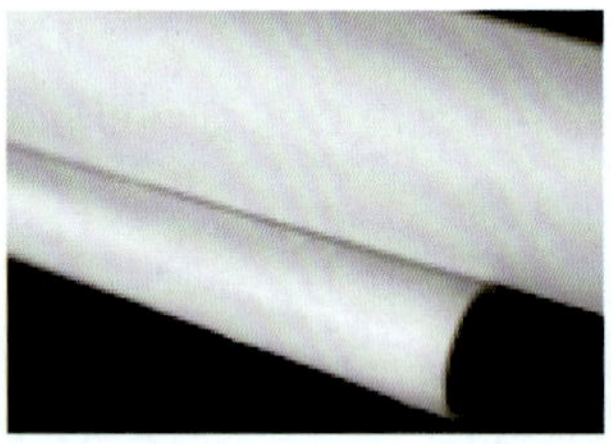

技术指标

产品技术性能如下：

外观要求

检测项目		技术要求	检测结果	单项评定
外观要求	外径 *D*	按国标标准	符合	合格
	外观质量	钢管内外表面光滑，无折叠、分层、毛刺、过酸及氧化铁皮和其他妨碍使用的缺陷，轻微划伤、压坑、麻点等深度不超过壁厚负偏差值，切口无毛刺	符合	合格
	壁厚	按国标厚度	符合	合格

浙江铭仕不锈钢有限公司

地址：浙江省诸暨市店口镇湖西村
电话：0575-89007666
传真：0575-89007666
官方网站：www.msbxg.net

力学性能

序号	新牌号	旧牌号	规定非比例延伸强度 $R_{P0.2}$/MPa	拉伸强度 R_m/MPa	断后伸长率 A/%	
					热处理状态	非热处理状态
			⩾			
1	06Cr19Ni10	0Cr18Ni9	210	520	35	25
2	022Crl9Ni10	00Cr19Ni10	180	480		
3	06Crl7Ni12Mo2	0Cr17Ni12Mo2	210	520		
4	022Crl7Ni12Mo2	00Crl7Nil4Mo2	180	480		
5	019Cr19Mo2NbTi	00Cr18Mo2	240	410	20	—

工程案例

北京大兴新国际机场、湖南电视台、长沙国际会展中心、杭州地铁三号线、中国人寿大厦（杭州）、大连周水子国际机场、华西天府医院、成都京东方医院、福建马鸾湾医院、贵阳喜来登酒店、张家口冬奥会容辰庄园、中国工商银行杭州分行营业大楼、武汉协和医院、天津武警医院、西南金融中心、阿里巴巴总部大楼（杭州）、四川希尔顿酒店、舟山机场、南京人才公寓、江山虎山体育中心公园项目、德清大剧院、厦门体育中心、嘉兴湖岸明珠嘉园给水项目、杭州亚运场馆萧山馆、浙江大学紫金港校区学生公寓与图书馆、厦门新体育中心、杭州高铁西站、浙江建工欧美中心 ERC/EAC 项目、杭州潮悦超高层、上海临港世界科学家论坛永久会址等。

生产企业

浙江铭仕不锈钢有限公司是浙江铭仕集团旗下子公司之一，中国城市燃气协会副主任委员单位、中国建材协会与中燃协标委会会员单位、省市级企业技术研发中心、浙江省科技型企业，AAA 级信用企业，专业生产、销售薄壁不锈钢环压、双卡压、沟槽、承插焊、对接焊以及配套分水器五大系列产品，广泛应用于户用室内外燃气管道系统、中高端建筑水系统、空压管道系统、家庭净水系统、食品以及医药流体输送等领域。经过多年发展，公司已成为国家与行业标准主、参编单位，燃气输送不锈钢集成管道应用创新示范企业，不锈钢给水系列产品被评为第二届全国水管推广大会名牌产品。

公司以技术为引擎，以创新为动力，在原有传统连接技术基础上，自主创新，推出成熟稳定的环压连接和一体化对接焊集成管道综合技术系统；参与 GB/T 33926、CECS 305、QB/T 2467、QB/T 2468 等多项行业、国家标准编制；通过了 ISO 14001、ISO 45001 质量环境与职业健康安全体系认证，欧盟 CE、俄罗斯 GOST、中国 TS、法国 ACS 产品与质量体系认证。公司拥有“在线固溶、在线涡流探伤、在线测径、全自动气密测试、全数 X 射线探伤”五项自动检测技术，为实现产品质量符合各项标准技术要求提供了精准可靠的在线设备保障。

公司秉承“创造新的生活标准”理念，依据市场深度需求，不断为客户提供有价值的系统解决方案，成为中建三局、中建五局、中建八局、中交集团、中铁集团、中国五矿集团、中国恒大、中冶集团、北京城建、浙江建工、上海建工、陕西建工、福建建工、港华燃气、北京燃气、新疆燃气、重庆燃气、万华地产、苏宁置业等百强房企和燃气巨头的战略合作伙伴。

浙江铭仕不锈钢有限公司

地址：浙江省诸暨市店口镇湖西村
电话：0575-89007666
传真：0575-89007666
官方网站：www.msbxg.net

证书编号：LB2022GP010

球墨铸铁管

产品简介

永通铸管采用脱硫、扒渣工艺净化高炉铁水；喷吹钝化颗粒镁处理工艺球化铁水，球化处理后的高炉铁水在离心机的高速运转下加工成球墨铸铁管，然后使用分段式退火炉对铸管进行退火处理，保证金属体获得良好的机械性能，退火后的铸铁管再经过喷锌、打磨、校圆、水压试验、水泥内衬、外涂防腐层等工艺处理。采用 γ 射线对铸管壁厚进行逐支在线精确测量，并且独立开发自动拉管技术，两项技术在国内独领风骚；自主研发了锥形管、自锚管、顶管技术，填补了球墨铸铁管行业国内空白，在国际上处于先进水平。

适用范围

球墨铸铁管广泛应用于供水、排水等行业。

技术指标

铸铁管以我公司自己生产的球墨铸造用生铁为原料，具有低磷、低硫、低钛的特点。低硫能使碳元素充分在铁中石墨化，低磷能提高生铁的机械性能。我公司严格按照 GB/T 13295—2019 组织生产，并且制定了严格的工艺规范，铸管生产线对所生产的球墨铸铁管进行严格的在线检测，如水压试验、水泥内衬厚度检测、锌层厚度检测、沥青厚度检测，同时，采用先进的 γ 射线壁厚检测仪器对每支管子进行在线检测，确保质量符合标准。外喷锌、喷沥青漆、内衬水泥等措施保证了球墨铸铁管的内外抗腐蚀性能，永通公司喷锌质量符合相关标准的规定，每平方米管道最小喷锌量为 130g，沥青漆的厚度不低于 70μm，水泥砂浆内衬质量符合相关标准的规定，保证砂浆坚固密实、光滑、附着力强。

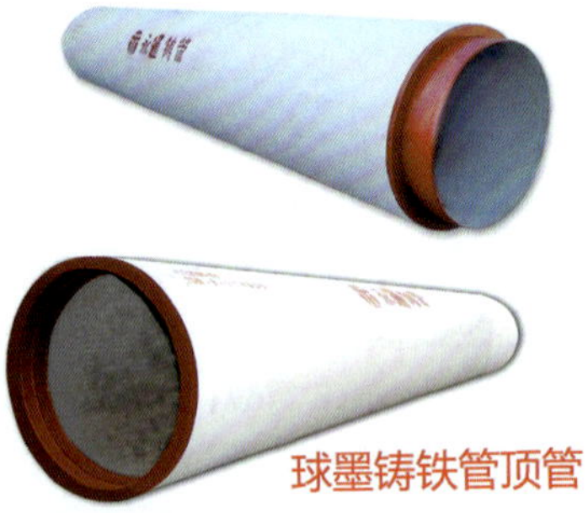

工程案例

工程名称	应用部位	应用量
南昌市水环境综合治理工程	前湖水系及乌江上游段	1500 吨
武威市城乡融合核心区供水工程配套管网	甘肃省武威市	4428 吨
宁夏中宁县喊叫水工程	宁夏中宁县	3000 吨
神华宁煤能源工程公司宁东煤化工园区至南湖输水管线环保工程	宁夏银川宁东镇	7300 吨
新沂市 2013 年度区域供水工程	江苏省新沂市	5700 吨
汝城县城乡给排水一体化 PPP 项目经理部	湖南郴州汝城县	3800 吨
遵化污水处理厂至现代物流区中水	河北省遵化市	2500 吨

安钢集团永通球墨铸铁管有限责任公司
地址：安阳县水冶镇永通大道（北环路）西段
电话：0372-5803213
传真：0372-5801111
官方网站：www.ytpipes.com.cn

生产企业

安钢集团永通球墨铸铁管有限责任公司是河南炼铁行业的先导者和技术上的传播者。1958年5月1日，炼出中州大地第一炉现代高炉冶炼的铁水，拉开了河南现代钢铁工业发展的序幕。2001年12月20日，中原第一支球墨铸铁管从这里拉出。2011年3月28日，安钢与巴西淡水河谷公司合资建设的豫河永通氧化球团工程竣工投产。

伴随安钢“三步走”发展战略，永通公司实现了生产工艺和装备水平的升级换代，形成了三条生产线，即炼铁生产线、球墨铸铁管生产线、豫河永通120万吨球团生产线。

炼铁生产线，2座450m^{3}高炉，3座10m^{2}球团竖炉，3套3000kW高炉煤气发电机组，年产生铁130万吨。公司生产的优质球墨铸造用生铁，具有低磷、低硫、低锰等特点，产品多次被评为省优、部优，被国内大型精密铸造企业普遍采用。

铸管生产线，年产球墨铸铁管30万吨。接口型式有T型、K型及自锚式等，产品采用外喷金属锌和无毒无害涂料、内衬水泥等多种处理方式，是中国工程建设重点推广应用产品、中国绿色环保建材推荐产品、中国知名铸管产品十佳品牌。

安钢集团永通球墨铸铁管有限责任公司
地址：安阳县水冶镇永通大道（北环路）西段
电话：0372-5803213
传真：0372-5801111
官方网站：www.ytpipes.com.cn

证书编号：LB2022GP011

长兴永达给水用聚乙烯（PE）管材、燃气用埋地聚乙烯（PE）管材、MPP 电力电缆保护管

产品简介

给水用聚乙烯（PE）管材采用进口 PE100 或 PE80 为原料生产，产品具有柔韧性好、耐腐蚀性强、质轻、抗冲击性能优良等特点，管材、管件连接采用热熔承插、热熔对接及电熔连接方式，使管材、管件熔为一体，系统安全可靠、施工成本低。

燃气用埋地聚乙烯（PE）管材具有强度高、耐高温、抗腐蚀、无毒，且克服了镀锌管、铸铁管易锈蚀、易结垢、易滋生细菌、寿命短的缺点。

MPP 非开挖管又称作 MPP 顶管或托拉管。MPP 管采用改性聚丙烯为主要原材料，具有抗高温、耐外压的特点，适用于 10kV 以上高压输电线电缆排管管材。

适用范围

给水用聚乙烯（PE）管材广泛应用于城乡居民供水系统、城市管网系统等。

燃气用埋地聚乙烯（PE）管材广泛应用于市政燃气管道、煤层气等易燃易爆气体介质的埋地输送。

MPP 电力电缆保护管应用于城市电网改造、市政道路建设、电气化铁路改造、高速公路建设等电缆、光缆、讯缆的敷设与防护等领域。

技术指标

给水用聚乙烯（PE）管材性能指标如下：

级别	管材静液压	熔体流动速率	氧化诱导时间	纵向回缩率	炭黑含量	炭黑分散
PE100	无破坏、无渗漏	MFR 不大于 20%	大于等于 30min	≤ 3%	2% ~ 2.5%	≤ 3 级
PE100						

级别	灰分	断裂伸长率	耐慢速裂纹增长	外径	壁厚
PE100	≤ 0.1%	≥ 400%	无破坏、无渗漏	560 ~ 563.4	50.8 ~ 56
PE100				200 ~ 201.2	14.7 ~ 16.3

燃气用埋地聚乙烯（PE）管材性能指标如下：

规格型号	静液压	熔体流动速率	氧化诱导时间	纵向回缩率	炭黑含量	炭黑分散
PE315*28.6SDR11	无破坏、无渗漏	0.2 ≤ MFR ≤ 1.4g/min	大于等于 30min	≤ 3%，表面无破坏	2% ~ 2.5%	≤ 3 级
PE250*22.7SDR11						

浙江永达电力实业股份有限公司
地址：浙江省湖州市长兴县和平镇新港村 306 省道 7 号桥南侧
电话：0572-6094159
传真：0572-6094159

规格型号	耐气体组分	断裂伸长率	耐慢速裂纹增长	压缩复原
PE315*28.6SDR11	无破坏、无渗漏	≥ 400%	无破坏、无渗漏	无破坏、无渗漏
PE250*22.7SDR11				

MPP 电力电缆保护管性能指标如下：

规格型号	环刚度	密度	压扁实验	落锤冲击	维卡软化温度	拉伸强度	断裂伸长率	弯曲强度
100*8	SN32	0.91 ～ 0.94g/cm^3	无裂缝或破裂	无裂缝或破裂	≥ 200℃	≥ 30MPa	≥ 400%	≥ 36MPa
175*12	SN24							

工程案例

泗安镇污水零直排创建工程一宜安公寓、长兴县泗安镇污水管网提升工程、青山水库引水工程、郎峰—江山 110kV 电缆线路工程、上海广涟置业有限公司（沪闵路 7399 号）10kV 业扩工程、上海凯茂生物医药有限公司月工路 1098 号 10kV 配套工程、上海顾村瑞家房地产开发有限公司映月佳苑动迁安置、上海兰天企业发展有限公司南翔镇胜辛南路 500 号 10kV 非住宅用户接入工程、10kV 凤 5 北葛线路迁改工程、苏州市城市燃气管道铺设项目等。

生产企业

浙江永达电力实业股份有限公司始建于 1981 年，历经 40 余年的发展，现已成为国内具有实力的电力与通信物资综合制造商。公司先后获得全国“双爱双评先进企业”“全国浙商 500 强企业”、浙江省文明单位、高新技术企业、湖州市政府质量奖等一系列的荣誉，是国家电杆标准起草、修订成员单位，《塑料制品用炭黑》团体标准参编单位。

其下属塑业中心是一家集技术、咨询、销售、工程施工于一体的压力管道综合服务中心，拥有国内同行业先进水平的生产与检测设备，如德国巴顿菲尔挤塑生产线，双林、贝尔专业 PE 管材生产线，具备专业检测实验室，并建立了省级质量检验检测中心。

公司生产不同型号的 PE 给水管、电力电缆用导管、PE 燃气管等绿色环保产品，已广泛应用于国内石油、天然气长输管线，城市管网，重化工，大型输水管线，高压输电线路等领域。

浙江永达电力实业股份有限公司
地址：浙江省湖州市长兴县和平镇新港村 306 省道 7 号桥南侧
电话：0572-6094159
传真：0572-6094159

证书编号：LB2022GP012　　HB2022GP001

给水用聚乙烯（PE）管材；无压埋地排污、排水（PVC-U）管材；冷热水用聚丙烯（PPR）管材

产品简介

PE（聚乙烯）材料由于其强度高、耐腐蚀、无毒等特点，被广泛应用于给水管制造领域。因为它不会生锈，是替代普通铁给水管的理想管材。给水用聚乙烯（PE）管材及管件具有以下突出特点：

① 绿色环保，PE 管加工时不添加任何含重金属的添加剂，无毒、卫生、绿色环保。

② 输送性能优良，PE 管内壁光滑不结垢，摩擦系数极低，流通能力大。

③ 独特的电熔连接和热熔对接，实现接头与管材的一体化，密封强度高。

④ 采用优质进口原料，综合性能优良，可安全使用 50 年以上。

⑤ 聚乙烯管道密度小，质量轻，更易搬运和安装；且具有优良的挠性，安装简易方便。

无压埋地排污、排水用硬聚氯乙烯（PVC-U）管材是以聚氯乙烯树脂为主要原料，加入适量的助剂经挤出、注塑成型。管材表面硬度高，抗拉强度高，抗老化性强，耐酸碱性优良，管道流体阻力小，材料难燃，管道线膨胀系数小，导热系数低，管材管件可采用粘接方式连接，安装简便。

冷热水用聚丙烯（PPR）管材采用优化的无铅配方生产，环保健康，有效避免水质二次污染，保障水质卫生安全，不污染环境。产品具有质轻，耐腐蚀，强度高；无毒、卫生，属绿色建材；耐热、保温，属节能产品；内壁光滑，水阻小，不结垢，供水流畅；运行性能稳定，使用寿命长；安装、连接方式简单、可靠；原料、废料可回收再利用等特点。

适用范围

给水用聚乙烯（PE）管材应用领域：市政供水系统、建筑给水系统以及居住小区，厂区埋地给水系统、工业和水处理管道系统等。

无压埋地排污、排水用硬聚氯乙烯（PVC-U）管材可应用于矿场，可做矿井通风、顺水排水管等领域；市政工程，可用于排水、排污、泄洪管等领域；广泛用于化工、医药、环保等行业的排污水管等领域；道路工程，该管用作铁路、高速公路的渗、排水管等领域；农业、园林工程，用于农田、果园、茶园以及林带排灌等领域；建筑工程，用于建筑雨水管、地下排水管、排污管、通风管等领域；房地产建设工程等领域。

冷热水用聚丙烯（PPR）管材适用于建筑物内冷热水管道系统，包括饮用水和采暖管道系统。

技术指标

给水用聚乙烯（PE）管材技术性能如下：

项目	要求	测试结果
断裂伸长率	≥ 350%	≥ 500%
氧化诱导时间	≥ 20min	54min
纵向回缩率	≤ 3%	2%
灰分	≤ 0.1%	0.1%

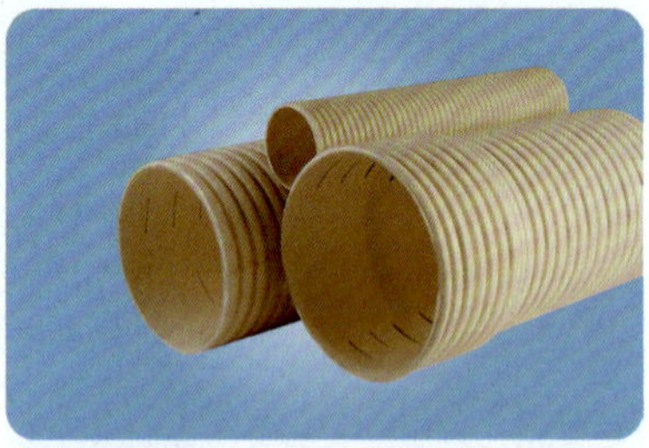

无压埋地排污、排水用硬聚氯乙烯（PVC-U）管材技术性能如下：

项目		要求	检测结果
环刚度 / （kN/m^2）	SN2	≥ 2	
	SN4	≥ 4	
	SN8	≥ 8	10.8
密度 / （g/m^3）		≤ 1.55	1.44

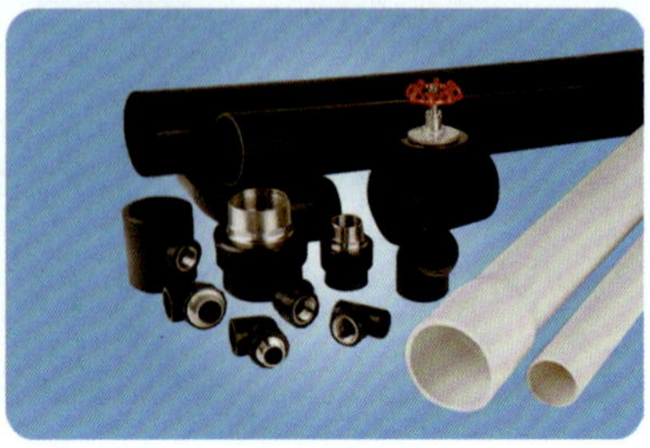

福建祥龙塑胶有限公司

地址：福清市融侨经济技术开发区福玉路
电话：0591-85381555
传真：0591-85371317
官方网站：www.fjxl.com

续表

项目	要求	检测结果
维卡软化温度 /℃	≥ 79	82
纵向回缩率 /%	≤ 5，管材表面应无气泡和裂纹	4，且管材表面应无气泡和裂纹
落锤冲击试验（TIR）/%	≤ 10	符合（25 次冲击均无破损）
二氯甲烷浸渍试验	表面无变化	符合（表面无变化）

冷热水用聚丙烯（PPR）管材技术性能如下：

项目	要求	检测结果
静液压强度试验	无破损，无渗漏	无破损，无渗漏
灰分 /%	≤ 1.5	0.8
熔融温度 /℃	≤ 148	146
氧化诱导时间 /min	≥ 20	42
95℃ /1000h 静液压试验后的氧化诱导时间 /min	≥ 16	20
颜料分散 / 级	≤ 3	2 级
纵向回缩率 /%	≤ 2	1.6
简支梁冲击	破损率不大于试样数量的 10%	无破损
熔体质量流动速率 /（g/10min）	≤ 0.5g/10min 且与对应聚丙烯混配料的变化率不超过 20%	0.42，变化率 =+3%

工程案例

工程名称	应用部位	应用量
铜山区城乡供水一体化工程巩固提升与两网搭接工程 PE 管采购 09 标段	一体化工程巩固提升与两网搭接	150 吨
抚州市临川区水利局钟源水厂管材、管件采购	钟源水厂	380 吨
东至县 2019 年农村饮水安全巩固提升工程	居民饮水	350 吨
罗田县方家山水厂、匡河水厂连通工程管材、管件采购项	水厂连通	122 吨
颍州区 2020 年农村饮水安全巩固提升工程管材管件采购标	巩固提升	405 吨

生产企业

福建祥龙塑胶有限公司创办于 1998 年，位于福清市融侨经济技术开发区内，拥有融侨和新厝两个生产基地，总占地 125 亩，是一家专业从事高分子材料及其制品研究开发和制造的国家级重点高新技术企业。公司主要致力于设计、生产、销售和安装各种应用领域的塑料管道、屋面彩塑瓦、集成墙饰等产品，产品种类及配套齐全，同时还设立了众多的销售分公司以及各级经销网点，构建了覆盖全国的生产销售和服务网络。

公司立足市场，依托科技，建立了国家级产品实验室、省级企业技术中心、省级特种管道工程技术研究中心，与福州大学、福建师范大学、福建省产品质量检验研究院等多家高校科研院所建立了长期的产学研合作关系，具备较强的研发能力。公司自创办以来，已自主研发出十多类高新技术产品，获得 60 多项国家专利授权，多项技术成果被授予省市科技进步奖、专利奖、优秀新产品奖，被认定为福建省创新型企业、福建省科技型企业。

福建祥龙塑胶有限公司

地址：福清市融侨经济技术开发区福玉路
电话：0591-85381555
传真：0591-85371317
官方网站：www.fjxl.com

证书编号：LB2022GP013

超立给水用聚乙烯（PE）管材；HDPE 双壁波纹管；聚乙烯缠绕结构壁管材

产品简介

给水用聚乙烯（PE）管材具有以下特点：

1. 良好的卫生性能，PE 管材加工时不添加任何含重金属添加剂，无毒，卫生，绿色环保。

2. 长久的使用寿命，PE 管可耐多种化学介质的腐蚀，在一定温度和压力下，使用寿命达 50 年以上。

3. 较强的韧性和挠性，PE 管是一种高韧性管材，其断裂伸长率超过 500%，对管基不均匀沉降和错位的适应能力强，抗震性好。

4. 优良的输送性，PE 管内壁光滑，不结垢，流通能力大，经济合算。

5. 可靠的连接性能，PE 管焊接口的强度高于管材本体，接口不会因土壤移动或载荷作用而断开。

HDPE 双壁波纹管除了具有普通塑料管所具有的耐腐蚀性好、绝缘性高、内壁光滑、流动阻力小等特点以外，还因采用了特殊的中空环形结构，具有优异的环刚度和良好的强度与韧性，及质量轻、耐冲击性强、不易破损等特点，在满足工程应用的强度和刚度要求下，采用双壁波纹管结构可节约材料 30% ～ 50%。此外，对比混凝土管、铸铁管，HDPE 双壁波纹管有运输安装方便，降低施工人员劳动强度及降低工程的总投资等优势，是混凝土管、铸铁管的理想换代产品。

聚乙烯缠绕结构壁管材是一种以高密度聚乙烯（HDPE）为原料，采用热态缠绕成型工艺制成的结构壁管材。该管材适用于输送水温度在 45℃以下的市政排水、建筑室外排水、埋地农田输排水、工业排污、道路排水、污水处理厂、运动场广场工程排水及电气电信工程等。

适用范围

给水用聚乙烯（PE）管材应用领域：市政供水系统、建筑给水系统以及居住小区、厂区埋地给水系统、工业和水处理管道系统等。

HDPE 双壁波纹管、聚乙烯缠绕结构壁管材主要应用于以下领域：

①市政工程、住宅小区地下埋设雨水、污水排放。

②农田水利灌溉输水、排涝。

③污水处理厂、垃圾处理场排水输送。

④化工通风管及化工、矿山用流体的输送。

技术指标

给水用聚乙烯（PE）管材技术性能如下：

序号	项目	要求	测试结果
1	断裂伸长率	≥ 350%	≥ 500%
2	氧化诱导时间	≥ 20min	54min
3	纵向回缩率	≤ 3%	2%
5	灰分	≤ 0.1%	0.1%

广州超力管业有限公司

地址：广州市花都区车城路 25 号 101
电话：020-28600066
传真：020-28600022
官方网站：www.gzclgy.com

HDPE 双壁波纹管技术性能如下：

序号	项目		要求
1	环刚度 /（kN/m^2）	SN4	≥ 4
		SN8	≥ 8
		SN10	≥ 10
		SN12.5	≥ 12.5
2	环柔性		管材无破裂，两壁无脱开，内壁无反向弯曲
3	烘箱试验		无分层，无开裂
4	氧化诱导时间（200℃）/min		≥ 20
5	密度 /（kg/m^3）		≤ 1180
6	蠕变比率		≤ 4
7	冲击性能（%）		≤ 10

聚乙烯缠绕结构壁管材技术性能如下：

序号	项目		要求	检测结果
1	环刚度 /（kN/m^2）	SN8	≥ 8	8.3
2	环柔性		试样圆滑，无破裂，两壁无开脱	试样圆滑，无反向弯曲，无破裂
3	密度 /（kg/m^3）		≥ 930	960
4	氧化诱导时间 /min		≥ 30	40
5	灰分 /%		≤ 3	1.5
6	熔接处的拉伸力试验 /N	DN/ID ≤ 300	≥ 380	400 ～ 480
7	烘箱试验		熔接处应无分层、无开裂	熔接处无分层、无开裂
8	纵向回缩率		≤ 3% 管材应无分层、无开裂	1% 无分层、无开裂
9	冲击性能 /%		≤ 10	合格（25 次冲击均无破裂）

工程案例

工程名称	应用部位	应用量
粤港澳大湾区肇庆（怀集）绿色农副产品集散基地建设及基础设施配套项目［屠宰中心（一期）给水建设工程］	肇庆怀集	5271612.00 元
潮州市潮安区登塘镇枫树员村、横洋村等 15 个村水池和管网维修改造工程（二期工程）（第二次）	潮州市	2812100.00 元
悦城镇农村集中供水主管（DN300）工程（施工）	悦城镇	1152241.20 元

生产企业

广州超力管业有限公司成立于 2009 年 7 月，是一家专业从事 HDPE 市政管道研究、开发、生产和销售于一体的综合性企业。公司位于广州市花都区汽车城工业园内，注册资本 1.1 亿元，占地面积 3 万平方米，交通便利，环境优美；技术力量雄厚，拥有多条高速生产线及大型先进设备，年生产能力达 5.5 万吨。

公司主要产品包括：PE 给水管、PE 实壁排水管、PE 双壁波纹管、PE 中空壁缠绕管、PE 钢带增强螺旋波纹管、PE 注塑管件及焊制管件、PE 电力管、MPP 电力管等，公司是全国 PE 管道口径较大、品种齐全的生产企业之一，公司生产的管材、管件凭借可靠的品质赢得行业认可与青睐，产品被广泛应用于自来水、污水处理、市政给排水、农田灌溉等领域。

公司经过不懈努力，得到相关部门的高度认可，公司获得“高新技术企业”“广东省守合同重信用企业”“广州市用户满意产品与服务”等称号；与此同时，取得“采用国际标准产品标志证书”“广东省采用国际标准产品认可证书”“企业信用 AAA 级证书”以及多项发明专利及实用新型专利，并通过了“新华节水”认证、中国环境标志产品认证、ISO 9001：2015 质量管理体系认证、ISO 14001：2015 环境管理体系认证、ISO 45001：2018 职业健康安全管理体系认证，并连续三年入选《全国水利系统招标产品重点采购目录》等。

广州超力管业有限公司
地址：广州市花都区车城路 25 号 101
电话：020-28600066
传真：020-28600022
官方网站：www.gzclgy.com

证书编号：LB2022GP014　　HB2022GP002

日丰给水用聚乙烯（PE）管材及管件；建筑排水用硬聚氯乙烯（PVC-U）管材及管件；埋地用聚乙烯（HDPE）双壁波纹管

产品简介

日丰高层排水管道系统由日丰高层排水管实壁系列、螺旋消音系列、F30 管件、F31 消音管件等产品组成，主要用于民用建筑排水排污、化学排水排污、排雨水领域。

给水用聚乙烯（PE）管材、管件采用优质的 PE 原料，符合国家卫生指标要求，卫生环保，安全不漏水，用同质热熔管件连接，安全无渗漏，提高安全性能和安装效率；耐温耐压强度高、耐腐蚀，具有良好的快速裂纹增长断裂韧性。

埋地聚乙烯（PE）双壁波纹管材具有刚柔兼备的优良力学性能，强度高、抗压、抗弯曲、耐冲击；内壁光滑，通水量大，流体摩擦阻力小，输流量大，不结垢；化学性质稳定，耐腐蚀、无毒、无污染、环保性能突出；中空肋骨结构，质量轻，施工方便，大大降低施工费用；产品具有一定的柔性，适用土壤不均匀沉降，可不用管件直接将管材铺设于略弯的沟槽内；使用寿命可达 50 年以上，黑色外壁有抗紫外线、抗老化特性。

适用范围

产品应用领域：供水、排水等家装管、市政工程雨水、生活污水排放、水利工程、自来水的低压输水、通风系统、电缆、工矿企业污水排放、电线护套。

技术指标

给水用聚乙烯（PE）管材、管件主要技术指标如下：

序号	项目	性能
1	耐静液压	80℃，静液压应力 165h，试样无破裂，渗漏
2	纵向回缩率 /%	≤ 3

建筑排水用硬聚氯乙烯（PVC-U）管材主要技术指标如下：

序号	项目	性能
1	密度 /（kg/m^3）	1350 ～ 1550
2	拉伸强度 /MPa	≥ 40
3	维卡软化温度 /℃	≥ 79
4	二氯甲烷浸渍试验	表面变化不劣于 4L
5	扁平试验（压至外径 1/2）	试样无裂痕
6	落锤冲击试验 TIR	TIR ≤ 10%
7	纵向回缩率 /%	≤ 5

日丰新材有限公司
地址：佛山市三水区乐平镇繁业大道 16 号（邮编：528137）
电话：0757-66893218
传真：0757-66893218
官方网站：www.rifeng.com.cn

埋地聚乙烯（PE）双壁波纹管材主要技术指标如下：

序号	项目		要求
1	环刚度	S1	≥ 4
		S2	≥ 8
2	冲击强度（10±1）℃，锤重 3.2kg，锤高 2000mm		TIR ≤ 10%
3	环柔性		试样内壁圆滑，无反向弯曲，内外壁无破裂，两壁无脱开
4	烘箱试验		无气泡，无分层，无开裂
5	蠕变比率 /%		≤ 4
6	氧化诱导时间 /min		≥ 8

工程案例

1. 环北部湾广东水资源配置工程项目；
2. 郑州航空港中电建 PPP 项目；
3. 大庆石油管理局民用供水分离移交维修改造工程；
4. 成都青羊区雨污分流改造项目；
5. 东莞磨碟河片区雨污管网及配套工程；
6. 广东饶平县村镇生活污水处理设施 PPP 项目；
7. 广东开平市农村生活污水处理设施建设项目 EPC 项目；
8. 山西芮城机场项目；
9. 广东京基智农畜牧项目。

生产企业

日丰新材有限公司成立于 2012 年，为日丰企业集团有限公司的全资子公司。日丰新材是一家专注于新型市政管道研发、生产、销售和服务一体化的现代化企业，生产经营产品包括给水用聚乙烯（PE）管材及管件、PE 非开挖给排水管材、HDPE 电力管、埋地聚乙烯（PE）双壁波纹管、HDPE/HMPP 缠绕结构壁管、低压排污排水管用 PVC-UH 管材、PE-RTII 供暖管材、薄壁不锈钢管材及管件、外定径非开挖用 MPP 塑料电缆导管、PVC-UH 给水管材及管件、PE/PVC-U 通信管、PVC-U 埋地排水管、PVC-C 高压电力电缆管等。公司共拥有 100 多条先进数字化塑料管材生产线，现已投产规模 450 亩新型管道制造基地，打造全面、可靠、稳定、高效的市政管道管网系统，为市政管道领域注入更多新动能。为了把质量管理提高到新的层次，在质量管理和质量保证方面同国际标准接轨，本公司已按 GB/T 19001—2016/ISO 9001：2015 标准要求建立文件化质量体系并有效运行，以保证更好地实现本公司的质量方针和质量目标，保证更可靠地和更有效地满足顾客的要求。

日丰新材有限公司
地址：佛山市三水区乐平镇繁业大道 16 号（邮编：528137）
电话：0757-66893218
传真：0757-66893218
官方网站：www.rifeng.com.cn

证书编号：LB2022GP015

枫叶给水用聚乙烯（PE）管材

产品简介

“枫叶牌”聚乙烯管道采用世界知名化工企业的优质 PE100 级管道专用料生产，具有韧性好、安全卫生、不结垢、不生锈、耐腐蚀、耐磨损、抗穿刺、质量轻、易施工、抗低温脆化、抗地基沉降、使用寿命长等多种优点。

适用范围

给水用聚乙烯（PE）管材适用于下列领域：市政给水管网、农田灌溉管网、市政绿化灌溉、化工管道、污水压力输送、垃圾填埋场污水搜集、污水深海排放、地源热泵系统。

技术指标

给水用聚乙烯（PE）管材产品部分技术指标如下：

序号	项 目	标准要求	实测典型值
1	断裂伸长率	≥ 350%	≥ 500%
2	热稳定性（210℃）	>20min	>45min
3	静液压强度（20℃）	>100h	>200h
4	静液压强度（80℃）	>165h	>500h
5	熔体流动速率变化率（190℃，5kg）	≤ ±20%	≤ ±15%

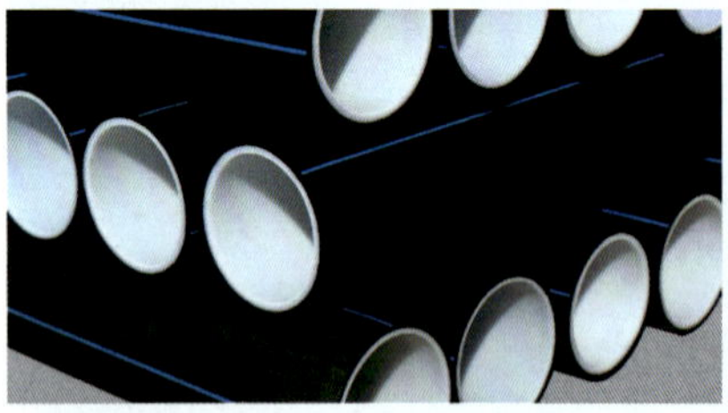

工程案例

公司作为国内市政 PE 管道的龙头企业，承接了大量国内具有代表性的项目，如下所示。

1. 北京市城市河湖补水工程（奥运会配套工程）
2. 大连新海湾开发区配套引供水工程
3. 江苏海洋聚乙烯管道工程
4. 上海特斯拉工厂输水管线非开挖项目
5. 江苏省宜兴市农村污水治理及城乡污水管网工程
6. 安徽省潜山市黄铺黄泥水厂应急水源工程管材及配套管件采购项目
7. 2022 年象山县污水处理工程
8. 2022 年海宁市天源给排水工程
9. 2022 年嵊州市农村饮用水工程
10. 2022 年扬州龙川污水处理工程
11. 2022 年萧县水利工程

浙江枫叶管业科技股份有限公司
地址：浙江省诸暨市店口镇中央路 478 号
电话：0575-87068897
传真：0575-87061372
官方网站：http://www.fengyeholding.com

生产企业

浙江枫叶管业科技股份有限公司坐落于诸暨市店口镇中央路478号，占地16.7万平方米，建筑面积12.5万平方米，总资产6亿元，注册资金1.02亿元。公司集科研、生产、销售、安装、服务于一体，是国内具有一定规模的PE管专业生产厂家。

公司现有员工150余人，工程技术人员50余人，是住房城乡建设部定点生产聚乙烯管材、管件系列产品的专业厂家。公司获得国家管道安全注册认证、ISO 9001质量体系认证、ISO 14001环境体系认证、ISO 45001职业健康体系认证，是“中国质量万里行”全国先进单位，“浙江省高新技术企业”“AAA级守合同重信用单位”“AAA纳税企业”“市工业规模企业”；产品先后被评为“全国优秀科技产品”“中国环境标志产品”。

具有国际先进水平的枫叶系列给水用高密度聚乙烯（HDPE）管材及管件、燃气用（埋地）聚乙烯管材及管件、排水排污用（埋地）高密度聚乙烯（HDPE）双壁波纹管及管件，是当今国际、国内大力推广使用的绿色环保型产品，具有环保、卫生、节能、防腐、防漏、抗震、使用寿命长、安装简单、施工方便快捷等诸多优点。产品广泛应用于城市供水、燃气输送、排水排污、石油化工、农用灌溉等管道系统，受到用户的广泛好评。

浙江枫叶管业科技股份有限公司
地址：浙江省诸暨市店口镇中央路478号
电话：0575-87068897
传真：0575-87061372
官方网站：http://www.fengyeholding.com

给排水管网材料

证书编号：LB2022GP016　　HB2022GP003

龙财冷热水用聚丙烯（PPR）管材、建筑排水用硬聚氯乙烯（PVC-U）管材

产品简介

冷热水用聚丙烯（PPR）管材除了具有一般塑料管质量轻、耐腐蚀、不结垢、使用寿命长等特点外，还具有以下主要特点。

无毒、卫生

PP-R 的原料分子只有碳、氢元素，没有有害有毒的元素存在，卫生可靠，不仅用于冷热水管道，还可用于纯净饮用水系统。

保温节能

PP-R 管导热系数为 0.21W/（m•K），仅为钢管的 1/200。

耐热性较好

PP-R 管的维卡软化点为 131.5℃，最高工作温度可达 95℃，可满足建筑给排水规范中热水系统的使用要求。

使用寿命长

PP-R 管在工作温度 70℃、工作压力 1.0MPa 条件下，使用寿命可达 50 年以上；常温下（20℃）使用寿命可达 100 年以上。

安装方便，连接可靠

PP-R 具有良好的焊接性能，管材、管件可采用热熔和电熔连接，安装方便，接头可靠，其连接部位的强度大于管材本体的强度。

建筑排水用硬聚氯乙烯（PVC-U）管材：内壁光滑，摩擦系数小，而且管道内壁抗腐蚀、抗磨损、不结垢，减少流体的摩擦阻力，提高流体输送效率及降低噪声；抗冲击强度高，力学性能好，复合多层结构使管材内整体抗压强度大大提高，管材的截面力学特性更趋于合理，因此具有力学性能高、韧性好、抗折能力强等优点，减少了施工和使用中的破碎问题；使用温度范围宽广，耐候性良好，可在 -30~70℃下使用，并且温度变化时尺寸稳定性好；采用了纳米技术，聚氯乙烯分子结构接近饱和，故化学稳定性极高，在一定温度下和各种酸、碱、盐以及有机溶剂接触条件下，管材具有极好的耐腐蚀性能。

适用范围

冷热水用聚丙烯（PPR）管材适用于建筑物的冷热水系统，包括集中供热系统；建筑物内的采暖系统，包括地板、壁板及辐射采暖系统；可直接饮用的纯净水供水系统；中央（集中）空调系统；输送或排放化学介质等工业用管道系统。

建筑排水用硬聚氯乙烯（PVC-U）管材适用于市政工程排水、排污管；建筑物雨水管、地下排水管、排污管、通风管等；化工、医药、环保等行业的排污水管；农田、果园、茶园以及林带排灌；铁路、高速公路的渗、排水管；各种行业的排水、排污管，如大型码头、港口工程、大型机场工程；工业用水及化学物质输送、排放。

技术指标

冷热水用聚丙烯（PPR）管材性能指标符合 GB/T 18742.2—2017 中相关要求。

建筑排水用硬聚氯乙烯（PVC-U）管材性能指标符合 GB/T 5836.1—2018 中相关要求。

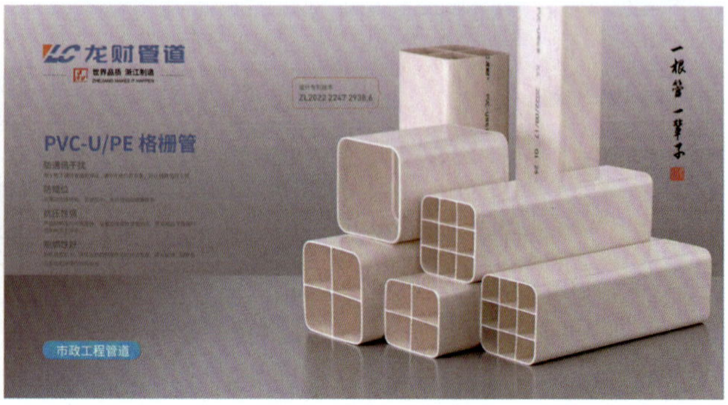

浙江龙财塑业有限公司

地址：浙江省衢州市衢江区春苑西路 27 号
电话：0570-3867300
传真：0570-3867322
官方网站：www.zjlcsy.cn

工程案例

序号	项目名称	用户单位
1	道路工程	浙江省东阳市城乡园林绿化有限公司
2	PVC 管材、管件 /PVC-C 埋地式电力电缆保护管采购项目	龙游县华水工程有限公司
3	道路工程	浙江钜元建设有限公司
4	道路工程	浙江正来环境建设有限公司
5	龙游移动交通市政管道工程	浙江龙游惠铭网络科技有限公司
6	城中村改造项目	通州建总集团有限公司
7	十里丰监狱	丽洲建设集团有限公司

生产企业

浙江龙财塑业有限公司是建材制造产业模块的核心发展企业，是一家专业从事新型塑料管道成套应用生产、技术研发、销售于一体的民营高新技术企业；公司成立于 2008 年 12 月，坐落于浙江省衢州市衢江经济开发区，占地面积 5 万余平方米，是中国塑料加工工业协会塑料管道专业委员会会员单位。公司主营 PVC 排水管材管件、PP-R/PE 给水管材管件、PVC 电力电缆管材及其他多种新型管材产品；水龙头水暖、卫浴洁具等水系统家居产品。公司始终按国际化标准进行管理，通过了“质量、环境、职业健康安全管理”三体系认证、“知识产权贯标体系认证”“安全生产标准化三级企业”等管理体系认证。

浙江龙财塑业依托市级工程技术研究开发中心，积极参与标准起草，目前，公司参与制定 T/ZZB 0287—2017《冷热水用 PP-R 管件》、T/ZZB 1798—2020《海水养殖网箱用聚乙烯（PE）管材》两项“浙江制造”标准。

龙财塑业以其过硬的产品质量、优质的客户服务，获得消费者的肯定，公司被评定为“2019 年度浙江省信用示范企业”“2019 年衢江区政府质量奖企业”“2018 年度浙江省高成长科技型中小企业”。公司先后获得“浙江省科技型中小企业”“浙江省创新型示范中小企业”“衢州市专利示范企业”“浙江省工商企业信用 AA 级守合同重信用单位”等荣誉。公司引进智能化高速生产设备，采用自动化生产制程，同时导入 MES 制造执行系统；现有国内先进的 10 条 PVC 管材生产流水线、2 条 PPR 管材生产流水线、2 条 PE 管材高速生产流水线、30 台注塑机，年生产能力 3 万吨以上，为营销团队提供质量稳定的货源保障。

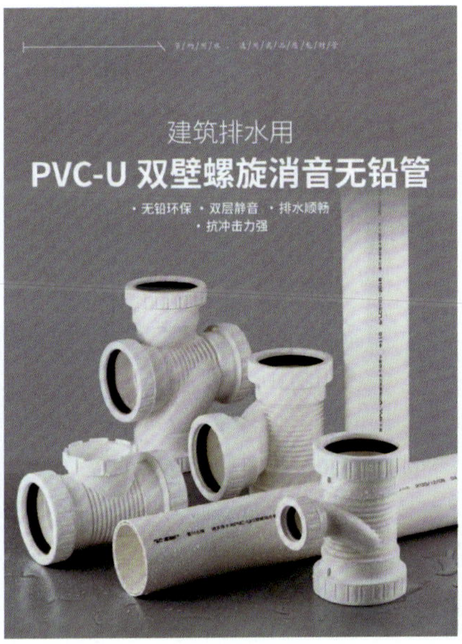

浙江龙财塑业有限公司

地址：浙江省衢州市衢江区春苑西路 27 号
电话：0570-3867300
传真：0570-3867322
官方网站：www.zjlcsy.cn

证书编号：LB2022GP017

美江给水用聚乙烯（PE）管材；燃气用埋地聚乙烯（PE）管材；钢塑复合管材

产品简介

PE 系列管道产品，均选用优质的聚乙烯树脂为原材料，聚乙烯材质无毒、不腐蚀、不结垢。管道安装采用熔融对接方式，安装方便，具有强度高、耐冲击抗应力强、质量轻、运输方便等特点，主要用于市政及民用供水管网。

PPR 系列管道产品，选用聚丙烯为原料的塑料制品，具有产品质量轻、使用寿命长、耐热耐腐蚀的特点，是新一代卫生无毒的绿色环保建材产品。产品广泛应用于工业与民用建筑物内的冷水、热水系统，食品、化工、电子工业管网输送各类腐蚀性介质，饮用水、纯净水及矿泉水的生产管网系统。

适用范围

PE 系列管道产品主要用于市政及民用供水管网。

PPR 系列管道产品广泛应用于工业与民用建筑物内的冷水、热水系统，食品、化工、电子工业管网输送各类腐蚀性介质，饮用水、纯净水及矿泉水的生产管网系统。

技术指标

给水用聚乙烯（PE）管材技术指标如下：

项目	单位	技术指标	产品指标
平均外径	mm	160.0 ～ 161.0	160.6 ～ 160.8
壁厚	mm	9.5 ～ 10.6	9.9 ～ 10.2
80℃静液压强度（时间：1000h、环向应力：5.0MPa）	/	无破裂、无破损	无破裂、无破损
熔体质量流动速率（g/10min）（190℃，5kg）	%	加工前后 MFR 变化不大于 20	符合（变化率 =-5）
氧化诱导时间（200℃）	min	≥ 20	34

燃气用埋地聚乙烯（PE）管材技术指标如下：

项目	单位	技术指标	产品指标
平均外径	mm	160.0 ～ 161.0	160.7 ～ 160.9
壁厚	mm	14.6（0 ～ +1.6）	15.0 ～ 15.8
断裂伸长率	%	≥ 350	符合（伸长率为 350% 时，试样为断裂）
80℃静液压强度（时间：1000h、环应力：5.0MPa）	/	无破裂、无破损	无破裂、无破损

钢塑复合管材技术指标如下：

项目	单位	技术指标	产品指标
抗弯曲（-30℃、2.5°）	/	无开裂	未开裂
冲击强度	J/mm	≥ 8，无漏点	未见漏点
附着力（95℃，24h）	/	1 ～ 2	2
抗 3° 弯曲（-30℃）	/	无裂纹	未见裂纹

崇州市岷江塑胶有限公司

地址：成都崇州经济开发区晨曦大道中段 11 号
电话：028-82188695
传真：028-82188681
官方网站：www.scmjsj.com

工程案例

工程名称	竣工时间	应用部位	应用量
2021 年白玉县农村安全饮水设施设备采购项目	在建	饮水管网	879 万元
2021 年古蔺县双沙场镇供水项目	在建	饮水管网	716 万元
泸定县兴隆镇化林坪村灌溉水管采购及安装	在建	饮水管网	220 万元

生产企业

崇州市岷江塑胶有限公司（前身是创建于 1978 年的黑凼给排水管铸造厂，属于村办集体所有制企业，到 1992 年，在国家大力倡导民营经济发展的推动下，转制成立了崇州市岷江铸管有限公司，并于 1999 年转产成立了崇州市岷江塑胶有限公司）主要生产 PE、PVC、PPR 等科技新型塑胶管道系列产品，目前已发展成为西南地区具有规模的铸铁给、排水管及市政设施产品的专业生产、销售企业，其中市政设施用铸铁产品被列为“成都市五路一桥”工程定点使用产品，在中西部尤其是川、滇、渝、黔等地区有极大的影响力。

经过岷江人几十年的潜心耕耘，公司现拥有具备国内先进水平的生产设备数百台套，生产基地三处、员工逾千人，逐步形成塑管、铸管、防水、螺旋钢管等四大类系列产品、2000 余个品种的研发、设计、制造、销售、施工于一体，年产值达 10 亿元的大型现代化、多元化民营科技制造集团企业。凭借雄厚的实力、严格的质量管理及完善的售后服务，公司取得了一系列荣誉，赢得了市场和社会的广泛赞誉。公司塑胶管材、管件系列产品先后获得“中国建设工程推荐产品”“中国十大知名品牌”“中国绿色、环保、节能产品”等诸多荣誉称号，并从 2005 年起连续多年入选《全国农村饮水安全工程材料设备产品企业信息年报推荐目录》。公司产品先后通过生态环境部环境标志产品认证和水利部节水产品认证，燃气管材、管件产品和螺旋钢管产品还取得国家市场监督管理总局颁发的特种设备制造许可证。公司产品注册商标“美江”连续多次被四川省工商行政管理局认定为“四川省著名商标”。

“没有最好、只有更好”，追求永无止境，在实现民族复兴中国梦的伟大征程上，岷江公司将本着“诚信、团结、求实、创新”的经营理念，秉持“质量信誉的保证，滴水不漏的承诺”的质量宗旨，继续坚持诚信经营、团结工作、求实发展、创新服务的发展方针，使“美江”品牌成为大众的理想选择，为共圆中国梦、岷江梦而不懈努力。

崇州市岷江塑胶有限公司

地址：成都崇州经济开发区晨曦大道中段 11 号
电话：028-82188695
传真：028-82188681
官方网站：www.scmjsj.com

证书编号：LB2022GP018

伟星冷热水用聚丙烯（PP-R）管材；给水用聚乙烯（PE）管材；建筑排水用硬聚氯乙烯（PVC-U）管材

产品简介

伟星牌 PE 管材、管件产品不仅具有良好的经济性，而且具备接口稳定可靠、抗冲击、抗开裂、耐老化、耐腐蚀、搬运方便、施工安装方便等一系列优点，具体如下：

连接可靠	聚乙烯管道系统之间采用电热熔方式连接，接头的强度高于管道本体强度
低温抗冲性好	聚乙烯的低温脆化温度极低，可在 -60 ～ 60℃环境温度范围内安全使用。冬季施工时，因材料抗冲击性好，不会发生管子脆裂
耐化学腐蚀性好	HDPE 管道可耐多种化学介质的腐蚀，土壤中存在的化学物质不会对管道造成任何降解作用。聚乙烯是电的绝缘体，因此不会发生腐烂、生锈或电化学腐蚀现象；此外它也不会促进藻类、细菌或真菌生长
耐老化，使用寿命长	含有 2% ～ 2.5% 的均匀分布炭黑的聚乙烯管道能够在室外露天存放或使用 50 年，不会因遭受紫外线辐射而损害
耐磨性好	HDPE 管道与钢管的耐磨性对比试验表明，HDPE 管道的耐磨性为钢管的 4 倍。在泥浆输送领域，同钢管相比，HDPE 管道具有更好的耐磨性，这意味着 HDPE 管道具有更长的使用寿命和更好的经济性
可挠性好	HDPE 管道的柔性使得它容易弯曲，工程上可通过改变管道走向的方式绕过障碍物，在许多场合，管道的柔性能够减少管件用量并降低安装费用

随着 PP-R 管道在国内建筑给水领域的大力推广，目前已成为我国建筑物内给水市场的优选产品。PP-R 管道系统具有以下特点：

质量轻	PP-R 密度为 0.9g/cm^3 左右，仅为不锈钢的 1/9。搬运及施工强度低
水力特性好	PP-R 管道内壁光滑，不结垢、水阻小，水利条件好
耐温、耐压性能好	完全可满足建筑物内冷热水管道系统的应用要求，设计寿命可达 50 年
连接便利、可靠	PP-R 管道可用电热熔方式连接，管材、管件形成整体化，杜绝漏水隐患
卫生性能好	PP-R 管道通过权威的卫生性能检测，各项指标完全可满足涉水材料要求，输水过程中不产生二次污染
保温性好	PP-R 管道导热系数低，仅为金属管道的 1/200

PVC 排水产品包括常规排水产品、SPM 中央集中排水产品、雨落水管产品、旋流降噪产品、椭圆管产品等，产品主要具有无铅环保、不易开裂、不易变色等特点；SPM 中央集中排水产品具有“防堵、防漏、防臭、便捷检修”三防一便捷的特点。

适用范围

冷热水用聚丙烯（PP-R）管材适用于建筑冷热水领域、采暖领域、空调领域、工业领域等。

给水用聚乙烯（PE）管材产品主要应用于城镇供水，天然气、煤气输送，食品及化工流体输送，矿砂、泥浆输送，园林绿化管网，旧管网改造等领域。

建筑排水用硬聚氯乙烯（PVC-U）管材主要应用于市政工程、建筑工程、工业领域、农业园地工程、道路工程等。

技术指标

冷热水用聚丙烯（PP-R）管材的物理化学性能如下：

项目	试验条件	指标要求
灰分	600℃、1h	≤ 1.5%
熔融温度	10℃ /min、200℃	≤ 148℃
氧化诱导时间	20℃ /min、210℃	≥ 30min
95℃ /1000h 静液压试验后的氧化诱导时间		≥ 20min
纵向回缩率	（135±2）℃	≤ 2%
简支梁冲击试验	（0±2）℃	破损率≤试样的 10%
熔体质量流动速率	230℃、2.16kg	≤ 0.5g/10min 且与对应聚丙烯混配料的变化率不超过 20%

临海伟星新型建材有限公司
地址：浙江省临海市柏叶中路 229 号
电话：0576-85179027
传真：0576-85179027
官方网站：https://www.china-pipes.com/

续表

项目	试验条件	指标要求
静液压强度	20℃ 1h 17.0MPa	无破裂、无渗漏
	95℃ 22h 4.5MPa	
	95℃ 165h 4.3 MPa	
	95℃ 1000h 3.5MPa	

给水用聚乙烯（PE）管材物理化学性能如下：

项目			要求
熔体质量流动速率（MFR）（5kg，190℃）			加工前后 MFR 变化不大于 20%
氧化诱导时间（210℃）			≥ 20min
纵向回缩率（110℃）			≤ 3%
炭黑含量（仅适用于黑色管材）			2.0% ～ 2.5%
炭黑分散 / 颜料分散（前者适用于黑色管材，后者适用于蓝色管材）			≤ 3 级
灰分			≤ 0.1%
断裂伸长率			≥ 350%
20℃静液压强度（100h）	环应力：PE80 10.0MPa	PE100 12.0MPa	不破裂、不渗漏
80℃静液压强度（165h）	环应力：PE80 4.5MPa	PE100 5.4MPa	不破裂、不渗漏
80℃静液压强度（1000h）	环应力：PE80 4.0MPa	PE100 5.0MPa	不破裂、不渗漏

建筑排水用硬聚氯乙烯（PVC-U）管材部分技术性能如下：

项目	国标	企标	产品
拉伸屈服强度 /MPa	≥ 40	≥ 40	41.1
断裂伸长率 /%	≥ 80	≥ 120	128.9
纵向回缩率 /%	≤ 5	≤ 5	2.12

工程案例

杭州德胜快速路改造工程、天台污水处理工程、玉环市清水工程、上海航星污水管道工程、江苏靖江污水处理工程、永康市城市排污工程、台州发电厂排水工程、宁波象山石浦至鹤浦跨海供水工程、港珠澳大桥超大型跨海交通工程、香港国际机场第三跑道基础建设工程、上海北石路 dn1200 自来水管工程、鸟巢、水立方、上海世博会中国馆、吉利西安新能源汽车产业园、“曼谷新地标”大型商场暹罗天地等。

生产企业

临海伟星新型建材有限公司成立于 2019 年 6 月，是浙江伟星新型建材股份有限公司的全资子公司，浙江伟星原临海区域生产制造功能全部并入临海伟星，主营塑料管道产品的研发、制造、销售业务。临海伟星研发实力较为突出，拥有一支年轻化、高素质、有活力的技术研发创新队伍，研发人员 168 人，其中本科及以上学历 124 人，硕士研究生及以上学历 33 人（包含博士生 4 人），高级工程师 11 人，中级工程师 37 人；目前临海伟星获得知识产权 517 件，其中国家发明专利 40 件。

公司以行业佼佼者定位发展目标，坚持自主创新，为各类专业管道市场提供全新的系统解决方案。公司产品主要包括无规共聚聚丙烯（PP-R）系列管材管件、聚乙烯（PE）系列管材管件、PVC 管材管件等系列，产品种类齐全，产品线丰富。广泛应用于城镇安全饮水工程，城市建筑物给排水、燃气、排污、采暖、电力、矿山等领域，产品在国内市场占有率、品牌知名度、经济效益均居国内管道行业前列。产品通过中国环境标志认证、节水认证等多项认证，成功应用于国家体育场鸟巢、国家游泳中心水立方、世博会中国馆等国家级工程。

公司践行“以品牌统领营销、以服务支撑品牌、以品牌提升价值”的独特理念，成功打造了伟星管、伟星地暖、伟星水暖、安内特、咖乐五大产品品牌。公司坚持以“可持续发展”为核心，弘扬“团结、拼搏、求实、创新”的企业精神，秉持“专注提升人类生活品质”的品牌使命，积极布局国际化，致力成为高科技、服务型、国际化的知名企业。

临海伟星新型建材有限公司

地址：浙江省临海市柏叶中路 229 号
电话：0576-85179027
传真：0576-85179027
官方网站：https://www.china-pipes.com/

证书编号：LB2022GP019

天虹低压流体输送用焊接钢管（热镀锌）

产品简介

低压流体输送用焊接钢管，标准代号为 GB/T 3091，是在焊接钢管的基础上进行内外热镀锌，使钢管内外壁同时镀有锌层，大大提高了钢管的防腐性能，达到普通钢管的 20 倍左右。

适用范围

低压流体输送用焊接钢管（热镀锌）广泛应用于水、污水、燃气、消防、空气、油、采暖蒸汽等低压流体输送和机械结构。热镀锌钢管作为输送管道或金属结构，在消防工程、天然气输送、石油加工工业、水利工程建筑以及住宅建筑等方面得到广泛使用。

技术指标

低压流体输送用焊接钢管（热镀锌）技术指标如下：

检验项目		标准要求	检验结果	单项判定
化学成分	碳（C）/%	≤ 0.20	0.12	合格
	硫（S）/%	≤ 0.045	0.02	合格
	硅（Si）/%	≤ 0.35	0.11	合格
	锰（Mn）/%	≤ 1.40	0.45	合格
	磷（P）/%	≤ 0.045	0.029	合格
力学性能	屈服强度 R_{eh}/MPa	≥ 235	352	合格
	拉伸强度 R_m/MPa	≥ 370	476	合格
	断后伸长率 A/%	≥ 15	20.9	合格
工艺性能	弯曲	弯曲角度 90°，r=6D 试验后，试样上不允许出现裂纹	未见裂纹；完好	合格
表面质量	表面缺陷	钢管内外表面应光滑，不允许有折叠、裂纹、分层、搭焊、断弧、烧穿及其他深度超过壁厚下偏差的缺陷存在	符合要求	合格
镀锌层	重量 / (g/m²)	内外表面锌层总重量不小于 300g/m²	333	合格
	均匀性	钢管试样（焊缝处除外）在硫酸铜溶液中连续浸渍 5 次不变红（镀铜色）	未见变红	合格
	附着力	弯曲角度 90°，r=8D 试验后，试样上不允许出现镀锌层剥离现象	未见剥离；完好	合格

工程案例

公司系列钢管产品广泛使用于国家及省市众多重点工程建设，如南水北调工程、上海世博会、杭州湾大桥、河南城际铁路黄河大桥、武汉长江隧道、三峡大坝、济南奥体中心、南京地铁 3 号线、石武高铁、昆明长水国际机场、万科地产、万达广场、晋煤 300 万吨煤制造油项目、山东液化天然气（LNG）项目、贵州省农村安全饮用水项目等。

生产企业

山西正大制管有限公司隶属于中国制造业 500 强——邯郸正大制管集团股份有限公司，成立于 2017 年 11 月 15 日，是正大制管继邯郸正大、迁安正大之后第三个全资子公司。

公司坐落于新亚欧大陆桥（荷兰鹿特丹港到中国山东日照）上重要的交通枢纽——侯马市，其自然资源雄厚，地理位置优越，交通优势明显。公司立足高起点、高标准、高定位，项目总投资 10 亿元。主营高频焊管、热镀锌管、螺旋焊管、方矩管等四大系列产品。公司技术力量雄厚，采用国际先进的美国色马图尔固态高频、林肯焊机、德国直读光谱仪、金相分析仪等生产检测设备；拥有高频焊管生产线 12 条，热镀锌管生产线 9 条，螺旋焊管生产线 5 条，方矩管生产线 10 条。达产后可年产各类规格焊接钢管 200 余万吨，年可实现产值超百亿元，实现利税 2 亿元。

公司系列钢管产品普遍应用于石油管线、油气输送和给排水、自来水、消防、燃气、集中供暖、采暖蒸汽等低压流体输送及支架、穿线、钢结构、冷弯型材等用途。

公司产品对接邯郸总部销售网络，国内销售网络远及新疆、青海、云贵，遍布全国。国外销售网络已涉及德国、法国、葡萄牙、美国、加拿大、秘鲁、乌拉圭、哥伦比亚、利比亚、巴西、印度、菲律宾、马来西亚等国家。

公司将一如既往传承“做正派人，干大事业”企业精神，秉持“振兴民族工业”之大任，以优质的产品和服务满足顾客的需求，提升社会生活品质，成就百年制管企业的高远目标。

山西正大制管有限公司

地址：山西省侯马市候北工业园区
电话：0357-4099992
传真：0357-4099992
官方网站：www.hdzdzg.com

证书编号：LB2022GP020

天虹低压流体输送用焊接钢管（热镀锌）、钢塑复合管

产品简介

低压流体输送用焊接钢管（热镀锌）

低压流体输送用焊接钢管，标准代号为 GB/T 3091，是在焊接钢管的基础上进行内外热镀锌，使钢管内外壁同时镀有锌层，大大提高了钢管的防腐性能，达到普通钢管的 20 倍左右。

钢塑复合管

钢塑复合管是以镀锌钢管为基管，在其内表面或外表面粘结一层塑料防腐层的钢塑复合产品。钢塑复合管按内防腐形式分为衬塑、涂塑和外覆塑复合钢管。正大制管生产的内衬塑复合管分为冷水管和热水管两种，冷水用衬塑复合管使用温度一般不超过 45℃；热水用衬塑复合管使用温度一般不超过 80℃。据测试，衬塑复合管内壁使用寿命为镀锌管的 3 倍以上。与塑料管相比，该产品具有机械强度高、耐压、耐热性好等优点。由于基体是钢管，所以不存在脆化、老化问题，“天虹”钢塑复合管可广泛应用于自来水、燃气、消防、化工产品等流体输送及取暖工程，是镀锌管的升级换代产品。

适用范围

低压流体输送用焊接钢管（热镀锌）

用途：水、污水、燃气、消防、空气、油、采暖蒸汽等低压流体输送和机械结构等使用。热镀锌钢管作为输送管道或金属结构，在消防工程、天然气输送、石油加工工业、水利工程建筑以及住宅建筑等得到广泛使用。

钢塑复合管

用途：自来水、燃气、消防、化工产品等流体输送及取暖工程，是镀锌管的升级换代产品。

技术指标

低压流体输送用焊接钢管（热镀锌）技术指标如下：

检验项目		标准要求	检验结果
化学成分	碳（C）/%	≤ 0.20	0.12
	硫（S）/%	≤ 0.045	0.02
	硅（Si）/%	≤ 0.35	0.11
	锰（Mn）/%	≤ 1.40	0.45
	磷（P）/%	≤ 0.045	0.029
力学性能	屈服强度 R_{eh}/MPa	≥ 235	352
	拉伸强度 R_m/MPa	≥ 370	476
	断后伸长率 A/%	≥ 15	20.9
工艺性能	弯曲	弯曲角度 90°，r=6D 试验后，试样上不允许出现裂纹	未见裂纹；完好
表面质量	表面缺陷	钢管内外表面应光滑，不允许有折叠、裂纹、分层、搭焊、断弧、烧穿及其他深度超过壁厚下偏差的缺陷存在	复合要求
镀锌层	重量 /（g/m²）	内外表面锌层总重量不小于 300g/m²	333
	均匀性	钢管试样（焊缝处除外）在硫酸铜溶液中连续浸渍 5 次不变红（镀铜色）	未见变红
	附着力	弯曲角度 90°，r=8D 试验后，试样上不允许出现镀锌层剥离现象	未见剥离；完好

钢塑复合管产品技术参数

检验项目	标准要求	检验结果
表面质量	钢塑管内外表面塑层应光滑，不允许有气泡、裂纹、脱皮、划痕、凹陷和色泽不均	钢塑管内外表面塑层光滑，无气泡、裂纹、脱皮、划痕、凹陷和色泽不均
尺寸 /mm	内衬塑料层厚度 2.5±0.2	最小 2.36　　最大 2.44
内衬塑结合强度 /MPa	≥ 1.0	1.3

工程案例

钢管产品广泛使用于国家及省市众多重点工程建设，如南水北调工程、上海世博会、杭州湾大桥、河南城际铁路黄河大桥、武汉长江隧道、三峡大坝、济南奥体中心、南京地铁 3 号线、石武高铁、昆明长水国际机场、万科地产、万达广场、晋煤 300 万吨煤制造油项目、山东液化天然气（LNG）项目、贵州省农村安全饮用水项目等。

生产企业

迁安正大通用钢管有限公司隶属于邯郸市正大制管有限公司，成立于 2013 年 10 月。公司坐落于“钢铁之都”——唐山，地理位置优越，近邻秦皇岛港、京唐港、曹妃甸港、天津港四大国际型港口，卑水铁路、卑杨公路、杨柏公路、迁曹高速纵贯南北，京秦铁路、京哈高速、102 国道、津秦高铁横穿东西，形成了“四横四纵”的交通网络，便捷的交通为迁安正大的高速发展提供了可靠保障。

公司主营高频焊管、热镀锌管、螺旋焊管、方矩管、钢塑复合管等五大系列产品。公司采用国际先进的美国色马图尔固态高频、林肯焊机、德国直读光谱仪、金相分析仪等生产检测设备，年可生产各类规格“吉立”牌钢管 260 万吨。

公司依靠得天独厚的地理、资源、环境和人才优势，始终坚持规模化、专业化的发展方针，以科学发展观统领全局，所生产的“吉立”牌钢管，先后通过 ISO 9001、ISO 14001、ISO 45001 质量、环境、职业健康与安全三体系认证，并获得国家市场监督管理总局颁发的“中华人民共和国特种设备制造许可证”。公司销售网络以内蒙古、东北、西北为主，销售网点达 100 多个，销售辐射半径达 2000 公里。

本公司秉承“做正派人，干大事业”的企业精神，以振兴民族工业为己任，以优质的产品与服务满足顾客的需求，提升社会生活品质。“吉立”品牌凝聚正大人心血，汇聚正大人智慧，历经十年积淀倾力打造、玉琢天成，传承“天虹”优良品质，以强者风范铸就恢宏气质，占据天时地利人和，与“天虹”同领中国钢管业一代风骚。

迁安正大通用钢管有限公司

地址：迁安市赵店子镇双马路北侧
电话：0315-5356333
传真：0315-5356333
官方网站：http://www/hdzdzg.com

证书编号：LB2022GP021

日丰冷热水用耐热聚乙烯（PE-RT）管材、冷热水用聚丁烯（PB）管材、埋地用聚乙烯（PE）双壁波纹管材

产品简介

冷热水用耐热聚乙烯（PE-RT）管材

高温耐久，寿命长，抵抗严寒，防冻裂，在 -70℃低温以内管道材料不脆裂，能适应低温下施工;柔韧性好，可直可盘，易弯曲，施工简便。

冷热水用聚丁烯（PB）管材

采用被誉为“塑料黄金”的聚丁烯（PB）为原材料，化学稳定性高，耐温耐压性能强，质量轻，柔韧性好，可低温施工。

埋地用聚乙烯（PE）双壁波纹管材

采用 PE 原料和部分增强增韧的材料，经过挤出和特殊的成型工艺加工而成，内壁光滑，外壁为封闭波纹型的一种轻质管材，主要使用于城镇雨水、污水和废水排放领域。采用密封圈承插连接，因采用了特殊的中空环形结构，具有优异的环刚度和良好的强度与韧性，质量轻，耐冲击性强，不易破损；能抵抗一定等级地震破坏。

适用范围

产品应用领域：供水、排水、供暖、燃气、通信护套、电力护套管道等家装管道、市政管道领域。

适用范围：冷热水、天然气、液化气、煤气管道、通信光缆护套、电力电缆护套。

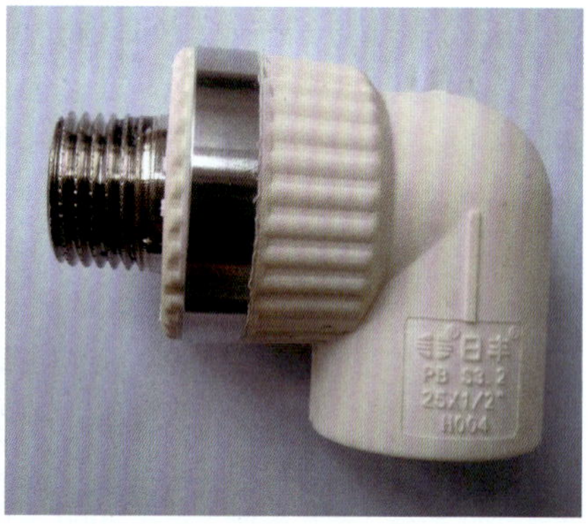

技术指标

冷热水用耐热聚乙烯（PE-RT）管材性能指标如下：

序号	项目	性能
1	耐静液压	20℃，静液压应力 9.9MPa，1h，试样无破裂，无渗漏
		95℃，静液压应力 3.8MPa，22h，试样无破裂，无渗漏
		95℃，静液压应力 3.6MPa，165h，试样无破裂，无渗漏
		95℃，静液压应力 3.4MPa，1000h，试样无破裂，无渗漏
2	纵向回缩率 /%	≤ 2

日丰企业集团有限公司

地址：广东省佛山市三水区乐平镇三水工业园日丰路 1 号（邮编：528137）
电话：0757-66893218
传真：0757-66893218
官方网站：www.rifeng.com.cn

冷热水用聚丁烯（PB）管材性能指标如下：

序号	项目	性能
1	耐静液压	20℃，静液压应力 15.5MPa，1h，试样无破裂，无渗漏
		95℃，静液压应力 6.5MPa，22h，试样无破裂，无渗漏
		95℃，静液压应力 6.2MPa，165h，试样无破裂，无渗漏
2	纵向回缩率 /%	≤ 2

埋地用聚乙烯（PE）双壁波纹管材性能指标如下：

序号	项目	性能
1	环刚度 /（kN/m^2）	SN4 ≥ 4 SN8 ≥ 8
2	环柔性	试样圆滑，无破裂，两壁无脱开，无反向弯曲
3	烘箱试验	无气泡、无分层、无开裂
4	抗冲击性能（TIR）/%	≤ 10
5	蠕变比率	≤ 4

工程案例

供水工程：幸福小镇三期（银川）、永康万国富和上东首府项目（河北）

排水工程：鞍山红星山南府（鞍山）、抚顺信达天厦小区

地暖工程：鸿瑞时代大厦项目（内蒙古）

燃气工程：杭州绿都鉴未来住宅、天津海河教育园区 02 单元 02-24 地块项目

电力护套：瀚海 - 尔湾项目（河南）、宁乡美的城（湖南）

市政管道：山东美好临邑生产基地项目、赛达大道（2016-03 地块项目一期）

生产企业

日丰企业集团有限公司创建于 1996 年，前身为佛山市日丰企业有限公司，2015 年 11 月 17 日正式更名。日丰企业集团有限公司是一家集研发、生产、销售、服务于一体的大型国家高新技术企业，是新型管道全球知名品牌、卫浴行业新兴品牌杰出代表，产品涵盖给水、排水、供暖、燃气、套管、卫浴等领域，产品畅销世界一百多个国家和地区。

自公司成立以来，日丰一直将产品品质视为企业发展壮大的核心竞争力，坚持走品质为先的发展道路。日丰拥有国家认定企业技术中心、CNAS 认证实验室等研发机构，获得近四百项国内外专利，这些都为产品品质提供了最有力的坚实保障。在涉及产品的原料选购、生产运输等环节，日丰公司严格把控，把每个工序、每个细节都做到精益求精。日丰以其优良的产品品质，通过了美国 NFS、德国 SKZ 等六十多项国际认证，获得全球亿万用户的广泛认可。

日丰企业集团有限公司
地址：广东省佛山市三水区乐平镇三水工业园日丰路 1 号（邮编：528137）
电话：0757-66893218
传真：0757-66893218
官方网站：www.rifeng.com.cn

证书编号：LB2022GP022

崇泰 ABS 给排水管材、管件；HDPE 给排水管材、管件

产品简介

绿色环保 ABS 给排水管材、管件是以 ABS 树脂为原料经挤出机塑化熔融后，通过成型模具而成型的一种塑料管材。ABS 树脂是丙烯腈、丁二烯、苯乙烯的共聚体，综合性能优于其他普通塑料，特别适合制造用于各类输送流体的 ABS 管路系统。ABS 工程塑料制造的管材及管件强度高、刚性好且韧性适中，有耐冲击、耐腐蚀、耐水压、耐老化等优势。ABS 管路系统是以塑代钢，用于给、排水系统的较优选择。

绿色环保 HDPE 给排水管材、管件采用优质聚乙烯原材料制成，用于雨污水输送及雨水渗管，具有不易沉积、不易滋生细菌的特点，管材强度高，柔韧性好，管道输送能力高。管材用于雨水输送及雨水渗管，可为高效、绿色雨水技术提供经济的解决方案。HDPE 给排水管材、管件产品绿色环保、性能突出，100%可回收再利用，节省资源、保护环境。在 -30 ～ +60℃温度下，其材质不破裂、不变形、不老化，寿命可达数十年以上。

适用范围

产品广泛应用于市政自来水管网，商用房、工业厂房给、排、直饮水管网工程，城市智能管网工程，消防地下管网工程，中央空调，高架桥收水，污水处理厂，海水净化管网工程等领域。

技术指标

ABS 给排水管材、管件性能指标如下：

序号	检验项目		单位	标准要求	检验结果
1	物理力学性能	密度	kg/m^3	1000 ～ 1070	1061
2		维卡软化温度	℃	≥ 90	92
3		落锤冲击试验 TIR	%	≤ 10	共冲击 40 次，破坏 1 个，TIR<10
4		纵向回缩率	%	≤ 5	3
5		静液压试验	—	20℃，25.0MPa，1h，无破裂、无渗漏	无破裂、无渗漏
6			—	20℃，25.6MPa，100h，无破裂、无渗漏	无破裂、无渗漏

HDPE 给排水管材、管件性能指标如下：

序号	检验项目		单位	标准要求	检验结果
1	静液压		—	20℃，静液压强度 12.4MPa，100h，管壁无破裂、无渗漏	无破裂、无渗漏
2	物理力学性能	断裂伸长率	%	≥ 350	727
3		纵向回缩率	%	≤ 3	1.2
4		氧化诱导时间	min	≥ 20	51

工程案例

1. 天津市西部中环快速路排水工程
2. 天津市滨海大道二期
3. 天津市卓尔室外管道工程
4. 天津市生态城绿廊景观工程
5. 天津市盛世大道、荣成路
6. 天津市中新生态城市政管网工程

天津崇泰环保新材料有限公司

地址：天津经济技术开发区黄海一街 50 号
电话：022-25295403
传真：022-25295686

7. 天津市中新生态城服务中心
8. 天津市中心渔港迎宾线道路绿化工程
9. 天津市生态城动漫园
10. 天津市七里海水产基地

生产企业

天津崇泰环保新材料有限公司专业研发生产新型环保建筑材料。公司成立于2000年，占地3万多平方米，建筑面积12000多平方米，总资产8000多万元。

公司坐落于天津经济技术开发区黄海一街50号，拥有多年经验的专业技术研发、管理团队并聘请多名专家技术顾问，主要研发新型环保建筑材料。公司引进精良、先进的全自动高速共挤生产线和进口注塑机，专业生产ABS、HDPE、PP-R、给排水、地暖管材管件。产品全部采用进口原料，ABS管材、管件采用我国台湾奇美PA-709专用原料，HDPE管材采用北欧高密度聚乙烯原料，PP-R采用巴塞尔H5416K原料，PE-RT采用韩国LG生产的SP980原料。

产品全部由中国平安保险承保，广泛销售于全国各大城市，并积极开拓海外市场，现已销售到朝鲜、韩国、越南、印度、埃及等国家。

我公司严格按照国家标准生产，产品质量稳定可靠，并通过了ISO 9001质量管理体系认证，是中国水协城镇供水理事单位，天津市自来水集团、天津津滨威立雅水务、塘沽中法水务自来水用管及68万户直饮水户网改造民心工程合格供应商。

崇泰管业始终坚持“以环保为理念、以质量为生命、以科技为龙头、以客户满意为宗旨”的经营方针，公司不断强化科技创新，以优质的产品、合理的价位、完善的服务，全力打造“崇泰”品牌。公司积极与社会各界广泛合作，促进新型环保塑胶管业及相关产业的发展、合作、共赢，为提高人类健康和生活品质而不懈努力。

天津崇泰环保新材料有限公司
地址：天津经济技术开发区黄海一街50号
电话：022-25295403
传真：022-25295686

证书编号：LB2022JN001

埃比水性胶粘剂（地板用）、界面剂

产品简介

A1 多功能水性界面剂：

产品特性：

多功能界面剂

无溶剂，降低基层的吸附性

提高自流平与基层的附着力

用量经济

基层准备：

基层应坚硬平整干燥洁净无裂缝。

彻底清除胶水，油漆等残留物。测试表面之吸水性和硬度。

水性胶粘剂（地板用）：为单组分无溶剂高品质水性粘结剂，粘结力强，环保安全可室内使用，可适用于带有发泡背衬的地毯、LVT 印花地板（≤ 2.0mm）、地热系统以及事先经过处理的干燥、平整、坚硬、光滑的基层及施工后彻底干燥的水泥基。

适用范围

埃比界面剂：作用于吸收性无机基层界面处理（特定条件下用于低吸收性或非吸收性无机基层），可应用于干燥基层上以及混凝土、石膏板、石膏和黏土砖等表面。

在施工 AB 自流平前处理基层，或在无需使用自流平而直接涂布粘合剂前处理基层。

可在地热系统上使用。

埃比水性胶粘剂（地板用）：可适用于带有发泡背衬的地毯、LVT 印花地板（≤ 2.0mm）、地热系统以及事先经过处理的干燥、平整、坚硬、光滑的基层及施工后彻底干燥的水泥基。

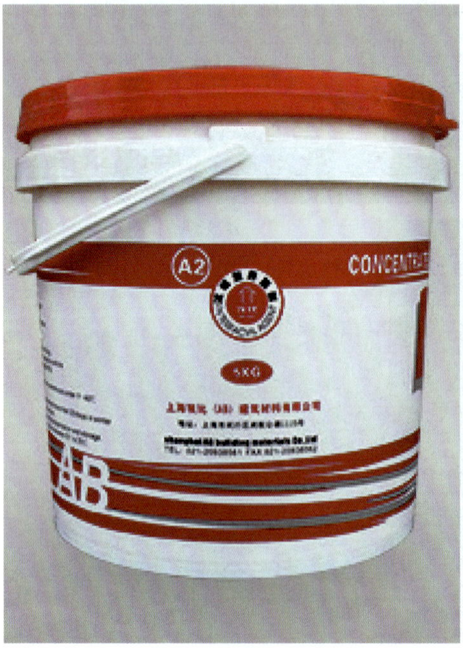

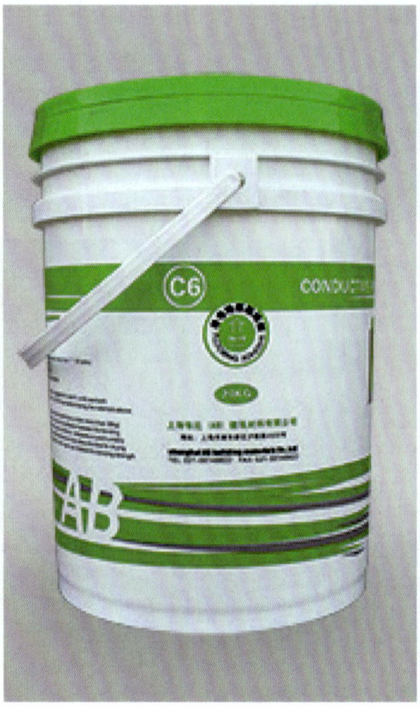

上海埃比建筑材料有限公司

地址：闵行区三鲁公路 2199 号埃比建材仓储中心
电话：021-58146822
官方网站 :www.shabjc.com

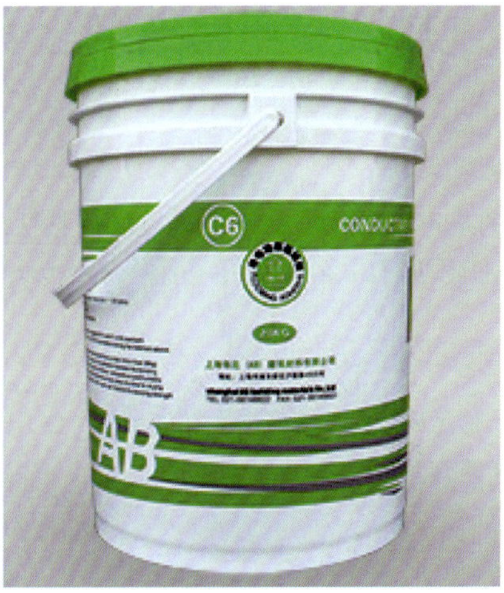

技术指标

界面剂：执行标准 JC/T 2329—2015（2017）

1. 外观要求：呈均匀状态，无结块、凝聚和沉淀现象；
2. 不挥发物含量≥ 13.3%；
3. pH 值≥ 9.5；
4. 表干时间：14min；
5. 24h 表面吸水率 1.0mL；
6. 界面处理后拉伸粘结强度 1.5MPa。

水性胶粘剂（地板用）绿色环保，执行标准：（1 ～ 4）GB 18583—2008，（5 ～ 9）JC/T 550—2019

1. 游离甲醛 /（g/kg）：未检出；
2. 苯 /（g/kg）：未检出；
3. 甲苯 + 二甲苯 /（g/kg）：未检出；
4. 总挥发性有机物 /（g/L）：≤ 97.8；
5. 外观质量：胶体均匀，无团块颗粒；
6. 涂布性：容易涂布，刮涂后梳齿不凌乱；
7. 90° 剥离强度（N/mm）：标准状态 1.1，热处理后 1.1；
8. 剪切强度 /MPa：标准状态 0.5，热处理后 0.4；
9. 加速老化后尺寸变化率：横向 0.1%，纵向 0.1%，并且试件无起鼓、脱落等异常现象。

工程案例

湖北省孝感市第一人民医院、湖北省孝感市康复中心、湖北省武汉市园博园、武汉大学图书馆、湖北省黄石市晋梅中学、上海世博会展中心、上海同济大学汽车学院、上海市东方医院等

生产企业

上海埃比（AB）建筑材料有限公司成立于 2004 年，是一家集新型地材辅料研发、生产、销售、技术服务于一体的系统服务商。公司成立初期引进德国坚持品质至上、不断进取的实践之路。产品普遍应用于学校、医院、体育场馆、家庭、工业厂房下停车库及办公等场所，获得使用方的一致认可。产品及服务项目含涉界面剂、自流平水泥、弹性地材粘合剂、地材施工工具、配件、表面处理剂等 6 大系列，实现了弹性地板辅料“一站式”的采购配送服务集成中心。

届时本公司将以更稳定的品质、更便捷的物流配送、更及时的技术支持服务于全国各地客户。

公司恪守“诚信守实、勇担责任、专注品质、科技创新”的经营理念，秉持“客户需求第一、专业服务满意、合作开拓共赢”的服务宗旨，提供质优稳定，经济环保的地材解决方案。

上海埃比建筑材料有限公司

地址：闵行区三鲁公路 2199 号埃比建材仓储中心
电话：021-58146822
官方网站 :www.shabjc.com

证书编号：LB2022JN002

软瓷专用粘结剂

产品简介

软瓷专用粘结剂是广州福臻公司出品的筑雀品牌；学术名：MCM 专用粘贴剂。该材料由改性技术的粉料及环保乳液由特殊工艺技术做成，执行行业标准《陶瓷砖胶粘剂》（JC/T 547—2017），《室内装饰装修材料 胶粘剂中有害物质限量》（GB 18583—2008）。

福臻公司出品的筑雀品牌软瓷专用粘贴剂有极好的热耐老化及粘贴强度、无毒无味、无反碱，可使用在墙面天花、地板等位置。特别是用在外立面高墙时避免了脱落风险，让建筑物更加安全、放心、干净、环保。此产品无甲醛、苯等有害成分，用在室内不仅安全、环保，还能给我们带来健康。

适用范围

软瓷专用粘结剂是在软瓷施工时必要的专用粘贴剂，可应用于工业与民用新建的建筑室内外墙面、地面及天花的装饰装修，也可以使用在工业与民用旧墙翻改造，既可直接粘贴于墙体表面，也可粘贴在墙体外墙保温系统外侧。

技术指标

技术项目	技术指标	技术参数
剪切粘结强度 /MPa	≥ 1.0	1.5
热老化后剪切粘结强度 /MPa	≥ 1.0	1.8
游离甲醛 /（g/kg）	≤ 1.0	未检出
甲苯＋二甲苯 /（g/kg）	≤ 1.0	未检出
总发挥性有机物 /（g/L）	≤ 350	25.2
苯 /（g/kg）	≤ 0.20	未检出

工程案例

阳城花园、舒康医院、上海巨人网络、山东别墅旧改项目、广西民族大学、南宁市西庄路小学、贵州国际幼儿园、水邑华庭、河南新建别墅区、河南煤业集团宿舍楼、河南乡村别墅、贵阳双语幼儿园等。

广州福臻环保科技有限公司

地址：广东广州万科世博汇石四商务中心
电话：13352803131　　13392614413
网址：Http:www.gdfuzhen.cn
邮箱：435908816@qq.com

生产企业

广州福臻环保科技有限公司（以下简称福臻公司）成立于2014年，是一家以研发、生产、销售为主题，主营MCM非金属矿物质生态外墙材料、汽蒸聚合物外墙软瓷、汽蒸聚合物内饰软瓷、柔石、轻型材料、软瓷专用粘贴剂、MCM专用粘贴剂、装饰材料防水粘贴剂、新型防水材料，同时也走入定制化道路，让每一个业主的建筑物拥有独一无二的自然与艺术之美。福臻生态环保材料已经有200多种新品走向全国。

公司的愿景：做品质超群的环保产品给每一座建筑物提供安全、安心、健康、环保、耐久、再生可持续的生态材料。

公司践行“安全、绿色、环保、”的建筑节能理念，以人为本、为客户提供专业、优质、全方位的服务，使用户体验到亲切、放心、舒心的幸福感。

公司积极履行企业社会责任，关注同事们的健康和安全，参与力所能及的公益事业，推动社会的可持续发展。

广州福臻环保科技有限公司

地址：广东广州万科世博汇石四商务中心
电话：13352803131　　13392614413
网址：Http:www.gdfuzhen.cn
邮箱：435908816@qq.com

证书编号：LB2022JN003

中象瓷砖胶

产品简介

瓷砖胶适用于室内外粘贴瓷砖、玻化石、天然石材，适用于混凝土、水泥砂浆、混凝土板、砖石砌块等多种基层，以及一些防水涂层，适应各类干燥或潮湿的室内外环境，适宜施工温度为 5 ～ 35℃，存放置干燥处，保质期为 6 个月。

适用范围

瓷砖胶应用于厕浴间、厨房、游泳池、内外墙瓷砖、面砖、地砖等材料的粘贴。

技术指标

瓷砖胶的主要技术指标如下：

序号	检测项目	标准值	检测结果
1	游离甲醛 /（g/kg）	≤ 1.0	未检出
2	苯 /（g/kg）	≤ 02.0	未检出
3	甲苯 + 二甲苯 /（g/kg）	≤ 10	未检出
4	总挥发性有机物 /（g/L）	≤ 350	8.9
5	拉伸粘结强度 /MPa	≥ 0.5	1.1
6	浸水后粘结强度 /MPa	≥ 0.5	1.1
7	热老化后拉伸粘结强度 /MPa	≥ 0.5	1.0
8	冻融循环后拉伸粘结强度 /MPa	≥ 0.5	0.7
9	滑移 /mm	≤ 0.5	0.1

工程案例

武汉招商愉樾项目、招商地产西安城市主场项目、青岛越秀和悦府项目等。

武乡县中象新材料有限公司

地址：山西省长治市武乡县丰州镇下城村电厂院内
电话：180355118602

生产企业

武乡县中象新材料有限公司成立于2019年，注册资本3000万元。公司响应国家《产业结构调整指导目录（2019年本）》《战略新兴产业目录》及《国家发展改革委“十二五”墙体材料革新指导意见》中关于绿色建筑及建筑节能发展的号召，积极开展节能环保新兴建材产品的生产及研发。公司成立伊始就被深深烙上了绿色的标签，对于环境的保护始终贯穿在每一个发展历程中。

公司成立之初就建立了专业的石膏砂浆产品研发和施工技术创新科研团队，并把向客户提供专业高效的产品解决方案，打造安全、舒适、美观和可持续的生活与工作环境奉为公司发展的宗旨。公司成立三年多来，先后加入中国建材工业经济研究会和产品质量专委会，成为理事单位，创立的“靓家俪”绿色环保专项品牌产品（包含轻质喷涂石膏、石膏自流平、批嵌石膏、瓷砖胶、腻子粉等产品）在2020、2021连续两个年度被评为绿色建材推荐产品。

目前武乡中象已拥有相当成熟的固废回收再利用生产线和施工设备，并取得了七项相关实用新型专利，也与山东、大连多地的OEM加工厂达成战略合作关系。目前我们的产品已遍布山西、陕西、湖南、湖北、河南、山东、江苏等省份。铸造美好生活，一切为客户的需求服务，武乡中象力争成为固废综合利用的行业龙头企业。

地址：山西省长治市武乡县丰州镇下城村电厂院内
电话：180355118602

武乡县中象新材料有限公司

证书编号：LB2022JT001

中象建筑室内用腻子（耐水型）、外墙柔性腻子

产品简介

腻子：采用优质的脱硫石膏、环保添加剂等材料，采用专利配方配制而成；适用于室内墙面及棚顶等非潮湿区域的找平及基面处理；具有找平效率高、施工性好、粘结性好等特点，有效缩短施工周期。本产品均匀、无结块，刮涂无障碍。干燥时间为60min，初期干燥无裂纹，手工可打磨，48h无起泡、开裂及明显掉粉。

外墙柔性腻子：工厂预制，使用水泥、可再分散聚合物粉末、填料以及其他添加剂等搅拌而成的粉末状产品，使用时按生产商提供的配比加水搅拌均匀后使用。本产品均匀、无结块，刮涂无障碍；干燥时间30min，初期干燥抗裂性（6h）为1mm无裂纹，手工可打磨，耐水，耐碱。腻子膜直径100mm，无裂纹。

适用范围

腻子：适用于室内墙面及顶棚等非潮湿区域的找平及基层处理。

外墙柔性腻子：可用于涂抹在建筑物或建筑构件表面，能够防止外界的水进入而使腻子层变软、脱落。

技术指标

建筑室内用腻子（耐水型）的主要技术指标如下：

序号	检测项目		标准值	检测结果
1	VOC含量/（g/kg）		≤ 10	未检出
2	甲醛含量/（mg/kg）		≤ 50	未检出
3	苯系物总和含量/（mg/kg）[限苯、甲苯、二甲苯（含乙苯）]		≤ 100	未检出
4	初期干燥抗裂性（3h）		无裂纹	无裂纹
5	耐水性		48h无起泡、开裂及明显掉粉	48h无起泡、开裂及明显掉粉
6	粘结强度/MPa	标准状态	>0.50	0.53
		浸水后	>0..30	0.34

工程案例

武汉招商愉樾项目、招商地产西安城市主场项目、青岛越秀和悦府项目等。

生产企业

武乡县中象新材料有限公司成立于2019年，注册资本3000万元。公司响应国家《产业结构调整指导目录（2019年本）》《战略新兴产业目录》及《国家发展改革委“十二五”墙体材料革新指导意见》中关于绿色建筑及建筑节能发展的号召，积极开展节能环保新兴建材产品的生产及研发。公司成立伊始就被深深烙上了绿色的标签，对于环境的保护始终贯穿在每一个发展历程中。

公司成立之初就建立了专业的石膏砂浆产品研发和施工技术创新科研团队，并把向客户提供专业高效的产品解决方案，打造安全、舒适、美观和可持续的生活与工作环境奉为公司发

武乡县中象新材料有限公司
地址：山西省长治市武乡县丰州镇下城村电厂院内
电话：180355118602

展的宗旨。公司成立三年多来，先后加入中国建材工业经济研究会和产品质量专委会，成为理事单位，创立的“靓家俪”绿色环保专项品牌产品（包含轻质喷涂石膏、石膏自流平、批嵌石膏、瓷砖胶、腻子粉等产品）在2020、2021连续两个年度被评为绿色建材推荐产品。

目前武乡中象已拥有相当成熟的固废回收再利用生产线和施工设备，并取得了七项相关实用新型专利，也与山东、大连多地的OEM加工厂达成战略合作关系。目前我们的产品已遍布山西、陕西、湖南、湖北、河南、山东、江苏等省份。铸造美好生活，一切为客户的需求服务，武乡中象力争成为固废综合利用的行业龙头企业。

地址：山西省长治市武乡县丰州镇下城村电厂院内
电话：180355118602

武乡县中象新材料有限公司

证书编号：LB2022JT002

紫荆花超白耐水面层腻子、防潮防霉面层腻子、超易平底层粉刷石膏

产品简介

超白耐水面层腻子是由多种优质天然粉料及特种聚合物添加剂复合而成的高品质室内用墙体精找平材料，具有白度高、质感细腻、干缩强度低、粘结强度高、耐水强度保证基层不粉化的优点，其施工性能优异，易搅拌、批刮，相较于传统的普通型腻子粉拥有更好的潮湿环境适应能力。

防潮防霉面层腻子是由多种优质天然粉料及特种聚合物添加剂复合而成的高品质室内用墙体精找平材料，具有精白细腻、粘结附着力强、防潮防霉透气、良好抗裂性的优点，其施工性能优异，易搅拌、批刮、打磨，相较于传统的"刮大白墙"拥有更好的抗粉化能力。

超易平底层粉刷石膏是由多种优质天然粉料、骨料及特种聚合物添加剂复合而成的高品质室内用墙体粗找平材料，具有快硬高强粘结、耐久抗裂不收缩、一次成型易找平的优点，其施工性能优异，易搅拌、批刮，相较于传统的水泥类底层抹灰材料拥有更好的抗变形适配能力。

适用范围

超白耐水面层腻子适用于室内墙面、天花板；底材适用：粉刷石膏、石膏板表面、水泥砂浆、混凝土、轻质砌块。

防潮防霉面层腻子适用于室内墙面、天花板；底材适用：粉刷石膏、石膏板表面、水泥砂浆、混凝土、轻质砌块。

超易平底层粉刷石膏适用于室内新旧墙面、天花板；底材适用：石膏板表面、水泥砂浆、混凝土、轻质砌块。

技术指标

超白耐水面层腻子主要技术指标如下：

序号	检测项目	技术要求	检测结果
1	容器中状态	无结块，均匀	合格
2	施工性	刮涂无障碍	合格
3	干燥时间（表干）/h	≤ 2	合格
4	初期干燥抗裂性（3h）	无裂纹	合格
5	打磨性	48h 无起泡、开裂及明显掉粉	合格
6	粘结强度（标准状态）/MPa	＞ 0.56	合格
7	粘结强度（浸水后）/MPa	＞ 0.3	合格

防潮防霉面层腻子主要技术指标如下：

序号	检测项目	技术要求	检测结果
1	容器中状态	无结块，均匀	合格
2	施工性	刮涂无障碍	合格
3	干燥时间（表干）/h	≤ 2	合格
4	初期干燥抗裂性（3h）	无裂纹	合格
5	打磨性	手工可打磨	合格
6	粘结强度 /MPa	0.56	合格

紫荆花涂料（上海）有限公司
地址：上海市金山区华通路 1288 号
电话：021-37900777
官方网站：www.bauhiniahk.com.hk

超易平底层粉刷石膏主要技术指标如下：

序号	检测项目	技术要求	检测结果
1	抗折强度 /MPa	≥ 2.0	合格
2	抗压强度 /MPa	≥ 4.0	合格
3	拉伸粘结强度 /MPa	≥ 0.4	合格
4	保水率 /%	≥ 2.0	合格
5	初凝时间 /min	≥ 1	合格
6	终凝时间 /min	≤ 8	合格

工程案例

建滔广场、中山大学附属第七医院、奥林匹克体育中心、武警医院等。

生产企业

紫荆花漆成立于 1982 年，是香港上市公司叶氏化工集团有限公司（股票代号：408）三大核心业务之一，目前旗下的生产及行政基地包括上海、成都、深圳、惠阳、汕头、东莞及桐乡 7 个地点。紫荆花漆具有多个产品系列，包括家装民用漆（内外墙乳胶漆、水性木器漆及油性木器漆）、工业漆（包括家具漆、塑料漆、重工业漆等）及工程漆。紫荆花漆多年来以“专心在漆、用心在人”的企业精神，不断为中国市场研发及生产环保及性能优异的涂料产品。公司已通过 ISO 9001、ISO 14000、CNAS、UL 等认证，产品皆获得 CCC、FDA 认证，为客户直接提供国际认可的权威性认证报告。同时，紫荆花漆以先进的生产技术和科学的管理模式，在中国迅速发展。

1991 年，紫荆花漆与瑞典 Klintens AB 技术合作，引进北欧聚酯家具漆的生产技术，令中国家具业闪耀国际舞台。随着时尚家装的流行，紫荆花漆又将聚酯家具漆更新换代，转化成家装型 PU 套装，并逐步融入欧式涂装、美式涂装的工艺，将水性木器漆、特种漆、功能漆等产品引入家装行业。多年来，紫荆花漆一直被香港房屋署列为该机构认可的建筑物料，广泛应用于社会各类大型场所。秉持多年累积的经验，2004 年紫荆花漆以漆艺坊为名成立产品终端形象展示中心，推广一个全新的服务营销模式。漆艺坊为中国涂料行业加入了流行、时尚的装修元素，推动了家庭装修个性化、艺术化、差异化的潮流，在中国大放异彩。

展望未来，紫荆花漆将继续发扬“专心在漆、用心在人”的企业精神，贯彻重誉、守诺的经营宗旨，并紧贴涂料市场动态，不断开发环保、色彩丰富的新产品，致力于为中国家庭带来一个美好、舒适的家。

紫荆花涂料（上海）有限公司

地址：上海市金山区华通路 1288 号
电话：021-37900777
官方网站：www.bauhiniahk.com.hk

证书编号：LB2022QB001

蝶绣无缝墙布

产品简介

蝶绣无缝墙布是纤维织物，经特殊工艺处理具有良好的透气性和极佳的抗霉性能，防水防污防霉防油，不易霉变和腐烂；环保无味，不会在装修中出现墙面漆所产生的甲醛、苯类等挥发性气体，施工当天即可入住；容易打理，无缝墙布经过特殊工艺进行了防油防污防水处理，可用湿毛巾擦洗，从而使墙面保持亮丽整洁。

适用范围

本产品可广泛应用于宾馆、饭店、写字楼、各类娱乐场所，还可应用于住宅、别墅、公寓等。

技术指标

无缝墙布技术指标如下：

序号	技术参数项目	标准要求
1	钡	≤ 1000
2	镉	≤ 25
3	铬	≤ 60
4	铅	≤ 90
5	砷	≤ 8
6	汞	≤ 20
7	硒	≤ 165
8	锑	≤ 20
9	氯乙烯单体	≤ 1.0
10	甲醛	≤ 120

杭州泰昊纺织科技有限公司
地址：浙江省杭州市萧山区瓜沥镇
电话：0571-82552725
传真：0571-82552705
官方网站：http://www.diexiu0571.com

工程案例

中国电建集团华东勘测设计研究院有限公司。

生产企业

杭州泰昊纺织科技有限公司是一家致力于研发、销售无缝刺绣墙布的专业纺织企业。公司从 1997 年开始进入纺织行业，经过 20 多年的经营，目前拥有一支专业的研发团队，具备多种新型提花机设备，研发各式卡通、欧花、大欧花、中式等多种时尚花型。公司严格规范产品质量，独创多种蝶绣精品刺绣产品，以奢华高雅的品位，深受消费者的青睐。在日益激烈的市场竞争中，能充分保持企业竞争力，并且公司秉承“专业、诚信、创新、质量”的经营理念，努力打造“蝶绣”刺绣墙布国际品牌。

蝶绣墙布还将不断承袭、学习国内外时尚创新的设计风格与理念，并结合市场终端客户的流行需求，为市场创造出可持续发展、性价比高的墙布产品。

杭州泰昊纺织科技有限公司

地址：浙江省杭州市萧山区瓜沥镇
电话：0571-82552725
传真：0571-82552705
官方网站：http://www.diexiu0571.com

证书编号：HB2022QB001

雅逸居无缝墙布

产品简介

雅逸居无缝墙布致力于成为中国高端功能墙布行业代言人，追求时尚与典雅的设计理念，奉行绿色与健康的家居生活方式，以隽永的设计表达室内视觉环境。公司在墙布使用功能研发领域颇有建树，活性竹炭功能墙布、硅藻泥功能墙布相继取得国家发明专利并成功上市。

适用范围

产品广泛适用于各种墙面装饰。

技术指标

无缝墙布有害物质限量指标如下：

序号	技术参数项目	标准要求
1	钡	≤ 1000
2	镉	≤ 25
3	铬	≤ 60
4	铅	≤ 90
5	砷	≤ 8
6	汞	≤ 20
7	硒	≤ 165
8	锑	≤ 20
9	氯乙烯单体	≤ 1.0
10	甲醛	≤ 120

绍兴鑫裕纺织品有限公司

地址：浙江省绍兴市越城区灵芝街道大庆寺村绍兴公路西侧 5 幢 3 楼
电话：0575-88009962
传真：0575-88009961
官方网站：http://www.yayiju.cn

工程案例

广州华海大厦、格力空调“中国制造业高峰论坛”会场、绍兴蓝天玫瑰园别墅群等。

生产企业

绍兴鑫裕纺织品有限公司是一家集设计、生产和销售于一体的综合性知名企业。公司以雅逸居品牌为核心，拥有自主研发多系列产品的能力和先进的无缝墙布生产流水线，设计开发了近百套版本、上千种花色，产品通过了国内外相关检测机构检测。

公司专注墙面装饰艺术及使用功能的研究和发展，是较早进入无缝墙布行业的企业，被中国家装建材协会确定为“中国无缝墙布专委会副主席”单位，参与制定中国无缝墙布行业国家质量标准。公司在墙布使用功能研发领域颇有建树，“雅逸居活性竹炭功能墙布”“雅逸居硅藻泥功能墙布”“雅逸居薰衣草功能墙布”相继取得国家技术专利并成功上市。

目前，公司已成为中国无缝墙布行业的佼佼者，同时在无缝墙布功能领域堪称龙头。雅逸居坚持“诚信、务实、创新、协作、共赢”的价值观，凭借对无缝墙布行业的深刻理解和对产品研发的丰富经验，不断植入先进的产品及销售理念，竭诚为广大用户提供更优质的产品和服务。

绍兴鑫裕纺织品有限公司
地址：浙江省绍兴市越城区灵芝街道大庆寺村绍兴公路西侧 5 幢 3 楼
电话：0575-88009962
传真：0575-88009961
官方网站：http://www.yayiju.cn

证书编号：LB2022MZ001

春天钢质防盗安全门、钢质隔热防火门、木质隔热防火门

产品简介

钢质防盗安全门：本公司防盗安全门门扇厚度为85mm，采用宝山钢铁的优质板材，锁具使用保德安的9-3防盗锁具，铰链使用自己公司发明的带勾边明铰链，油漆使用环保的水性漆，产品美观简洁，深受广大客户的好评，可生产甲级、乙级、丙级、丁级各种系列的防盗安全门。

钢质隔热防火门：本公司生产的钢制隔热防火门采用日照宝华的优质钢板，采用忠恒912的防火锁，使用博士龙的防火膨胀密封件，防火隔热性能优异，可以生产甲、乙、丙三种等级的防火门。

木质隔热防火门：具备甲、乙、丙级防火功能；制作木质隔热防火门的木材都进行了干燥及阻燃处理，防火门芯采用无机防火材料，所有五金配件（防火门锁、防火合页、防火插销）均达到防火性能要求。表面材料可根据客户定制生产，外观多变。

适用范围

钢质防盗安全门：本公司防盗安全门主要应用于家用门和商业用门。

钢质隔热防火门：楼梯口、通道、消防分区等部位，设备房，有防火要求的商品房。

木质隔热防火门:能适用于高层建筑、宾馆、博物馆、住宅、仓库、车站、高档小区、公共场所、公共设施等场所（如避难间、通道、管道井等）及工业民用建筑。

技术指标

钢质防盗安全门：本公司防盗安全门可以根据客户实际情况定制尺寸，门框、门扇构件表面平整光洁，无明显凹痕和机械损伤；铭牌标志端正、牢固、清晰。门扇内钢构件表面均进行防锈处理，涂层均匀。门框与门扇间隙小于2mm，锁点数量达到18个。

钢质隔热防火门：防火铰链（合页）处设3.0mm热轧钢板加固；门芯材料采用填压填充工艺；氧化镁门芯板主要成分为氧化镁、氯化镁、玻璃纤维。

木质隔热防火门：本公司的木质隔热防火门是用难燃密度板与难燃木材制品作门框、门扇骨架、门扇面板，门扇内填

春天集团有限公司
地址：浙江省金华市永康市花街工业生产基地
电话：15088240709
传真：0579-89277842
官方网站：www.chinachuntian.com

充对人体无毒无害的防火隔热材料，并配以防火五金配件所加工而成的具有一定耐火性能的门。表面材料可选择各种高档PVC膜或各种高档优质木皮做面材，优质环保密度板为结构平衡层，可加工高档环保聚脂漆饰面。

工程案例

钢质防盗安全门：

1. 福晟谦祥 • 钱隆城项目 F 地块入户门采购及安装工程
2. 中海地产 - 中海上东区全期钢制入户门
3. 中海地产 - 蔡甸莲花湖项目全期钢制入户门

钢质隔热防火门

1. 中海地产 - 海华花园全期 1-18# 楼户门项目
2. 金融街 • 海世界三期项目入户门及装饰防火门供应及安装工程
3. 中海地产 - 中海 • 河山郡项目入户门

木质隔热防火门

1. 祥生地产 - 中央尚品户内油漆门、避难间防火门工程
2. 金融街 - 金悦府项目二期室内精装修工程及公区装饰工程

生产企业

春天集团有限公司创立于 2002 年，主要生产防盗门、防火门、木门、装甲门、铜门、铸铝门、地板等产品，是一家集研发、生产、销售、服务于一体的家居建材专业企业。公司在浙江永康、武义有两大生产基地，生产车间面积约 30 万平方米，拥有多条生产线，连续多年蝉联永康市纳税百强企业，是浙江省 AAA 级“守合同重信用”企业。

公司坚持以科技促发展，注重核心技术开发，目前已拥有国家专利 100 多项，是国家“高新技术企业”。公司积极参与国家、行业、团体标准制定，产品通过了质量管理体系认证、环境管理体系认证、中国环境标志产品认证、中国公共安全产品认证。品牌荣获“浙江制造品字标认证”等荣誉，是省级商标示范单位。

公司引进尖端的科技人才，优化生产流程和品质精细化管理。先后荣获“浙江省商标品牌示范企业”“省级林业重点龙头企业”“制造业百强”“匠型企业”等多项荣誉。经过多年发展，“春天”凭借科学的设计、过硬的品质、完善的服务，赢得了广大客户的信赖。春天人始终秉承“团结、务实、优质、创新”的企业精神，努力把我们的产品做得更好，为您的家庭缔造一个安全美好的生活空间。

春天集团有限公司

地址：浙江省金华市永康市花街工业生产基地
电话：15088240709
传真：0579-89277842
官方网站：www.chinachuntian.com

证书编号：LB2022MZ002

金大钢质隔热防火门、钢质防盗安全门、铝木质防盗安全门

产品简介

我司生产的钢质隔热防火门，门框、门扇基本采用冷轧 / 镀锌 / 锌铁合金等制作成型，主要工艺有喷塑门、转印门、PVC 覆膜门；根据具体门扇结构，主要有 5 公分、7 公分门型；门扇填充无机防火门芯板，区别于常规菱镁系防火门芯，不会反卤，也不会产生臭海鲜味等异味；防火门配套使用防火锁、防火膨胀密封件等防火配件；门扇采用无焊接工艺、门框带燕尾槽增加防盗性能，并采用双层密封设计，较市场常规钢质防火门有更好的保温及隔声性能。

我司生产的钢质防盗安全门，在钢板厚度满足国家标准外，门框、门扇基本采用冷轧 / 镀锌 / 锌铁合金等制作成型，主要工艺有喷塑门、转印门、PVC 覆膜门、精品零售门；根据具体门扇结构，又分为 5 公分、7 公分、9 公分、10 公分门型；门扇采用无焊接工艺、门框带燕尾槽增加防盗性能，并采用双层密封设计，较市场常规钢质门有更好的保温及隔声性能。

我司生产的铝木质防盗安全门，门框标配选用 2.0mm 厚镀锌钢板，门扇采用 1.0mm 厚锌铁合金钢板组合成盒状门芯，同时结合 3.0mm 铝合金型材卡边，将前后面板装配而成；外门面板主要为铸铝板、模压铝板、精雕铝板，内门面板主要为木饰面板，也可灵活选用其他材质；采用欧式装甲门的安防系统，配合高性能五金配件，全系产品标配防盗性能满足甲级；采用四维四度航空气密系统，在满足防火性能基础上，能达到更好的气密、保温性能。

适用范围

产品使用范围广，主要用于建筑高层、公寓等类型住宅。

技术指标

钢质隔热防火门部分技术指标如下（以甲级防火为例）：

检测项目	标准要求	检查结果
尺寸偏差	±2mm	0mm
门扇与门框搭接宽度	≥ 12mm	28mm
门框与门扇的平面高低差	≤ 1mm	0mm
耐火性能	大于 1.50h	合格

浙江金大门业有限公司

地址：浙江省金华市永康市经济开发区名园北大道 8 号
电话：0579-87229999
传真：0579-87229986
官方网站：https://www.jdmy.com/

钢质防盗安全门部分技术指标如下（以甲级防盗为例）：

检测项目	标准要求	检查结果
门框与铰链边贴合面间隙	≤ 1.5mm	0.5mm
门扇与门框搭接宽度	≥ 10mm	21.1 ～ 45.1mm
门扇平面度	≤ 3.0mm/m^2	0.7mm/m^2
甲级防盗锁闭点	不少于 12 个	20 个

铝木质防盗安全门部分技术指标如下（以甲级防盗双门为例）：

检测项目	标准要求	检查结果
门框与铰链边贴合面间隙	≤ 2.0mm	0.5mm
门扇与门框搭接宽度	≥ 8mm	19.5 ～ 27.5mm
甲级防盗锁闭点	不少于 10 个	12 个
主锁舌伸出有效长度	不少于 16mm	27.8mm

工程案例

产品名称	工程名称	竣工时间	应用部位	应用量
钢质隔热　防火门	石家庄万科正定文化村项目二期	2022.05.24	入户门	716 樘
	奥园鼎新•钻石海项目	2022.06.07	入户门	937 樘
	西咸阳光城壹号沣太花园三期	2022.06.29	入户门	1864 樘
钢质防盗　安全门	成都奥园棠玥府项目	2022.05.30	入户门	690 樘
	许昌文澜公园项目	2022.06.15	入户门	745 樘
	亳州建投东方名府源著项目	2022.08.17	入户门	1441 樘
铝木质防盗　安全门	万科成都天府锦绣项目	2021.12.19	入户门	372 樘
	太原万科中央公园	2022.2.15	入户门	447 樘
	济南万科大都会	2022.06.08	入户门	156 樘

生产企业

浙江金大门业有限公司 2002 年创建于浙江省永康市经济开发区，是一家集设计、研发、制造、销售于一体的门业专业生产企业。公司注册资本 7300 万元，占地面积 9.3 万平方米，员工 500 多名，具备年产 100 万樘门系列产品的生产能力。公司自成立以来快速发展，现已成为门业行业骨干企业和品牌标杆企业。

公司及产品先后荣获“国家高新技术企业”“浙江省绿色企业”“浙江省工业循环经济示范企业”“浙江省‘十一五’污染减排工作先进单位”“浙江省 AAA 级‘守合同重信用’企业”“浙江省防火门行业诚信企业”“浙江省科技型中小企业”“浙江省知名商号”“中国名特优商品”等荣誉，并通过了 ISO 9001 质量管理体系、ISO 14001 环境管理体系和 ISO 45001 职业健康安全管理体系认证。

公司主要产品为防盗安全门、防火门、钢木门、原木门、铸铝门等，是万科、融创、保利、金茂、阳光城等大型地产商战略集采合作伙伴，在业界具有自主研发、品质优良、高效生产、满足顾客个性化定制的竞争优势。公司凭借强大的设计、开发与制造能力为国内外客户提供高品质的产品与服务，在国内市场着力将“金大”打造成为中高档门业知名品牌。

浙江金大门业有限公司

地址：浙江省金华市永康市经济开发区名园北大道 8 号
电话：0579-87229999
传真：0579-87229986
官方网站：https://www.jdmy.com/

胶黏剂 建筑涂料 壁纸和壁布 人造板、木质地板及木质家具、木质门 地坪材料 密封胶

证书编号：LB2022DP001

同欣体育预制型健身步道材料

产品简介

同欣品牌预制型健身步道是一种适用于全民健身的环保型橡胶卷材，是人们健走、跑步等日常运动的良好选择。该产品完全由天然环保的原材料制成，不含 VOC，不会给运动的人们带来任何健康的隐患；同时高发泡的底层配方能带给人们专业运动级别的保护，避免因为长时间运动而带来运动伤害。

适用范围

产品适用于健身步道，公园 / 小区路径。

技术指标

预制型健身步道物理机械技术指标如下：

检验项目及指标要求		同欣数值
冲击吸收 /%　35 ～ 50		36
垂直变形 /mm　0.6 ～ 3.0		1.9
抗滑值 /（BPN，20 ℃）　≥ 47（湿测）		51
拉伸强度 /MPa　≥ 0.5		0.94
拉断伸长率 /%　≥ 40		286
阻燃性能 /（级）Ⅰ　（燃斑直径≤ 50mm）		Ⅰ
耐人工气候老化性能（500h）	拉伸强度 /MPa ≥ 0.5	0.8
	拉断伸长率 /%　≥ 40	237

有害物质限量技术指标如下：

序号	检验项目	同欣数值
1	3 种邻苯二甲酸酯类化合物（DBP、BBP、DEHP）总和 /（g/kg）	未检出
2	3 种邻苯二甲酸酯类化合物（DNOP、DINP、DIDP）总和 /（g/kg）	未检出
3	短链氯化石蜡（C10 ～ C13）/（g/kg）	未检出
4	游离甲苯二异氰酸酯（TDI）和游离六亚甲基二异氰酸酯（HDI）总和 /（g/kg）	未检出
5	总挥发性有机化合物（TVOC）/［mg/（m^2•h）］≤ 5.0	1.17
6	苯 /（g/kg）≤ 0.1	未检出
7	甲苯、二甲苯和乙苯总和 /（g/kg）　≤ 1.0	≤ 0.01
8	可溶性铅 /（mg/kg）	未检出
9	可溶性镉 /（mg/kg）	未检出
10	可溶性铬 /（mg/kg）	未检出
11	可溶性汞 /（mg/kg）	未检出

工程案例

通州体育局健身步道采购项目、德惠市国翠园小区健身步道项目、北京市通州区绿心森林公园健身步道项目、狼山景区 5A 创建植物园周边步道地面提升项目、安徽省合肥市国防科技大学步道改造项目、宝安区尖岗山体育公园健身步道项目、盐城市聚龙湖公园健身步道项目。

生产企业

广州同欣体育股份有限公司始创于 1999 年，是预制型橡胶跑道、球场、步道的专业供应商。同欣的预制型运动面层系列产品获得了中国田协产品审定认证、中国环境标志产品认证、国际田联 IAAF 产品认证等十多项行业权威专业认证。

同欣不忘初心，二十多年来一直把“一切为了下一代”这个理念铭刻于心，付诸于行，把环保、健康的理念贯彻到产品的研发和推广之中。同欣成为了新国标《中小学合成材料面层运动场地》(GB 36246—2018)及多个地方标准的主要起草者，也是教育部中小学绿色运动场地研究院的执行院长单位，成功地将预制型跑道普及到祖国各地的大中小学，让更需要好跑道、环保跑道的青少年和孩子们能健康快乐地在绿色环保的运动场上奔跑、跳跃、欢笑、成长。

广州同欣体育股份有限公司

地址：广州市番禺区钟村街谢村狮岗脚
电话：020-66831226
官方网站：http://www.tx1993.com/

胶黏剂 建筑涂料 壁纸和壁布 人造板、木质地板及木质家具、木质门 地坪材料 密封胶

证书编号：LB2022DP002

奥翔聚氨酯跑道材料、硅 PU 面层材料、EPDM 橡胶颗粒

产品简介

奥翔聚氨酯跑道呈平整密实结构，主要成分是双组分聚氨酯材料，弹性层由双组分聚氨酯混合料一体成型，面层由 EPDM 彩色颗粒与单组分聚氨酯喷面胶混合喷涂而成。理化性能全面符合国标 GB 36246—2018 的指标要求。

奥翔硅 PU 材料，以改性单组分聚氨酯材料与有机硅为主材，分多层（底涂、弹性层、加强层、面层）喷涂施工而成，达到弹性和强度的完美结合，属于专业弹性合成球场地面系统，能满足多种球类赛事需求。理化性能全面符合国标 GB 36246—2018 的指标要求。

EPDM 橡胶颗粒采用独特配方，工艺先进，耐候稳定，颜色持久，弹性适中，多种含胶量、颜色、粒径可选。产品具有超强的抗拉伸、抗撕裂强度和耐摩擦性能；优越的防老化和良好的低温柔韧特性；高聚物含量可高，密度小、用量少，性价比高，理化性能全面符合国标 GB 36246—2018 的指标要求。

适用范围

产品适用于学校及各类训练、比赛、健身等运动场地。

技术指标

聚氨酯跑道材料、硅 PU 面层材料技术指标要求如下：

检验项目	技术要求
（田径场地）冲击吸收 /%	35 ～ 50
（其他活动场地）冲击吸收 /%	25 ～ 50
垂直变形 /mm	0.6 ～ 3.0
（田径场地）抗滑值（BPN，20℃）≥	47（湿测）
（球类场地及其他活动场地）抗滑值（BPN，20℃）≥	80 ～ 110（干测）
（渗水型面层）拉伸强度 /MPa ≥	0.4
（非渗水型面层）拉伸强度 /MPa ≥	0.5
拉断伸长率 /% ≥	40
阻燃性 / 级	I
（渗水型）耐人工气候老化性能（500h）拉伸强度 /MPa ≥	0.4
（非渗水型）耐人工气候老化性能（500h）拉伸强度 /MPa ≥	0.5
耐人工气候老化性能（500h）拉断伸长率 /% ≥	40

福建奥翔体育塑胶科技股份有限公司
地址：福建省三明市尤溪县经济开发区城西园三期 9 号地
电话：0598-5079999
传真：0598-5078899
官方网站：www.axkeji.cn

EPDM 橡胶颗粒性能指标如下：

检验项目		限量值
固体原料	多环芳烃（18 种总和）/（mg/kg）	≤ 50
	苯并［a］芘 /（mg/kg）	≤ 1.0
	可溶性铅 /（mg/kg）	≤ 50
	可溶性镉 /（mg/kg）	≤ 10
	可溶性铬 /（mg/kg）	≤ 10
	可溶性汞 /（mg/kg）	≤ 2
	气味等级	≤ 3

工程案例

国家奥林匹克体育中心、福建省奥林匹克体育中心、福建省周宁县体育中心、福建省光泽县体育中心、上海市宝山体育中心、福建省浦城县体育中心、浙江省浦江县体育中心、浙江省慈溪市体育中心、江西省定南县体育中心、江西省大余体育中心、山东省五莲县体育中心、西藏阿里日土体育中心、北京体育大学、天津大学、江西财经大学、江西旅游商贸学院、西安工程大学、西安体育学院、西安建筑科技工程大学等工程。

生产企业

福建奥翔体育塑胶科技股份有限公司位于福建省尤溪经济开发区，为国家高新技术企业、科技型企业、成长型企业、福建省重点企业和知识产权优势企业。公司占地面积 170 亩，注册资金 6600 万元，是一家集研发、生产、销售、施工于一体的大型运动场地铺装材料生产企业。奥翔科技持续推广绿色环保理念，为客户提供全程一站式服务，主要生产聚氨酯塑胶跑道、预制型橡胶跑道、硅 PU 球场、人造草坪、多功能健身及骑行步道等系列产品，并拥有多支专业的体育场地施工队伍。

公司建有省级“体育场地铺装材料研发中心”，配备了国际先进的科研实验设备，与国内多所高校开展校企合作，设立大学生实验实习基地及博士工作站。奥翔产品研发团队由 30 多名专业技术人员组成，数项科研成果已获得了国家发明专利和实用新型专利，研发能力的提高增强了企业的核心竞争力，为企业的科技进步和可持续性发展提供了坚实的后盾。

经瑞士“SGS”实验室、中国田径协会田径场地人工合成面层检测实验室、国家体育用品质量监督检验中心、上海建科院等多家第三方权威机构检测，奥翔产品均达到国家标准及各省、市地方（团体）标准要求。奥翔公司所有产品全面通过国标 GB 36246—2018 检测合格。

公司产品已经获得了国际田联（IAAF）认证、欧盟 CE 和 ROHS 认证、中国田径协会优秀审定产品认证、中国环境标志十环 I 型认证，以及 CQC 和 CEC 等数项权威认证，铺设的多个塑胶运动场地通过了中国田径协会验收。“奥翔”品牌已被列入政府绿色采购名单、优势品牌库产品名单和工业产品推荐使用目录。

福建奥翔体育塑胶科技股份有限公司将始终奉行“技术创新、环保第一，质量为本、客户至上”的宗旨，以营造健康优质的塑胶运动场地为己任，成就您飞的梦想！

福建奥翔体育塑胶科技股份有限公司
地址：福建省三明市尤溪县经济开发区城西园三期 9 号地
电话：0598-5079999
传真：0598-5078899
官方网站：www.axkeji.cn

证书编号：LB2022DP003

乐冠、康普斯渗水型面层材料（透气型）、人造草坪、EPDM 颗粒

产品简介

渗水型面层材料（透气型）、人造草坪、EPDM 颗粒等产品铺装后，可全天候使用，耐磨损、易维护，塑胶场地有较强的耐磨性，可满足长时间、高使用频率的需要；有较好的耐压缩性，不会因重压而无法恢复弹性；有较强的耐冲击性，具有强韧的弹性层及缓冲层，可吸收强劲的冲击；表面平坦、粘接性好，可压制水分上升，无起泡、剥离等现象。

适用范围

产品应用于幼儿园等各级各类学校及专业体育场、田径场跑道、半圆区、辅助区，全民健身路径，室内体育馆训练跑道，游乐场道路铺面，室内外跑道，网球、篮球、排球、羽毛球、手球等场地，公园、居民小区等活动场地。

技术指标

跑道材料、硅 PU 球场材料性能指标要求（GB 36246—2018）

序号	检验项目	标准要求
1	3 种邻苯二甲酸酯类化合物（DBP、BBP、DEHP）总和 /（g/kg）	≤ 0.5
2	3 种邻苯二甲酸酯类化合物（DNOP、DINP、DIDP）总和 /（g/kg）	≤ 0.5
3	短链氯化石蜡（C10~C13）/（g/kg）	≤ 1.0
4	游离甲苯二异氰酸酯（TDI）和游离六亚甲基二异氰酸酯（HDI）总和 /（g/kg）	≤ 5
5	挥发性有机化合物 /（g/L）	≤ 20
6	游离甲醛 /（g/kg）	≤ 0.3
7	苯 /（g/kg）	≤ 0.03
8	甲苯、二甲苯和乙苯总和 /（g/kg）	≤ 0.5
9	可溶性铅 /（mg/kg）	≤ 30
10	可溶性镉 /（mg/kg）	≤ 5
11	可溶性铬 /（mg/kg）	≤ 5
12	可溶性汞 /（mg/kg）	≤ 1

EPDM 颗粒材料环保性能指标要求（GB 36246—2018）

序号	检验项目	标准要求
1	18 种多环芳烃总和 /（mg/kg）	≤ 10
2	苯并［a］芘 /（mg/kg）	≤ 0.5
3	可溶性铅 /（mg/kg）	≤ 30
4	可溶性镉 /（mg/kg）	≤ 5
5	可溶性铬 /（mg/kg）	≤ 5
6	可溶性汞 /（mg/kg）	≤ 1
7	气味等级 / 级	≤ 3
8	高聚物总量 /（%）	≥ 20

湖南优冠体育材料有限公司

地址：湖南省长沙市万家丽北路龙塘小区 C2 栋　优冠实业集团
电话：13787159381

人造草面层成品有害物质限量参数要求（GB 36246—2018）

序号	检验项目		标准要求
1	有害物质含量	3 种邻苯二甲酸酯类化合物（DBP、BBP、DEHP）总和 /（g/kg）	≤ 0.5
2		3 种邻苯二甲酸酯类化合物（DNOP、DINP、DIDP）总和 /（g/kg）	≤ 0.5
3		18 种多环芳烃总和 /（mg/kg）	≤ 30
4		苯并 [a] 芘 /（mg/kg）	≤ 0.5
5		可溶性铅 /（mg/kg）	≤ 30
6		可溶性镉 /（mg/kg）	≤ 5
7		可溶性铬 /（mg/kg）	≤ 5
8		可溶性汞 /（mg/kg）	≤ 1
9	有害物质释放量	总挥发性有机化合物（TVOC）/［mg/（m^2• h）］	≤ 4
10		苯 /［mg/（m^2•h）］	≤ 0.1
11		甲苯、二甲苯、乙苯总和 /［mg/（m^2• h）］	≤ 0.5
12		甲醛 /［mg/（m^2• h）］	≤ 0.4

生产企业

湖南优冠体育材料有限公司是优冠实业集团旗下拟上市主体公司，是校园体育场地系统、全民健身设施系统、体育场馆配套建设、工程建筑涂料与地坪系统的一站式材料供应和技术服务商，是集塑胶跑道、人造草坪、塑胶球场、悬浮拼装地板、预制型跑道、环氧地坪漆、建筑内外墙涂料、围网灯光、健身器材、幼教游乐设施等产品研发、生产、销售、铺装于一体的国家高新技术企业。作为国家体育产业示范单位、商务部定点援外综合型研造企业，公司资质齐全，具备世界田径 WA 认证、国际网联 ITF 认证、中国环境标志产品认证等百余项国内、国际权威认证。

产品环保性能符合国家标准《中小学合成材料面层运动场地》（GB 36246—2018）及国际标准。公司发明专利改性 TPU 运动场材料能与娃娃鱼共生，并被列入《湖南省两型产品政府采购目录（第七批）》；还有人造草、预制型橡胶跑道及水性硅 PU 材料入选《湖南省首购产品目录（第三批）》；同时，优冠研发并推出足球场人造草与天然草混植技术和能释放负氧离子的森林氧吧跑道，获得众多用户的一致好评。优冠的足迹已遍布世界各地，迈入全球化发展新纪元，产品远销俄罗斯、沙特、智利、德国、法国、西班牙、新加坡、澳大利亚等国家，国内外设有 180 多个服务中心与销售网点。

优冠体（教）育设施研造基地总规划用地 350 亩，2017 年一期 100 余亩生产基地正式达产，2020 年二期 80 余亩生产基地投产。公司 2019 年已完成股份制改造并与会所、律所、券商签订了上市辅导协议，进入主板上市辅导期。

优冠一直秉持“产品即人品”的品牌经营理念，以优质的产品和服务回馈社会，不断探索产品创新、产业革新，致力于打造体育产业的民族品牌。

地址：湖南省长沙市万家丽北路龙塘小区 C2 栋　优冠实业集团
电话：137871593811

证书编号：LB2022DP004

爱上体育非渗水型面层材料（混合型）、渗水型面层材料（透气型）、无缝卷材（ASPU）跑道面层材料

产品简介

混合型塑胶跑道面层 / 非渗水型产品特点：喷面胶 1∶1 配方，对颗粒的包裹性强，不易掉粒，含胶量高，与底层粘接牢固；喷面胶使用进口颜料，不易褪色，具有优异的耐磨性，延长场地使用寿命；施工便捷，流平性能好，底层可一次施工成型，不易起泡，对天气适应能力强，弹性底胶运动性能优异；无溶剂材料，净味环保健康产品，完全符合国标要求，施工过程完全净味。

透气型跑道面层 / 渗水型产品特点：喷面胶独特 1∶1 配方设计，含胶量高，强度优异，不易掉粒；喷面胶使用进口颜料，耐候性能好、颜色持久；渗水性能好，可全天候施工；单组分胶水含胶量高，对颗粒包裹性强，使颗粒间粘接更紧密；100% 无溶剂材料，净味环保健康产品，完全符合国标要求。

无缝卷材（ASPU）跑道面层 / 非渗水型产品特点：生产设备、生产工艺先进（3D 打印一次成型），拥有自主知识产权，现场检测完全符合国标要求。卷材采用环保原料，不含增塑剂、MOCA、物理发泡剂，低 TVOC，不含重金属，有害物质限量符合国家标准 GB 36246—2018。卷材拉伸强度表现优秀，不含任何粉体，抗老化性能俱佳。系统整体无接缝、底软面硬、高回弹，冲击吸收 35% ～ 42%（国际 20% ～ 50%），垂直变形 1.6 ～ 2.2mm（国际 0.6 ～ 3mm），完美解决传统现浇型、预制型运动场地触感生硬、减震不足的弊病。产品质量稳定，厚度、平整度可控，极大减少施工和人的影响因素。施工期可控，减少了温度、湿度等气象因素的影响。对运动员的保护能力出色。

适用范围

产品适用于幼儿园、中小学、高校、公园及体育场馆等。

技术指标

现浇型面层物理机械性能要求如下：

项目			要求
冲击吸收 /%	田径场地		35 ～ 50
	球类场地		20 ～ 50
垂直变形 /mm			0.6 ～ 3.0
抗滑值 /（BPN，20℃）	田径场地		≥ 47（湿测）
	球类场地		80 ～ 110（干测）
拉伸强度 /MPa	非渗水型面层		≥ 0.5
	渗水型面层		≥ 0.4
拉断伸长率 /%			≥ 40
阻燃性能 / 级			I
合成材料面层耐人工气候老化性能（500h 老化后）	拉伸强度	MPa 非渗水型面层	≥ 0.5
		MPa 渗水型面层	≥ 0.4
	拉断伸长率 /%		≥ 40
无机填料含量 /%			≤ 65

广东爱上体育产业股份有限公司
地址：广州市从化区太平镇飞鹅村南向经济社道 125 号内之一
电话：020-38910019
官方网站：www.likesports.com.cn

现浇型面层成品中有害物质限量及气味要求如下：

项目		要求
有害物质含量	3 种邻苯二甲酸酯类化合物（DBP、BBP、DEHP）总和 /（g/kg）	≤ 1.0
	3 种邻苯二甲酸酯类化合物（DNOP、DINP、DIDP）总和 /（g/kg）	≤ 1.0
	18 种多环芳烃总和 /（mg/kg）	≤ 50
	苯并［a］芘 /（mg/kg）	≤ 1.0
	短链氯化石蜡（C10 ～ C13）/（g/kg）	≤ 1.5
	4，4’- 二氨基 -3，3’- 二氯二苯甲烷（MOCA）/（g/kg）	≤ 1.0
	游离甲苯二异氰酸酯（TDI）和游离六亚甲基二异氰酸酯（HDI）总和 /（g/kg）	≤ 0.2
	游离二苯基甲烷二异氰酸酯（MDI）/（g/kg）	≤ 1.0
	可溶性铅 /（mg/kg）	≤ 50
	可溶性镉 /（mg/kg）	≤ 10
	可溶性铬 /（mg/kg）	≤ 10
	可溶性汞 /（mg/kg）	≤ 2
有害物质释放量	总挥发性有机化合物（TVOC）/［mg/（m^2• h）］	≤ 5.0
	甲醛 /［mg/（m^2• h）］	≤ 0.4
	苯 /［mg/（m^2• h）］	≤ 0.1
	甲苯、二甲苯和乙苯总和 /［mg/（m^2• h）］	≤ 1.0
	二硫化碳 /［mg/（m^2• h）］	≤ 7.0
	气味等级 / 级	≤ 3

工程案例

北京市昌平区黑山寨学校
北京市昌平区马池口中学
北京市昌平区南口铁道北小学
四川省眉山市东坡区伏龙中心小学
广东省广州市海珠区外国语实验中学
湖南省岳阳市民族学院
湖南省长沙市望城区望城一中
福建省宁德市东侨中学
贵州省贵阳护理职业学院
云南省衡水实验中学（镇雄校区）
河南省濮阳市南乐县寺庄乡寺庄中学
浙江省温州市永嘉县职教中心

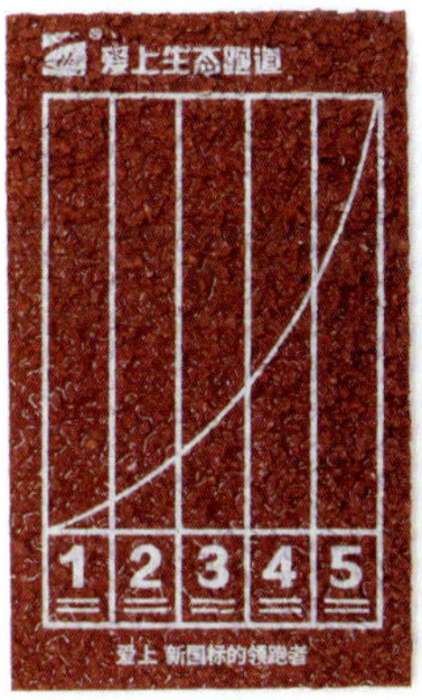

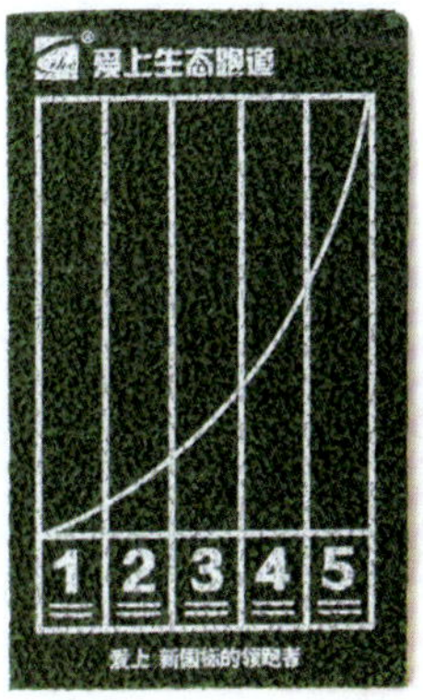

生产企业

广东爱上体育产业股份有限公司是一家集自主研发、生产及销售、工程设计、铺装维护于一体的国家高新技术企业。2008 年成立至今，该公司已取得 16 项国家专利，为全世界 46 个国家提供了超过 3000 万平方米的塑胶跑道、环保纳米硅 PU 产品、无缝卷材及体育地面材料，已成为国内外众多体育场馆建设的优选产品。

秉持“专心、专注、专创第一”的工匠精神，爱上产品执行 MSDS 化学品安全技术标准，获得 ISO 9001、ISO 14001、ISO 45001、中国环境标志产品认证、CQC 中国环保产品认证、国际田联产品认证等多项认证；获得环保部门颁发的排污许可证，被政府及税务机关评定为守合同重信用企业、A 级纳税企业。

作为一家有社会责任感的企业，爱上体育在产品上做到从原材料、生产、贮存再到场地使用，每一个环节均以苛刻的环保要求为标准，每一款产品均严格按照《中小学合成材料面层运动场地》（GB 36246—2018）国家标志执行生产。

广东爱上体育产业股份有限公司
地址：广州市从化区太平镇飞鹅村南向经济社道 125 号内之一
电话：020-38910019
官方网站：www.likesports.com.cn

证书编号：LB2022DP005

宝力非渗水型面层材料（全塑型、硅 PU）、渗水型面层材料（透气型）

产品简介

透气型塑胶跑道

以橡胶颗粒和聚氨酯单组分粘接剂铺设基层，表面以 EPDM 胶粒与同色聚氨酯胶浆混合喷涂在基面上，形成特殊的纹路，使表面具有极强的附着摩擦力和抗滑力。

全塑型自结纹跑道

全塑型自结纹塑胶跑道是一种新型无颗粒型跑道，以双组分聚氨酯纯胶浆铺设基层，基层不添加胶粒填充，面层不含固态 EPDM 颗粒，采用特制聚氨酯自结纹胶浆材质，喷涂后自然形成结纹，耐磨、表面纹路均匀、划线清晰饱满，并以运动生物力学为依据，让运动过程中产生源源不断的动能，能更好地避免运动受伤，并达到国际田联颁布的冲击吸收率的达标要求（35% ～ 50%）。

硅 PU 球场材料

在 PU 材料的基础上开发研制出来的新一代材料，以单组分有机硅改性聚氨酯组成缓冲回弹结构，双组分改性丙烯酸作为耐磨面层，从根本上有效地解决了 PU 材料在专业性能、环保施工、使用寿命、日常维护等方面的不足，具有革命性的创新性能，是替代双组分 PU 的新一代环保产品。

适用范围

产品应用于幼儿园、学校、训练体育场、健身馆、普通体育场馆、健身绿道等。

技术指标

透气型塑胶跑道面层材料性能如下：

项目	检测项目	单位	指标	实测
物理机械性能	冲击吸收（0℃、23℃、50℃误差 ±2℃）	%	35 ～ 50	40.8
	垂直变形	mm	0.6 ～ 3.0	1.57
	抗滑值	BPN,20℃	≥ 47（湿测）	83
	拉伸强度	MPa	≥ 0.5	1.1
	拉断伸长率	%	≥ 40	93.8
	阻燃性能	级	I	I
有害物质含量	3 种邻苯二甲酸酯类化合物（DBP、BBP、DEHP）总和	g/kg	≤ 1.0	未检出
	3 种邻苯二甲酸酯类化合物（DNOP、DINP、DIDP）总和	g/kg	≤ 1.0	未检出
	18 种多环芳烃总和	mg/kg	≤ 50	未检出
	苯并 [a] 芘	mg/kg	≤ 1.0	未检出
	短链氯化石蜡（C10 ～ C13）	g/kg	≤ 1.5	未检出
	4，4’- 二氨基 -3，3’- 二氯二苯甲烷（MOCA）	g/kg	≤ 1.0	未检出
	游离甲苯二异氰酸酯（TDI）和游离六亚甲基二异氰酸酯（HDI）总和	g/kg	≤ 0.2	未检出
	游离二苯基甲烷二异氰酸酯（MDI）	g/kg	≤ 1.0	未检出
	可溶性铅	mg/kg	≤ 50	未检出
	可溶性镉	mg/kg	≤ 10	未检出
	可溶性铬	mg/kg	≤ 10	未检出
	可溶性汞	mg/kg	≤ 2	未检出
老化 500h	拉伸强度	MPa	≥ 0.5	1.0
	拉断伸长率	%	≥ 40	104.6

全塑型塑胶跑道面层材料性能如下：

项目	检测项目	单位	指标	实测
物理机械性能	冲击吸收（0℃、23℃、50℃误差 ±2℃）	%	35 ～ 50	38.1
	垂直变形	mm	0.6 ～ 3.0	0.92
	抗滑值	BPN，20℃	≥ 47（湿测）	88
	拉伸强度	MPa	≥ 0.5	1.9
	拉断伸长率	%	≥ 40	98.6
	阻燃性能	级	I	I
有害物质释放量	总挥发性有机化合物（TVOC）	mg/（m^2• h）	≤ 5.0	未检出
	甲醛	mg/（m^2• h）	≤ 0.4	0.17
	苯	mg/（m^2• h）	≤ 0.1	未检出
	甲苯、二甲苯和乙苯总和	mg/（m^2• h）	≤ 1.0	未检出
	二硫化碳	mg/（m^2• h）	≤ 7.0	未检出
气味	等级	级	≤ 3	1 级
老化 500h	拉伸强度	MPa	≥ 0.5	1.8
	拉断伸长率	%	≥ 40	92.3
无机填料的含量		%	≤ 65	30.3

宝力科技（宁国）有限公司

地址：安徽省宣城市宁国市宁国经济技术开发区宜黄线东侧

电话：0571-88686717

硅 PU 球场面层材料性能如下：

项目	检测项目	单位	指标	实测
物理机械性能	冲击吸收（0℃、23℃、50℃误差 ±2℃）	%	20 ~ 50	20.1
	垂直变形	mm	0.6 ~ 3.0	0.65
	抗滑值	BPN，20℃	80 ~ 110（干测）	103.0
	拉伸强度	MPa	≥ 0.5	1.7
	拉断伸长率	%	≥ 40	161.0
	阻燃性能	级	I	I
有害物质含量	3 种邻苯二甲酸酯类化合物（DBP、BBP、DEHP）总和	g/kg	≤ 1.0	未检出
	3 种邻苯二甲酸酯类化合物（DNOP、DINP、DIDP）总和	g/kg	≤ 1.0	未检出
	18 种多环芳烃总和	mg/kg	≤ 50	未检出
	苯并 [a] 芘	mg/kg	≤ 1.0	未检出
	短链氯化石蜡（C10~C13）	g/kg	≤ 1.5	未检出
	4，4’-二氨基-3，3’-二氯二苯甲烷（MOCA）	g/kg	≤ 1.0	未检出
	游离甲苯二异氰酸酯（TDI）和游离六亚甲基二异氰酸酯（HDI）总和	g/kg	≤ 0.2	未检出
	游离二苯基甲烷二异氰酸酯（MDI）	g/kg	≤ 1.0	未检出
	可溶性铅	mg/kg	≤ 50	未检出
	可溶性镉	mg/kg	≤ 10	未检出
	可溶性铬	mg/kg	≤ 10	未检出
	可溶性汞	mg/kg	≤ 2	未检出
有害物质释放量	总挥发性有机化合物（TVOC）	mg/（m^2•h）	≤ 5.0	未检出
	甲醛	mg/（m^2•h）	≤ 0.4	0.17
	苯	mg/（m^2•h）	≤ 0.1	未检出
	甲苯、二甲苯和乙苯总和	mg/（m^2•h）	≤ 1.0	未检出
	二硫化碳	mg/（m^2•h）	≤ 7.0	未检出
无机填料的含量		%	≤ 65	46.1

工程案例

浙江丽水职业技术学院、温州凯恩大学、龙泉市中等职业学校、中泰中学、闲林小学、仁和中学。

生产企业

宝力科技（宁国）有限公司以诚信务实、客户至上的原则，打造基于新思维、新技术的产品质量体系，推动企业行稳致远。主营产品：彩色 EPDM 橡胶颗粒、环保型 MDI 胶粘剂、双组分 PU 材料、水性硅 PU 材料、彩色色浆、自结纹塑胶跑道等。产品具有高弹性、耐候性、有机环保等特征。宝力遵循“健康绿色、品质至上”的企业理念，产品获得世界田径认证证书、中国环保产品认证、中国田径协会审定名录、绿色建筑选用产品标志、环境标志产品认证、国体认证 NSCC 胶粘剂认证证书、年度市诚信单位证书等，截至目前已获得发明及实用新型专利共计 38 项，产品由太平洋财产保险公司承保。

宝力运用国际行业的品牌战略，立足长远，坚持以技术创新品质为企业发展基石。公司以高效执行力、细节专注力、客户诚信力、团队凝聚力为发展理念，不断完善自我，竭诚为客户提供优质、高效、符合需求的创新服务方案。

宝力科技（宁国）有限公司
地址：安徽省宣城市宁国市宁国经济技术开发区宜黄线东侧
电话：0571-88686717

证书编号：LB2022DP006

耐奥腾全塑型跑道面层材料、硅 PU 球场材料

产品简介

聚氨酯塑胶跑道又称全天候运动跑道，由聚氨酯预聚体、混合聚醚、EPDM 橡胶粒或 PU 颗粒、颜料、助剂、填料组成。塑胶跑道具有平整度好、抗压强度高、硬度弹性适当、物理性能稳定的特性，有利于运动员速度和技术的发挥，有效地提高运动成绩，降低摔伤率。塑胶跑道是由聚氨酯橡胶等材料组成，具有一定的弹性和色彩，具有一定的抗紫外线能力和耐老化能力，是国际上公认的优选全天候室外运动场地坪材料。

硅 PU 球场材料（SPU）是在 PU 球场材料的基础上开发研制出来的新一代球场铺面材料。该材料是以聚氨酯（PU）材料与含有有机硅成分的材料科学地复合在一起，所生产出来的材料用在球场面层上，从根本上有效地弥补了 PU 球场材料在专业性能、环保施工、使用寿命、日常维护等方面的不足，具有革命性的创新性能。产品具有弹性适中、涂膜附着强、疏水透气，干态及湿态止滑效果良好，耐候、耐污、耐水性能优异，满足全天候使用等优势。

适用范围

产品适用于幼儿园、学校、训练体育场、健身馆、普通体育场馆、健身绿道等。

技术指标

跑道面层化学性能指标如下：

	项目	指标	实测
有害物质含量	3 种邻苯二甲酸酯类化合物（DBP、BBP、DEHP）总和 /（g/kg）	≤ 1.0	0.02
	3 种邻苯二甲酸酯类化合物（DNOP、DINP、DIDP）总和 /（g/kg）	≤ 1.0	未检出
	18 种多环芳烃总和 /（mg/kg）	≤ 50	未检出
		≤ 20	未检出
	苯并 [a] 芘 /（mg/kg）	≤ 1.0	未检出
	短链氯化石蜡（C10 ～ C13）/（g/kg）	≤ 1.5	未检出
	4，4’-二氨基-3，3’-二氯二苯甲烷（MOCA）/（g/kg）	≤ 1.0	未检出
	游离甲苯二异氰酸酯（TDI）和游离六亚甲基二异氰酸酯（HDI）总和 /（g/kg）	≤ 0.2	未检出
	游离二苯基甲烷二异氰酸酯（MDI）/（g/kg）	≤ 1.0	未检出
	挥发性有机化合物 /（g/L）	≤ 50	未检出
	游离甲醛 /（g/kg）	≤ 0.50	未检出
	苯 /（g/kg）	≤ 0.05	未检出
	可溶性铅 /（mg/kg）	≤ 50	未检出
	可溶性镉 /（mg/kg）	≤ 10	未检出
	可溶性铬 /（mg/kg）	≤ 10	未检出
	可溶性汞 /（mg/kg）	≤ 2	未检出
有害物质释放量	总挥发性有机化合物（TVOC）/［mg/（m²•h）］	≤ 5.0	1.2
	甲醛 /［mg/（m²•h）］	≤ 0.4	0.012
	苯 /［mg/（m²•h）］	≤ 0.1	未检出
	甲苯、二甲苯和乙苯总和 /［mg/（m²•h）］	≤ 1.0	0.008
	二硫化碳 /［mg/（m²•h）］	≤ 7.0	0.3
气味	气味等级 / 级	≤ 3	3

惠州市腾威新材料有限公司
地址：惠州市博罗县湖镇镇埔头工业区笔梅岭
电话：020-82989388
传真：020-82989399
官方网站：www.gztonwell.com

硅 PU 球场材料化学性能指标如下：

	项目	指标	实测
有害物质含量	3 种邻苯二甲酸酯类化合物（DBP、BBP、DEHP）总和 /（g/kg）	≤ 1.0	0.1
	3 种邻苯二甲酸酯类化合物（DNOP、DINP、DIDP）总和 /（g/kg）	≤ 1.0	未检出
	18 种多环芳烃总和 /（mg/kg）	≤ 50	未检出
		≤ 20	未检出
	苯并 [a] 芘 /（mg/kg）	≤ 1.0	未检出
	短链氯化石蜡（C10 ～ C13）/（g/kg）	≤ 1.5	未检出
	4，4’-二氨基-3，3’-二氯二苯甲烷（MOCA）/（g/kg）	≤ 1.0	未检出
	游离甲苯二异氰酸酯（TDI）和游离六亚甲基二异氰酸酯（HDI）总和 /（g/kg）	≤ 0.2	未检出
	游离二苯基甲烷二异氰酸酯（MDI）/（g/kg）	≤ 1.0	未检出
	挥发性有机化合物 /（g/L）	≤ 50	未检出
	游离甲醛 /（g/kg）	≤ 0.50	未检出
	苯 /（g/kg）	≤ 0.05	未检出
	可溶性铅 /（mg/kg）	≤ 50	未检出
	可溶性镉 /（mg/kg）	≤ 10	未检出
	可溶性铬 /（mg/kg）	≤ 10	未检出
	可溶性汞 /（mg/kg）	≤ 2	未检出
有害物质释放量	总挥发性有机化合物（TVOC）/［mg/（m^2•h）］	≤ 5.0	2.1
	甲醛 /［mg/（m^2•h）］	≤ 0.4	0.02
	苯 /［mg/（m^2•h）］	≤ 0.1	未检出
	甲苯、二甲苯和乙苯总和 /［mg/（m^2•h）］	≤ 1.0	0.1
	二硫化碳 /［mg/（m^2•h）］	≤ 7.0	未检出
气味	气味等级 / 级	≤ 3	3

工程案例

江西华东理工大学、江西航空大学、上海市上海计量质量检测硕究院、辽宁省沈阳空军司令部、广东东莞银屏山公园、广东省广州八十六中学、广东省深圳松岗体育馆、澳门特区国际网球场学校、黑龙江省大庆市政府、黑龙江省哈尔滨市东北农业大学、重庆市丰都体育馆等。

生产企业

惠州市腾威新材料有限公司成立于 2013 年，是广东腾威科技股份有限公司的全资控股子公司，公司专业从事绿色环保的运动场馆地面材料及市政交通安全防滑铺装材料的研发、生产和销售及相关铺装工程服务。公司产品主要应用于政府、学校等运动场跑道、室内外球场、健身房等康体运动场地及路桥路面安全防滑铺装等项目，主要实施母公司的生产及铺装工程服务业务。

腾威科技自 2009 年起即通过 ISO 质量、环境、职业健康安全体系认证；公司产品通过国家各类权威检测认证，包括：中国环境标志产品认证（绿色十环认证）、中国环保产品认证、国际田联认证（IAAF）、国际网联认证（ITF）、交通运输部批量生产合格认证、知识产权贯标认证；腾威科技 2015 年取得国家高新技术企业认定，是中国体育地材绿色生产企业联盟发起人单位之一，并荣任全国工商联绿道建设专业委员会副主任单位、全国工商联城市基础设施商会常务理事单位、广东省体育设施制造商协会副会长单位、广东地坪协会副会长单位、广东省 2015 和 2016 年重合同守信用企业、广州市征信服务协会副会长单位、《体育设施设备标准实用手册》参编单位。腾威科技十分重视创新投入，目前已经取得 22 项专利，其中 3 项发明专利、19 项实用新型专利，另外还有 20 项新的专利获国家知识产权局受理。公司的微珠硅 PU 球场、水性双组分硅 PU 跑道、仿木纹弹性地板三个新产品获得国家高新技术产品评定。

腾威科技体育跑道材料、路桥材料的销售及品牌美誉度已经跻身全国行业排头兵。公司针对体育场馆地面铺装行业的环保需求，创新开创了腾威及耐奥腾品牌水性丙烯酸球场材料、水性硅 PU 球场材料、双组分硅 PU 球场材料、无溶剂全塑型 SiPU 跑道、无溶剂全塑型自结纹跑道、无溶剂混合型跑道、水性跑道胶粘剂、SPU 聚脲球场材料、室内聚脲橡胶地面材料，在全国各地得到了广泛应用；公司针对路道建设、海绵城市建设和健身慢行步道建设开发了固瑞达系列产品，包括彩色路面防滑粘结料、彩色透水路面粘结料、高粘彩色路面沥青、SiPU 弹性路面铺装材料等，在全国各地彩色透水路面、绿道及慢行步道已经获得了良好的应用。公司在体育场馆、绿道、步道建设中积累了 10 年的产品开发和现场应用经验！

胶黏剂 | 建筑涂料 | 壁纸和壁布 | 人造板、木质地板及木质家具、木质门 | 地坪材料 | 密封胶

惠州市腾威新材料有限公司
地址：惠州市博罗县湖镇镇埔头工业区笔梅岭
电话：020-82989388
传真：020-82989399
官方网站：www.gztonwell.com

证书编号：LB2022DP007

耐迪无溶剂环氧地坪漆、水性环氧地坪漆、聚氨酯地坪漆

产品简介

无溶剂型地坪体系从底漆、中涂、雨漆都采用环氧树脂和改性胺固化剂组成的一种环保、双组分、封闭性好的地坪材料。此外，为响应市场需求，耐迪产品研发中心开发了环保及防滑、耐磨等功能齐全的环保净味防滑耐磨面漆，更好照顾厂房低气味环境要求及使用场所的职业安全。

水性环氧地坪漆是以自交联聚合乳液为成膜树脂，配合进口助剂以及颜填料的高品质单组分涂料。不含有机溶剂，不含苯、甲苯、二甲苯、甲醛游离 TDI 以及有毒重金属，无刺激气味，对人体无害，对环境友好。纳米材料用在底漆中，可以增加底漆与基材的附着力，提高机械强度，且纳米级的颜料与底漆的强作用力及填充效果，有助于改进底漆涂层的界面结合。

水性聚氨酯面漆 / 罩面漆采用研发的水性纳米合成树脂，用水分散，不含任何有毒有害物质，不使用天那水等溶剂。VOC 含量超低、不含 TDI，可用水稀释，达到欧洲环保要求。

适用范围

适用于机械性能要求高的场所地面，具有一定冲击性能要求的机械、电子、电气、仪表、医药、纺织、服装、食品、烟草等企业厂房地面；GMP 制药厂、医院、血液制品等无尘菌室、精密机械、微电子制造厂、机械及化学综合性能要求高的区域。

技术指标

无溶剂环氧地坪漆主要性能指标如下：

检验项目		指标值	检测结果
挥发性有机化合物含量（VOC）/（g/L）		≤ 60	53
游离甲醛 /（mg/kg）		≤ 100	未检出（<50）
苯 /（g/kg）		≤ 0.1	未检出(<0.003)
甲苯、乙苯、二甲苯总和 /（g/kg）		≤ 10	未检出（<0.01）
游离 4，4- 二氮基二苯甲烷（MDA）（限环氧类）/（g/kg）		≤ 10	1.3
总挥发性有机化合物（TVOC）释放量 /（mg/m^3）		≤ 20	2.1
甲醛释放量 /（mg/m^3）		≤ 0.1	未检出（<0.01）
耐磨性（750g/500r）		≤ 0.030	0.023
抗压强度 /MPa		≥ 45	47
拉伸粘结强度 /MPa	标准条件	≥ 2.0	3.1
	浸水后	≥ 2.0	2.7
耐冲击性	重载（1000g 钢球）	涂膜无裂纹、无剥落	涂膜无裂纹、无剥落
防滑性（干摩擦系数）		≥ 0.5	0.52
耐水性（168h）		不起泡，不剥落，允许轻微变色，2h 后恢复	无起泡，无剥落，无变色
耐化学性	耐碱性（20%NaOH，72h）	不起泡，不剥落，允许轻微变色	无起泡，无剥落，无变色
	耐酸性（10%H_2SO_4，48h）	不起泡，不剥落，允许轻微变色	无起泡，无剥落，无变色
	耐油性（120# 溶剂汽油，72h）	不起泡，不剥落，允许轻微变色	无起泡，无剥落，无变色

水性环氧地坪漆主要性能指标如下：

检验项目	单位	标准要求 面涂	检验结果
耐磨性	g	S 型：CS-17:750g/500r：≤ 0.050	0.019
拉伸粘结强度（标准条件）	MPa	≥ 2.0	2.6
拉伸粘结强度（浸水后）	MPa	≥ 2.0	2.5
耐冲击性（重载）	–	1000g 钢球，高 100cm，涂膜无裂纹，无剥落	符合要求
防滑性（干摩擦系数）	–	≥ 0.50	0.77
挥发性有机化合物（VOC）	g/L	S 型：≤ 120	104
游离甲醛	mg/kg	S 型：≤ 100	20
苯、甲苯、乙苯、二甲苯总和	g/kg	S 型：≤ 5	未检出
乙二醇醚及醚酯总和	mg/kg	S 型：≤ 300	未检出
总挥发性有机化合物(TVOC)释放量	mg/m^3	S 型：≤ 10	8
甲醛释放量	mg/m^3	S 型：≤ 0.1	0.01
可溶性重金属	mg/kg	铅（Pb）：≤ 30	1.1
		镉（Cd）：≤ 30	未检出
		铬（Cr）：≤ 30	未检出
		汞（Hg）：≤ 10	未检出

广东耐迪化工有限公司

地址：广州市天河区燕岭路 89 号燕侨大厦 2809 室
电话：020-87226872 15914367383
传真：020-37213913
官方网站：www.naidisi.cn

水性聚氨酯地坪漆主要性能指标如下：

检验项目		指标值	检查结果
耐磨性（750g/500r）		≤ 0. 050	0.011
拉伸粘结强度 /MPa	标准条件	≥ 2.0	2.9
拉伸粘结强度 /MPa	浸水后	≥ 2.0	2.7
耐冲击性	重载（1000g 钢球）	涂膜无裂纹、无剥落	涂膜无裂纹、无剥落
防滑性（干摩擦系数）		≥ 0.5	0.53
耐水性（168h）		不起泡，不剥落，允许轻微变色，2h 后恢复	无起泡，无剥落，无变色
耐化学性	耐碱（20%NaOH，72h）	不起泡，不剥落，允许轻微变色	不起泡，不剥落，允许轻微变色
耐化学性	耐酸性（10%H_2SO_4，48h）	不起泡，不剥落，允许轻微变色	不起泡，不剥落，允许轻微变色
耐化学性	耐油性（120# 溶剂油，72h）	不起泡，不剥落，允许轻微变色	无起泡，无剥落，无变色
挥发性有机化合物含量（VOC）/（g/L）		≤ 120	73
游离甲醛 /（mg/kg）		≤ 100	未检出（< 5）
苯、甲苯、乙苯、二甲苯的总和，/（mg/kg）		≤ 5	未检出（< 0.05）
游离二异氰酸酯（TDI、HDI）（限聚氨酯类）/（mg/kg）		≤ 2	未检出（< 0.01）
乙二醇醚及醚酯总和 /（mg/kg）		≤ 300	未检出（< 10）
可溶性重金属 /（mg/kg）	铅（Pb）/（mg/kg）	≤ 30	未检出（< 4）
可溶性重金属 /（mg/kg）	镉（Cd）/（mg/kg）	≤ 30	未检出（< 0.2）
可溶性重金属 /（mg/kg）	铬（Cr）/（mg/kg）	≤ 30	未检出（< 2）
可溶性重金属 /（mg/kg）	汞（Hg）/（mg/kg）	≤ 10	未检出（< 0.03）
总挥发性有机化合物（TVOC）释放量 /（mg/m^3）		≤ 10	2.7
甲醛释放量 /（mg/m^3）		≤ 0.1	未检出（< 0.1）

工程案例

包商银行商务大厦工程、山西太原伽峰数据中国联通数据中心、长城润滑油茂名分公司、福建恒安纸业集团、三洋电机环氧防静电自流平地坪项目、长春一汽大众新能源汽车电池生产车间、广州动车段环氧自流平项目、重庆万达广场户外耐候地坪项目、珠海汤臣倍健、北京同仁堂健康药业股份有限公司等。

生产企业

广东耐迪化工有限公司始建于 2002 年，注册资金 5000 万元，是从事高分子混凝土防护材料的研发、生产及销售的高新技术企业。产品包括：环氧树脂地坪涂装系列、聚氨酯地坪涂装系列、耐磨硬化地坪涂装系列、水性环氧地坪涂装系列、墙体涂料系列及特种工业涂装系列等。

广东耐迪化工有限公司生产基地位于广东省翁源华彩新材料产业园，占地面积 40000m^2，拥有现代化标准厂房及先进设备生产线，年产值达 10000 吨。营销网络以广州为中心，设有贵州、湖北、湖南、福建、上海、安徽、河北、云南等 20 多个办事处，服务网络遍布全国。

公司设有广东省院士专家企业工作站，被评为广东省守合同重信用企业、广东省高新技术企业等，并担任中国建筑材料联合会地坪产业分会副理事长单位、广东省涂料行业协会理事长单位，参编《渗透型液体硬化剂》《整体地面铺装工》《建筑地坪涂装工程施工及验收规程》《彩砂地坪材料》等多项建筑材料标准。

耐迪人怀着成为地坪行业综合解决方案的知名服务商的企业愿景，以“技术为核心、环保为导向、品质为追求”的经营理念赢得广大客户的认可与信赖。

广东耐迪化工有限公司
地址：广州市天河区燕岭路 89 号燕侨大厦 2809 室
电话：020-87226872 15914367383
传真：020-37213913
官方网站：www.naidisi.cn

证书编号：LB2022DP008

BSMC 柏胜、邦盛非渗水型面层材料（SPU 自结纹型、混合型、复合型、全塑型、硅 PU 球场）、渗水型面层材料（透气型）、EPDM 颗粒

产品简介

非渗水型跑道面层由聚氨酯预聚体、混合聚醚、EPDM 橡胶粒或 PU 颗粒、颜料、助剂、填料组成。塑胶跑道具有平整度好、抗压强度高、硬度弹性适当、物理性能稳定的特性，有利于运动员速度和技术的发挥，有效地提高运动成绩，降低摔伤率。塑胶跑道是由聚氨酯橡胶等材料组成，具有一定的弹性和色彩，具有一定的抗紫外线能力和耐老化能力，是国际上公认的优异全天候室外运动场地坪材料。

渗水型塑胶跑道是国际田联承认的国际比赛与练习兼用的塑胶跑道，开放性的群众运动型体育中心和学校建议选择渗水型塑胶跑道。渗水型跑道既具有一般跑道的优点和性能，同时成本低廉，成为目前塑胶跑道面层的高性价比产品，受到广大客户的青睐。

EPDM 产品针对有高安全性地面需求的用户。EPDM 颗粒由合成橡胶制成，可以生产多种颜色，且以其优异的性能可抵抗紫外线照射，耐一般化学反应，特别是在有图案的施工时，更能显现 EPDM 彩色颗粒的优越性。

适用范围

产品广泛应用于幼儿园、学校、训练体育场、健身馆、普通体育场馆、健身绿道等。

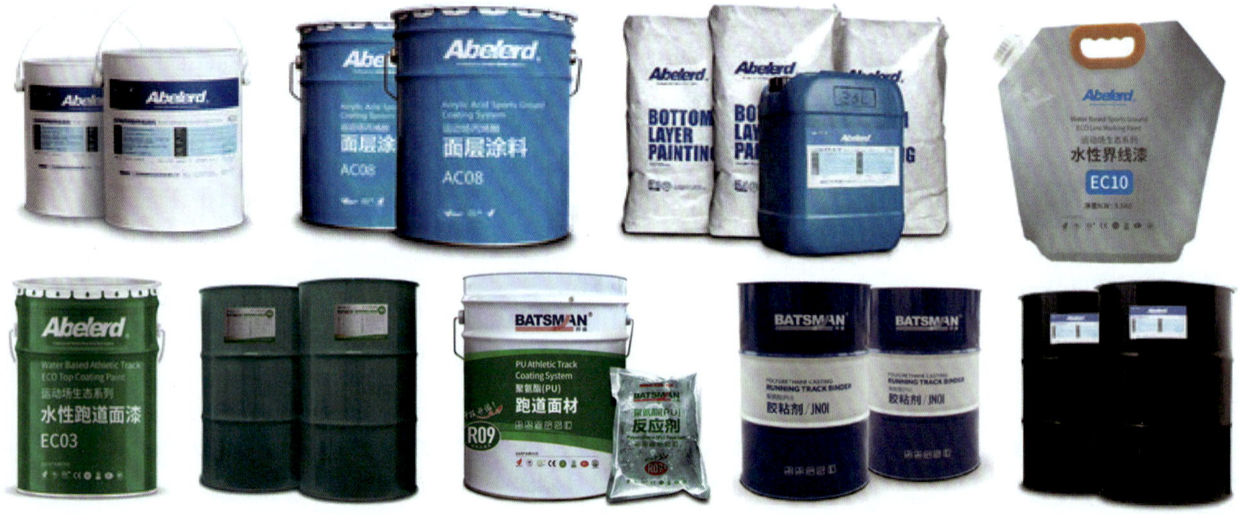

技术指标

非渗水型跑道面层材料有害物质限量及气味要求如下：

	项目	指标	实测
有害物质释放量	总挥发性有机化合物（TVOC）/［mg/（m²•h）］	≤ 5.0	0.1
	甲醛 /［mg/（m²•h）］	≤ 0.4	0.018
	苯 /［mg/（m²•h）］	≤ 0.1	未检出
	甲苯、二甲苯和乙苯总和 /［mg/（m²•h）］	≤ 1.0	0.05
	二硫化碳 /［mg/（m²•h）］	≤ 7.0	未检出
气味	气味等级 / 级	≤ 3	3

广东柏胜新材料股份有限公司
地址：英德市东华镇清远华侨工业园新材料 A 园瀚和大道 5 号
电话：0763-3105080
传真：0763-3105080
官方网站：www.bsmcn.com

渗水型跑道面层材料有害物质限量及气味要求如下：

	项目	指标	实测
有害物质释放量	总挥发性有机化合物（TVOC）/［mg/（m^2•h）］	≤ 5.0	0.5
	甲醛 /［mg/（m^2•h）］	≤ 0.4	0.058
	苯 /［mg/（m^2•h）］	≤ 0.1	未检出
	甲苯、二甲苯和乙苯总和 /［mg/（m^2•h）］	≤ 1.0	0.05
	二硫化碳 /［mg/（m^2•h）］	≤ 7.0	未检出
气味	气味等级 / 级	≤ 3	3

EPDM 颗粒有害物质限量要求如下：

	项目	指标	实测
有害物质含量	18 种多环芳烃总和 /（mg/kg）	≤ 50	未检出
	苯并［a］芘 /（mg/kg）	≤ 1.0	未检出
	可溶性铅 /（mg/kg）	≤ 50	未检出
	可溶性镉 /（mg/kg）	≤ 10	未检出
	可溶性铬 /（mg/kg）	≤ 10	未检出
	可溶性汞 /（mg/kg）	≤ 2	未检出

工程案例

和田市一贯制学校、乌鲁木齐奥林匹克体育中心、安徽池州市齐山小学、安徽黄山学院、俄罗斯列宁体育馆、福建广播电视大学、甘肃兰州大学附属中学、甘肃天水农业学校、广东恒大足球学校、贵州贵阳机械工业学校、海南外国语职业技术学院、湖北十堰郧西一中、湖南环境生物职业技术学院、湖南省信息职业技术学院、江苏南通市体育运动学校、江西吉安沙市中学、江西永新县永安中学、重庆树人小学等项目。

生产企业

广东柏胜新材料股份有限公司于 2000 年 3 月在广州成立，经过近 20 年的发展，已成为集研发、制造、营销、代理、工程施工、技术支持于一体的健体工程全产业链服务商。

作为一家国家重点高新技术企业，柏胜一直致力于提升国内健体设施的环保品质、改善产品体验，在研发上不惜重金，联合德国知名材料供应商与科研机构，取得了多项专利技术，并研发出“单组分系统”跑道与球场；为配合生产，投入近亿元在清远华侨工业园新材料园建立近 30000 平方米的生产基地，并在 2017 年引进德国西门子自动化控制系统、国内先进自动化生产线，对工厂进行工业 4.0 级全面改造，配合严格执行 ISO 9001：2015 质量管理体系标准和 ISO 14001：2015 环境管理体系标准，使柏胜的产品质量与环保等级达到 GB 36246—2018 要求，获得中国环境标志认证、世界田联认证、ITF 世界网联认证及 ISO 14025 环境标志国际标准Ⅲ型环境标志等多项认证。

广东柏胜新材料股份有限公司
地址：英德市东华镇清远华侨工业园新材料 A 园瀚和大道 5 号
电话：0763-3105080
传真：0763-3105080
官方网站：www.bsmcn.com

证书编号：LB2022DP009

高捷体育非渗水型面层材料（混合型）、渗水型面层材料（透气型）、中透式半预制型无缝跑道材料

产品简介

非渗水型塑胶跑道（混合型）：混合型塑胶跑道是由聚氨酯胶料混合橡胶颗粒做成跑道缓冲垫层，面层用聚氨酯跑道面胶和 EPDM 胶粒做成防滑面层。这种跑道能满足高强度的使用要求，并适用于一般比赛用运动场地。

渗水型塑胶跑道（透气型）：透气型跑道是用单组分聚氨酯胶水与橡胶颗粒混合后，用机械铺设而成的跑道缓冲垫层，面层用聚氨酯跑道面胶和 EPDM 胶粒做成防滑面层，面胶层固化后能形成一定的小孔，能疏水透气。这种跑道适用于一般中小学校田径场的使用。

中透式半预制型无缝跑道：指预制型卷材和聚氨酯材料复合施工而成的跑道。先铺设预制型卷材，在卷材面上用聚氨酯材料做成无缝的防滑面层。预制型卷材在工厂用专业设备生产，产品质量稳定可靠，面层用聚氨酯材料做成的防滑面层，整体性好，没有拼接缝，美观耐用。因此，半预制型无缝跑道结合现浇型与预制型两者优良材料的特点，形成半预制型模式的科学跑道，有效地增加运动面层的功能性，能广泛应用于不同场地。

适用范围

序号	产品名称	产品应用领域与使用范围
1	非渗水型塑胶跑道	适合各种田径运动比赛使用
2	渗水型塑胶跑道	适用于一般中小学田径场使用
3	中透式半预制型无缝跑道	能广泛运用于不同场地

中透式半预制型无缝跑道

技术指标

非渗水型跑道面层材料有害物质限量性能指标如下：

	项目	指标	实测
有害物质释放量	总挥发性有机化合物（TVOC）/ [mg/（m^2• h）]	≤ 5.0	2.9
	甲醛 / [mg/（m^2• h）]	≤ 0.4	0.1
	苯 / [mg/（m^2• h）]	≤ 0.1	未检出
	甲苯、二甲苯和乙苯总和 / [mg/（m^2• h）]	≤ 1.0	0.1
	二硫化碳 / [mg/（m^2• h）]	≤ 7.0	0.4
气味	气味等级 / 级	≤ 3	3

渗水型跑道面层材料有害物质限量性能指标如下：

	项目	指标	实测
有害物质释放量	总挥发性有机化合物（TVOC）/ [mg/（m^2• h）]	≤ 5.0	4.7
	甲醛 / [mg/（m^2• h）]	≤ 0.4	0.1
	苯 / [mg/（m^2• h）]	≤ 0.1	未检出
	甲苯、二甲苯和乙苯总和 / [mg/（m^2• h）]	≤ 1.0	0.03
	二硫化碳 / [mg/（m^2• h）]	≤ 7.0	5.7
气味	气味等级 / 级	≤ 3	3

中透式半预制型无缝跑道材料有害物质限量性能指标如下：

广东高捷体育产业有限公司
地址：广东省佛山市顺德区容桂街道小黄圃居委会朝桂北路 66 号首层之一
电话：0757-26381188
传真：0757-26381100
官方网站：http://www.gaoj.com.cn/

项目		指标	实测
有害物质释放量	总挥发性有机化合物（TVOC）/［mg/（m²•h）］	≤ 5.0	3.6
	甲醛 /［mg/（m²•h）］	≤ 0.4	0.2
	苯 /［mg/（m²•h）］	≤ 0.1	未检出
	甲苯、二甲苯和乙苯总和 /［mg/（m²•h）］	≤ 1.0	0.03
	二硫化碳 /［mg/（m²•h）］	≤ 7.0	未检出
气味	气味等级 / 级	≤ 3	3

工程案例

工程名称	
中国地质大学	广州金碧湾
台山碧桂园学校	东莞石龙三中
广西大学梧州分校	广西师范大学
广州万科城	清华科技园（珠海）
湖南长沙市长郡月亮岛学校	江西南昌二十九中
湖南长沙市环保学院	湛江海军 91487 部队
重庆市綦江城南中学	泉州体育中心
贵州大学	长沙恒大地产
贵州遵义市航天中学	东莞市虎门外语学院
云南农业大学	四川省攀枝花市米易县体育中心
云南昆明市洛克体育公园	湖南长沙市青竹湖湘一外国语学校

生产企业

广东高捷体育产业有限公司是一家专业从事化学建材、体育产业和新型地面材料生产的大型企业。产品着重低碳与环保，广泛应用于各类体育设施、运动场地铺装和建材等领域。公司旗下拥有“路特”“隽固”两大品牌及普莱斯玛复合材料研发中心和万政工程有限公司，是集研发、生产、销售、施工于一体的综合型集团公司。

公司以创新为宗旨，立志以科技打造企业的核心竞争力，“路特”专注体育产业，“隽固”专注地面新型材料。普莱斯玛复合材料研发中心先后研发成功了具有国内先进水平的科研成果，其中已经取得国家发明专利 5 项、实用新型专利 8 项，为行业创新发展起到了促进作用。

公司产品通过了“中国环境标志产品认证证书”“国际田联认证”“绿色建筑商标证书”等相关认证，并且符合上海标准、深圳标准、广州标准与国标，为广东高捷体育产业有限公司逐步建设成为“服务为本，科技领先”的国际化产业集团打下了坚实基础。

目前，公司在顺德拥有大型现代化的生产基地，及已经装备了先进试验设备的研发中心，并在广州设立营销中心，在澳大利亚、新加坡、印度尼西亚等国家及我国的香港、台湾等地区设有办事处或代理机构，国内已经拥有代理机构和合作伙伴共 500 多个，以此构筑了全球性的市场营销及客户网络服务系统。产品应用于 2008 年北京奥运会的表演场地、2010 年亚运会训练场地、武汉大学、长沙贺龙体育馆、上海体育学校、中国地质大学、华中科技大学、重庆运动学校等重点项目上，得到了行业的广泛认可和极高的赞誉。

广东高捷将以创新促发展，以质量求生存，恪守诚信，追求卓越，以二十年之求索沉淀与磨砺成长，用学习沟通与创新超越的企业精神打造百年高捷品牌。

广东高捷体育产业有限公司
地址：广东省佛山市顺德区容桂街道小黄圃居委会朝桂北路 66 号首层之一
电话：0757-26381188
传真：0757-26381100
官方网站：http://www.gaoj.com.cn/

证书编号：LB2022DP010

非渗水型面层材料（混合型）、渗水型面层材料（透气型）、硅 PU 球场材料

产品简介

非渗水型面层材料（混合型）具有以下特点：

运动专业性：以运动生物力学为依据，既能减缓运动员脚步着地时对人体各关节产生的冲击力，又能使人体获得向前的动能，达到国际田联最新颁布的冲击吸收率要求，为国内独创现场浇筑型专业跑道结构。

超强耐磨性：采用防滑面层工艺，达到了不掉粒效果，满足了运动场地使用频率高、使用强度大的特点。

渗水型面层材料（透气型）具有以下特点：

透气性好：结构间有较多的缝隙，能透气透水，排水渗水性良好，能保证在雨后及冲洗场地后可立即投入训练和比赛，全场不积水。

弹性适宜：冲击吸收好，能适度地吸收运动员奔跑时场地对脚踝关节及膝关节的冲击力，减少运动伤害。

平整美观：由于产品的结构特点和施工特点，对基础结构及基础面层的宽容度高（沥青混凝土、水泥混凝土均可），表面平整。

硅 PU 球场材料特点：

环保性：用水替代各种稀释剂，且不含对人体 / 环境有害物质，VOC 残余量符合欧盟环保强制性 RoHS 标准。

专业性：防水底涂引进德国防水技术，从根源上解决现场起泡、开裂、脱层等现象。

适用范围

产品广泛应用于幼儿园、学校、训练体育场、健身馆、普通体育场馆、健身绿道等场所。

技术指标

非渗水型跑道面层有害物质限量性能指标如下：

	项目	指标	实测
有害物质含量	3 种邻苯二甲酸酯类化合物（DBP、BBP、DEHP）总和 / (g/kg)	≤ 1.0	0.01
	3 种邻苯二甲酸酯类化合物（DNOP、DINP、DIDP）总和 / (g/kg)	≤ 1.0	0.05
	18 种多环芳烃总和 / (mg/kg)	≤ 50	3.0
		≤ 20	5.1
	苯并 [a] 芘 / (mg/kg)	≤ 1.0	0.1
	短链氯化石蜡（C10 ～ C13）/ (g/kg)	≤ 1.5	0.1
有害物质释放量	总挥发性有机化合物（TVOC）/ [mg/ (m^2•h)]	≤ 5.0	0.20
	甲醛 / [mg/ (m^2•h)]	≤ 0.4	0.07
	苯 / [mg/ (m^2•h)]	≤ 0.1	0.01
	甲苯、二甲苯和乙苯总和 / [mg/ (m^2•h)]	≤ 1.0	0.02
	二硫化碳 / [mg/ (m^2•h)]	≤ 7.0	0.2

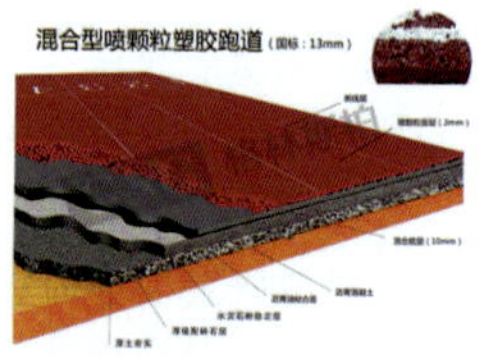

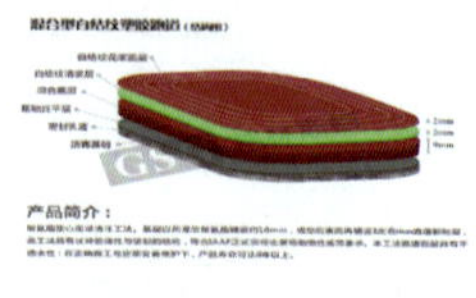

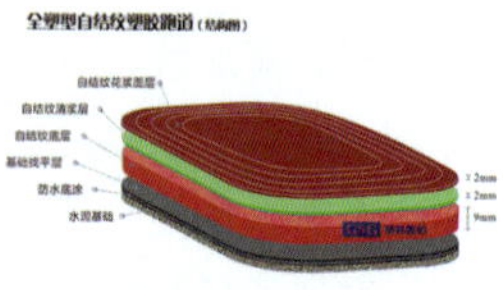

渗水型跑道面层有害物质限量性能指标如下：

	项目	指标	实测
有害物质含量	3 种邻苯二甲酸酯类化合物（DBP、BBP、DEHP）总和 / (g/kg)	≤ 1.0	0.01
	3 种邻苯二甲酸酯类化合物（DNOP、DINP、DIDP）总和 / (g/kg)	≤ 1.0	0.05
	18 种多环芳烃总和 /.(mg/kg)	≤ 50	1.8
		≤ 20c	1.8
	苯并 [a] 芘 / (mg/kg)	≤ 1.0	0.1
	短链氯化石蜡（C10 ～ C13）/ (g/kg)	≤ 1.5	0.1
	4，4’ - 二氨基 -3，3’ - 二氯二苯甲烷（MOCA）/ (g/kg)	≤ 1.0	0.01
	游离甲苯二异氰酸酯（TDI）和游离六亚甲基二异氰酸酯（HDI）总和 / (g/kg)	≤ 0.2	0.1
	游离二苯基甲烷二异氰酸酯（MDI）/ (g/kg)	≤ 1.0	0.1

广州格林斯柏体育设施有限公司
地址：广州市白云区云城街齐富路 31 号 1020 房
电话：020-37285552
传真：020-37285552
官方网站：www.gsg2008.com

续表

	项目	指标	实测
有害物质含量	可溶性铅 /（mg/kg）	≤ 50	0.7
	可溶性镉 /（mg/kg）	≤ 10	0.7
	可溶性铬 /（mg/kg）	≤ 10	0.7
	可溶性汞 /（mg/kg）	≤ 2	0.5
有害物质释放量	总挥发性有机化合物（TVOC）/［mg/（m^2•h）］	≤ 5.0	0.22
	甲醛 /［mg/（m^2•h）］	≤ 0.4	0.11
	苯 /［mg/（m^2•h）］	≤ 0.1	0.01
	甲苯、二甲苯和乙苯总和 /［mg/（m^2•h）］	≤ 1.0	0.02
	二硫化碳 /［mg/（m^2•h）］	≤ 7.0	0.2

硅 PU 球场面层有害物质限量性能指标如下：

	项目	指标	实测
有害物质含量	3 种邻苯二甲酸酯类化合物（DBP、BBP、DEHP）总和 /（g/kg）	≤ 1.0	0.01
	3 种邻苯二甲酸酯类化合物（DNOP、DINP、DIDP）总和 /（g/kg）	≤ 1.0	0.05
	18 种多环芳烃总和 /（mg/kg）	≤ 50	3.5
		≤ 20	4.1
	苯并 [a] 芘 /（mg/kg）	≤ 1.0	0.1
	短链氯化石蜡（C10 ～ C13）/（g/kg）	≤ 1.5	0.1
	4，4’- 二氨基 -3，3’- 二氯二苯甲烷（MOCA）/（g/kg）	≤ 1.0	0.01
	游离甲苯二异氰酸酯（TDI）和游离六亚甲基二异氰酸酯（HDI）总和 /（g/kg）	≤ 0.2	0.1
	游离二苯基甲烷二异氰酸酯（MDI）/（g/kg）	≤ 1.0	0.1
	可溶性铅 /（mg/kg）	≤ 50	0.7
	可溶性镉 /（mg/kg）	≤ 10	0.7
	可溶性铬 /（mg/kg）	≤ 10	0.7
	可溶性汞 /（mg/kg）	≤ 2	0.5
有害物质释放量	总挥发性有机化合物（TVOC）/［mg/（m^2•h）］	≤ 5.0	0.35
	甲醛 /［mg/（m^2•h）］	≤ 0.4	0.11
	苯 /［mg/（m^2•h）］	≤ 0.1	0.01
	甲苯、二甲苯和乙苯总和 /［mg/（m^2•h）］	≤ 1.0	0.02
	二硫化碳 /［mg/（m^2•h）］	≤ 7.0	0.2

工程案例

广州斐特思公学学校运动场工程、湖北京山市教育促进项目 47 所中小学工程、北京理工大学（珠海校区）、广州市残疾人体育运动中心田径足球场设施购置项目、连州市体育中心、郑开恒大未来城首期、中小学专业操场面层施工及体育设施采购工程、太康县高贤家印中学专业操场面层施工及体育设施采购工程、北京市延庆区四海中心小学基础设施改善项目、广州市黄埔区华外同文外国语学校、青岛职业技术学院项目、广州白云广雅实验学校面层铺施工程、郧阳区安阳镇初级中学运动场塑胶面层、湖北十堰五福堂国际学校跑道项目、宜昌高新区金东方学校运动场 2021/2022 年项目、荆州市体育中心工程。

生产企业

广州格林斯柏体育设施有限公司创立于 2007 年，是一家以运动地面材料生产为基础，横跨体育工程管理、体育场馆服务和体育投融资领域的国家高新技术企业。

格林斯柏已被全国多个省市政府部门列为定点采购单位；亚运会、世界大学生运动会等多个国际赛事地面材料供应商；荣获世界田联（IAAF）、中国田协等多项权威认证。

在湖北华中体育产业园占地 100 亩、年产值达 6 亿元的现代化智能生产基地已于 2019 年建成投产，产品涵盖塑胶跑道、硅 PU 球场、预制型橡胶跑道、健身步道、水性环保地坪等。

广州格林斯柏体育设施有限公司
地址：广州市白云区云城街齐富路 31 号 1020 房
电话：020-37285552
传真：020-37285552
官方网站：www.gsg2008.com

证书编号：LB2022MF001

泰朗 / 美盛聚氨酯泡沫填缝剂、凡惠聚氨酯泡沫填缝剂、美盛中性硅酮密封胶

产品简介

聚氨酯泡沫填缝剂是一种单组分、湿气固化、多用途的产品。广泛用于建筑门窗固定安装，门窗边缝、伸缩缝及空洞的填充密封。

中性硅酮密封胶是一种单组分、中模量、中性固化硅酮密封胶，对玻璃、铝合金等大部分材料具有良好的粘结性，广泛适用于各类门、窗、内外墙的填缝密封。

适用范围

聚氨酯泡沫填缝剂适用于建筑家装中门窗及铝塑窗的固定安装。

中性硅酮密封胶适用于各类铝合金门窗安装、玻璃装配；室内装修粘结密封；厨房卫浴设备的安装。

技术指标

聚氨酯泡沫填缝剂的主要性能指标如下：

序号	检测项目	检测依据	检测结果
1	密度 / （kg/m^3）	GB/T 6343—2009	≥ 10
2	导热系数，35℃ / ［W/（m • K）］	GB/T 10294—2008	≤ 0.050
3	燃烧性 / 级	GB/T 8626—2007	B2 或 B3
4	尺寸稳定性 （23+2）℃，48h/%	GB/T 8811—2008	≥ 5
5	剪切强度 /kPa	JC 936—2004 7.7	≥ 80
6	发泡倍数 / 倍	JC 936—2004 7.8	≥（标示值 -10） （≥ 30）

中性硅酮密封胶的主要性能指标如下：

序号	项目		GB/T 14683—2017 技术指标
1	下垂度 / mm		≤ 3
2	表干时间 / h		≤ 3
3	挤出性 / （mL/min）		≥ 150
4	弹性恢复率 / %		≥ 80
5	拉伸模量 / MPa	23℃ -20℃	＞ 0.4 或＞ 0.6
6	定伸粘接		无破坏
7	浸水后定伸粘接性		无破坏
8	冷拉热压后粘接性		无破坏
9	浸水光照后粘接性（Gw 类产品）		无破坏
10	质量损失率 / %		≤ 8
11	烷烃增塑剂		Gw 类产品不得检出

工程案例

慈溪银泰二期、北京芍药居、津南新城 H 地块、贵州毕节万丰国际贸易城、沈阳北站、太原富力铂尔曼酒店、西安中兴通讯和泰酒店等项目。

生产企业

固诺（天津）实业有限公司成立于 2010 年，是一家集设计、研发、生产、销售四位一体的全产业链高新技术型企业，主要从事聚氨酯泡沫填充剂、硅酮密封胶、美缝剂类家装建筑工程胶粘剂产品的全球性企业。公司位于国家级化工产业基地城市天津，毗邻渤海之滨，交通便利，地理位置十分优越。公司旗下拥有美盛、泰朗等多个自主品牌，畅销各大市场，并且是杜邦 TM 在中国大陆及亚太地区市场唯一指定合作伙伴。公司从技术研发到销量均占据着市场主导地位，业务广泛分布于世界各地，是行业内名副其实的龙头企业。

固诺实业旗下品牌产品通过国家、欧盟及北美等各大权威环保认证机构严苛的产品质量检测，拥有独立的进出口权、欧盟进出口双认证，获得中国建筑装饰协会会员单位、中国建筑金属结构协会会员、国家认定生产企业等荣誉，成绩斐然。产品畅销国内各大市场和海外 70 多个国家和地区，在行业内享有很高的声誉。

公司具有完善的管理系统及雄厚的技术研发力量，拥有一支高水平的产品技术研发团队，秉持“持续创新，让生活更美好”的使命，依托强大的研发能力和先进的生产设备，可以同时满足不同的客户需求。

未来固诺实业的前景广阔，依托自身优势资源，打造成熟的海外市场，以优质的产品、专业的服务和对环保理念的坚持，为全球客户提供有竞争力的高品质产品，美化人类居住环境，打造精彩生活。

固诺（天津）实业有限公司

地址：天津市武清区汉沽港镇福远路 112 号
电话：022-82967401
传真：022-82967400
官方网站：www.gnsealant.com

5 企业索引

QIYESUOYIN

企业索引